国学经典文库

动物百科全书

图文珍藏版

走进动物世界 开启探索之旅

刘凯◎主编

线装书局

比利时国鸟——红隼

红隼属于小型猛禽，以猎食时有翱翔习性而著名，其踪迹遍布世界各地，是农林益鸟。比利时人因为对其十分喜爱而将其定为国鸟。

红隼一般体长 31～36 厘米。雄鸟头顶、后颈、颈侧蓝灰色，具黑褐色羽干纹，额基、眼先和眉纹棕白色，耳羽灰色，髭纹灰黑色，背、肩及上覆羽呈砖红色，各羽具三角形黑褐色横纹，腰和尾上覆羽蓝灰色，尾羽蓝灰色，具黑褐色横斑及宽阔的黑褐色次端斑，下体棕白色，颊近白色，上胸和两胁具褐色三角形斑纹及纵纹，下腹黑褐色纵纹逐渐减少，覆腿羽和尾下覆羽为黄白色，尾下呈银灰色。雌鸟上体深棕色，头顶具黑褐色纵纹，上体其余部分具黑褐色横纹，其他部分与雄鸟同。虹膜暗褐色，嘴蓝灰色，先端黑色，嘴和腊膜为黄色，附蹠和趾深黄色，爪黑色。眼睛的下面有一条垂直向下的黑色口角髭纹，是它与黄爪隼的最明显的区别之一。另外，它的尾羽的形状呈凸尾状，与燕隼、猛隼等的圆尾不同。

红隼平常喜欢单独活动，尤以傍晚时最为活跃。红隼经常在空中盘旋，飞翔力强，喜逆风飞翔，可快速振翅停于空中。它们的视力非常敏捷，并且取食迅速。飞翔中的红隼会搜寻地面上的老鼠、雀形目鸟类、蛙、蜥蜴、松鼠、蛇等小型脊椎动物，也吃蝗虫、蚱蜢、蟋蟀等昆虫。

菲律宾国鸟——食猿雕

食猿雕，也被称作菲律宾鹰，是菲律宾的国鸟，目前仅存不到 500 对，主要集中在菲律宾棉兰老岛的雨林中。

食猿雕是世界上体型最大、数量最稀少的雕类之一，属于大型雕类，被人们赞为世界上“最高贵的飞翔者”，更有“雕中之虎”的美誉。

食猿雕体态强健，其相貌凶狠，平均体长1米左右，可达9千克之重，其翅展长达3米左右。食猿雕的上半身羽色一般呈深褐色，下半身通常为浅黄或白色相间，头部后面有许多柳叶状冠毛，色黄有斑点。食猿雕的面部和嘴为黑色，遇对手或猎物时冠羽会立即竖起成半圆形。

食猿雕主要栖息于低山至开阔的草原地带，习性与哈佩雕非常相似，它们非常喜欢“占地为王”，一对食猿雕差不多要占领30平方千米的领域，并捕杀这个领域内的各种动物。

食猿雕十分善于在低空盘旋，当它们发现猎物时，就会如闪电般俯冲而下，先啄瞎猎物眼睛，之后将无法逃离的猎物撕成碎块吞食。

食猿雕的主要猎物是各种树栖动物，如猫猴、蝙蝠、蛇类、蜥蜴、犀鸟、灵猫、猕猴及野兔等。它们还经常在村庄附近捕杀狗、猪等家畜。食猿雕也会埋伏在犀鸟的洞穴附近，捕杀为雌犀鸟喂食的雄犀鸟。由于其在啄食猴子时十分凶残，所以有“食猿雕”之称。

和其他猛禽一样，食猿雕一生只追求一个伴侣，任何变故都不能动摇它们对伴侣的忠贞。

每年10~12月，食猿雕会将巢穴筑于岩壁、乔木或灌木丛中，以枯枝和芦苇等编成，内铺兽毛和草。

食猿雕通常在每年的4~5月份产卵，每窝仅产1枚卵，孵化期大约为2个月。

在食物贫乏的情况下，由于雄鸟带回的食物有限，饥饿的雌鸟常常要自己离巢觅食，这种情况下就有可能会造成孵化失败，最终发生弃巢的情况。

在自然状态下，食猿雕的繁殖率极低，不仅由于其每次产卵的数目少，还因为每只食猿雕幼鸟的成长时间都非常长。单单是幼鸟长齐羽毛就需要4个多月，而且即使已经长齐了羽毛，幼鸟仍然要在亲鸟的领域中逗留到第二年。幼鸟在自己学习捕食技术期间，可能仍然需要亲鸟的喂养。所以只有当幼鸟离开亲鸟的领域之后，亲鸟才可能再次营巢，进行繁殖。

墨西哥国鸟——凤头卡拉鹰

凤头卡拉鹰俗称长脚鹰。传说几千年前,墨西哥土著居民的祖先——阿兹特克人奉太阳神神谕,寻找立国之地,他们穿越炎热的沙漠,看见一只嘴衔毒蛇的长脚鹰,立在仙人掌上,四周湖水如镜,就在湖边建立了特诺奇蒂特兰城,即后来的墨西哥城。现在墨西哥国旗、国徽上的图案就缘自这个传说。凤头卡拉鹰也成为墨西哥国鸟。

凤头卡拉鹰产于拉丁美洲,体型比隼略大,腿长而擅长奔跑,以腐肉为食,常与美洲鹫争食,有时候也自己捕食猎物并袭击其他鸟类的巢穴。

凤头卡拉鹰已经在公元1900年灭绝。

最长寿的猛禽——安地斯神鹰

安地斯神鹰名康多兀鹫、安地斯秃鹰、南美神鹰、安地斯神鹫。

安地斯神鹰是西半球最大的飞行鸟类,其翼长可达2.7～3.1米,雄鹰体重可达11～15千克、雌鹰体重可达7.5～11千克,身长约为117～135厘米。

安地斯神鹰的羽毛是黑色的,有白色羽毛围绕颈部底。它们的翼上有白色斑纹,在雄鹰身上尤为显眼,但要第一次换羽后才会出现。头部及颈部都是红色至暗红色的,只有很少羽毛。它们会很小心地保持头部及颈部的清洁,而秃头也是一种卫生的适应性,可以让紫外线照射及脱水来帮助皮肤消毒。它们的头顶扁平,雄鹰有一个暗红色的肉冠。它们头部及颈部的肤色会随着情绪而有所变化,可以作为沟通的工具。雏鹰一般呈灰褐色,头及颈都是黑色的,有褐色的环状领。

安地斯神鹰的中趾很长,后趾则发育不全,所有趾上的爪都相对较直及钝。

所以它们的脚很适合行走，很少会用爪来作为武器或抓住东西。它们的喙弯曲，可以撕开腐肉。雄鹰的瞳孔是褐色的，而雌鹰的则是深红色的。眼皮没有眼睫毛。

安地斯神鹰飞行时会在空中盘旋，姿势优美。它们会水平张开双翼，初级飞羽末端会向上。它们没有支撑大型肌肉的胸骨，由此可以看出它们主要是以滑翔的方式飞行。它们会在地上拍动双翼，上升至一定高度时，拍动的次数变得很少，只依赖气流来保持高度。·

安地斯神鹰主要栖息在辽阔的草原及高达海拔 5000 米的山区，喜欢开阔及没有森林的地区，如岩石区或山区等，方便在空中寻找尸体。它们有时也会在玻利维亚东部及巴西西南部的低地、智利及秘鲁的沙漠地区及巴塔哥尼亚的假山毛榉属森林出没。

安地斯神鹰主要以腐肉为食，喜欢如鹿或欧洲牛等大型动物的尸体。野生的安地斯神鹰栖息在大片土地，一日会飞行超过 200 千米来觅食。在内陆地区，它们喜欢吃大型的尸体；而在近岸地区，它们则喜欢吃水生哺乳动物的尸体。它们也会袭击细小鸟类的巢穴，偷鸟蛋吃。

安地斯神鹰在 5 ~ 6 岁时达到性成熟。在求爱时，雄鹰的颈部会由暗红色变为鲜黄色，并且会张开。它们会伸出颈来接近雌鹰，显示它们的颈部及胸部，并且发出嘶嘶声，接着会张开双翼，直立及摆动其舌头，一边跳一边叫或用跳舞来示爱。

安地斯神鹰喜欢在海拔 3000 ~ 5000 米的地方营巢。它们的巢通常是由树枝组成，放置在岩壁上。安地斯神鹰每窝产卵 1 ~ 2 枚，由雌雄亲鸟共同完成孵化工作。

“草原上的清洁工”——秃鹫

秃鹫又称座山雕或秃鹰，是一类以食腐肉为生的大型猛禽。

秃鹫

秃鹫体形大，全长约110厘米，体重约7～11千克，翼展可达2米多长。

成年秃鹫头部为褐色绒羽，后头羽色稍淡，颈裸出，呈铅蓝色，皱领白褐色。上体暗褐色，翼上覆羽亦为暗褐色，初级飞羽黑色，尾羽黑褐色。下体暗褐色，胸前具绒羽，两侧具矛状长羽，胸、腹具淡色纵纹，尾下覆衬白色，覆腿黑褐色。秃鹫虹膜褐色，嘴端黑褐色，腊膜铅蓝色，跗跖和趾灰色，爪黑色。

秃鹫的栖息范围较广，通常栖息在海拔2000～5000多米的高山裸岩，草原均有分布。筑巢于高大乔木上，以树枝为材，内铺小枝和兽毛等。

秃鹫喜欢单独活动，有时也会集成具有3～5个成员的小群进行活动。

秃鹫在飞翔时，两翅会伸成一直线，振翅频率较低，通常都是利用气流长时间翱翔于空中。

当秃鹫发现地面上的尸体时，会飞至附近取食。秃鹫食物主要是大型动物和其他腐烂动物的尸体，也捕食一些中小型兽类。人们称其为“草原上的清洁工”。

秃鹫喜欢营巢于高大的乔木上，以树枝为材，内铺小枝和兽毛等。

秃鹫通常每窝产卵1～2枚，卵呈污白色，具有深红色条纹和斑点。卵由雌雄亲鸟共同孵化。

凶猛的金雕

金雕属鹰科，是北半球上一种广为人知的猛禽。

金雕身长约为76～102厘米，翼展可达2.3米，体重约为2～6.5千克。

金雕的头顶呈黑褐色，后头至后颈羽毛尖长，呈柳叶状，羽基暗赤褐色，羽端金黄色，具黑褐色羽干纹。上体暗褐色，肩部较淡，背肩部微缀紫色光泽；尾上覆羽淡褐色，尖端近黑褐色，尾羽灰褐色，具不规则的暗灰褐色横斑或斑纹，和一宽阔的黑褐色端斑；翅上覆羽暗赤褐色，羽端较淡，为淡赤褐色，初级飞羽黑褐色，内侧初级飞羽内翈基部灰白色，缀杂乱的黑褐色横斑或斑纹；次级飞羽暗褐色，基部具灰白色斑纹，耳羽黑褐色。下体颏、喉和前颈黑褐色，羽基白色；胸、腹亦为黑褐色，羽轴纹较淡，覆腿羽、尾下覆羽和翅下覆羽及腋羽均为暗褐色，覆腿羽具赤色纵纹。

金雕幼鸟和成鸟大致相似，但体色更暗，第一年幼鸟尾羽呈白色，具宽的黑色端斑，飞羽内翈基部白色，在翼下形成白斑；第二年以后，尾部白色和翼下白斑均逐渐减少，尾下覆羽亦由棕褐色到赤褐色到暗赤褐色。虹膜栗褐色，嘴端部黑色，基部蓝褐色或蓝灰色（雏鸟嘴铅灰色，嘴裂黄色），蜡膜和趾黄色，爪黑色。

金雕分布较广，遍及欧亚大陆、日本、北美洲和非洲北部等地。在中国的分布范围也很大，包括东北、华北、西北、西南以及东南的局部地区。

目前金雕共分化为5个亚种，中国分布有2个亚种。其中加拿大亚种分布于内蒙古东北部、黑龙江、吉林、辽宁等地，分布于其他地区的都属于中亚亚种。

大部分金雕都属于留鸟，只有个别种类为旅鸟或冬候鸟。

金雕通常栖息于草原、荒漠、河谷，特别喜欢在高山针叶林中生存、活动。

金雕通常单独或成对活动，冬天有时会集成较小的群体一同活动，但偶尔也能见到20只左右的大群聚集在一起捕捉较大的猎物。

金雕白天常待在高山岩石峭壁之巅或空旷地区的高大树木上，也可见其在荒山坡、墓地、灌丛等处捕食。

金雕善于翱翔和滑翔，常在高空中一边呈直线或圆圈状盘旋，一边俯视地面寻找猎物。金雕在飞行的时候两翅上举呈"V"状，用柔软而灵活的两翼和尾的变化来调节飞行的方向、高度、速度和飞行姿势。

金雕生性凶猛，主要捕食大型鸟类和中小型兽类，所食鸟类有赤麻鸭、斑头雁、鱼鸥、雪鸡，兽类有岩羊幼仔、藏原羚、鼠兔、兔、黄鼬、藏狐等。金雕有时也会捕食家畜和家禽。

金雕通常营巢于针叶林、针阔叶混交林或疏林内高大的红松和落叶松树上，也常营巢于悬崖峭壁之上。

金雕的繁殖期因地而异。在北京地区，2 月上旬即见成对在空中盘旋追逐进行求偶，2 月中旬开始产卵；分布于俄罗斯的金雕，繁殖期较晚，通常是在每年的 4 月中旬才开始产卵。

金雕每窝产卵 2 枚，偶尔有少至 1 枚和多至 3 枚的。卵由雌雄亲鸟轮流完成孵化、育雏工作。

擅长飞行的雀鹰

雀鹰属于鸟纲隼形目鹰科鹰属。

雀鹰是一种小型猛禽，雄鸟体重约为 130 ~ 170 克，体长约为 310 ~ 350 毫米，嘴峰约为 11 ~ 13 毫米，翅长约为 205 ~ 255 毫米，尾长约为 150 ~ 197 毫米，跗蹠约为 51 ~ 63 毫米；雌鸟体重约为 193 ~ 300 克，体长约为 360 ~ 410 毫米，嘴峰约为 12 ~ 15 毫米，翅长约为 240 ~ 260 毫米，尾长约为 145 ~ 223 毫米，跗蹠约为 58 ~ 73 毫米。

雀鹰雄鸟上体呈鼠灰色或暗灰色，头顶、枕和后颈较暗，前额微缀棕色，后颈羽基白色，常显露于外，其余上体自背至尾上覆羽暗灰色，尾上覆羽羽端有时缀有白色;尾羽灰褐色,具灰白色端斑和较宽的黑褐色次端斑;另外还具4~5道黑褐色横斑;初级飞羽暗褐色,内翈白色而具黑褐色横斑;其中第五枚初级飞羽内翈具缺刻,第六枚初级飞羽外翈具缺刻;次级飞羽外翈青灰色,内翈白色而具暗褐色横斑;翅上覆羽呈暗灰色。

眼先为灰色,具黑色刚毛,有的具白色眉纹;头侧和脸呈棕色,具暗色羽干纹;下体为白色;颏和喉部满布以褐色羽干细纹;胸、腹和两胁具红褐色或暗褐色细横斑;尾下覆羽亦为白色,常缀不甚明显的淡灰褐色斑纹,翅下覆羽和腋羽白色或乳白色,具暗褐色或棕褐色细横斑;尾羽下面亦具4~5道黑褐色横带。

雌鸟体型较雄鸟大。上体灰褐色,前额乳白色或缀有淡棕黄色,头顶至后颈灰褐色或鼠灰色,具有较多羽基显露出来的白斑,上体自背至尾上覆羽灰褐色或褐色,尾上覆羽通常具白色羽尖,尾羽和飞羽暗褐色,头侧和脸乳白色,微沾淡棕黄色,并缀有细的暗褐色纵纹。下体乳白色,颏和喉部具较宽的暗褐色纵纹,胸、腹和两胁以及覆腿羽均具暗褐色横斑,其余似雄鸟。

幼鸟头顶至后颈栗褐色,枕和后颈羽基灰白色,背至尾上覆羽暗褐色,各羽均具赤褐色羽缘,翅和尾似雌鸟。喉黄白色,具黑褐色羽干纹,胸具斑点状纵纹,胸以下具黄褐色或褐色横斑。

其余似成鸟。虹膜呈橙黄色,喙为铅灰色、尖端黑色、基部黄绿色,蜡膜黄色或黄绿色,脚和趾橙黄色,爪黑色。

雀鹰通常栖息于针叶林、混交林、阔叶林等山地森林和林缘地带,冬季主要栖息于低山丘陵、山脚平原、农田地边、以及村庄附近。尤其喜欢在林缘、河谷,采伐迹地的次生林和农田附近的小块丛林地带活动。

雀鹰常单独生活,或飞翔于空中,或栖于树上和电柱上。飞翔时先两翅快速鼓动飞翔一阵后,接着滑翔,二者交互进行。飞行有力而灵巧,能巧妙的在树丛间穿行飞翔。

雀鹰喜欢在"伏击"飞行中捕食。其飞行能力很强,速度极快,每小时可达数百千米。飞行有力而灵巧,能巧妙地在树丛之间穿梭飞翔。

雀鹰主要以鸟、昆虫和鼠类等为食，也捕鸠鸽类和鹑鸡类等体形稍大的鸟类和野兔、蛇等。

雀鹰发现地面上的猎物后，就急飞直下，突然扑向猎物，用锐利的爪捕猎，然后再飞回栖息的树上，用爪按住猎获物，用嘴嘶裂吞食。

雀鹰在攻击鸡类等体形较大的猎物时，常采取反复进攻的手段，有时第一、二次仅能使猎物受到轻伤或散落一些羽毛，但在多次打击下，猎物也难免被击垮，失去抵抗能力，成为雀鹰的“盘中餐”。

雀鹰的繁殖期通常为每年的5~7月。它们喜欢营巢于中等大小的椴树、红松树或落叶松等阔叶或针叶树上，有时也利用其他鸟类的旧巢。

雀鹰每窝产卵3~4枚，通常1天产1枚卵。孵化工作主要由雌鸟完成，雄鸟偶尔也参与孵卵活动。

色盲猫头鹰

猫头鹰属鸟纲鸮形目，目前世界上已知约有130余种，在除南极洲以外所有的大洲都有分布。大部分的种类为夜行性肉食性动物。

猫头鹰眼周的羽毛呈辐射状，细羽的排列形成脸盘，使其面形似猫，因此得名“猫头鹰”。

猫头鹰身体的大部分被羽都呈褐色，散缀细斑，稠密而松软，飞行时无声。

猫头鹰的雌鸟体形一般较雄鸟为大。头大而宽，嘴短，侧扁而强壮，先端钩曲，嘴基没有蜡膜，而且多被硬羽所掩盖。它们还有一个转动灵活的脖子，使脸能转向后方，由于特殊的颈椎结构，头的活动范围可达270°。

猫头鹰的左右耳不对称，左耳道明显比右耳道宽阔，且左耳有发达的耳鼓。大部分还生有一簇耳羽，形成像人一样的耳廓。

猫头鹰的食物以鼠类为主，也吃昆虫、小鸟、蜥蜴、鱼等动物。猫头鹰有吐“食丸”的习性，即把吃进去的不能消化的骨骼、羽毛、毛发、几丁质等残物渣滓集成块状，形成小团经过食道和口腔吐出。科学家可以根据对食丸的分析，了解它们的食性。

猫头鹰的听觉神经非常发达，视觉神经也极其敏锐。猫头鹰的视网膜中没有锥状细胞，无法辨认色彩，所以是鸟类中的色盲。

猫头鹰通常都栖息于树上，部分种类栖息于岩石间和草地上。大部分种类具有昼伏夜出的习惯，白天隐匿于树丛岩穴或屋檐中不易见到；少部分种类，如斑头鸺鹠、纵纹腹小鸮和雕鸮等白天也常外出活动。

第六章 自由遨游的水中动物

海中之王——鲸

唐代诗人李白诗云:"……长鲸正崔嵬。额鼻像五岳,扬波喷云雷。髻鬣蔽青天……"意思是说,鲸鱼的身体又长又大,鼻子像山一样,当它呼气喷水时,扬起高高的水柱,发出雷鸣般的响声。它那头部的毛把天都挡住了。诗人虽然运用了夸张的手法,但鲸确实是地球上硕大无比的动物。大型鲸体重有100多吨,小的也有三五吨重。

在鲸中,最大和最重的是蓝鲸,它也是最长和最重的哺乳动物。有记录的最长的一头蓝鲸,是1909年在福克兰群岛南乔治亚附近捕获的,这是一头雌鲸,身长为33.59米。1947年3月20日,苏联"斯拉瓦"捕鲸队在南大西洋捕获了一头雌性蓝鲸,其体重为209吨,舌头重4.72吨,心脏重699.16千克。

蓝鲸栖息于冷水海域,冬季迁往比较暖和的水域生育。1947~1948年在南极洲测到的结果表明:当蓝鲸受惊吓后能在10分钟内保持20节(37千米/时)的游行速度。这意味着一条长27.43米的蓝鲸以20节的速度游行需要520马力。新生的蓝鲸幼子一般体长为6.4~8.7米,体重超过3.3吨。

蓝鲸在相互联络时发出的低频声波,经测定为188分贝,这使它们成为地球上所有活着的生物中发音最响的一种动物。它们所发出的声音在852.77千米以外都能清楚地听到。

鲸的种类很多,总体上可分为两类:一类是须鲸类,蓝鲸就属于这一类;另一类是齿鲸类，虎鲸属于这一类。

鲸的交尾情景是十分奇妙的。在蔚蓝色的海洋上，有两头鲸并排游动，游着游着，一头鲸冲向前，侧着身，放慢了速度，露出白肚，另一头鲸也侧着身游动，它露出的白肚紧紧贴上前一头鲸的白肚，冲刺而过。经过几次这样的动作后，母鲸就怀孕了，9 个月后便产下小鲸。

母鲸生小鲸时更有趣。它不像牛羊那样静卧生产，而是在快速游动中产崽儿。鲸在海面上时而快速游动，时而跃出水面；在快速的游动中，它用巨大的尾鳍使劲搅一下水，使身体腾空而起，达两层楼那么高，然后像跳水运动员一样，用燕飞的姿势下落，一头扎进水中，激起很高的浪花。这样反复多次，小鲸就生下来了。看到这种情景，渔民们说，这是鲸在跌崽儿，也就是鲸的奇巧生殖。

鲸是一种胎生动物，它每胎可生 1 ~ 2 头小鲸。据科学家研究，母鲸对子鲸的关心，是无微不至的。比如，每当子鲸生出，母鲸为了防止子鲸在水中窒息而危及生命，就用尾鳍将子鲸托出水面，让子鲸能深深地呼吸。

鲸的"母爱"，按照鲸类不同的习性，也会有所不同。长须鲸、齿鲸，喜欢将"孩子们"聚拢到一起，让它们互相追逐戏耍，而母鲸们则团团围着幼鲸，以保护孩子们的安全。座头鲸和抹香鲸，喜欢将子鲸放在自己的周围，单独地哺育和保护。在哺育期间，母鲸与子鲸日夜依偎在一起，直到子鲸可以单独行动，母鲸才离开。北极鲸的"母爱"又异乎常情，当子鲸出生后，母鲸就用胸鳍将子鲸拥抱在自己的胸前；即使子鲸已能独立行动，母鲸仍总是尾随其后，担心子女会受到伤害。因此，人们把北极鲸的爱子称作"掌上明珠"或"抱子鲸"。

若说母鲸都对儿女倍加呵护，那也不尽然。在鲸中有一种脊盖鲸，就是视子如仇的凶鲸，哺乳子鲸期间还勉强尽责，一旦子鲸"成人"，它就要追逐噬咬，所以子鲸只能逃之夭夭，不再回到母鲸身边。因此，人们也称脊盖鲸为"孤鲸"。

鲸不仅是海洋之王，而且还是地球赖以生存、不可或缺的一种动物。须鲸能够调节浮游生物的生长：须鲸的主食是浮游动物。浮游动物又以浮游植物为食,而海洋里绝大部分氧气和大气中约60%的氧气是浮游植物制造的。

齿鲸能够对海洋中鱼的数量起到调节作用。这是因为齿鲸的食物是大型软体动物,而大型软体动物每天要吃掉大量的鱼。它们所生活的环境是海洋深处。由此可见,须鲸有助于海洋和大气中氧的形成,齿鲸有助于保持鱼类的生态平衡。

海洋里的霸王——虎鲸

1934 年,在斯里兰卡岛的一个浅水海湾里,有 97 头虎鲸进入深度不超过一米的浅水处。在几天之间,虎鲸一头接一头地相继死去。它们为什么不能重回大海去呢?显然,由于细软而容易搅浑的海底吸收了回声信号,这使它们的定位装置无法准确地工作,从而造成了几头虎鲸闯进浅水地段,而听到遇难信号跟随前来的虎鲸们又不忍抛开伙伴独自回到大海。灾难不久就毁灭整群虎鲸。

虎鲸

虎鲸是海洋里一种凶猛的兽类。它的上下颌长满了 22 ~ 24 颗锐利的巨齿。虎鲸有熟练的游泳本领和持久的潜水能力,每小时能游 15 海里,在海底能一气潜游 15 分钟。不管什么鱼类碰上虎鲸都难以逃命,由此它成为海洋里的霸王。

虎鲸凶猛贪食。在捕获的虎鲸胃中,常发现各种鱼类的骨头。丹麦一位生物学家曾在一条 7 米长的虎鲸胃中,取出 13 只海豚和 14 只海豹的尸骸。

加拿大的鲸类专家保罗·斯旁吉,曾亲眼见过虎鲸"围网捕鱼"的情景:一次,有三群虎鲸像放羊一样秩序井然地驱赶着大大小小的鱼群,不久,它们围成一个大圆圈，把鱼群围在中间，然后这些虎鲸像跳集体舞一样，一对对地轮流跃进圆圈中心，对着鱼群择肥而噬。待所有的鱼都吃光了，“围网”便自行散开，虎鲸们分头离去。

南极虎鲸爱吃海豹和企鹅。那么，当海豹和企鹅不在水中而在冰上栖息时，南极虎鲸怎么办呢？只见它找到浮冰的薄弱部分，用它那沉重的鼻子把冰压裂开，冰的另一边就慢慢翘起来，使在上面吓得发昏了的海豹或企鹅慢慢向下滑，正好跌到虎鲸张开的大嘴里。

虎鲸性格非常凶猛，胆大狡猾，残暴贪食，是海洋中最凶残的猛兽。它们长着一口锋利的牙齿，专门攻击海豚、海豹、海狮、海象等大型动物，甚至攻击巨大的蓝鲸。由于它们凶如猛虎，所以叫它虎鲸。

虎鲸是终生在海洋中生活的大型哺乳动物。其身体呈流线型，表面光滑，皮肤下面有很厚的脂肪层来保持身体的热量。背上长有一鳍，能在游弋时保持平衡。四肢退化，前肢变为一对鳍，后肢已经消失。

虎鲸是用肺呼吸的，经常要浮出水面换气，所以它的鼻孔生在头顶，鼻孔朝天并有开关自如的活瓣。当虎鲸浮上水面时，活瓣便打开，进行呼吸；同时鼻孔里喷出泡沫状的气雾。很多人认为这是一股水柱，其实只是它呼出的热空气，当接触外界冷空气后就形成了雾柱。

虎鲸喜欢群居，一夫多妻。一个虎鲸群由一头年富力强的雄鲸与若干头雌鲸组成。群的大小取决于雄鲸的搏斗能力，强者占有的雌鲸就多。一群少则三五头，多则三四十头。虎鲸是胎生动物，终年都可交配。母鲸怀孕一年后产崽儿，一胎一只。幼鲸吃母鲸乳汁长大，一年后即可独立觅食。

目前，人们正设法让虎鲸为人类提供更多的服务。

在美国海军夏威夷水下作战中心的深水作业部队里，有两头“服役”的鲸——摩尔根和阿赫布。摩尔根是头体重达545千克的巨鲸，它是在美国加利福尼亚南部海岸附近卡塔里娜岛被捕获的。经过专门训练，它能接受教练员的指令深潜海底，在声波定位装置的引导下，搜索目标，待完成任务以后自动返航。阿赫布是头虎鲸,重 2800 千克,它比摩尔根潜得更深。这两头鲸是美国海军的宠儿,常被派遣执行导航、深水扫雷等任务。摩尔根和阿赫布经常潜到 480 米深的海底排除水雷,屡建战功。

人们还把虎鲸的叫声在海上播放,可以吓跑危害渔业的海兽;美国已成功地驯养虎鲸打捞海底遗物:有人还设想将它训练成海底牧场的警犬,来管理人工养殖的鱼群。

现在生物学家已掌握了虎鲸的生活习性,把虎鲸的吼叫声录下来,然后向海洋里发射,诱使虎鲸向设下的罗网游去,便能很容易地将虎鲸捕获,然后加以驯养,让它为人类服务。

潜水冠军抹香鲸

抹香鲸是世界上最大的有齿类哺乳动物。一头创纪录的抹香鲸长 20.7 米,是 1950 年夏天在太平洋西北部库里亚群岛附近由一艘苏联捕鲸船捕获的。在捕鲸活动开始早期,曾捕获到比它更大的抹香鲸。在英国不列颠自然博物馆展出的一块长 4.99 米的抹香鲸下颚骨就是一头将近 26 米长的抹香鲸。

我们之所以在这里讲抹香鲸的故事,是因为它是潜水冠军。鲸潜入海中的最深纪录是 1133.98 米,这是由一头长 14.33 米的雄性抹香鲸于 1955 年 10 月 14 日所创造的。这头鲸被人发现时,它的嘴卡在厄瓜多尔的圣埃伦那通往秘鲁的乔利勒斯的海底电缆上。在这一深度,鲸身体表面所承受的压力为 118.22 千克/平方厘米。1970 年美国科学家通过对抹香鲸发出声响的位置进行三角测量计算出,这种鲸潜水的极限深度是 2500 米。但是,1969 年 8 月 25 日,在南非德班以南 160.9 千米的海面上捕杀了一头雄性抹香鲸,在这头鲸浮出水面之前,潜入水中长达 1 小时 52 分钟。在它的胃里发现了两条小鲨鱼,估计是 1 小时前吞下去的。经鉴定,这两条小鲨鱼属角鲨,仅生存于海底。在那片半径为 30~40 海里的地区内,从水面到海底的距离超过 3193 米。这说明,这头抹香鲸在寻找食物时有时可能潜入3048米以下的深度。要潜至如此深度,所受的最大限制不仅是压强,更是时间。

我们知道,鲸的祖先是在陆地上生活的,后来由于环境变迁才下了海。

而生活在陆地上的人,无论你会不会游泳,潜入水中都是相当危险的。首先是呼吸这一关,人只能在水中潜几分钟,时间再长,就会憋死。如带潜水器具,可以解决呼吸的问题,但是还存在压力问题。在水中,每下潜10米,就增加一个大气压。

在水深1000米的地方,压力可达到101个大气压。这么大的压力,连空汽油桶都会被压扁,更别说人了。

另外,人不能呼吸溶于水中的氧气,潜水者必须通过潜水器吸入气体的氧。我们知道,压力降低,空气体积就会增大,变得稀薄,登上高山感到呼吸困难,就是这个缘故;压力升高,空气体积被压缩,就会变浓。由于高压空气的密度增加,人吸入同样数量(体积)的压缩空气,氧和氮就会增加好几倍。而吸入过量的氮,人就会发生氮麻醉,其症状如喝醉了酒;吸入过量的氧,则会引起氧中毒。因此,深海潜水时不能使用高压空气,而必须使用加压的混合气体。

所谓混合气体,就是把氮、氧、氦等气体,根据需要按比例混合而成。

人在深潜时,可以携带混合气体气瓶。那么,鲸潜水时怎么办呢?为什么鲸等海兽呼吸一次就能自由地潜入数十、数百、数千,甚至上万米呢?

海獭能下潜到70米,有的海豚能达300米,南极威德尔海豹能达400米,长须鲸能达500米,抹香鲸能达1.1万米……难道它们的身体结构有什么特殊的吗?

海兽是哺乳动物,用肺呼吸,必须不断地浮出水面呼吸。海豚和海豹个体小,一般是一分钟呼吸一次,长的时候是数分钟呼吸一次。而鲸的呼吸很特殊,它在连续的短呼吸后进行深呼吸。吸足一口气,可以进行长达数十分钟的潜水。抹香鲸一次潜水可达1小时以上。

海洋深处的压力很大,鲸为什么能忍受得住?而且又那么长时间呢?

原来,鲸身体里的空腔如胸腔、腹腔等等,内部的压力与身体所受的海水的压力是相等的。所以它不怕深海的高压。

它的气管被分隔成许多小室,形成一个"阀门系统"。吸气时,空气依次通过"阀门"由低压区进到高压区;呼气时,空气又由高压区转到低压区。潜水的时候,虽然它的胸部受到的压力很大,由于有"阀门系统"的存在,肺里的空气就不会被压入气管,所以可以保护肺部的高压。可见,它体内的压力是可以调节的。

鲸的血液,在身体很多部分都有储存,而且它的血管里也有"阀门",这就保证了在深水中血液的流通。随着深入深海,鲸的胸部(肺)受到压缩,肺里的气体交换就会停止。有意思的是,鲸体内的氧气不减少到一定量,它就不会有呼吸的要求的。这就保证了它可以在深海待1小时以上。

会"喷水"的灰鲸

每年圣诞节前后到第二年3月,成千上万来自世界各地的游人,都会云集墨西哥下加利福尼亚半岛,观赏从北冰洋来的"贵客"——灰鲸。

灰鲸身长15米左右,体重15~30吨。它本是黑色,由于身躯的某些部位覆盖着许多白色的寄生动物,远远望去灰茫茫的,人们就叫它灰鲸。每当飞雪严冬,千万条灰鲸便离开北冰洋和白令海峡,开始一年一度6000多海里的长途旅行,来到墨西哥下加利福尼亚产崽儿。游在前面的一批,是头一年在下加利福尼亚受胎的母鲸,它们急切地期望早日回到那里,让子鲸顺利降生:身后是一年前出生的年轻的雌雄灰鲸,它们也渴望早日到达墨西哥,开始新的生活。

灰鲸是胎生,每两年繁殖一头子鲸。雌鲸分娩时总有一两头雌鲸前来帮忙,并协助刚刚出生还不会游泳和呼吸的子鲸浮出水面呼吸,以免窒息而死。有时,母鲸用头或躯体把子鲸推出水面呼吸。刚刚出生的子鲸长4~5米,重达700~1000多千克。

子鲸在能吃海中食物前,靠母鲸的乳汁生活。有趣的是,子鲸从来也不懂得自己要奶吃,总是靠母鲸用腹肌把奶送进它们的喉咙,每次3~4升。鲸乳含有丰富的脂肪,比人乳含量多8倍,这使子鲸有足够的营养,能迅速生长。第二年春天,在灰鲸返回北冰洋时,子鲸已长到7米长,2吨重,并学会了游泳。在返回的旅途中,它从不离开母鲸,一直在母鲸的保护和喂养下长到6个月,才开始自己觅食。整个夏天,子鲸在北极区成长,直到严冬来临,它们便像当年的母鲸一样返回原籍——墨西哥过冬。

墨西哥政府为了保护这些珍贵动物,并满足大批旅游者观赏灰鲸的心愿,特地在岛上一些地方建立了瞭望台。游客在瞭望台上能观赏活动在几千米范围内的灰鲸。

鲸类有一个容易暴露自己的缺点——向大气中“喷水”。

一般人往往把鲸叫做“鲸鱼”,其实,它并不是鱼,而是居住在水中的兽类,属于哺乳动物。动物学家认为,在几千万年以前,鲸也是生活在陆地上的动物。那时候,它们也有四条腿,能在陆地上奔跑。后来,由于地球地理环境的改变,迁居到水中。在水中生活久了,鲸的肢体起了变化,那些不适于水中活动的器官逐渐退化、转化,前肢变成桨状,像鱼类的胸鳍,身体后部则出现了强有力的尾桨,是鲸的“螺旋桨”。现在只能在某些鲸的尾椎骨中找到残存的骨盆痕迹……同时,整个身体也渐渐成为“流线型”,以便在水中游泳。鲸迁到水中生活之后,虽然外部器官起了巨大的变化,以至被误认为是“鱼”;但是,它们的内部器官变化较少,并保持原来陆上生活的某些特点,如用肺呼吸。鲸的肺很大,如剃刀鲸的肺重约1500千克,肺内可装15000升的空气。这样大的肺容量,对鲸来说,有很大的好处,它可以不必经常浮在海面上呼吸空气了。但是潜水时间也不能太长,一般过了十几分钟后,还需要露出水面透一透气。换气时,先把肺中大量的空气排出来。由于强大的压力,喷气时发出很大的声音,有的竟像小火车的汽笛声。鲸的鼻孔与别的哺乳动物也不同,没有鼻壳,鼻孔开口于头顶两眼中间。有的种类两个鼻孔靠在一起,有的种类并成一个孔。强有力的气流冲出鼻孔时，把海水带到空中，在蓝色的海洋上即出现了海中的喷泉，这就是鲸在“喷水”。在寒冷的海洋里，鲸肺中呼出的湿空气因变冷而凝结成小水珠，也能形成喷水。鲸在深水时，肺中空气受到强烈的压缩，压缩的蒸汽有力地扩散，也造成了喷水。

既然鲸需要呼吸，为什么还能一次潜水长达1小时呢？回答这个问题要从鲸的呼吸现象说起。

鲸是以喷水的形式进行呼吸的，不同的鲸，它们喷水的形式是不一样的。

据记载，铺设在水深975米处的电缆，常被抹香鲸碰撞而切断。这是由于抹香鲸总是潜入上千米的海水深处捕捉乌贼为食，它每次潜水可以持续50分钟到90分钟。抹香鲸浮上来呼吸时，是用头部在前方45°角处的位置向外猛喷水柱。缺乏经验的海员常以为这是鲸在戏水，事实上它是在呼吸，而且，喷出的并不是水。那么，为什么会看到水柱呢？那是因为当鲸张开鼻孔吐气的时候，来自肺部湿润而温热的气体遇冷凝结而形成水滴，同时，鼻孔周围的海水也一起被喷出去，观察起来，酷似喷水游戏。

鲸的喷水是有节奏的，大致是一分钟“喷水”一两次，这就说明它的呼吸是有节奏地进行的。人们不禁要问：鲸有节奏地进行呼吸，怎么还能长时间潜入水下呢？其原因是鲸的呼吸能力极强。平时，人呼吸的时候，每次肺中的气体只能更换15%～25%左右，而鲸每次呼吸，肺中的气体可以更换80%～90%。

富有神秘色彩的独角鲸

一场夏季的风暴从北极附近疾速而猛烈地扫荡过来，几乎把马丁·弗罗比歇的三艘船脆弱的船身被碾得粉碎。三艘船艰难而缓慢地驶进加拿大巴苏岛东南角的一个宽敞的小海湾中躲避。在这个小海湾（现在叫做“弗罗比歇湾”）的一个小岛上，几名船员发现了一条“死掉的大鱼”。这条鱼跟以往任何文献记载的都不一样。它“像海豚一样圆滚滚的，约有3.6米长……有一根1.8米长的角伸出在鼻孔的外面”。

角为纯净的牙白色，笔直，呈圆锥形，上面有螺纹。弗罗比歇本能地意识到，他已经有了一项历史性的发现：找到了一种海洋独角兽。

尽管可能有20000～30000条独角鲸在北极海域游弋，但它们的生态特性、生活史和习性对我们大多数人来说，仍然是模糊不清的。这种不轻易露面的动物栖居在加拿大、格陵兰和俄罗斯远离航道的偏远而寒冷的沿海地区，因此即使是死的独角鲸也是十分罕见的。

在独角鲸身上至今仍笼罩着一层神秘的迷雾。当然，我们知道，它不是鱼类，而是一种呼吸空气的哺乳动物，额上并没有长角。成年的雄性独角鲸通常在上颌部长着一颗巨大的左牙。这颗牙在一生中不断生长，终于刺穿上唇，像是一颗牙质长矛，从头部伸出约2.4米长。奇怪的是只有雄鲸的牙会发育生长。虽然每头成年的独角鲸都有两颗牙齿，但是雌鲸的双牙和雄鲸的右牙却仍旧嵌埋在牙床骨内。

像独角鲸牙这样引起人们神思遐想的，在世界上几乎是绝无仅有的。早在弗罗比歇之前几个世纪，就有北欧的海盗把这种长牙带到了欧洲本土，但对于它的产地和来历，一直讳莫如深。

古代苏格兰把独角兽作为国家的标志。很可能是因为独角鲸出没在苏格兰的北方海域，从它的长牙而产生了有关独角兽的猜想。当詹姆士六世继承英国伊丽莎白女王王位时，他随身携带着苏格兰独角兽的雕塑。他粗暴地取消了英国皇家军服上的威尔士赤龙，而代之以直立着的独角兽。

虽然17世纪的启蒙运动最终驱散了围绕着独角兽的宗教迷雾，但是有关它的传说仍然萦绕在人们的脑际，它的角仍然用做特效药。

直到18世纪，瑞典博物学家林耐才给独角鲸定了一个学名：“独牙”、“独角”。随着科学知识的浪潮冲刷着欧洲的无知和愚昧，对独角鲸牙的需要量急剧下降了。如今使人感到神秘的却是独角鲸本身。

独角鲸喜欢群居，大约十头一小群生活在一起。因此有人提出，雄鲸依靠它那长牙驱赶离群的鲸返回集体。当几千头独角鲸成群结队地迁徙时,这或许是有用的。每逢秋季,它们排开冰块奋力游动着向南方退却。到了春季冰块消融时,则又返回高纬度地带。北极探险家罗伯特·皮里曾看见迁徙中的独角鲸群"顶风猛冲,它们那白色的长角不断而有节奏地从水中闪现出来"。

另一些研究人员揣测这种长牙可能是用来从下面冲破薄冰的利器。独角鲸跟其他鲸类不同,它长得较小,不能在水下游很长的距离,因为它经常需要呼吸空气。遇上迅速结冰的场合,独角鲸就必须摆脱冰层,逃往大海。1915年,一位丹麦科学家在格陵兰西部的狄斯科湾亲眼目睹了几百头独角鲸被冰层困住的情景。随着冰层的加厚,冰洞变得越来越小。这些1~2吨重的独角鲸拥挤在一起,撞来撞去,连气也透不过来。雄鲸的长牙像森林似的在冰面上摇动,它们在做垂死的挣扎。

然而,把这些长牙比做巨大的冰镐的理由并不充分。它不是捕食用的(独角鲸的主要食物是枪乌贼、鳕和虾)。鲸类学家几乎是一厢情愿地得出结论,长牙不过是一种第二性征,它可能只是雄鲸为了驱赶情敌而挥舞着进行示威用的。

我们对独角鲸长牙的用途的无知说明我们对这种动物的了解还处于初浅状态。虽然近年来野生动物(包括鲸类)的保护和研究已经受到公众的注意,但是独角鲸这个名称仍然很少有人知道。

有美丽大眼睛的海豹

据英国剑桥大学海洋哺乳动物研究小组的法德克与爱迪森两位学者对栖息于苏格兰沿海的灰海豹的长期考察,发现这类海豹将体内脂肪转为乳汁的速度之快,转换率之高,是目前任何哺乳动物都无法相比的。

在哺乳期的最初18天内,一只母海豹竟能将84%的能量储存起来——即将脂肪转换成乳汁,当小海豹体重增至30千克时,母海豹体内储存的脂肪要消耗65千克。这意味着每天的能量输出为29000千卡，比一般的哺乳动物高6倍。

海豹

母海豹每天产乳3千克，其成分的50%是它体内的脂肪，为育子的最佳营养品，因此小海豹的体重增长极快，每天可增重1千克以上。

海豹这种高产乳率的特性可能与它们的哺乳条件有关。海豹在水中虽然能自由游动，但哺乳必须在陆地或冰块上进行，这对于它们来说，显得笨拙而艰难。可是，小海豹每天至少要喂奶10次，所以只有高产乳率才能最大限度地减少哺乳期限。从海豹的高产乳率就可以解释怀孕的母海豹食量何以如此之大——它们每天要食用的食料超过体重的1/10。

海豹还有一双美丽而有神的大眼睛。

我国《古今图书集成》中记载着一种动物："其状非狗非兽非鱼也。前脚似兽而尾似鱼……"说的就是海豹。海豹是哺乳动物，用肺呼吸；但它们却和鱼类一样，是海洋里的"公民"。

动物的眼睛是它们窥视世界的窗口，也是远走高飞、捕捉食物、寻找配偶、逃避敌人的"雷达"。

海豹的眼睛和青蛙、海龟、鳄鱼等动物的眼睛一样，是水陆两用的。不过它的眼睛却是不同寻常的。

你看，在银光闪闪的海面上，鱼群熙熙攘攘，不时有鱼儿跃出水面，溅起朵朵细碎的浪花。一只海豹在鱼群中穿梭迂回，准确地追捕着游鱼。餍饱之余，它纵身跃上一块浮冰，似乎要静心养神。突然，一头虎鲸袭来，眼看海豹就要落入"虎口"，它却敏捷地闪身逃脱掉了……

目睹这一切，人们不禁对海豹绝妙的水陆两用眼睛拍案叫绝。人们惊奇地看到，海豹在清澈的水中虽然谈不上明察秋毫，却能一眼瞅准仅5克重的小鱼。

就是在较混浊的水里，或者是在幽暗的深处，也能发现极小的鱼群。有人在实验中发现，海豹在2米的距离上能基本区分直径分别为9厘米和12厘米的两个白色圆，最佳可辨别出大小只差1/10的同样颜色和形状的目标。假如在6米多的距离放一个12厘米边长，上面带有黑白相同条纹的正方形，每一条纹的宽度可在3厘米之内，当条纹只有1厘米时，海豹仍能辨别色差。大量事实证明，海豹在水中洞察目标的本领十分出色，大体和猫差不多。在陆地上，海豹对警戒目标也能视而无误。

海豹为什么能具有既能在水中看清目标，又能在陆地上分辨敌人的高超本领呢？这是因为海豹在捕食、定向、"社交"及其他活动中，眼睛都起着重要的作用，长期的水陆生活，使海豹的眼睛发生了适应环境的变异。

海豹生着一对美丽而有神的大眼睛，特别是其晶体很大，且近似球形，这便于接收大量的光线，有效地弥补角膜的光学损失，从而能在水中甚至在混浊的海湾或河口看到小小的鱼饵。

海豹眼内的脉络膜上长有包括22层水平细胞和32~34层垂直细胞的反光层色素层，这个色素层的面积与眼睛相比，在动物界是首屈一指的，因此感觉能力较强。这对海豹在陆地上瞳孔变窄，受光减少，或者潜入较深海时，环境变暗，感光较弱有所补偿。

海豹的眼睛前方覆有透明的瞬膜，其功能是保护眼睛，修正眼睛成像，提高视力。

海豹的视网膜有褶皱，可使眼球的容积随水压而变化，以利于在深水内观测其他生物的动向。视网膜上的杆体感觉细胞数与视神经中枢的细胞数之比为100:1，与人眼十分相似，这说明海豹在陆地上也应该有较好的视力。

奇怪的是，海豹有时对人的靠近却反应迟缓，甚至视而不见。这并不是因为视力不行，而是对注意目标有所选择之故，它对危险之敌，比如虎鲸的敏锐观察就是一个很好的说明。当然，与陆地高级动物相比，海豹的陆上视力还是有点逊色。有人说海豹的眼睛在水中是"正视眼"，在陆地上是"近视眼"，是有一定道理的。因为海豹在陆上只是休息或育子,并不需要费太大的眼力,而摄食活动是在水下,眼睛当然要适应于水中的活动了。

海狮当上了“侦察员”

对海洋动物在军事上的运用,研究得最早、运用最好的国家是美国。早在20世纪60年代初,美国海军就成立了海洋哺乳动物研究试验基地,吸收了美国一些优秀的生物学家、生理学家和兽医专家参加。通过对海狮、海豚、鲸的研究,美国海军专家们发现:经过训练的海洋哺乳动物,可以按照指令在公海活动。它们灵敏的听觉和潜水本领,可以完成人或现代化武器装备根本无法完成的任务。

下面我们就说说海狮是怎样当上“侦察员”的。

海狮生活在海洋中,以鱼、乌贼及贝类等为食。繁殖期到海岛上产子。一年产一次,每胎产一子。主要有:北海狮,个体最大,毛黄褐色至深褐色,分布于北太平洋,从加利福尼亚至阿拉斯加、堪察加沿海;南海狮,也叫“加州海狮”,体呈褐色,肢呈黑褐色,主要分布于美国西北部沿海,偶见于亚洲东海;南美海狮,体呈褐色,分布于南美洲沿海;灰海狮,雄的头顶及颈部呈黄色,分布于澳大利亚西南部沿海。

已知的十几种海狮中最著名的是腽肭兽,这种海兽的毛皮相当贵重。而体型最大的要推北海狮了,雄性的有4米长,体重可达1000千克。成长中的雄海狮在颈部会逐渐出现鬃状的长毛,叫声也颇像狮子吼,因而人们称它为“海中的狮子”。

海狮没有固定的家,每天都要为找吃的而到处漂游。到了繁殖期间,它们才找一块固定的地方开始选择配偶。这时,很多海狮都像“赶集”一样聚集在陆地上,熙熙攘攘,你碰我撞,吼声此起彼伏,热闹非凡。海狮是“一夫多妻”制。公海狮是一家之主,它的地盘是不容侵犯的。越厉害的公海狮,领域内的雌海狮就越多。

在淡水中海狮也能照常生活。它的平衡器官特别发达,鼻子上顶球可说是它的绝招了。经过训练以后,海狮还能学会单用后肢站立起来,或者用前肢倒立走路,甚至还能跳跃过距水面1.5米高的绳索。这些技艺一旦学会了,两年之后它还能一一表演出来。

第二次世界大战结束以后,世界各国耗费了大量资金去研制日臻完善的海底武器以及侦察与捣毁海底武器的探测器械。1969年,美国开始研究与训练海洋动物,让它为海底探测活动服务。他们选中了智力比较发达的海狮充当"海底侦察员",着手制定了名叫"快速寻觅"的研究项目。

海狮比较容易适应陆地上的大气环境,可以离开水而生存,因此人们携带它十分方便,甚至可以像狗一样牵着在陆地上行走。更难得的是,海狮的听觉特别灵敏。首先,人们用精密的仪器对海狮作系统的测试和实验,如听觉灵敏度、接收回声的能力、游泳速度、辨别方向的本领等等。在取得精确的实验数据以后,根据每头海狮的不同情况,制订训练计划。开始时,训练员必须同海狮培养起一种亲近友善的感情,使海狮认识主人,这对于保证训练成功是极为重要的。经过一段时间的驯养,聪明的海狮便和训练员成了好朋友。这种很讲义气的动物,有时会像小孩子见到父母一样,亲近地和训练员亲吻。接下来便进入关键阶段,使海狮理解训练员的意图,按训练员的指令去寻找目标。最后进入实习阶段,研究人员在海狮身上安装一个微型声波发射器,并在它的嘴上套一只特制的夹子。一根特长的尼龙绳,一端连着夹子,一端系在水面的工作船上。海狮利用它特有的水下听觉,能轻而易举地发现目标的方位。经过训练的海狮一游近目标,即能把原来套在它嘴上的夹子挂在目标物上。这种夹子有两个能自动张合的"活动臂",一旦挂到目标物上,便会紧紧地夹住不放。海狮完成任务后,通过尼龙绳向工作船发出信号,当人们接到海狮"传"来的完成任务的信息后,可以十分容易地测出目标物的方向。

1970年,经过一年的训练实践,"快速寻觅"试验获得成功。海狮准确地把舰艇投下的深水炸弹标出方位，并且取了回来。研究人员总结时认为，试验的成败完全取决于海狮与训练员之间的合作。此外训练员还应学会掌握海狮完成任务的“最佳时期”，因为海狮经常要“小孩子脾气”。它高兴时，能和训练人员默契配合，顺利完成任务；当它不高兴或发脾气时，就会变得很犟。当然，失手的情况也偶有发生。不过，在大多数情况下，训练有素的海狮是能出色地完成任务的。现在，海狮已成了美国海军和海洋研究机构进行海底打捞和实验的重要助手。

靠牙齿走路的海象

海象主要分布在北极圈内，它是除了鲸以外生活在北方最大的哺乳动物。动物学家把海象分为太平洋海象和大西洋海象。太平洋海象较大、较重，上犬齿较长，嘴较阔，雄的可重达两吨。海象牙是不断生长的上层犬牙，雄的可长达0.9米以上；雌的也有0.6米长，且有明显的弯度。这种动物经常几十头、上百头成为一个整体群居，很胆怯，不伤害人；不过，偶尔也会掀翻触犯它们的猎人的小船。

海象是适应在水中和陆地生活的两栖动物，在冰上或陆地上行动笨拙，有时需要用长牙来帮助它的行动。象牙能支撑海象那庞大的身躯，就像登山运动员的登山鞋底钉的作用一样。不过，它在水中就灵活多了。游泳时，它摆动尾部的蹼状后肢，胸部的两只鳍状肢则做交替摆动。海象为了适应严酷的北极海域生活，有着特别的绝热的组织结构。海象的表皮与肌肉之间有7～8厘米以上的油脂。然而，要保持大约与人的体温差不多(36.1℃)的恒定体温，单靠绝热是不够的，因为海水传热比空气强20倍。当它待在冰上时，为驱散过多的热量，海象能扩大血管，使热血向外分流到皮肤里去冷却；下到水中时，血管收缩，以免身体受刺骨的海水影响。

海象经常在海水中待上1～3天，也可以连续离开海水40小时，而不像有些传说的那样,只在每天的中午或夜间才到冰面上来。人的气味会吓得海象冲入海中,为此,在考察时必须注意风向,以免站立位置不当,引起海象群骚动而把人压扁。在暖和的夏季,海象口鼻里喷出的气味也足以令人退避三舍。

传说海象是用牙齿掘食的,可是从来没有人亲眼看见过。科学家经调查证实,海象并不用牙掘食。海象在水下失重,因此用牙齿掘食就跟潜水员在水中使用工具一样困难。此外,失掉一只或两只上犬齿的海象可与牙齿完整的海象长得一样肥胖。据科学家乘坐小潜艇对海底的观察来看,海底交叉着许多30厘米宽的槽,这可能是海象用嘴拱出来的。

海象的食量大得惊人,一般说,一头成年海象每日吃45千克食物,主要是软体动物,也吃其他无脊椎动物,有时还吃鱼,偶尔吞食植物和海底沉积物。尽管海象喜欢吃蛤肉,可是它的胃里极少有贝壳的碎片,它是用舌头有力地把蛤肉吸出吃掉。所以海象栖息的近海海底,到处都是破碎的空蛤壳。

海象在交配期间,必有一番你死我活的较量。一只雄海象往往拥有众多的雌海象,并在海滩上建立自己的领地。当其他雄海象闯入时,它们用长牙和强有力的脖子互相攻击,往往两败俱伤,胜者将败者驱逐出境。因此在发情期,雄海象的身上往往伤痕累累。

1972年3月,美国科学家在白令海冰面上对一群海象进行考察,他们不时地听到从水里传出敲打声,接着一再听到温和的口哨声。他们把水听器投入水中,就听到奇异的敲打声和钟声的合奏曲;在一阵响亮的敲打声之后,有一大股气泡翻腾上来,一只雄海象冒出了水面。它张开嘴,扬起鼻子,上来呼吸空气。接着又听到一阵轻轻的口哨声从它缩拢的嘴唇中发出。一两分钟后,这只雄海象头颈两边的咽囊鼓得高高的像圆球,然后摆动尾部的蹼状肢,游入水中了。雄海象的精彩表演十分有规律地一次接着一次。它冒出水面上来的平均时间是23秒钟,潜入水中两分多钟。这是海象的求偶仪式。雄海象在水下发出的声响就是求偶的主要方式。

每年的3~4月,母海象聚集在海滩上开始生儿育女。每胎一子。初生幼子一米左右,体重可达40千克,体毛稀疏。海象的孕期和哺乳期都长达一年。断乳后的幼海象并不马上离去,而要跟它的母亲再生活一段时间。母象对幼子十分爱恋,遇险时,母子紧紧地抱在一起。两年后,小海象体长已超过2.5米,重达500千克。这时它们离开母海象开始独立生活。母海象便开始再一次繁殖。

海象性成熟期为5~6年,寿命约30年左右。一头成年雄海象体长3.7米,重1500千克;雌性体长3米,重900千克。它们身体粗壮肥胖,呈圆筒状。除了人以外,北极熊是海象唯一的敌害。人们常看到北极熊追赶海象,当海象群狂乱地向海水中冲去时,小海象常常是最后一个下水;这表明北极熊袭击的目的是要捕捉一只想向水中逃跑的小海象作美餐。

冰上霸王——北极熊

北极熊是世界上最大的食肉动物,也称白熊。体长可达2.8米。毛长而稠密,全身白色,稍带淡黄。北极熊的体重也有超过907千克的,但一般来说成熟的雄性北极熊平均体重在386~409千克之间。1960年在阿拉斯加西北部打死的一只白熊据说重达1002.5千克。

北极熊是一种珍贵的动物。它的毛皮美观、柔软、滑润、光洁,保暖性能好,而且经久耐用。一只成熟的雄性北极熊重约450千克,肩高约1.5米,其重量和身躯约是成年狮虎的一倍。相比之下,成年雌性北极熊要小得多,约重200千克。北极熊的熊掌宽达30厘米,能在冰上轻巧地行走。大约在公元

北极熊

1100 年至 1500 年的中世纪,欧洲人就把北极熊的毛皮、海象的獠牙等视为珍宝,作为格陵兰地区重要的出口商品。当时,苏丹的伊斯兰教国家的最高统治者十分喜爱这种毛皮,曾经从国库中专门支出一批货币购买它作为高贵的礼物。在挪威的特隆赫姆市,有一个众所周知的风俗习惯,就是人们向大主教感恩的时候,如果赠送一张北极熊的皮,那就是最高贵的献礼。因此,当时许多大教堂的祭坛前面,都铺有熊皮制成的地毯。一方面表明这是神圣之地,一方面又可以使教士们早晨朗读经文时不会冻脚。要是有谁捕到一只活的北极熊,就必须送给国王或者皇帝。因为这种珍贵动物,是不许普通百姓占有的。公元 1060 年,居住在冰岛上的一个名叫奥邓的人来到格陵兰。他用自己的全部财物换得了一只活的北极熊。但他终究不敢自己饲养,最终把它献给了丹麦国王。这位国王授予了他很高的荣誉,并赏赐了很多钱,作为他的终身生活费用。

北极熊像流浪汉那样在地球上的冰冻地带漫游,其领域从西伯利亚到阿拉斯加,横越加拿大进入北极地段,一直到格陵兰和挪威北部岛屿,是这块方圆 1200 多万平方千米土地上的主宰。有些爱斯基摩人还曾把这种巨大的肉食动物尊为具有智慧的“精灵”。北极熊常常在海洋边的雪堆中挖洞作窝。熊窝是很简单的椭圆形,长约 2.5 米,宽 1.5 米,高 1.5 米左右,还有 2 ~ 6 米长的通道。在洞口附近,还筑起一堵雪墙,用来挡风。

雪窝大概有两大用处:一是雌熊产子,二是熊冬眠。

通常情况下,北极熊在早春交配,一到秋天,母熊就进雪窝,11 ~ 12 月中旬进行产子。雪窝里的温度一般在 0℃ 以上,这是由于外面的冷空气被雪门隔绝,母熊身躯强壮,放出的热量使得雪窝里格外温暖。母熊产子后就半醒半睡地度过冬天,到第二年的 4 月前才出雪窝。每胎通常生两只子熊,初生的子熊只有老鼠那么大,身上的毛稀稀落落,所以它们依偎在母熊的怀里取暖。出生后的第三天,子熊体长已有 30 厘米,体重约 0.5 千克。4 ~ 5 年后成熟,寿命在 30 年左右。

在一般情况下,不怀孕的母熊和公熊是不冬眠的,或者冬眠时间很短,它们辗转四方，苦度寒冬。但是在北极熊生活的最冷地区，多数都冬眠，有的甚至全冬眠。

那么，北极熊为什么有的冬眠而有的不冬眠呢？根据新近科学家们的实地考察，认为冬眠与食物有关。当食物丰富时，北极熊就不冬眠；当食物严重缺乏时，北极熊就冬眠。冬眠不仅是为了防寒，也是为了度过食物严重不足的困难处境，这是一种适应客观条件的动物本能。

北极熊的冬眠，是秋天吃足后，钻进雪窝，进入半休眠状态，体温并不降低，新陈代谢也没有什么减低，只是减少能量消耗，以此度过很难找到食物的寒冬。

北极熊是白色的。稍有点动物知识的人都会解释："这不过是一种天然的保护色罢了。"然而，实际上情况如何呢？美国的马尔利姆·亨利指出北极熊的白色并非保护色。

亨利提出，用来拍摄野生动物的红外照相机不适用于北极熊。这种动物不能被摄在红外胶卷上，因为它们的体温好似周围极地的冰雪一样冷冰冰的。至于在紫外照相中，白色的北极熊却显得比白雪的颜色要深得多。尽管白色的北极熊的毛皮反光能力很强，却不知道是什么缘故，它的白色竟然吸收了照在身上绝大部分的太阳紫外线。

亨利着重研究北极熊这一奇妙的现象。他通过扫描电子显微镜，分析北极熊的白毛，惊奇地发现，北极熊的毛不是白色的，而是一根根中空而透明的小管。人类肉眼所看到的"白色"，是因为毛的内表面粗糙不平，以致把光线折射得非常凌乱而形成的。

亨利认为，北极熊的毛都是一根根的小光导管，只有紫外线才能通过，这就是北极熊捕集温度的"工具"。这给人类提出了一个问题：人类是不是可以从北极熊的"白色"悟出一些道理，造出同样的御寒衣物，或者更高级的太阳能收集器呢？这有待科学家们做进一步的研究。

中华白海豚

白海豚生活于华南水域,统称中华白海豚,又称印度洋太平洋驼背豚,是世界上仅有的两种白海豚之一。从南非到北美洲西岸的广阔的印度洋、太平洋水域都有它的踪影,属哺乳类海豚科。中华白海豚,全身乳白色,腹部及尾部呈粉红色形,属热带、亚热带动物,在我国是一级保护动物。

成年中华白海豚长约1.8~2.8米,身体浑圆,长长的鼻子,乌亮的眼睛,短小的背鳍,圆而细的胸鳍和匀称的三角形尾鳍,形态十分惹人喜爱。中华白海豚,一般栖居于沿岸浅水海域,特别是河口附近。在香港,则以大屿山北面沙洲及龙鼓洲一带最常见。中华白海豚以捕食鱼类为主,寿命可达40年,大脑发达,听觉灵敏,习惯群居,常由5~12头组成一群。

在香港西面水域,经常可见到三五成群的中华白海豚,它们或雌雄相伴,或母子同游,或一个家族形影不离。浓浓的恋家情结,使之每年都会游回珠江三角洲和长江流域等地繁殖后代。

近几十年来,海豚更是一跃成为动物界的骄子,是科学家最感兴趣的动物。神经生理学家根据对海豚的生活观察和解剖研究,发现它的智力仅次于人;若与猩猩相比,则毫不逊色。海豚的外观像鱼,实际上是哺乳动物,和鲸是同类。在远古时代,它们的祖先都生活在陆地上,以后才迁移到水中:时至今日,海豚仍保留着用肺呼吸的特征。但是,水中的生活也使海豚的身体发生了明显的改变:全身呈流线型,颈部消失,前肢退化成为前“鳍”,后肢则完全消失,皮肤上的毛也没有了,仅初生时在鼻部还有一排粗的硬毛。而最有趣的是分娩过程的变化,陆上哺乳动物在分娩时,胎儿是头部先露出来的;但是在海中,如果头先露出,胎儿就会被淹死。所以,海豚出生时,是尾巴先露出来,头最后出来,并且胎儿一离开母体,母海豚就把脐带弄断,立即把小海豚推上水面吸第一口气。

海豚的哺乳方式也很别致,乳汁先集中在母体的存乳窦里,等小海豚的嘴一贴上窦时，存乳窦就会收缩，把乳汁压入小海豚口中。

海豚是唯一可以经过训练而和人类游玩嬉戏的水中动物。在海水浴场，它们常向人群游去，赶也赶不跑。经过训练的海豚可以跃出水面，做穿圈游戏；也会把观众系在钓竿上的东西咬下来，送给它的主人。海豚能发出各种怪声来表达不同的信号。小海豚和母亲失散后，会吹起“哨”来，母海豚听到之后就给予回声，直到它们又相会时为止。海豚还会模拟人的数字口令，听起来清晰可辨，实在令人叫绝。海豚的互助精神很好，如果一只海豚受伤，那么其他海豚就会游过来“扶”它，帮助它浮出水面呼吸。

瑞典研究人员发现，海豚不仅会用口哨声交谈，还能用声音传达爱慕、兴奋或是不耐烦等细腻情感，不过，这种时候它们用的是一种人耳无法听到的极高频率的声音，可以说是窃窃私语。

在瑞典的一家公园，海豚表演是最受欢迎的节目。布洛姆奎斯特和阿蒙丁已经在这里消磨了很长时间，不过，他们不是来看表演的，他们是瑞典科学家，正在研究海豚们用来交流的特殊声音。

人们已经知道海豚用两种声音交流，一是口哨声，一是咔嗒声，但人能够听见的只有口哨声。海豚发出的咔嗒声频率高达150千赫兹，远远超出了人的听觉范围，但科学家们一直很好奇地想知道海豚用咔嗒声说些什么。

雄海豚弗利普和雌海豚迪诺比较投缘，经常在一起嬉戏。科学家在雄海豚的鳍上装了一个电子装置，可以接收到其他海豚向它发出的咔嗒声并转换成人能听见的声音。科学家在仔细研究了这些声音后确信，海豚是在用这些高频率的咔嗒声向特定对象传达特殊的“私人”信息。

海豚的游泳速度很快，每小时可达70千米。它是靠什么来“导航”的呢？原来，海豚有很特殊的感觉器官——声呐系统，能发出超声波，探测周围的环境，并根据声波折回情况，予以判断，其准确率竟高达98%～100%！海豚的声呐系统早已引起通讯技术人员的重视，科学家一般认为，研究海豚的声呐系统，对改进海防声呐侦测器十分有益。

长有大胡子的海牛

据说,在远洋航行中,海员们曾不止一次地看见海中的"美人鱼",随着波涛的起伏把幼子抱在怀里哺乳,等到航船接近它时,却无影无踪了。可惜古代没有高精度的望远镜,否则通过镜头,他们会发现想象中的"美人鱼",皮肤不但不白,反而是铁灰色的:脸庞不但不美,还有一嘴大胡子(触须)呢!凶极了!原来,这就是海牛。

有时候,人们看到的"美人鱼"是海牛的一种——儒艮。海牛和儒艮,它们之间有很多共同之处,例如都没有后肢,前肢和尾都变成鳍状,前肢鳍基部都有一对乳头,骨盆退化,厚厚的皮肤上只有极其稀疏的刚毛,前面的颊齿脱落了,由后面的补充上。只是海牛的尾鳍为圆形,而儒艮的尾鳍是叉形。

海牛是生活在海洋中的又一类哺乳动物,它们形体大,长 3~4.5 米,行动迟缓,群居生活,以海草为食。海牛有两类,一类叫儒艮,另一类叫海牛。世界上海牛分三种:南美海牛、西非海牛和加勒比海牛(也叫西印度海牛)。

儒艮和海牛都以热带沿海及港湾中的海草为食,但它们在进食方式上有很大不同。儒艮用巨大的上唇缠绕海草,在下唇的配合下采下海草。与之不同的是,海牛上唇缺口将上唇分成两瓣,并且两瓣活动的方向正好相反,好似一个大夹子,它就是用这个"大夹子"来采海草的。海牛在前鳍的配合下将海草送入口中,每天采下并吃掉约 25~45 千克的海草。海牛是食草动物,所以牙齿磨损严重,但却能不断生长,前牙掉了后面还能长出新牙来,这能帮助它们很好地进食。

虽然海牛是美人鱼的传说并不属实,但海牛却是名副其实的水底"清洁工"。原来,这与它的生活习惯是密切相关的。海牛以水草、藻类等植物为食,这些植物大多数都生长在多有船只航行的浅海和港湾处。海牛就像水中的清洁工一样,在填饱自己肚子的同时把水草除掉了很多,这为船只的安全航行提供了非常便利的条件。所以,海牛获得了海底"清洁工"的美名。

海牛多半栖息在浅海或河口中,从不到深海去,更不到岸上来。每当海牛离开水以后,它们就像胆小的孩子那样,不停地哭泣,"眼泪"不断地往下流。它们真的哭了吗?不,那是眼里流出来的大量的液体,用以保护眼珠的缘故。

海牛喜欢在水中潜伏,只在吸气时才露出水面。那么它们究竟是怎样呼吸的呢?原来,海牛的两个鼻孔都有"盖",当它们仰着头露出几乎朝天的鼻孔呼吸时,"盖"就像门一样打开了,"盖"的合叶固定在鼻孔的下方,"盖"由上往下,由外往里打开。吸入空气后便由下往上,由里往外关闭。"盖"关得如此之紧,目的就是不能让水流入鼻腔。吸气完毕便慢条斯理地潜入水中,如果我们继续观察的话,那么一定能看到海牛的鼻孔上方出现了一连串小气泡,并徐徐地往上跑,不久即消失,那就是海牛在呼气。海牛每隔 2 ~ 3 分钟或 7 ~ 8 分钟呼吸一次,呼吸间隔不规律,当它受干扰时,呼吸间隔往往延长。

海牛是海洋哺乳动物,毫无疑问是用肺呼吸。可是同样用肺呼吸,为什么海牛却能在水中潜游长达十几分钟之久呢?

其原因是多种多样的,不过最主要的原因是一般哺乳动物的肺脏相对而言比较小,只占据胸腔的一部分,而海牛的肺体积却相当大,左右各有一叶长形的肺,由胸部胸腔的背壁向腹部延伸,一直到肾脏的前缘。换句话说,海牛的肺脏几乎占据了整个体腔的背壁。不过肺不进入腹腔,因为横隔膜只是靠近腹壁处,是垂直的,而向内到肺叶的腹面就是 90°大转弯了。所以,海牛不仅有很大的肺脏,而且有相当大的胸腔,自然肺活量也相应地大了,所以海牛可以间隔较长的时间才浮出水面换气,一般的情况下,间隔几分钟是不会造成海牛窒息而死亡的。曾经有人记录过,在正常情况下,海牛潜入水中可达 15 分钟呢!

螃蟹的秘密

人们见过螃蟹,吃过螃蟹,但螃蟹的种种传奇经历、奥妙构造和机能并不是人人都了解的。

据法国巴黎博物馆动物实验室的科学工作者观察证明，螃蟹是使用它们特殊的口器和蟹钳的摩擦来发声的，它们能发出近30种“语调”。例如，它们在吃东西时，会发出强烈的“咯、吱、吱”声，显然这种音调代表进食的信息。研究人员做过一个有趣的试验，把5只螃蟹分别饲养在一个大水池的各个石头缝隙中，开始时，它们都安分守己，并且“沉默寡言”，尔后，将一条死鱼投给其中的一只，只见它开始咬嚼时，就发出“咯、吱、吱”的声响，那4只本来很安静的螃蟹，一听到这种声音，也纷纷活跃起来，迅速地爬到那只吃得津津有味的同伴那儿，也想享受一番。

当螃蟹在争吵或打架时，会发出敲击声和“呷、呷”声，这是恫吓的信号，但敲击声要比“呷、呷”来得软弱些，看来敲击声是代表争吵，而“呷、呷”才表示要打架了。

螃蟹本身还有不少有趣的现象呢！

螃蟹体内有一种特殊的生物钟，能使蟹壳的颜色出现有规律的变化。有一种招潮蟹，白天颜色变深，晚上颜色变浅，黎明时颜色又变深。这种蟹颜色变化的时间，每天比前一天晚50分钟，这个时间正是每日海水涨潮往后推迟的时间。看来，招潮蟹还能根据太阳和月亮的运行来校准自己的生物钟，严格按照规定时间去改变自己身体的颜色。

螃蟹的颜色，主要是它们甲壳下面真皮层中的色素细胞在起作用。真皮中散布着各种颜色的色素细胞，能随着光线的强弱或环境的改变而伸缩；各种色素细胞吸收和反射光线的长短波长不同，就会显现出各种不同的颜色来。色素细胞伸张时，色素就随着细胞的四周放射而分散，色素细胞的面积扩大了，色素分子变大，接受光线的量大，机会也多，颜色就变得显著起来。相反，色素细胞收缩时面积缩小了，色素分子变小，接受光线的量小，机会也少了，色素又随着细胞的收缩而集中，有时缩成极小的斑点，颜色就变淡或者不明显起来。各种色素细胞对光线强弱的反应不同，因此细胞的收缩和伸张情况也不一样。

螃蟹经过蒸煮以后，身体会变成橘红色。这是因为原来的色素在高温之下，遭到破坏发生了分解，只有红色素尚存，凡是红色素多的地方，如背部，就显得红些；红色素少的地方，如腹部，就比较淡些。

螃蟹

更有趣的是，螃蟹的8只脚不仅是它爬行、捕食和防御敌害进攻的有力器官，而且还是奇妙的味觉器官。有人试验，使螃蟹爬行在肉汁浸过的纸面，它便立即感到了肉味的甘美，抓住纸不放，咬食起来。

更为奇特的是，蟹的器官再生能力十分强，肢体都有预先长好的折断线：在遇到敌害咬啮时，它便立即收缩一种特别的肌肉，断去这一肢，趁敌害全神贯注地对付那个仍能活动的断肢时，逃之夭夭。它断去肢体时连血都不流，这是因为肢内有一种特别的膜，将神经与血管完全封闭；与此同时，肌体又立即供应伤处各种营养物质，很快地长出断肢。如果一只蟹眼遭受损害，它也会长出一个新的蟹眼来。蟹的双眼全部损害，它还能在眼窝处长出一对触角，用来探测周围的各种环境。

印度洋中的耶诞岛，每当春暖花开时节，空荡荡的街道会突然涌进一亿两千万只原来栖息在森林里的红蟹，它们大摇大摆，大举出动，准备迁徙到海边产卵繁殖。

红蟹潮迁移的时候，全岛交通瘫痪，不仅当地居民的自用汽车寸步难行，连运载磷肥的火车也都动弹不得。枉死在火车轮下的红蟹，每年多达10万只，而在一年一度的大迁移过程中，总有上百万只红蟹丧命。

这群浩浩荡荡的红蟹，由体形硕大的雄蟹领队，带着雌蟹缓缓移动。作为先头部队的雄红蟹队伍，可达数百千米长，这群雄蟹大都在12岁左右，殿后的则是年轻的小蟹。红蟹队伍在早上及午后行动，大雄蟹需要爬行5~7天抵达海边，雌蟹和小蟹则要多耗费1~2天。它们是到海边产卵繁殖的。

螃蟹给人的启示很大，现在，仿生学专家已开始研究蟹的生理构造和机能，以便给人类提供更多的科学技术蓝图，揭示出更多的生命现象和奥秘。

有神奇的吸附本领——鲍鱼

"鲍、参、翅、肚"是名贵海产，其中鲍鱼味道鲜美，其肉含有丰富的蛋白质，居于海参、鱼翅和鱼肚之首。谈到鲍鱼，包括长年累月生活在沿海的大多数人，也难以一睹其真面目。

鲍，古称鳆，俗称鲍鱼。其实，它与鱼毫无关系，倒与田螺之类沾亲带故。鲍的种类约有90种之多，足迹遍及太平洋、大西洋及印度洋。鲍鱼是生活在海里的单壳软体动物，壳上有黑褐色斑块，壳缘有5~10个呼吸孔。我国北方渤海湾产的叫皱纹盘鲍，个体较大；南方福建、广东产的叫杂色鲍，个体较小。鲍鱼一般栖息在水深20米左右的潮流通畅、水色清晰、海藻茂盛的岩礁地带，用发达的腹足紧紧地吸附于礁石乱砾之间，具有昼伏夜行的活动规律。午夜至黎明前是鲍鱼摄取食物的主要时间。它的食物以浒苔、海带、羊栖菜、石薄等藻类为主，此外，也吃其他的小藻。

鲍鱼是雌雄异体的。每年7月到翌年1月是产卵期，受精后的卵子悬浮于海水中，在适合的水温中，经过6小时发育后，胚体具纤毛，能泳于水。直至24天半后，才形成了第一个呼吸孔，这时才算是幼鲍。有趣的是，每年6月至8月是幼鲍一年中生长最慢的时间，9月至12月是幼鲍一年中生长最快的时期。

鲍鱼长到5~7厘米即可采摘了。鲍鱼栖于浅海岩礁裂缝或洞穴中，外披扁宽的硬壳。鲍鱼的腹足极为发达，平展的足面几乎与壳口一样大小。腹足不仅使鲍鱼能以每分钟 50 ~ 80 厘米的速度爬行，而且具有惊人的吸附力，一只壳长 15 厘米的鲍鱼，吸附力竟高达 200 千克。当鲍鱼遇到敌害时，它只有一个办法，那就是迅速翻身爬下，肉足紧紧附着礁石，把贝壳和礁石化为一体。这时候，除了章鱼能用它的足腕吸附鲍体，堵塞鲍鱼的呼吸孔，使之窒息而失去附着力外，大多数敌害都只能望“壳”兴叹，毫无办法。真可谓宁可粉身碎骨，绝不屈膝投降了。所以，渔民捕鲍时，往往采取突然袭击的办法，用特别的鱼钩出其不意地将它钓起，否则即使把壳砸烂，鲍鱼仍然会吸附在岩石上取不下来。

现在全世界已发现鲍类约 75 种，其中主要经济种类有 10 多种。当前世界鲍鱼产区主要为太平洋沿岸国家，如澳大利亚、日本、墨西哥、美国等。鲍鱼的采捕大都在夏秋之间。采捕者头戴潜水镜，腰系浮水竹笼，手持木柄铁钩。当退潮时下海潜入水中，在礁石间搜索，发现鲍鱼，用铁钩钩出。多者每人每天可捕 4 ~ 5 千克，少者也有 1 于克。鲍鱼营养丰富，味极鲜美，自古以来就被视为海味珍品。每 100 克鲍鱼肉含蛋白质 40 克，脂肪 0.9 克，碳水化合物 33.7 克，无机盐 7.9 克，并含多种维生素。

鲍鱼壳含精氨酸、甘氨酸、丙氨酸等 20 多种氨基酸，还有碳酸钙、胆壳素、壳角质等成分。药用称为“石决明”。它具有“镇肝、明目、治眩晕”和滋阴补肾、降血压的显著功效。

近年来，发现鲍鱼肉中含有一种焦脱镁叶绿酸盐 A 的毒素，人食后，若受日光暴晒会引起光过敏中毒。一般中毒症状是：受日光照射部位的四肢和面部极度疼痛、严重水肿、发痒、麻木。

其他的海产泥螺也有类似的情况，如食入过量也会出现光敏性皮炎。一旦因食鲍鱼或螺蛳而引起光敏中毒，应立即就医，切不可搔破皮肤，以免引起继发感染。

很多情况下，食用鲍鱼并未引起中毒，有的学者认为鲍鱼只是在 2 ~ 5 月期间，消化腺中才含有毒素，避开这段时间捕捞的鲍鱼无毒，或者食用时剔除消化腺可不引起中毒。这个问题的正确与否，尚待科学研究证实。为了防患于未然,食用或加工鲍鱼时应剔除内脏为妥。

地处我国长江和杭州湾交界处的枸杞岛,在嵊泗列岛的最东侧,是一个理想的海珍品的养殖基地,尤其是这里的海水温度在严寒季节也不低于8℃,鲍鱼照样能吃食而不停止生长,故鲍鱼的养殖期要比北方缩短半年,因而对于发展鲍鱼的人工育苗和养殖具有得天独厚的自然条件。为了发展海洋养殖事业,近几年我国海洋水产科学工作者开展了鲍鱼人工养殖的实验研究,并取得了可喜的成果。初步掌握了活体的采集、亲鲍的选择、紫外线照射等催产方法,以及受精、幼体的喂养、小鲍鱼在自然海区的投放等方法,为满足人民对海产品和药物等方面的需要,开辟了广阔的前景。

会育儿的雄海马

海马,是一种小海鱼,属鱼纲,海龙科。一般长约10厘米左右,体形扁而呈淡褐色,全身均被骨质环包裹着,上半身酷似骏马,故名“海马”。海马的下半身是一条圆锥形而蜷曲的尾巴,可以自由伸曲。

海马,由于形态特殊,生态特殊,经济价值又高,从古至今一直受到人们的高度重视。早在唐朝的古籍中就有这样的记载:“海马出于南海,形如马,长约五六寸。”宋朝时有这样的记载:“其首如马,其身如虾,其背伛偻有竹节纹。”这种生动的描述说明当时人们对它的特殊形态的观察是非常仔细的。

海马虽然属于鱼类,但全身无鳞,体表全部被骨环所包围,形成一个坚硬的甲胄,使身体无法弯曲,但尾部的末端可以自由活动,以利于栖止时固着在海藻或其他细胞上。它的躯干呈七棱形,有骨环10~11节。尾部呈四棱形,有骨环32~42节。海马的头与躯干成直角相连,中间还有一个较细的颈部,头部的前端伸出一个较长的吻管,这种连接方式,真是与马头一模一样。它的头部还有一个突起,形成头冠,没有腹鳍和尾鳍。人们根据体环的数目、背鳍、胸鳍鳍条的多少,头冠的大小,吻管的长短等特征,给它们分类排队,最后确定,我国出产的海马大约有8种,即冠海马、日本海马、琉球海马、刺海马、大海马、斑海马、管海马与澳洲海马。其中以日本海马分布最广,在我国的各个海域中都有,冠海马产于渤海及黄海北部。其余各种海马均分布于我国的东海与南海。

海马有变色和拟态的本领,它可以变成和海藻、岩石相似的保护色,还会长出一些线体,把自己装扮成藻类的形态。但是,伪装一旦被龙虾和蟹识破,就逃脱不了可悲的命运。

海马的生殖更是独具一格。假如你看到刚刚孵化出的小海马一个个从大海马的腹部被排放出来,就认定这是从母海马的体内生出来的,那可就错了。因为生出小海马的不是它们的"母亲",而是它们的"父亲"。海马在第一次性成熟前,雄性个体尾部腹面的两侧,首先出现一对皮折,由于皮折的生长和左右愈合而形成一个透明的囊状物,这是为后代早期发育准备好的小"房间"。它好像袋鼠所具备的育儿袋一样,但它不叫育儿袋,一般称为育儿囊,也有称它为育卵囊的。当生殖期来临的时候,雌雄个体相互追逐,表示"友爱",到达高潮时,雌雄海马的尾部相缠,腹部相对,这时雌海马就把它的成熟卵子悄悄地产到了雄海马的育儿囊内。与此同时也把自己孵卵抚幼的天职转嫁给雄海马了。雄海马为了保持种族的延续,高高兴兴地接受了这个任务,给卵受了精,并把育儿囊的口儿封闭。之后它就带着这个不大不小的"包袱"艰难度日。由于育儿囊内的血管丰富,能为孵化期提供充足的氧气,卵在这样安静舒适的环境里,经过20天左右就能孵化出小海马来了。雄海马在临产的时候是很辛苦的,它用尾部紧紧卷在海藻上,一仰一俯地摇着,每次仰起,一般会产出一只小海马。海马每胎产子的数量不一,少则100个以内,多则1000个以上,一般产子500个左右。如果生活条件适宜,一只海马一年之内可以产几胎甚至十几胎。小海马离开"爸爸"以后,就用自己的尾巴卷附在附近的海藻上独立生活了。新生的小海马长到5个月左右,就可以"生儿育女"了。这种与众不同的由"父亲生孩子"传宗接代的繁殖方式,是海马在海洋生活的岁月中适应环境的结果。

小海马的成长是很快的,刚出生时还不到10毫米,一个月后就能达到60

毫米,3 个月可达到 110 毫米。

海马虽然是鱼,但并无食用价值,不过在中药上却是一味久负盛名的珍贵药材,它被人誉为“南方人参”。

明朝时期,伟大的医药学家李时珍,对海马的药效就有过这样的评价:“暖水性,壮阳道,消症块,治疗疮肿毒。”这说明了海马的药效是很高的。

根据我国药典的记载,入药的海马有四种:克氏海马、刺海马、大海马和斑海马。其实,据有关医用书籍称,我国所产海马均可药用,只不过功效大小不一样罢了。

演化奇葩——墨鱼

墨鱼凭它非凡的大脑,出奇大的双眼,第一流的“嗅觉”,易感的触觉,敏锐的味觉,高效的防御系统,可以与进化阶梯中最高级的生物竞争。

表面上看,墨鱼很文静,甚至无精打采,依靠镶在身体周围闪烁着珠光的蓝色裙边形狭鳍,在植物叶丛里穿梭往来。它那对黑色的大眼及集中在头前方犹如象鼻子的 8 只“手臂”,使其显得有点笨拙迟钝,看起来就是一副宽厚的模样。

墨鱼经常待在水下 400 米深处的沙土砾附近,但墨鱼是近海生物,有时也游上水面,在那里选食虾、蟹、鱼。墨鱼可以说是一位极其高明的猎手,但捕食时却装出一副漠不关心的假象。它先将自已埋没在沙土里,窥伺着某个猎物,等到适当时刻,就从沙土里一跃而出。为了不吓跑将要到手的猎物,开始时它很谨慎,接着,它那裙边形的狭鳍的运动逐渐加快,冲向猎物。在必要的时候,它运用反作用力推进,即借助肌肉收缩,突然向外喷出储存在体腔内的水,并快速地连续跳跃。水流似漏斗形从脚的局部喷出,射向脚的后方,起到了方向舵的作用。为了获得这种有效性,向前的推进还需要所有外套膜肌肉发挥作用——收缩。巨大的神经纤维能够以 0.069 秒的速度把来自“大脑”的信息传递到有关肌肉。墨鱼的“堂兄”枪乌贼就是以这种运动方式,使它的前进速度达到每小时37千米的。

在追捕猎物时,墨鱼一直谨慎地将两只有握执力的长触腕裹在嘴巴两旁的洞内,待接近猎物时,触腕从各自的“口袋”里突然伸出,然后像投枪似的伸向猎物。触腕顶端的许多吸盘紧贴着猎物,由触腕将猎物抓到嘴里。墨鱼的咽部肌肉很发达,里边有黑色角质的喙,呈弯钩状,与鹦鹉的喙相似。口腔内部有一条肉质组成的齿舌,齿舌与喙配合,能嚼碎蟹的甲壳和鱼的头颅。随后由粗糙的舌头送到食道,再进入巨大的胃里消化。咽部分泌出来的唾液对很多动物都是致命的。

通过对墨鱼的神经系统、感觉器官性能及眼睛的研究,明显反映了它进化的高级程度。

构造墨鱼“大脑”的神经结,集中在相当于脊椎动物的脑颅的头部皮膜里。这种会聚现象,组成一个真正的协调的神经系统,这在其他软体动物中是找不到的。

墨鱼有七千万个视细胞!除神经系统以外,眼睛的复杂结构与脊椎动物的眼睛结构也很相似。双眼由坚韧的皮膜保护,有视网膜、角膜、虹膜、晶状体、马蹄状的眼皮……墨鱼的视细胞(7000万个)比人类(5000万个)要多。然而,在细节上,差别是很大的:虹膜和晶状体只是属于皮肤的内陷,角膜上的连接并不完善,前面的眼房充满着海水,视网膜上的投影不是倒置的……

关于视觉的形成过程,并不是眼睛背景(声波显示、摄影)的产物,确切地说应该是颜色和运动相结合的光线的感觉。眼睛对墨鱼来讲是极其重要的,它用来进攻、防御和辨认同类。

位于眼睛后部的两个浅窝是嗅觉器官,它们既发达又有用。关于软体动物的“嗅觉”,过去很少谈及,但它在辨别方向和返回习惯的栖息地方面起着很大作用,当然在阴暗的海区狩猎更需要嗅觉。墨鱼依靠它们皮肤上分布的特殊细胞,同样是有触觉和品尝食物的味觉。长在头上皮膜里的两只平衡器,还使它们具有平衡感。

墨鱼和章鱼是软体动物中智力最发达的成员。人们曾对通常以食虾为生的墨鱼进行试验:当一块白色的圆玻璃板作为信号出现时,墨鱼就无法接近猎物,如此连续几天,它就会明白。所以在白色的圆玻璃板出现时,它就不再跃跃欲试地去捕捉虾了。

墨鱼随情绪、感情和环境的变化而变色。比如,在猎物出现时,墨鱼体内即呈现变化多端的颜色波,从黑到红传播到它的全身和它的触手。当它的那些长触手抓住受害者时,墨鱼则变得周身灰白。

墨鱼为什么会呈现体色变化呢?那是由于在它的肚皮下排列有好几层呈星状的色素细胞系统。这些细胞含有各种颜色的色素:白、红、黄、黑,这似乎为墨鱼提供了一块颜色特别丰富的调色板。色素的星状辐射一端与肌肉纤维相连,它能造成某些色素"袋"的膨胀,使之变成圆盘形,颜色就从中展开,而其他颜色同时收缩,其色素集中成一个小球。其他细胞,如含铱元素细胞的出现有时加强了颜色的变化,并根据它们在皮肤深处的位置,或多或少地反射光线。这些变化直接受神经系统的控制,这就说明反应的敏捷性——不到一秒钟。

在甲壳动物类中,奇形怪状的色素细胞从不变化形状,它们的色彩变化受激素影响,激素通过血液输送到感觉器官需要很长时间,所以色彩变化比较慢。

会飞的乌贼

我国舟山群岛的苗子湖岛,是闻名世界的乌贼鱼的故乡。每年5月是捕捞乌贼的旺季。在这个季节,海面上船只穿梭,帆影点点,人声喧闹。整个岛的礁石上、房顶上,到处密密麻麻晒满乌贼鲞。鲜的银白,干的金黄,在阳光的照射下,五彩缤纷,好像岛上铺上了特别的彩装。

苗子湖有乌贼最理想的生息环境,每年5月,乌贼都要返回故乡度蜜月,在这里求爱找配偶。每年夏季成群结队由南向北游到这里,寻食浮游生物,到岩石边找新房度蜜月,生儿育女。据历史记载,苗子湖乌贼数量在中国各海居首位,在印度洋和太平洋也是第一。

乌贼头上有五对腕手,弯曲蠕动,状似毒蛇。体裹套膜,如穿长裙。远远看去,很像是数条毒蛇勾结成帮,藏于皮囊裙下。在古代传说中乌贼为“多头蛇妖”,有人还形容道:“海中有妖精,藏在皮囊中,寻常看不见,偶尔露狰狞。”

把乌贼说成妖精是过分了,但它确实够精明的,有海中有“魔术师”之称。它在海里遇到对手时,不但嗤一声喷出墨汁,在烟幕中乘机溜走,而且还能适应环境而变化。

乌贼神经发达,诡计多端。有人做过试验,家养的乌贼夜里会爬到其他鱼缸去偷鱼吃,吃完之后还回到自己的水缸中去。

据水产专家说,最大的乌贼竟有几十吨重。英国《自然》杂志 1946 年 12 月号刊载了一则报道:“布伦斯维克”油船,有 150 米长,载重 15000 吨,在夏威夷和福萨摩亚之间,受到一只大乌贼的攻击,20 多米长的大乌贼,突然蹿出海面,很快追上时速近 10 千米的油船,同船并行然后急速向船冲去,抱住船舷,用力猛击外壳甲板,使油船振动,摇晃起来。像输油管那么粗的触腕,抱住船身,有几只伸上甲板,把铁架拉断。后来乌贼渐渐向船尾滑去,终于被螺旋桨打中,这才放开油船沉到海底去。

乌贼找配偶也很有趣。雄乌贼必须与其他雄乌贼经过一番格斗,胜者才能与雌乌贼结为配偶。一旦相爱之后,就一对对游向岩礁边寻找新房,准备交配产卵。交配时雄乌贼要在爱妻前表演一番,在雌乌贼身边不断地转圈子,不断地充当魔术师变换颜色。交配后雌乌贼将卵排出,雄乌贼立即在白嫩的卵上喷洒墨汁,以防被别的鱼吞食。雌乌贼完成生育使命之后,就不再进食,随潮漂流,不久便寿终正寝了。

乌贼在海洋里也有天敌。乌贼素有海中火箭之称,要伤害它相当困难,况且它还是海中魔术师呢!但海豚游泳比乌贼还快。乌贼一见海豚就喷墨汁,但烟幕一散海豚早在前头等它。乌贼一次次喷墨汁,吐出最后一股墨水,就不能再放烟幕了。海豚就凶猛地追上去,当头一咬。海豚虽然食量比较大,但只吃乌贼头，因此，海豚袭击乌贼的现场，往往有成千上万只乌贼腕足漂浮，全是无头残尸。

在海洋中，有几种乌贼能从水中跃起，并在空中飞行5～6米高，50～60米远。但它们通常贴着水面飞行，高度不超过1米。

乌贼飞行时鳍是伸开的。乌贼的鳍长在身子的后部，长度不超过躯干的一半。乌贼是躯干向前倒退飞行的，这同它在水中高速游动时的姿势一致。它的动力是从颈部的特殊管道——水管向外喷水而获得的反作用力。支持乌贼飞行的空气动力作用在鳍面中心，也就是在距离腹部末端相当于身长的1/5～1/8处。乌贼的重心大约位于身体的中部，飞行时，乌贼将鳍极度伸展，长宽比为1∶2.5，鳍尾在空气的压力下向上卷起。更令人吃惊的是乌贼的腕（乌贼有5对腕，其中第四对较长，称为触腕），在飞行时，第二、第三对腕最大限度地张开成拱状。腕的中间部其间有一层薄膜清楚可见。这一层膜，动物学家们称作保护膜，其功能是保护腕上的吸盘在快速游泳时免遭水流的伤害。每只腕上有两块保护膜，位于腕的背侧和腹侧。这层薄膜附着在纵横支撑的肌肉上，从每两个吸盘向腕的两侧面伸开。通常膜宽约与腕表面上方吸盘的高度相等。因此，两块膜正好盖住吸盘。这种膜能够帮助乌贼飞行，乌贼从水中跃出时，不仅鳍极度展开，而且张紧的膜差不多盖住了叉开的腕之间的地方，形成了独特的“前鳍”，它的面积超过尾鳍面积的1.67倍。这样，乌贼的头部和躯干部都有了空气动力作用面，所以乌贼的飞行很平稳。

有神奇本领的章鱼

章鱼属于由箭石进化而来的头足类软体动物。它体软无骨，头上长着8只能起手足作用的腕手。在人类看来，一个人如果一旦失去一只胳膊或腿，毫无疑问是极其不幸的，但章鱼却把这作为防身的一种本领。当它的某只腕手被敌人捉住，处于险境时，便立即将这只手在4/5处断下，用来引诱敌人，而整个躯体却逃之夭夭。章鱼的腕手自断后，伤口处的血管会极力收缩，进行自身闭合，故不出血。6小时后血管开通，第二天伤口完全长好，并开始长出新腕手。一个半月后，新腕手即可长到原来长度的1/3。

章鱼还有更神奇的本领呢！美国生物学家贝里尔讲过这样一件事。一次，他的朋友弄到一条章鱼，长约30厘米。这位朋友把它放在篮子里，乘上电车。大约10分钟后，车厢另一头的一位乘客大叫起来。原来，这条章鱼居然从只有1.5厘米宽的篮子孔眼里钻了出来，爬到他的膝盖上。

还有一次，美国的动物学家迈因纳和他的伙伴，在珊瑚礁上捉到一条长约30厘米的章鱼，把它放在一只空香烟箱子里，用钉子将箱盖钉住，绳子捆好，然后将箱子放进舱底。可没过多久，迈因纳打开箱子一看，章鱼不见了；再看船底，这个“逃犯”正在那里憩息。

著名的美国实验生物学家科麦克还尝试过，将长约1米的章鱼放在网眼与手指差不多大的金属网中，章鱼竟能设法从小网眼中钻出来。

章鱼虽然叫“鱼”，其实并不属于鱼类。它是头足类软体动物，有8只长着吸盘的腕子，这些腕手是用来探察周围环境的，也是一种进攻和防御的武器。章鱼的口中没有牙齿，但长着喙状颚片；它的身躯像一个口袋，富有弹性；外形和乌贼差不多。

章鱼还能很快地变换自身颜色，与周围环境协调一致。有位生物学家曾经写道：“一次，我将一只章鱼放在报纸上准备处理。章鱼立即改变身体颜色，复制了报纸文字的色彩！”章鱼改变身体颜色，往往是用来表达恐惧、激动和受惊等情绪。雄章鱼会用一连串光华灿烂的色彩突变来威胁情敌，诱引雌性。当生命危急时，也借此吓唬对手。章鱼之所以有变红、变绿、变黑等本领，是因为它的皮下藏有弹性的装满色素的色素细胞。

色素细胞随扩张肌伸缩，每个扩张肌都有神经与脑细胞相连。章鱼负责改变颜色的“调度室”在脑内占据脑叶的两手：前一对控制头部和腕手的颜色。如果将通往右边色素细胞的神经切断，章鱼的右侧就固定为一种颜色。而左侧却还能改变。章鱼用来校正自身颜色与周围环境一致的器官是眼睛,所以瞎眼睛的章鱼就几乎完全失去了变色能力。

章鱼还随身携带着一种“墨汁烟幕弹”,当处境极端危急时,便喷出墨汁,在水中散成浓雾,掩护自己逃跑。章鱼的墨囊是出生时就有的,墨囊中的墨汁一般可喷射 6 次,但过半小时后,所消耗的墨汁又可以完全恢复。

章鱼一般以鱼、蟹和蚌类为食,但有时也自食同类。雌章鱼在孵卵期不许任何动物靠近,连雄章鱼靠近有时也会被她咬死。雌章鱼一有空就像摇拍小孩似的轻轻翻动,摇拍她的卵,并从漏斗中喷出水来冲洗。像跳蚤大小的小章鱼孵化出来后,雌章鱼仍然摇拍着卫护着那些剩下的空卵壳,并不肯进食,直到死亡。

章鱼和乌贼一样,也属于贝类的一种。章鱼虽然没有乌贼那样的捉脚,但它也有 8 只脚,很长,像 8 条带子一样。章鱼的脚上有吸盘,也是很好的防御和进攻的武器。因此,海中的大小动物都会受到它的侵害。就连最大的、装备最好的螯虾,尽管身体大小和章鱼差不多,也成了章鱼的口中餐。

有人看到过章鱼智擒螯虾的战斗:开始时螯虾依仗坚固的装甲和锐利的螯,向章鱼进攻。章鱼不断改变身体的颜色,迷惑敌人,并佯攻敌人。一直到螯虾精疲力竭的时候,章鱼就用两三只长脚去触螯虾,螯虾立即用有力的螯夹住章鱼的脚,可是无济于事。螯虾只好孤注一掷,用螯夹住章鱼的身躯。由于疼痛,章鱼放出有毒的墨汁,迫使螯虾退却。在墨汁的掩护下,章鱼一次又一次发起进攻。当螯虾中毒麻痹的时候,章鱼则得意地将螯虾拖到海底,从从容容地美餐一顿。

在日常生活中,章鱼常常用腕手搬动超过自己体重 10 倍甚至 20 倍的石头,作为筑窝的建筑材料或抗击敌人的挡箭牌。小章鱼还会用计谋钻进牡蛎的壳,把它占为住宅。它的方法十分巧妙:准备好石块,久久守在闭合的牡蛎旁,等牡蛎壳一张开,便马上投石入内,使牡蛎双壳再也无法闭合。这样,章鱼便安然自得地将牡蛎吃掉,然后便在其壳里安家。

长有“顺风耳”的水母

水母是一种古老的腔肠动物，远在5亿多年前古生代的寒武纪，它就已经生活在海洋里了。

现在生存的水母除了海蜇以外，还有很多种，如海月水母、霞水母、尖头水母、高杯水母等。它们的行踪不定，来去无影，是海洋中的“漂泊世家”。这个大家族的成员具有相似的身体构造：身体很像一把撑开的伞，呈圆盘形或钟罩形。靠着内伞外胚层基部肌肉的收缩，伞就一张一合，借此在水中运动。在伞的外缘缺豁处有8～16个感觉器，能感知外界的刺激，以保持身体的平衡。内伞中央是口，口附近有口腕，可将食物送入口中，不能消化的食物仍由口排出体外，因此它的口兼有肛门的功用。

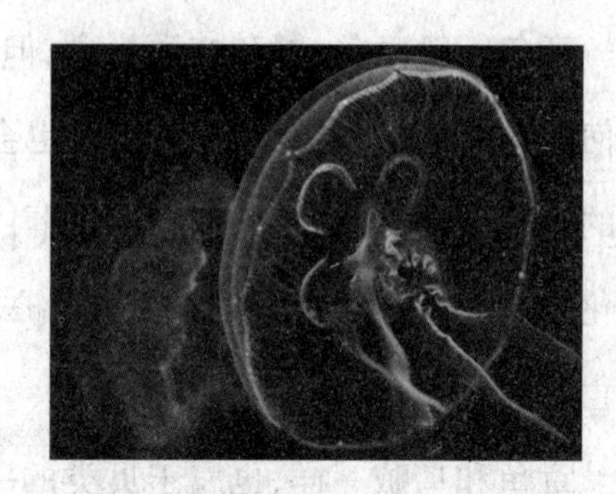

水母

水母为什么能感知人遥远地方刮来的台风呢？

原来，当大风在远处海面卷动时，由于风速很大，风与海水、波浪摩擦，又与大浪波峰间冲击形成湍流涡旋辐射，便产生一种每秒振荡8～13赫兹的次声波。这种波在空中每小时传播1200千米，在水中每小时传播高达6000千米。它比台风和波浪的速度都快得多。由于这种声波不在人耳听觉的范围内，所以不能被人感觉到。但水母却能接收到这种次声波。

水母又是怎样“听”到次声波的呢？科学家们被水母的特异功能所吸引，对水母进行了反复的观察和研究，终于弄清楚了其中的奥秘。其实水母的耳朵构造很简单。在水母的共振腔里长着一个细柄，柄上有个小球，这就算是它的“耳朵”了。球内有个小小的听石，当次声波冲击这个小听石时，就会刺激球壁上的神经，于是水母也就“听”到了次声波。鱼类也有类似的耳朵，也能听到次声波。因此,当它们收到了风暴的预报后,就纷纷离开海面,向大海深处游去,以免被暴风激起的巨浪砸碎,或者冲击到礁石上撞碎。

沿海有经验的渔民看到水母到海里躲藏起来,就知道风暴即将来临,便及早做好准备,扬帆返航。我国广东沿海的渔业工人,为了观察台风产生的这种次声波,他们很早就用直径50厘米的气球,充满氢气,搁在耳朵边听,当有压痛的感觉时,就知道大风将要来临了。

舰船长年累月在海上航行,经常会遭到狂风暴雨的袭击。在风暴到来之前,如果不能准确地预报,并及时采取有效的防护措施,那么,不仅完不成海上作战、运输任务,反而会造成舰沉人亡的悲惨事件。因此,长期以来,军事科学家们希望发明一种能够准确及时地预报风暴的仪器。自从仿生学作为一门独立的学科诞生以来,科学家们对水母神奇的听觉器官进行了深入的研究,设计了"水母耳"——风暴警报仪,相当精确地仿制了水母感受次声的器官。这种仪器由喇叭接收次声波的共振滤波,由压电变换器转变为电脉冲,再传给指示表,即可看到风暴的强度,把这种仪器安装在舰船甲板上,喇叭作360度旋转,当风暴来临传出8~13赫兹次声波时,旋转就自行停止。喇叭的指向,就是风暴刮来的方向。这种仪器可以提前10~15小时发出预报,成为人类利用次声波与风浪作斗争的有力工具。

人类还在战争中利用次声波确定炮位。在战争中,为了集中火力消灭对方大炮阵地,必须侦察出对方的大炮位置。过去常用光学、雷达等技术来测定,但这些方法都有不足之处,它们不能侦察出山背后或隐蔽在坑道中的大炮。用声学方法测定炮位,问题就解决了。次声波定位方法原理很简单,它是利用大炮产生的声波传到次声传声器组成的接收器上面测知的。由于大炮到各次声传声器之间距离不同,次声波到各传声器的时间也各不相同,这样,各传声器接收到大炮产生的次声波就有一定时间差。测出这些时间差,通过计算便可得知大炮的位置。

水母的妙用还远不止这些。科学家通过对其刺细胞内毒性物质的研究,发现这些提取物有抗肿瘤的作用，这又为我们提供了新的药物来源。此外，还有人设想把水母的推进方式用于喷气式飞机的设计，以便大大地节省能源。

海洋里的活化石——鲎

说起来，鲎还是海洋里的活化石呢。早在4亿多年前，当恐龙尚未崛起，首批鱼类还没有出现时，鲎便占海为“王”了，并且能够适应海洋的千变万化而一直生存下来。

鲎长了一副怪模样：既像蟹，又像蜘蛛或蝎子，或者说三者兼而有之。它的头部呈马蹄形，尾似长剑，坚硬而有力。最奇特的是它的眼睛，前面长着两只小眼，对紫外辐射很敏感；两侧还长有复眼，包含1000个小眼，在光线不好的情况下鲎眼能用突出边眶的办法来增加所视目标的清晰度。人们早已知道，在明亮的光的照射下，所看到的物体影子轮廓线两侧各有一条叫“马赫带”的明亮而浓黑的线。科学家们利用鲎的小眼，用精密仪器作了电生物实验，弄清了马赫带的机制，它是由于视网膜内神经网络的侧抑制作用造成的。目前已广泛应用于广播电视、摄影、传真和高空、海底探测等方面，从而加强了发送图像的轮廓，提高了图像和影像的清晰度。

每年农历五月前后，海滩上就有成群结队的鲎前来产卵。据说古时候人们还不知道它是什么东西，样子又怪，心里有点怕，不敢去抓它，更谈不上食用。后来人们发现鲎有很高的经济价值，它的肉、血、肝脏、卵巢吃起来味道鲜美，清凉爽口，并不亚于其他的鱼类和蟹类，是理想的佳肴。于是，就大肆捕捉起来。

鲎还有一个奇特之处，就是体内有一条笔直的大肠，从它的嘴一直通到肛门。渔民在犁虾起网时，常常发现一个耐人寻味的怪现象：母鲎一旦落网，公鲎总是乖乖地与母鲎一起双双就擒；如果捕获的是公鲎，母鲎则逃之夭夭了。即使捕捉的是在海滩上产卵的鲎，情形也是这样。

许多人一向以为血是红色的，其实并非如此，鲎的血液就是蓝色的。鲎的血液为什么是蓝色的？这要从人的血液为什么是红色的说起。

人呼吸时，氧气进入肺里，然后由血液携带进入心脏，经动脉遍布全身，供新陈代谢用。人的血液携带氧，是由血液中的铁作为“运载工具”的。铁和氧结合后呈红色，所以人的血液就成为红色了。而在鲎等低等动物的血液中，不是靠铁来“运输”氧的，而是用铜。由于含铜的蛋白质结合物是蓝色，这也就使它们的血液成了蓝色。

鲎在医学上的用途广泛。它的肉和卵能治疗青光眼等眼疾，尾剑能治疗皮肤过敏和痔疮等疾病，就连它的外壳也可加工成治疗高热病的理想药品。鲎的血液是蓝色的，它对外来的细菌没有一点抵抗能力，血液一旦遭到细菌侵袭就会很快凝固，而鲎的生命也就结束了。科学家们利用鲎的这一致命弱点，研制成了“鲎试剂”。这对某些疾病能起辅助诊断作用。鲎试剂在制药工业上可用做针剂、放射性药品和生物药品的检测，也可用于食品工业卫生方面的检查，还能用来检查某些抗癌药物的内毒素感染以及鉴别诊断肝腹水等疾病。

纽约州锡拉丘兹大学神经系统科研所的罗伯特·巴洛研究鲎已经有25年的时间了，他解释说：“鲎不属甲壳动物。它更像是蜘蛛和蝎子的表亲。”这些“活化石”从2.5亿年前就停止了进化，它能够存活至今，是得益于非常规的健康状况。

伍兹霍尔海洋生物试验室负责人诺曼·温赖特说：“在海岸附近，水就好像培养基。每毫升水里可含有100万个细菌，其中有些细菌是病原菌。”为了防止受到感染，鲎体内形成了一种非常独特的免疫系统。

温赖特还解释说：“当病毒或者微生物进入体内，我们的机体就分泌很多相应的抗体来杀死入侵者。但鲎的蓝色血液会做出不同的反应，如一接触到霍乱弧菌，鲎的血液就会立即凝固，令细菌失去作用。随后血液会形成一道屏障，阻止其他细菌入侵。”

鲎的这种特性受到研究人员的重视。利用鲎的血液，制药试验室制造了一种珍贵的试剂，可以用来确定药物和医疗器械的灭菌情况。温赖特教授说：“我们每年捕获大约20万只鲎,每只抽取150～200毫升的血液,即它们总含血量的8%。如果超过这个数字,鲎就会死亡。然后再把它们的伤口缝合好放回水里。”大约4个月后,它们就会恢复正常。

神秘的海参

在神秘的海洋中,生活着各种形形色色的动物,海参就是其中一种。也许你早已品尝过海参的美味,但不一定了解它那孤僻奇特的习性。

海洋中住着横行霸道的螃蟹、凶猛残暴的鲨鱼、飞扬跋扈的章鱼,还有狡猾奸诈的乌贼……在这热闹的水族世界中,海参生活在最底层。

海参这种无脊椎动物,在分类学上属于棘皮动物。它的身体表面长满肉刺,看上去这褐色的管状小动物既没有动人的体态,又不具备快速游泳的技巧,只能在海底缓慢地爬行、蠕动……可是它的奇异性却是独一无二、举世无双的。海参的家族十分兴旺,它们有八百多种同族分布在印度洋、太平洋西北部。我国黄海、渤海的刺参和南海的梅花参都是它们的同族。

刺参在海底深居简出,过着默默无闻的生活。但是它并不孤独,因为它有伙伴、有情侣,只是它的性格孤僻、脾气古怪罢了。海藻丛中、泥沙地带是它们经常出没用餐的地方,当它们吃饱喝足之后就会栖息在波流稳静地带的岩礁孔隙或大石板下。

刺参体内没有骨头,在肌肉内只有细小的“骨片”,所以看上去它的身躯犹如一团肌肉,柔如面团,随时改变着体型,时圆时扁、忽长忽短,这一特性对它顺利进出石缝礁隙以及保卫自身安全是一个极为有利的条件。

海洋中动物的食性不一,那些快速游泳、牙齿锐利的带鱼是掠食鱼肉的“豺狼”;藏在海底的鮟鱇鱼则以“守株待兔”自钓自食;贝类主要靠“喝汤”,它们喝进大量海水才能从中滤食些浮游生物的干货。唯有刺参既不吃游动的动物,也不吃漂浮的植物,它是专门以泥沙为食的“大肚汉”。

每当风平浪静，刺参便走出它们的家，爬向海底泥沙带开始用餐。它有旺盛的食欲，大口地吞咽着别的动物不屑一顾的泥沙，它们不停地吃着，直到填满肚皮为止。

刺参像大草原上的蜣螂清除牛羊粪便那样，孜孜不倦地吞食泥沙，打扫着海底，它多像个“海底清道夫”啊！海参的三餐虽说只是些“残羹剩饭”，然而沉积在海底的泥沙中却含有大量微小的动植物尸体、碎屑、小型硅藻、微生物等，对于善于从泥沙中汲取营养、精华，重新制造成各种氨基酸、高级蛋白质的刺参来说，这里简直是一座小小的“蛋白质合成厂”。

有人说“云是天气的表情”，波浪也像是大海的表情。一朝狂风吹来，瞬时水天一色的浩瀚大海浪花翻滚、巨浪滔天，海浪摇荡着海底，连泥沙也被泛起。水族世界立失安宁，就像遭到一场强烈的“地震”。

此时此刻，深居海底的刺参却安然无恙，早已安全地躲在隐蔽而舒适的石块之下、岩洞之中，用它那带吸盘的“管足”把身体牢牢地固定在岩石上。

它们为什么能提前做好“防灾”准备呢？它们又是怎样提前知道风雨气象预报的呢？

原来海参具有自卫的本领。虽然海洋天气多变，但是海参却善测风云，个个都似精明的“海洋气象哨兵”，能够准确地测出狂风暴雨何时到来。

海参这种预测风云变幻的高超技术，虽然至今还是自然界中的一个未解之谜。但是在坏天气来临之前，海参为了防灾，提前隐蔽潜伏，却给潜水员一个很大的启示，它告诉人们暴风雨就要来临，请注意安全。

动物为什么会有再生能力，也是一个令人感兴趣的问题。生活在海洋中的海胆、海蜇、对虾、螃蟹、墨鱼等，一旦肢体少部分受到损伤还可以重新恢复原状，再生出新的部分来。蜥蜴在受到威胁时会自行断掉尾巴逃之夭夭，经过一段时间，再长出一条同原来一模一样的新尾巴来。但是论起再生能力，它们比起刺参来简直是小巫见大巫，显得太不足为奇、微不足道了。

日本科学家曾经将刺参切成三段，放在海水中养殖试验，半年以后，每一段都变成了一个具有新内脏的完整刺参。没有头的能长出新头和口:没有尾的能长出尾部和肛门。真是不可思议。

更奇妙的是,每当刺参遇到敌人的袭击和惊扰,或者水质不好,危险来临时,它就把自己体内的"五脏六腑"全部、无保留地通过肛门排出体外丢掉,像"金蝉脱壳"一般,自己却逃之夭夭,人们把这种本领叫做"排脏"或"拉花"。刺参没有了内脏,并不会死掉,照样生活着,经过几个月又能重新长出完整无缺的新内脏来。而且刺参还能多次排脏,多次长出新的内脏来,刺参再生力之强,确实令人吃惊。

海参之王——梅花参

海参,又名海鼠,旧名沙噀。据《本草纲目拾遗》中记载:海参,生东海中,体滑如蜒蝣,能伸缩,群栖海底,游行迅疾,其性温补,足敌人参,故名海参。在动物分类上,海参属棘皮动物,与海星、海胆系同一家族。海参的皮肤黏滑,生有许多疙瘩,口边生了许多触手,另一端是肛门,体内生有水肺,身体有青、黄、褐、红等不同的颜色。喜欢生活在波平浪静的海湾岩礁间,白天潜伏海底,夜晚出来活动,用它的触手分泌出一种黏液来,粘取小动物充当食物。

遇到侵犯时,海参用力收缩筋肉,排出内脏和肠管,以缠绕来犯的敌人。不久它会再生出失掉的内脏和肠管。科学家们利用海参的这一特性,把海参从海底采捕上来,切成几段后再投到海底,这样便达到了人工促其繁殖的目的。

海参,作为一种海洋珍味,与燕窝、鱼翅、鲍鱼等并列为"八珍"。自古以来一直流传至今,成为中国菜谱的"佼佼者"。其食用历史在我国相当悠久。早在三国时期,吴国沈莹的《临海水土异物志》载:"土肉,正黑,如小儿臂大,长五寸,中有腹,无口目,有三十足。炙食。"可见当时还不知海参的烹调技术,只能用火来烤——炙,不能领略海参真正的美味,所以给它取了个低贱的名字——"土肉"。到了明代,人们才发现它的营养价值,谢肇淛的《五杂俎》载:"海参,辽东海滨有之……其温补,是敌人参,故名海参。”因此“海中之参”——海参的身价顿时倍增,并因此成了贡品。

据调查,在我国沿海一带,生长着20多种可以食用的海参。梅花参是世界上的名贵海参,分布产于我国的西沙、中沙、南沙群岛海域。它同我国北方沿海产的刺参同属盾手目刺参科,但却是典型的热带种类,分布于太平洋南部,从爪哇起,东到社会岛和马绍尔群岛,北到琉球群岛,南到大堡礁的北部。梅花参个体很大,肉厚且脆嫩,可算是我国南海产的食用海参中最好的一种。

梅花参生于热带海洋的珊瑚堡礁和珊瑚泻潟湖带,水深几米至几十米的海底,摄食细沙中的有机碎屑和各种微生物。一般情况下,潜藏在珊瑚礁丛中,在退潮的时候爬出岩礁在沙底觅食。天气好、阳光充足、潮退后期流速减弱时,梅花参出现最多。而风大、浪大、流急时,则深藏不露。

梅花参最大者体长可达120厘米,重10千克,故称“海参之王”,比北方刺参要大几倍。它形似长圆筒状,体色十分艳丽,背面呈现出美丽的橙黄色或橙红色,还点缀着黄色和褐色的斑点:腹面带红色,20个触手都呈黄色。头部口腔周围有盾形触手20个,充分伸展时美如葵花;背面有肥大的肉刺,每3~11个肉刺的基部相连,有点像梅花瓣状,所以人们称它为“梅花参”。又因为它的外貌有点像风梨(菠萝),也称它为“凤梨参”。

梅花参对环境变化较为敏感,当受到刺激时,如海水污染、海水比重和温度的剧变等,都会引起自身腐烂或排脏(即把内脏自行吐出)。排脏后的海参,在良好的水质条件下,仍然有很大的活动力,又会再生。更有趣的是,几乎每条梅花参的泄殖腔内都有一种隐鱼共生。隐鱼像手指般大小,全身呈棕红色,头部稍大,身体光滑细长,约20厘米。隐鱼常年住在梅花参的肛门里,当有小动物游来时,便探出头来捕捉,遇到敌害来袭时,隐鱼就迅速地游回老家去。当隐鱼感到水质恶化时,会从参体内伸出头来,因而,它可作为观察梅花参对环境变化反应的一种象征。

梅花参繁殖的时间一般在9~11月,这时秋冬交界,水温开始下降。其繁殖最合适水温一般在18℃～24℃左右。梅花参为雌雄异体，但外形上很难区别。据观察，腹背呈橙红色，颜色绚丽，肉刺短肥偏平，基部连接，状如梅花者，多为雌性；腹背呈褐红色，颜色稍淡，肉刺粗细适中，突起而略尖，基部连接，或腹背为褐黑色，颜色较暗，肉刺长而细尖，基部连接，状如毛虫者，多为雄性。一般来说，偏褐黑色者多为雄性，偏橙红色者多为雌性。

梅花参含高蛋白、高胶质、重铁质、低脂肪，并含有多种氨基酸、硫酸软骨素，以及黏多糖，不含胆固醇。所以，不但营养丰富，而且药用价值也高。据现代医药临床实验证明：海参不但是滋补品，而且对治疗高血压、痢症、溃症等都有功效。据国外研究，梅花参还含有海参素，它的粗制溶液能抑制某些肉瘤和癌的生长。近年来，我国科学家研究发现，海参含有黏多糖。经过动物试验，它能抑制癌细胞的生长和转移，起到抗癌的作用。

最大的龙虾和螯虾

龙虾是虾中之王，一般有20～40厘米长，体重在0.5千克以上。其中锦绣龙虾，是龙虾中的魁首，重量在3～4千克以上，是世界上最大的虾。它身上的“盔甲”五光十色，极为艳丽。

龙虾戴盔穿甲，甲壳坚硬，又长着许多尖锐的棘刺，两条长长的带刺的触角和十条粗壮的脚，看上去一副凶相。其实它只是看似凶猛，因为除了头胸部的棘刺外，再也没有别的防御武器，行动又迟缓、笨拙，很容易捕捉。

龙虾生活在温暖的海洋里，我国有七八种之多，东海和南海都有它们的踪迹。它们栖息在海底，白天隐匿在礁石缝里，夜间出来觅食。由于它们不善于游泳，形态构造与游泳虾类相比有显著的不同，头胸部粗大，腹部比较短小，游泳足退化，基本上失去游泳的功能，适应于爬行生活。龙虾第二对触角的基部有特殊的构造，摩擦眼睛下方的骨质板，会发出“吱吱”的响声，以此招引同类。

龙虾的繁殖是颇有意思的：在夏秋繁殖季节，雌虾把卵紧紧地抱在腹部，一次要抱50~100万颗之多。幼体在母体的“怀抱”里发育孵化。刚孵出来的幼体同成体毫无相似之处，身体扁平如一片叶子，故叫“叶状体”。叶状体经过半年的漂泊生活，几次蜕皮后，终于变得像龙虾的样子了。小龙虾又经过一个时期的游泳生活之后，“定居”海底过上了爬行生活。在野生情况下，每一万颗卵约有一颗能长至成熟期。

龙虾肉多且滋味鲜美，是比较名贵的海产品。

螯虾又叫蝲蛄。用敏感、合群、殷勤这三个词来形容螯虾是非常合适的，至少对美洲螯虾是这样的。

在以螯为特征而命名的螯虾中，美洲螯虾是最大的。波士顿博物馆保存的一只螯虾长1.4米，重41千克。而最奇特的要算人们极难看到的生存在深海底的软体盲眼螯虾了。

螯虾吃食的方式有些特别。当它发现食物后，就用触角或它的三对步足去接触食物。这三对步足长在螯虾的前部，尽管称为步足，却不是用来行走的，而是起手的作用。其上都长有螯，第一对特别发达，同蟹的螯一样。螯虾把贝类动物捉住后，用它的大螯沿贝壳的合缝用力压进去把贝壳打开。螯虾能用它的触角和向上的触须识别食物，确定食物的位置，并估量与食物间的距离。但是，螯虾只是在嗅到食物的味道对它有吸引力时才会对食物下手，似乎它的神经中枢能将收集到的信息进行综合。在实验中，如果用蒸馏水洗刷螯虾的感觉器官，会使它在几小时内失去“嗅觉”能力。

至于“殷勤”，这是根据对螯虾繁殖方式研究后得出的。首先，雌虾有权选择配偶。虽然螯虾像一个全副甲胄的武士，但也有它们的温情。雌虾选准了雄虾后，就到雄虾的住地旁落户，并在雄虾的洞口来回游动。在游动的过程中，雌虾发出化学信息。这时，雄虾出现在洞口，但并不显出好斗的样子。于是，雌虾就进入第二阶段——进到雄虾的洞内，雄虾晃动它的螯显示自己的实力，雌虾向前顶住雄虾的螯或装作要走的样子，雄虾停止“炫耀”。雌虾常常出洞“饮水”，然后再回洞，而在外停留的时间一次比一次长。当雌虾要出洞时，雄虾有时会挡住洞口。

到目前为止,雌虾与雄虾的交往只限于两者触角的接触。几天后,雌虾蜕壳了。蜕壳一般是在早晨,需要一刻钟的时间。之后,雄虾开始小心翼翼地与雌虾接近,在开始的20分钟到40分钟内,它只是做一些假动作。紧接着,雄虾用它的足和步足把“裸露”的雌虾翻过来,使之腹部朝天,但又不使它受伤。雌虾这时张开足,尾蜷起,雄虾则用它的一对交尾器将精液注入雌虾的受精囊。交尾结束,雄虾常常以雌虾蜕下的甲壳的一部分作为自己的食物,但总是注意留下一部分给它的“配偶”,因为雌虾需要原来外壳的钙质以生长出新的外壳。在雌虾没有长出新外壳前,雄虾一直用它的两只螯守住洞口。一方面是阻止雌虾出去;另一方面是保护雌虾。7~10天,雌虾外壳长成后,“夫妻”就分手了。开始只是短时间的分手,以后便彻底分手了。雌虾和雄虾前后在一起的时间只有15天。在这以后的几天中,雌虾还在雄虾生活的水域游动。然后才游回自己原先的洞或另找安身之处。雌虾离开雄虾也因其自身利益所在,交尾结束后,雌虾对雄虾来讲已是一个“陌生人”了,如不尽快离去,将有被吃掉之虞。同类相食在螯虾中是很普遍的,尽管它们有合群的习性。

螯虾秋天南游,夏天北游,洄游的路线不变。有时,它们会与蟹类发生激烈的战斗,而它们往往是战斗的胜利者。

海蜇与小虾的友谊

宋朝有一位名叫沈与求的诗人,写有一首描述海蜇的诗:

出没沙嘴如浮罂,

复如缁笠绝两缨。

混浊土窍俱未形,

块然背负群虾行。

这首诗不仅写出了海蜇的生态,说它像一个口朝下浮动的大肚罐子,而且最有意思的是写出了海蜇的一个秘密:“块然背负群虾行”,说它身上附着许许多多的小虾,它总是同这些小虾一道行动。原来这是自然界生物之间经过长期自然选择而形成的“共生”关系。自然界的动物,有些彼此结成“友谊”,终生互相合作;有些彼此生活在一起,无明显利害关系。这种现象,在生物界叫做“共生”,也叫“共栖”。

每当夏秋时节,泛舟海面,在沙质河口地带的海域里,人们可以发现那些形如蘑菇、色似罂粟花的海蜇群。

海蜇是一种古老的海洋腔肠动物,早在5亿多年以前,它就漂浮在寒武纪时代的海洋里了。年代如此久远,大海波浪滔滔,这种既没有五官,又没有骨骼,如同胶状物质一般的低级生物,为什么能够安全生存、繁衍至今呢?原来,在海蜇的身上,有着许多适应海洋环境的秘密,说来是很有趣的。

海蜇是靠自然界生物之间经过长期的自然选择而形成的一种“共生”关系而生存的。海蜇看上去像一个口朝下浮动着的大肚罐子,又像一顶圆形帽子。它身上附着许许多多的小虾,它总是同小虾一道行动。这些小虾俗名大肚虾,也叫海蜇虾。在海蜇厚实的圆顶下,生有8个柄状的触手,下端垂着稠密而细长的丝,成群的小虾就附着在触手的细丝上。这样,小虾自然就受到保护。而海蜇呢,也离不开小虾。当别的动物向海蜇游来时,小虾就引导海蜇靠拢上去,进行捕捉;当敌害向海蜇袭来时,小虾立刻发出“警报”,海蜇就急忙沉入海底。这些小虾恰好弥补了海蜇没有眼睛的短处。所以人们说,海蜇是以虾为眼睛的。海蜇是靠8个柄状触手顶端的口捕捉食物的。它吃剩下的微小生物,又正好是小虾们的美餐。

除了大肚虾以外,还有一种名叫“牧鱼”的小鱼,也是海蜇的终身伴侣。在海洋中,这种小巧灵活的牧鱼总是在海蜇的身边游动。当大鱼游来时,它就急忙躲进海蜇稠密的细丝当中,把自己隐蔽起来。同时,牧鱼又可以为海蜇效劳,吞吃掉海蜇身上有害的小生物。

海蜇的8个触手和触手下的细丝上,生有许多刺细胞,这些刺细胞能分泌一种毒液。当遇到敌害或者食物的时候，它就射出这种毒液，使对方麻醉，这样它就可以躲避或者猎取食物了。人的皮肤一旦触到海蜇等腔肠动物的触须后，立即有触电一样的刺痛感，蜇伤处出现红斑、白疹，痛痒也明显加剧，一般数天后逐渐自愈。但是严重的蜇伤或体质较为敏感的人，蜇伤处可迅速出现红斑、荨麻疹、水泡、淤斑、皮肤坏死等现象，并伴有剧痛、畏寒、腹痛、腹泻、恶心、呕吐、胸闷、呼吸困难等症状。个别人被蜇伤后两个小时因肺水肿而死亡。

海蜇，其相貌犹如一顶降落伞，用"伞盖"加工而成的制品，就是人们熟悉的海蜇皮。海蜇皮经过泡制加工，呈鹅黄而透明状。将其切碎放在盘中，撒上几丛碧绿的葱花，再加入几滴香油，滑爽而耐嚼，具有令人垂涎的独特风味，是酒席或家宴上最常见的佐酒凉菜。有人认为，海蜇不过滑爽好吃而已，并没有什么营养。其实这种认识是错误的。

海蜇既是筵席佳肴，又以治病良药而闻名于世。我国是世界上最早食用海蜇的国家。早在晋代张华的《博物志》中就有食用海蜇的记载。根据近代研究分析，海蜇全身都可以食用，每 100 克海蜇肉中含蛋白质 12.3 克，脂肪 0.1 克，糖 2.7 克，无机盐 18.7 克，可产生热量 64 千卡。作为食用，煮炸、清炒皆宜：切丝凉拌，素淡清口，别具风格。

关于海蜇的药用，近代科学实验证实，海蜇具有类似乙酰胆碱的作用，因此能够扩张血管、降低血压。另外，由于它含有丰富的甘露多糖等胶质，因而对防治动脉粥样硬化也有一定的功效。

海蜇的繁殖方式非常奇特，要经过有性繁殖与无性繁殖两个阶段。每年 8 月中下旬，海蜇开始性成熟，雄性把精子排到海水里，雌性在摄食时把精子吸入体内。受精卵很快脱离母体，变成鸭梨状的浮浪幼体。浮浪幼体游在硬物上面，产生基盘和 16 条触手，成为一个完全的螅状体。至此，有性繁殖阶段结束。接着，螅状体脱离基盘移位，原有的基盘又长成螅状体。螅状体在第二年五六月间，水温上升到 15℃以上时变成蝶状体。蝶状体自由漂浮十多天即可长成幼蜇。再经过 60 ~ 75 天变成重达 10 ~ 12.5 千克的成体海蜇。这便是无性繁殖阶段。

南极食物链的基础——磷虾

我们知道，鲸的口很大，如蓝鲸的口可以大到十几个成年人能从容出入的程度。但如果某些鲸用牙齿来吃浮游动物，就会显得无能为力了。所以，在其漫长的历史发展过程中，须鲸的牙齿逐渐被鲸须所取代，形成类似筛子或浮游生物网一样的构造，用以从水中滤取磷虾等浮游动物吃。如一条长须鲸口内生有250~400片这样的鲸须，在每行鲸须上还生有许多鲸鬃，而每条鲸鬃则有几厘米长，犹如一把结构精致的“梳子”。

当须鲸发现磷虾时，它就张开大嘴，使密集的磷虾和海水一下子吞进口内，然后快速闭嘴，挤出海水，把滤下的食物吞下去。有时磷虾群不密集，鲸则绕食物群快速转圈，待食物逐渐聚集起来后，再吞而食之。有的须鲸也会张开大嘴，缓慢地在不密集的虾群中游动，海水不断地裹着磷虾流进口中，水从鲸须隙缝中流出，把磷虾留在口中，经过一段时间，待磷虾积累到一定数量后，才闭嘴咽下。

磷虾是南极海洋中食物链的基础，南极海洋之所以成为生机盎然的世界，就是以磷虾为饵料的结果。南极磷虾的资源量大得惊人，大约为10~20亿吨！科学家们估计，在不破坏南大洋生态平衡的情况下，每年至少可捕捞5000万~1亿吨磷虾，这个数字刚好相当于当前全世界所有水产品渔获量的总和。

磷虾因周身有许多发光器能发出点点磷光而得名。磷虾，从近海到大洋，从热带到寒带都有分布。全世界的磷虾共有85种，如分布在黄海的太平洋磷虾，东南沿海的中华假磷虾，南海和东海外海的宽额假磷虾，数量相当可观，是经济鱼类的重要食料。这些磷虾由于个小（体长1~2厘米），分布零散，所以不能成为直接利用的对象。分布在南大洋的磷虾约有6种，靠近南极地域可能有更多的种类，但数量最多并引起全世界关注的是其中的大磷虾。大磷虾个体之大属磷虾之冠，体长4～5厘米，最大可达7厘米，而且有集群的特点。据日本统计，群体中磷虾密度多在每立方米200克左右，最高可达每立方米体中可打捞33千克磷虾。群集的水层多在十几米到几十米处，这对侦察和捕捞十分有利。大磷虾以浮游植物为食，其富集区主要在南极的上升流区和冰缘区，因为这里营养丰富，浮游植物得以大量繁殖，南设得兰群岛东北的斯克舍海就是最著名的磷虾富集区。

自20世纪70年代以来，全世界水产品的总渔获量增长甚慢，原因很简单，自然水域的生产力是有限的。但随着渔业生产技术的现代化，人类对自然水域水产品的利用已接近饱和程度，不少鱼种资源由于过度捕捞正在衰退。据估计，即使在最充分最有效的利用情况下，全世界年渔获量也难超过1.2亿吨（南极磷虾除外）。面对这一严峻形势，人们的目光自然而然地便集中在南极磷虾这一人类已知的最大潜在蛋白资源上了。

磷虾营养十分丰富，干磷虾含蛋白质60%，鲜磷虾含13%，煮过的温磷虾含9%；磷虾中维生素B_2、B_{12}、钙质、烟酸（维生素B_3）的含量，都比鸡蛋、牛奶要高好多倍，且含脂量比较低，是人类比较理想的食物，特别是对儿童和青少年的健康发育大有好处。

南大洋的磷虾为什么有这么大的资源量呢？这要从水域生产力研究中的一个基本概念说起。海洋中所有生物体内贮存的能量都来自海洋植物的光合作用，其中绝大部分来自单细胞的浮游植物。海洋生态学家称这一过程为初级生产。浮游植物又被个体较大的浮游动物，如磷虾所利用，这一转换过程叫做次级生产。然后浮游动物再被个体更大的动物，如鱼类利用，即所谓三级、四级生产。自然界的这种食物关系被称为食物链。这种能量传递，每升高一级大约要损失90%。人类利用的对象如鱼，通常是三级、四级，甚至更高级的生产，其最大维持产量只能是初级生产的几千分之一或几万分之一。南极水域的磷虾是能量转换过程中的第二级，再加上南大洋食物链比较温带和热带海区简单得多，大磷虾在次级生产中又独占50%，因此它的资源量之大也就不难理解了。

南大洋庞大的磷虾资源给人类带来了希望,但南大洋生物资源的开发也使海洋生物学家日感忧患。磷虾是南大洋生态系统中承前启后的核心成员,鱼、头足类动物、企鹅、海豹、须鲸等直接或间接地以磷虾为食,仅须鲸每年就要消耗4200万吨磷虾。磷虾资源倘若遭到破坏,将导致整个南大洋生态平衡的破坏,后果不堪设想。

大洋底上的管状蠕虫

1977年,一艘小型水下勘探潜艇"阿尔文"号在东太平洋加拉帕戈斯群岛(属厄瓜多尔)附近的水域徐徐下降。这里是2580米深的水下,看起来一切是那样静谧、单调,甚至带有几分荒凉。潜艇沿着海底游弋,并用前灯射出的强烈光柱搜索着沙石、巨砾……突然,前面出现了一处由岩浆涌出而形成的坑洼不平的裂隙。这使研究人员非常兴奋,因为他们终于发现了要找的目标——海底热液裂隙。

生物界确实无奇不有,谁会想到在海底的不毛之地竟有一块"花丛"存在!尽管在裂隙处乳白色和蓝色的热液不断喷涌而出,但一种蠕虫却安然无恙地在这里安家落户。这种蠕虫既没有嘴巴、眼睛,也没有肠道,大部分虫体蜷缩在一个直径为8厘米的橡胶状白色管子里。蠕虫以管子的下端固定在冷却的熔岩上,而将红色、柔软并富有弹性的多毛尾部露出在管子上端,微微摆动。这些管状蠕虫是丛生的,所以从整体上看宛如在一簇白色花梗上盛开着朵朵红花。

更令人难以想象的是,在如此恶劣的环境中,蠕虫竟不是绝无仅有的栖居者。在距离裂隙较远、水温较低的水域中,长脚蛤、蜗牛、铠甲虾,以及黄色贻贝你来我往,互为点缀;食肉蟹急匆匆地进出于热水流中,伺机夹持蠕虫的尾部;而生长在较上层的粉红色的细鱼则频频探首,窥视下方的猎物……这一幅生机盎然的画面使第一次身临其境的加利福尼亚大学海洋生态学家奇尔德雷斯不禁叹为观止。同样令人惊讶的是,当哈佛大学研究生卡瓦诺把蠕虫从白色管子里剖出来时,虫体竟有2.4米长!

科学家在太平洋绵延几千千米的海底,共找到了七处这样的“花丛”。每个裂隙处聚焦的动物群略有不同,总计有三个新科几十个新种。

众所周知,在生态系统中动物一般都是依赖植物的光合作用获得碳水化合物、蛋白质、脂肪和糖来维持生命的。但裂隙处水层深,阳光照射不到,根本无法进行光合作用。科学家认为裂隙处动物群只能以细菌为食,而事实也确实如此。如贻贝从水中滤取细菌,细鱼则吞咽蓬松的细菌簇等。但管状蠕虫没有嘴、肠,它又是如何进食的呢?这个问题一直使科学家大惑不解,直到1980年这个谜才被解开。原来蠕虫和蛤并非以食菌为生,它们在漫长的进化岁月里形成了一种特殊的机制,即能把细菌藏匿在体内,使其保持生命机能,与自己共生。它们不依赖光合作用,食料的最初来源仅仅是热液里的有毒化合物。在裂隙区,水温达320℃以上,水中的硫化物转变成氢硫化物(HS^-)。虽然这种化合物对较高等动物来说比氰化物还毒,但细菌不仅对毒性有抗性,而且还能通过特殊的代谢作用,产生二氧化碳,组成有机分子、碳水化合物和糖。蠕虫多毛的尾部具有从水中吸收氢硫化物、二氧化碳和氧的特殊功能,这些气体通过尾部褶状鳃进入血管。奇尔德雷斯实验室的生理学家阿帕发现,管状蠕虫的血里有一种异常蛋白质,它除了像人体血红蛋白一样能把氧气从肺部输送到全身外,还能浓缩潴留氢硫化物,并随血液流动把它们传送给共生在虫体内的细菌。细菌则以氢硫化物为原料制造出维持虫体生存需要的食料。

长脚蛤维持生命的方式基本上与蠕虫类同,它也具有特殊功能的血液蛋白。当蛤跻身于熔岩裂缝后便舒展其充血的足(大多数蛤是以足插入泥沙的),吸收水中的氢硫化物。与蠕虫略有不同的是,与蛤共生的细菌就分布在能接受氢硫化物的鳃部附近。诚然,细菌养肥了蠕虫和蛤,但寄主们也向细菌提供着食料和营养,并保证细菌有安全的环境。

管状蠕虫与细菌共生现象的发现,扩展了生物学家对共生关系的认识。以前,只发现珊瑚虫与藻类之间有亲密的共生关系:现在按照奇尔德雷斯的说法,动物和细菌在任何具氧源或含有氢硫化物一类富能化合物的环境中均可有此类共生现象。他和科学家们已经发现在浅水中、污水出口处以及在红树属植物的沼泽地中，也含有共生细菌。诚如卡瓦诺所说："我们迄今还不知道它们是怎样生育，以及细菌是如何进入幼蠕虫体内的。"因此，科学家们正积极地探索着这些问题：管状蠕虫分布有多广？能存在多久？又是如何遍及世界洋底的？

哥伦比亚大学生物学家赫克和一组地质学家，后来曾再次乘"阿尔文"号潜艇在墨西哥海湾发现过与东太平洋底非常相似的动物群，其中包括长脚管状蠕虫、帽贝、贻贝和一种半透明的紫色海黄瓜。这是个出人意料的发现，因为墨西哥湾并不存在裂隙，且水温只有几度。赫克说："原先认为这些动物必定在高温区的想法也许是完全错误的。"但他推测佛罗里达州的陡坡面水中一定含有足够的氢硫化合物，以维持兴旺的动物群。总之，科学家认为裂隙动物应普遍存在于各大洋的深层。

穷凶极恶的杀手

美国著名作家海明威，在一篇游记中记述过这样一件触目惊心的事：在美洲海湾，有个捕捉马林鱼的古巴人，因不慎失足落水，立刻便有一群马林鱼飞袭而来，饿狼似的将那个渔夫撕成碎片。

马林鱼体态扁平，前颌挺着一根锋利的刺剑，灵活善游的它经常出没于大洋深处。马林鱼生性凶猛，据南洋渔民传说：曾经有一条约 50 千克的马林鱼同一条 40 吨的鲸鱼决斗，结果海水被染红了。

1980 年，美国"玛丽"号海洋考察船在纽约长岛东端航行时，连续遭到马林鱼的攻击。有一次，船长塞尔叉到一条马林鱼，想乘小船去捕捞。不料，那条马林鱼突然向小船冲来，将它前颌的刺剑戳进船板，简直像屠夫叉肉一般。塞尔船长幸亏离得远，不然身体可能被刺穿。塞尔船长后来回忆起来，仍心有余悸。

马林鱼凭那杆圆锥尖枪，到处寻衅。同是 1980 年，英国有一艘船在赴匹米尼途中，突然听到“嘭”的一声，船长到舱底一看，马林鱼的刺剑戳入船身，刺尖还深深地留在金属制的煤气箱里。

马林鱼的利剑虽然厉害，但还不如虎鲛的尖齿可怕。在澳洲沿岸，海滨浴场四周都竖立了防鲛网，但是游泳者被白鲛、蓝鲛、虎鲛或鲭鲛攻击啮死的事件屡有发生。

鲛鱼的神经系统很低级，不知痛楚和震惊。它一旦向你进攻，便连续不断地疯狂咬噬，直到血液流尽，无力而毙。十几年前，美国著名科普作家阿西莫夫和动物学教授鲍奈尔到塞勃尔角附近捕鱼。一天早上，他们一叉击中了一条大虎鲛，虎鲛带着叉子向前猛游，鱼叉上的绳索绷得像琴弦一样笔直，船飞快地疾驰。突然，虎鲛猛地回转身来，扑向小船。鲍奈尔马上握住手枪，阿西莫夫操起了自动步枪，接连向鲛鱼射击，子弹一颗颗射入鲛鱼的身体，那鲛鱼仍在 20 米外扑腾。鲍奈尔把小船旋转过来，船尾向着虎鲛，人躲藏到船首。不料，船尾却翘了起来，那虎鲛也乘势扑上去，一口把船尾咬破。阿西莫夫操枪拼命装子弹，鲍奈尔也颤抖着握住手枪，急匆匆地添加弹药。两位学者正怀疑能否脱险时，附近的渔民闻声赶来救助，密集的子弹总算将虎鲛击毙。事后在鲛鱼身上一数，总共有 112 个弹孔。

小鱼中最残忍的，莫过于美国蓝鱼。蓝鱼是一种极勇敢而坚毅的动物，两颚异常有力。有经验的渔夫都知道，蓝鱼放在船内，它会竭尽全力接近你，咬你一口。有些不谨慎的渔夫，钓到了蓝鱼，以为它已经死了，可是一松钓钩，它便像猎犬似的咬住人的手臂或腿。蓝鱼的牙齿虽然不长，却异常锐利，一旦被它咬住，便死也不放松，非撬开不可。因此，只有等它真的死了，才不必怕它。

蓝鱼嗜血，因此以捕鱼为生的人都非常小心，衣着绝不能染上鱼血，否则万一失足落水，获救机会极小。蓝鱼的残忍令人惊骇。小小的蓝鱼看上去每尾不过1.0~1.5 千克而已，可是，它们常从比它大得多的鲸鱼身上咬下大块的肉来，吞不下去就抛入水中。可见，蓝鱼的残忍并非受饥饿的驱使。

这些穷凶极恶的鱼类杀手大多拥有一口利齿。它们的牙齿锋利而无情，敏感而准确，专业而有效。牙齿是动物机体中的一个重要组成部分，它们担负着的重任是满足动物最迫切的需要——觅取食物。牙齿是骨质器官的外露部分，它的形状、大小和排列与其需要的食物、生存的环境、年龄以及在自己的王国中处于什么谱系等问题密切相关。

最早的牙齿是从原始鱼类的骨质皮板上长出来的。根据现有的证据可以断定，脊椎动物最早的牙齿是从约5亿年前的志留纪原始鱼类身上长出来的。古生物教授何塞·桑斯说："很可能是一些原始骨质皮板发生了变异。"它们当然是嘴部皮骨骼的一部分。

现在世界上生长的一种来自远古时代并使我们感到非常害怕的动物是鲨鱼。我们惧怕的是它们身上最具特色的器官——可怕的牙齿。最早的鲨鱼出现在4.5亿年前，现在大洋里游弋的一些鲨鱼可能最早出现在两亿年前。鲨鱼进化的一个重要成果就表现在它那令人害怕的牙齿上。

能降伏凶残巨鲨的比目鱼

鲨鱼作为众多海洋鱼类中的一员，在人们的心目中几乎是凶残的化身。据有关资料记载，从1919年到1959年的40年里，仅在澳大利亚近海就发生了172起鲨鱼伤人的事件，平均每年4起。在其他地区，例如我国的青岛、美国的旧金山湾、蒙特利尔弯和阿根廷的布宜诺斯艾利斯等地的海域都发生过鲨鱼伤害游泳者的事件。

比目鱼

鲨鱼游泳的速度很快，每小时能游20千米。有时为追捕猎物，能连续游上几千千米。鲨鱼不仅凶猛，而且非常贪婪。有人曾在澳大利亚捕获一条虎鲨，剖开它的肚子一看，发现里面有3件大衣、1条毛裤、2双丝袜、1只奶牛蹄子、12只龙虾、1只用铁丝编织的鸡笼和1对鹿角。在另一条虎鲨的肚子里竟然有1桶铁钉、1卷油毛毡、1把木工锯子。鲨鱼就是这样凶猛、残忍、贪婪。难怪有人把它们叫做“海中霸王”和“职业屠夫”。

鲨鱼这些奇怪的习性引起了科学家们的广泛兴趣。据研究,世界上各种鲨鱼大约有380多种,能对人类造成危害的有鲭鲨、噬人鲨、虎鲨、白鲨、双髻鲨、鼬鲨、大青鲨、锥齿鲨等20多种。

人们常常把凶狠的敌人比做鲨鱼,这是比较恰当的,因为它是一种凶狠的嗜杀动物,是海上一霸。鲨鱼作恶多端,经常向一些海上人员和船只发起攻击。据说在大洋洲东海岸一带,150年来发生了近200起鲨鱼伤人的严重事件。1942年,在南非海岸有一艘运兵船被鱼雷击沉,1000多人丧生,其中多数人被鲨鱼咬死并葬身鱼腹。

鲨鱼虽然可怕,但俗话说:“卤水点豆腐,一物降一物。”小小的比目鱼却能降伏穷凶极恶的大鲨鱼。

一位美国生物学家说:“一种属于鲽(俗称比目鱼)科的鱼类,将帮助人类永远摆脱对鲨鱼的恐惧。”原来,这种个体不大的比目鱼能分泌出一种乳白色的剧毒液体。这种毒液即使用水稀释5000倍,也能毒杀海里其他的海洋小动物,可是它对人体却几乎无害。这位美国科学工作者用这种毒素在自己身体里做过试验:将毒素引入体内,仅引起舌头轻度发痒的症状。然而这种毒液对鲨鱼来说,就完全不是这么一回事了。这位科学家在这种比目鱼生活的红海做过一次有趣的实验。他在海里安放诱饵,并在诱饵近旁拴上几条这种比目鱼。当鲨鱼发现诱饵,张着贪婪的血盆大口游近时,比目鱼释放出的毒素就会使它的咬合肌麻痹而无法咬合,结果鲨鱼只好张着大口游开。过了几分钟,毒劲过了,馋涎欲滴的鲨鱼又转身游向诱饵,结果还是只能张着大口不能咬合。

目前,生物化学家正致力于人工合成这种毒素。如果获得成功,那么在大洋中游泳将会是安全的——只要涂上含有这种毒素的“抗鲨灵”软膏,将会使任何一条企图噬人的鲨鱼逃之夭夭。

免费旅行家——鲫鱼

鲫鱼生活在热带和温带海洋，体似圆筒形，体长80多厘米。鲫鱼本身不擅长游泳，但它能吸附在鲨鱼、海龟和鲸类的腹部或船底，借以周游大海。因而被人称为“免费旅行家”。

鲫鱼是怎样吸附在其他物体或鱼类身体上的呢？原来它的第一背鳍已变态成为一个椭圆而扁平的吸盘，长在头顶。吸盘中间被一纵条分隔成两个区，每区都规则地排列着二三十条横皱，像是一扇百叶窗，其周围还有一圈皮膜。当吸盘贴在物体表面时，横皱条和皮膜立即竖起，挤出盘中的水，使整个吸盘变成一系列真空小室，然后借外部大气和水的巨大压力，牢固地吸附在该物上。鲫鱼在鲨鱼、鲸类身上吸附住以后，短时间内便会留下印盘的痕迹，鲫鱼的名字即由此而来。

鲫鱼吸盘的拉力有多大呢？传说古罗马一支舰队的旗舰，在航海途中被一条巨大的鲫鱼吸住，最后竟使船只沉没，葬身海底。所以鲫鱼的拉丁文词意为“使船遇难”的鱼。据测量，一条长约60厘米的小鲫鱼的吸盘，能轻易地经受10千克的拉力。

由于鲫鱼有吸附他物的绝技，马达加斯加、桑给巴尔、古巴和俄罗斯等国家的渔民就利用鲫鱼捕捉鲨鱼、鲸、海龟、海豚、金枪鱼，甚至鳄鱼。渔民鲫鱼放养在海湾里，出海捕鱼时，用绳子系住鲫尾，拴在船后。到了捕捞海区就放开长绳，让它们吸附在捕捉对象的身上，只要慢慢将绳收回，就能有可喜的收获。

鲫鱼的吸盘给了海洋学家和仿生学家们很大的启示，他们将其原理应用在工程技术上，取得了可观的成效。例如荷兰发明了一种“吸锚”装置。这是一个空心的圆钢筒，顶端封死，由一根钢缆和吸管将此钢筒与舰船相连。船抛锚时，吸管另一端的抽气机把筒里的水吸光，使之成为真空状，利用筒外海水的巨大压力，几分钟内即可把钢筒压入足够深的海底泥沙中。据测定，吸锚在20米深海底的吸力能经住海面 160 吨重物的拖拉。一艘航空母舰或巨型油轮，只需十几个这样的吸锚，就可安全地锚定在海上。

其实，吸盘也并不是鲫鱼独有的，不少鱼类也具有这种吸盘。

吸盘是来自于鱼类身体某一部位的特殊结构，是鱼类在特殊环境下的又一种适应形式。

吸盘是某些鱼类在进化过程中逐渐形成的。当吸盘吸在岩石上时，吸盘内的气体或水被挤压出去，导致吸盘内部形成某种程度的真空，身体便被紧紧地吸附在岩石上。倘若你发现这样一尾趴伏在岩石上的鱼类，就是把它的身体撕破，也不一定能把它从岩石上拉下来。

具有吸盘的鱼类，其吸盘的位置大都在腹部。它是由腹鳍演变来的，是腹鳍最重要的变异。

有一种个体很小的爬岩鳅，生长在山溪急流中，在我国西南山区常可见到。它的水平而延长的胸鳍跟腹鳍连成一个椭圆形的大吸盘，占据了整个腹面。组成鳍的各软条，在体侧向各个水平方向展开。

鲫虎鱼是栖息于潮间带岩石上的一类小鱼，种类很多，它的左右腹鳍合并成一个较深的环状吸盘。

潮间带还有一种罕见的喉盘鱼，这种小鱼具有一个大而复杂的吸盘，由两个腹鳍和相近的肉褶形成。

圆鳍鱼和狮子鱼的腹鳍有更大的变异，已看不到腹鳍的形状，吸盘大而有力。

具有吸盘的鱼类，由于腹面贴附在岩石上，因而腹盘都是扁平的，腹面的鳞片都退化了。同时，其他的一些器官，如皮肤、鳞、口、鳍、肠和鳔等，也都发生了不同程度的变异，这些变异都是为了防止鱼体被水流冲走。

有一种圆口鲶就具有这样的结构。它不仅用吸盘状的口固定身体，而且还可利用腹鳍下面的一个装置，在急流中缓慢地匍匐移动，必要时还能沿河底岩穴的垂直壁向上爬行。

那么,当它们用口吸盘附着在岩石上或缓慢爬行时,如何进行呼吸呢?

不要紧,为了适应这种生活,这些鱼类改变了一般鱼类通常所具有的呼吸方式。

双孔鱼和某些鲶类每边的鳃孔分成了上下两部分。水从上孔进下孔出,从而解决了呼吸上的困难。

生活在山溪中具有口吸盘的某些鱼类,外鳃孔一般都变得很小,可贮存一定水量。山溪的水温低,含氧量高,当这些鱼类吸附固着时,可暂时停止呼吸,只需鳃腔中的水供给少量的氧就足够了。

生物与环境统一,结构与功能统一。在鱼类身上,处处都体现出了生物学的这一基本观点。

水中的“熊猫”——白鲟

在长江最为著名的四大淡水鱼类——“枪、鲥、鲟、鮰”中,最珍贵的当推俗称“枪鱼”、“象鱼”的白鲟了。

白鲟是我国特有的大型经济鱼类,名列淡水鱼之首。目前已发现的最大的白鲟体长约 7 米,重约 2 吨。

白鲟皆呈灰绿色,腹呈白色。头颇长,吻突出呈剑状。口大,下位,能伸缩,口前具短须一对。眼小,体裸露。它平时喜欢吃甲壳动物、小虾之类的小动物,但在春夏之交,特别喜欢吃鲚鱼。

白鲟是距今已有 1.5 亿年的中生代白垩纪残存下来的极少数古代鱼类之一,分布地域极为有限,为我国独有,集中分布在长江流域一带,钱塘江、黄河下游亦有发现。白鲟极具学术研究价值,被喻为鱼类中的“熊猫”,是中外瞩目的“稀世之珍”。

白鲟古称鲔、鱏。我国远在 3000 多年以前就已对它做了比较准确的形态解剖记载。《礼记》记述:“鲔口在颔下,长鼻软骨者也。”这两句话言简意赅,形象而准确地描述了白鲟最主要的形态分类特征。白鲟为软骨硬鳞鱼类,口在头的腹面,体呈长梭形,歪形尾,整个体表裸露无鳞,仅尾鳍上叶有少许长菱形的硬鳞。白鲟和一般淡水鱼最大的区别,首先在于骨骼的结构不同。白鲟尽管性情凶猛,但却是典型的"软骨头",它的脊柱不像硬骨鱼类由算盘珠式双凹形的骨化了的椎体连接而成,而是由圆棒状的发达而有弹性的胶质脊索组成,脊索靠着坚韧的脊索鞘和背腹面较大的软骨片进行保护和支撑。当然,"软骨"是外表见不到的特征,若从外形上一眼就能辨别的,还是白鲟那特别惹人注意的"长鼻"。白鲟的"长鼻"在淡水鱼类中是无与伦比的,幼体时可达体长的一半以上,正是由于这一特征,白鲟才被形象地称作"象鱼"、"枪鱼"和"剑鱼"。其实,白鲟的"长鼻"并非真正的鼻子,而是吻部的特化延长,所以丝毫没有呼吸作用,倒有点像"枪"和"剑",是必不可少的进攻性的"武器"哩!

白鲟是肉食性的凶猛鱼类,活泼健泳,但眼甚小,视觉很不发达,靠着长"枪"两侧的梅花状的感觉器官——陷器,白鲟才得以发现躲藏在泥沙和洞穴中的鱼、虾和其他动物,并利用这柄"长枪"作为挖掘、驱赶和攻击的武器,以便更好地摄食。

白鲟虽在整个长江干流及其主要支流和湖泊中有分布记录,但其产卵场却仅分布在长江上游和金沙江下游,以江安市香炉滩至宜宾市柏树溪一带最为集中。白鲟春季产卵,产卵期为3月中旬至5月上旬,雌鱼怀卵量大,高龄雌鱼产卵可达百万粒。但由于本身种群数量不大,且幼鱼有集群和近岸游弋的习性,易被沿江的密网捕获,造成补充群体匮乏,所以,整个白鲟种族的自然增殖非常缓慢。为了保护这一世界绝无仅有的珍稀鱼类,今后应严格限制捕捞规格和捕捞数量,特别是在白鲟的繁殖季节和幼鱼索饵期间,要划定禁渔期和禁渔场,取缔危害幼鱼资源的有害渔具。与此同时,还应积极开展人工繁殖和研究,培育合格苗种,进行江河投放。通过自然资源繁殖保护结合江河人工增殖的办法,促进白鲟资源的稳步发展。

由于人们肆意滥捕鲟鱼,鲟科鱼类的数量大大减少,已成为濒于绝种的古代遗留的种类。目前鲟鱼已被列为我国一级自然保护动物,以保证“淡水鱼之王”不至于遭到灭绝的危险。

水中“活化石”——鳇鱼

鳇鱼在全世界仅有两种,即黑龙江的鳇鱼和生活在海洋中的欧洲鳇鱼。黑龙江的鳇鱼终年生活在江河中,是淡水鱼中最大的鱼类之一。一般体长2~3米,体重200~400千克。当然这只是个平均值,有比这大得多的鳇鱼,如1979年黑龙江少萝北县捕获的一尾重达500千克,1980年捕获的一尾重达524千克,1983年捕获的一尾重达560千克。据史料记载,鳇鱼最大者可达5米以上,体重1吨左右。

鳇鱼素有水中“活化石”之称,历史悠久。黑龙江的鳇鱼是在很久以前,白令海峡封闭期间,生活在太平洋北方生物地带的南迁品种,由于第四纪冰川、北冰洋冷水穿过白令海峡南伸的影响,迫使某些鲟科鱼类沿着太平洋浅海岸向南迁移,进入黑龙江、黄河河口安家落户,成为江河的定居型鳇鱼。生活在黄河的鳇鱼,因肆意滥捕和环境恶变而销声匿迹,唯有黑龙江的鳇鱼幸存繁衍,安然生活下来。距今大约一亿五千万年的中生代的上白垩纪就有鳇鱼,它是残存下来的极少数古代鱼类之一,堪称稀世之珍,是我们研究鱼类演变进化的活化石。

鳇鱼,虽然几经地球的沧桑巨变、物换星移的严峻考验,至今仍保留着与现代鱼类迥然不同的原始鱼类的仪表风姿。它头前长着微翘的三角形鼻子,既尖又长,好像一支攻击敌人的长矛;脑颅软骨质,仅有少数硬骨,外部被起伏不平的变态鳞片所覆盖,一对罕有的喷水孔,配上一双与身体极不相称的细小眼睛,半月形的口唇宽大得像个大喇叭;身体表面裸露无鳞,只有五行纵列的菱形骨板鳞,末端长着尖锐微弯的刺;一别致的歪形尾巴,上叶细长,下叶粗短,很像古代的船舵……这些形态特征,不仅产生出许多动人的传说,也是它的主要科学研究价值之所在。

鳇鱼性情孤僻懒惰,举止愚笨,没有兴趣漫游四方,也不做长距离洄游,终年栖息在深水处,过着寂寞的独居生活。

鳇鱼属肉食鱼类,凶猛贪婪,所向无敌。它常常潜伏在江河的急水流与稳水流交汇的旋涡处,当成群悠然的小鱼被突变的水流冲击得晕头转向时,鳇鱼便乘机施展它那偷袭式的掠食绝技,大口吞食送上嘴边的美味佳肴。它那胃囊像一个大胶皮口袋,容纳的食物能达体重的6%以上。据说曾经解剖过一尾250千克重的鳇鱼,发现其胃内竟有约15千克重的食物,可见叫它"水中之虎"并不过分。鳇鱼没有牙齿,却能消化大量肉类食物,是因为其粗短的肠道有着奇特的构造——内壁上生长着旋转七圈的螺旋瓣,有极强的消化吸收功能。

鳇鱼食量大,生长快。刚破壳降生的幼鱼仅有13毫米长,0.4克重,而30年后就成为长3米、体重达250千克的大鱼,平均每年增重约8千克,如此生长速度在鱼类家族中是独一无二的。鳇鱼的一生中,生长速度最快的阶段是达10龄后,此时的成鱼每年增重约14千克,最多的达18千克,创造了水族中的生长奇迹。可是鳇鱼的青春期却来得异常缓慢,出生后的第16年甚至20年以后,性腺才发育成熟。但鳇鱼一旦成熟,即可怀卵60万~400万粒。一条500千克重的雌鱼,卵巢约重有90千克,怀卵约300万粒。黑龙江的5月,碧波荡漾,春意盎然,雌雄鱼姗姗来到卵场追逐嬉游,然后交尾产卵。此时鱼群云聚,形成了黑龙江渔业中独特的捕鳇期。

用鳇鱼的胸鳍条制成薄如翼膜的骨片,可在显微镜下鉴定其年龄。常见的群体大约在20~35岁之间,其中一条500千克重的大鱼竟是54岁的高龄老者。这样高的年龄在现代淡水鱼类史上是罕见的,所以称它"鱼类老寿星"并不过誉。

鳇鱼的肉质鲜美丰厚、营养丰富、细嫩多脂、风味特异,可以加工成独具特色的盐渍、熏烤、鱼冻等食品。特别是盐渍的卵粒,圆润晶莹,墨绿透明,味道醇香,营养价值极高,是国际市场上推崇备至的名贵佳肴。鳇鱼几乎全身可食,透明软脆的鼻骨、胃和肠,以及鱼鳍干制的"鱼翅"、富含胶原蛋白的鱼鳔精制的

"鱼肚",都是高级筵席上难得的美味。鱼鼻子是民间催乳良药;鱼鳔和脊索是工业用的高级鱼胶原料;鱼骨是家禽的饲料和农田的肥料;鱼皮制成的皮革,更是美观耐用的箱包制品。

四大家鱼——青、草、鲢、鳙

习惯上,人们把青、草、鲢、鳙这四种淡水鱼称为"四大家鱼"。这是因为它们是我国劳动人民经过长期探索和总结后驯化出来并能以人工养殖方式大幅度提高产量的鱼类。

我国的淡水养殖业历史悠久,可追溯到春秋战国时期。

一般认为,早在公元前 20 世纪,我们的祖先就已开始结网捕鱼。西周时,曾经设置过专门负责管理捕鱼的职能机构。但在池塘中养鱼,则始于公元前 12 世纪的殷商时代。对此,可以殷墟出土的甲骨文为证。在甲骨卜辞中,有"贞其雨,在圃鱼"、"在圃鱼,十一月"之句。就句意分析,在园圃里捕鱼,必是池塘之鱼,而池塘中的鱼在很大程度上应该是人工饲养的。

真正对鱼类养殖有历史记载的,是在公元前 473 年。越人范蠡在总结前人的基础上,写出了我国也是世界上第一部养鱼的专门文献——《养鱼经》。在这本书里,范蠡对鲤鱼的养殖方法、良种选择、产卵孵化和鱼池建设等方面都做了全面的阐述。算起来,距今已有 2400 多年了。

由此可知,我国古代劳动人民很早就已经开发和利用各种水域,从事养鱼生产了。他们从亲身的实践中,懂得了"养鱼种竹千倍利"、"靠山吃山,靠水吃水"这些朴素而实实在在的道理。

其实在最初,人们养殖的主要对象并不是青、草、鲢、鳙,而是鲤鱼。到了唐代,因皇帝李姓,同鲤谐音,鲤便成了皇族的象征,法律上规定禁止捕食。百姓中有卖鲤和食鲤者,则被视为触犯法律而受到处罚。皇家还专门在各地设立了放生池,渔获物中如夹有鲤鱼,必须放生。

这样，从唐代开始，日趋繁盛的养鲤业受到了极大的抵制。在这种情况下，人们不得不去寻求新的养殖品种。

人们逐步发现，青鱼、草鱼、鲢鱼、鳙鱼这四种鱼，不仅味美肉嫩，而且投资少、成本低、生长快、产量高、易饲养，因而从宋代开始便成为人们的主要养殖对象。一千多年来，这四种鱼的养殖地位从未发生过变化。久而久之，人们就很自然地把它们叫做“四大家鱼”了。

到了明代，四大家鱼的养殖已相当普遍，而且逐步从粗养发展到精养，在捕捞鱼苗、培育鱼种、成鱼养殖及防治鱼病等方面都取得了很大的进展。这些技术先后传播到欧洲一些国家，对这些国家养殖业的开展起到了很大的促进作用。

我国养殖四大家鱼的方式，主要有单养和混合放养两种。

所谓混合放养，即在每年春节前后，把四大家鱼和少量其他鱼类（鲤、鲫、编等）按照一定比例搭配，共同投放在同一水体中进行饲养。和在同一水体中只投放一种鱼的单养方式相比，混合放养具有十分明显的优越性。

青鱼和鲫鱼生活在水的底层，吃底栖的昆虫和软体物。草鱼生活在水的中层，吃水草。鲢鱼和鳙鱼生活在水的中上层，鲢鱼以浮游植物如鼓藻、硅藻和其他单细胞藻类为食，而鳙鱼则滤食陇虫、水蚤和其他小型甲壳类浮游动物。它们生活在不同水层，又获取不同的食饵对象，因此同时放养在一个池塘里冲突不大，相反地，还可以相互调剂、相互利用。例如，草鱼吃水草，它的粪便沉落水底，正好给鱼塘施上了肥，使浮游动植物得以滋生发育，鲢鱼和鳙鱼便不愁没有食物了。鲫鱼是杂食性的，它什么都吃，可以把青鱼、草鱼吃剩的食物残滓吃掉，起到清塘的作用。鲢鱼和鳙鱼生活在水的中上层，它们不时在水面迅速灵活地游动，鲢鱼有时还会跳出水面，由于它们的游动，使池水翻腾，促进了氧的溶解，有利于鱼体的呼吸。把这几种鱼混合放养在一个池塘里，使各水层得到充分利用。

当然，在混合放养时，还需注意各种鱼类数量的合理分配，这必须根据水池的环境、水质和各种鱼类在不同生长发育阶段所需的生活条件来决定。在鱼苗和幼鱼期，这几种鱼多以浮游生物为主要食料，对氧的要求也很高。在放养过程中还要注意给鱼塘施肥，促进饵料的繁殖增长。生长到一定时间，它们的食性才有分化，这时要按比例搭配混养。水质较肥的，可以多放些鲢鱼、鳙鱼；多水草的，要少放鲢鱼、鳙鱼。这样，便可以获得更大的丰收。

有生命的割草机——草鱼

马吃草、牛吃草、羊也吃草，这已成了我们的生活常识了。然而，有的鱼类也能吃草，这对我们来说却是比较新鲜的。草鱼便是其中的一种。

草鱼

草鱼，也叫鲩、鲣、草根子、猴子鱼等，是我国著名的四大家鱼之一，也是我国淡水养殖的优质鱼类之一。

草鱼以草为食，吃草量大，能清除水体中及沿岸一带的草。它原产于我国长江，现已推广到全国各地，并被引进到世界上 90 多个国家。

草鱼是一种大型鱼类，它刺少、肉味鲜美、肉质细嫩，因此极受欢迎。草鱼的生长速度很快，适应性也很强，常常同鲢鱼、鳙鱼一起混养。在自然条件下，草鱼最大个体重量可达 50 千克；在人工饲养条件下，草鱼最大个体重量也可达 10 ~15 千克。在四大家鱼中，草鱼牛长速度较快，一般饲养两年就可长到 1. 5 ~2. 5 千克。

草鱼体略呈圆筒形，头平，腹圆，鳞片大而圆，鱼体金黄色，背部青绿色。草鱼喜欢清澈水域,多在水草茂盛的流水中活动。在池塘饲养条件下,草鱼常栖息在水的中层,只有吃食时才到上层活动。草鱼由于没有消化纤维素的酶,所以对草的消化率很低,排粪量大,常常会使水质过肥而不适宜草鱼生长。因此,要在养殖草鱼的池塘里混养一定比例的鲢鱼、鳙鱼,以净化水质。

草是一种具有纤维素的植物,所以较难拉断,而草鱼又不能整吞,在草鱼的口中也没有见到能磨碎草的牙齿,那么,它用什么把草磨碎呢?原来在草鱼的口腔内,有一个小型的"碎草机",着生于咽喉部位,因此也称咽喉齿。咽喉齿是鲤科鱼类分类的根据。草鱼的咽喉齿每侧有两排带花纹的牙,这样的牙齿有一个很好的磨面,两排牙齿左右相嵌,相对牙齿的上面有一坚硬的角质垫。草鱼用口的上下颌咬住草,靠头甩动把草拉断,再由咽喉齿的活动把草磨碎。

生活在水草丰盛的湖泊或河流流动平缓浅湾一带的鳊和鲂,也常以草为食。但这些鱼有时也吃些小型无脊椎动物。它们生长虽比草鱼缓慢,但肉味却很鲜美,也是淡水养殖业的优良品种,其中以长江流域盛产的团头鲂最为名贵。毛主席诗词中提到的"武昌鱼",指的正是长江中游一带的团头鲂。

这一类鱼的口有坚利的角质的喙状上下颌,虽然"喙"也经常脱落更新,但这一构造是用于切断压碎食物的。因此,它们的"碎草机"——咽喉齿,当然也就不像草鱼那样强大了。

世界上不少国家,特别是一些热带、亚热带国家的内陆水域、灌溉渠道、运河航道,由于水草丛生,致使水流受阻、航道堵塞,甚至一些水利设施和水力发电设备也受到威胁。为了消除这些隐患,不少国家每年要耗费大量人力、财力用于清理这些水草。据说美国的路易斯安那州、佛罗里达州和得克萨斯州,每年用于清理航道杂草的费用就达一千一百多万美元。但即使如此,也未能收到良好的效果。因为机械除草花费甚巨,而化学除草又污染水质,于是有些国家想到了中国的草鱼,希望利用草鱼的食草习性进行生物防治。经过专门试验,居然收到了奇效!凡放养草鱼的水域,水草的生长繁殖都受到了抑制。同时,草鱼不仅能有效控制水草的繁殖,还能为人们提供肉类。这样一来,利用中国草鱼清理内陆水域水草的方法就引起了广泛的注意。现在世界上已有90多个国家引进并养殖中国草鱼了。

草鱼的食草能力是相当惊人的,吃草时能一段一段地把青草剪断往肠胃里填送。据观察,一条草鱼每昼夜的食草量相当于自身体重的40% ~120%。一条二三龄的草鱼,一年就要吃下几百千克青草,因而有人称它为"有生命的割草机"。现在世界上越来越多的国家利用中国草鱼这部"有生命的割草机"来为内陆水体清理水草,并被一些国家认为是"最好的方法"。

有故事的鲤鱼

我国传说的鲤鱼,体阔背厚,火翅金鳞,侧线鳞36片,排列十分整齐,习性温顺,从不互相残食,又柔中有刚,遇险阻腾空跃起。鲤鱼食性广,青草、浮游生物、底栖动物、碎腐残饵、腐殖物和水生昆虫均可摄食。

在唐代,李氏坐天下,"鲤"和"李"字同音,鱼"姓"了皇帝的姓,一夜间便成了"皇亲国戚",顿时身价百倍。那时,皇室以鲤为佩,军队以鲤为符。鲤鱼交上好运,百姓却遭了殃。官府出示布告,凡捕到鲤鱼一律放生,凡出售鲤鱼者重打60大板。鲤鱼从此变成一不能捕、二不能卖、三不能吃的"圣鱼",再也无人花费精力去饲养了。贫苦的渔民为谋生计,只好另寻新品种养殖,后来才找到了草、青、鲢、鳙逐渐取而代之。

不让捕不让卖,可没说不让养鲤鱼啊!在闽北有一座千年古镇——镇前镇,有一条穿镇而过的"鲤鱼溪",人鱼代代共处已有数百年历史了。

镇前镇坐落在海拔近千米的高山上,"鲤鱼溪"长约数千米,宽不过七八米。站在横跨小溪的拱桥上向水中望去,桥下溪水清清,溪边嫩草翠绿,上百条盈尺长的大鲤鱼往来游水嬉戏,有的遍体金鳞,有的通身红色,在阳光的衬托下色彩斑斓,煞是好看。

溪里的鲤鱼不怕人。溪边石阶上,有三三两两的溪边人家在淘米洗菜,鱼群游近争食落入水中的碎米和菜叶。一位大嫂笑着说:“洗菜洗肉要小心啊,鱼经常从人手里抢东西吃。”镇上人说,夏天小孩子在溪里游水,常常一人抱着一条大鱼玩半天。

“鲤鱼溪”年代久远,镇里人视溪中鲤鱼为吉祥之物,爱鱼之风代代相传。镇里的乡规民约明文规定,伤害溪中的鲤鱼将受到严惩。这里民风纯朴,从未发生偷食鲤鱼之事。

镇里还有一座“鱼冢”,那是溪边的一座小土仓。溪里的鲤鱼老病死亡,当地人就捞起埋在这里,每年清明时节,镇上居民还纷纷前来凭吊。

清朝末年,曾出现过一次鲤鱼群为西太后跳“寿”字的奇观。那是光绪三十年(1904 年)十月初十,是慈禧太后 70 大寿的日子。当天秋高气爽,颐和园内郁郁葱葱的万寿山,衬托着蔚蓝的天空,碧绿的昆明湖水,环抱着湖畔四周的楼台亭榭。上午九时,西太后露面了,鼓乐齐鸣。礼毕,太后心情极好,召醇亲王载沣、恭亲王溥沣、镇国公意普及袁世凯等满汉近臣闲谈。大约十点钟,突然,距离十几米远处,一片空旷的水面慢慢地沸腾起来,湖中鲤鱼一排排急促游动,仿佛很有规律。它们先是喁喁向上,好像是在向太后祝寿。时隔不久,随着游动鱼群的增加,鱼儿开始欢腾跳跃,好似把祝寿推向高潮。正当众人倚栏俯瞰之际,人们发现鱼群欢悦跳起的形状仿佛是一个偌大的“寿”字,足有 3 米见方!这时,不仅太后,连所有在座的人都被这奇观惊呆了。在又惊又奇之时,有些惯于阿谀的人纷纷奉承道:“鱼儿在给太后祝寿呢!”果真是这样吗?

原来,鲤鱼欢跳出一个一个“寿”字的奇观是这样形成的。事前,李莲英让身边的人在离昆明湖北岸两米以外的湖中辟出一方水域,在水域的四周用网拦成三层:第一层是“寿”字形竹架所在地;第二层养一部分鲤鱼;第三层也养一部分鲤鱼。小太监对水域中的鱼每天分早、中、晚三次人工喂养,喂的食物都是从颐和园外的河沟里、水塘中捞出来的鱼虫。时间一长,在网中喂养的这批鱼,渐渐地丧失了自己生存觅食的本领,养成了靠人工喂养的习惯。

李莲英还让木匠、竹匠们用青竹绑成一个“寿”字形的竹架,在太后生日前几天放入水中,青竹与碧绿的湖水颜色近似,距离岸边又远,谁也看不出破绽。在竹架上等距离地钉上小钩,用以挂盛鱼虫的布袋。水域内网养的鱼,在太后生日的前天就停止喂食。

生日那天早晨,李莲英派人在“寿”字架钩上挂满了装好鱼虫的布袋。祝寿活动开始以后,李莲英见太后兴致极好,马上按计划做了一个手势。那些在水里,口中衔着莲叶秆呼吸的小太监们先拉倒第一层网。那些鱼在第二层网内早已嗅到了挂在第一层网内“寿”字形竹架上的珍馐佳肴——鱼虫的味道,只因一张网拦住去路,无法游过去,再加上几天未曾喂食,因此网一拉倒,这些饥饿的鱼群就心急火燎地直冲过去,水下的小太监们顺势潜水走了。在饥饿的鱼群冲击下,布袋中的鱼虫也只能一点一点渗出来。这些鱼为了争抢食物变得呼吸急促,为增加吸氧量,有些鱼口向上,鱼头伸出了水面;有些鱼则仍急着争抢从布袋逃出浮在水面的鱼虫,所以,一开始鱼是呈喁喁状,进入“寿”字竹架的鱼,鱼口向上和喁喁状好像鱼儿在向太后祝寿似的。过了一会,另一批潜在水中的小太监们又拉开第二层网,让那些饿“疯”了的鱼急驰过来争食。这样先放出来的鱼未吃饱,后放出来的鱼又争食,双方互不相让,互相争抢鱼虫,于是挤在“寿”字框架内争食的鲤鱼群在水面上看就形成了欢跳“寿”字舞的奇异景观了。

雌雄“性逆转”的黄鳝

黄鳝是热带及暖温带鱼类,适应能力强,在河道、湖泊、沟渠及稻田中都能生存。除西北高原地区外,中国各地区都有它的踪影,特别是珠江流域和长江流域,更是盛产黄鳝。黄鳝在国外主要分布于泰国、印度尼西亚、菲律宾等地,印度、日本、朝鲜也产黄鳝。

黄鳝喜欢在多腐殖质淤泥中钻洞或在堤岸有水的石隙中穴居,白天很少活动,夜间出穴觅食。它的鳃不发达,而是借助口腔及喉腔的内壁表皮作为呼吸的辅助器官,能直接呼吸空气。在水中含氧量十分贫乏时,黄鳝也能生存。一般出水后,只要保持皮肤潮湿,数日内也不会死亡。

黄鳝

黄鳝是以各种小动物为食的杂食性鱼类,夏季摄食量最大,寒冷季节即使长期不食,也不会死亡。

通常,黄鳝的生殖季节在6~8月。在其个体发育中,具有雌性性逆转的特性,即从胚胎期到初次性成熟时都是雌性(即体长在35厘米以下的个体的生殖腺全为卵巢)。

黄鳝产卵在其穴居的洞口附近,产卵前口吐泡沫堆成巢,受精卵在泡沫中借助泡沫的浮力,在水面上发育。黄鳝产卵后卵巢逐渐变为精巢。当其体长为36~48厘米时,部分性逆转,雌雄个体几乎相等;成长到53厘米以上者则多为精巢。一般情况下,第一年的幼鱼只能长到20厘米左右,只有2冬龄的雌鱼才能生长为成熟期,体长至少为34厘米。这一类鱼的最大个体可以达到70厘米,重1500克。

黄鳝的性别常常使人产生疑问,原因是人们在杀黄鳝时,发现小黄鳝体内都是卵子,而大黄鳝体内都是鱼白。有人由此便认为这是雌雄异形,是雄性个体大于雌性的缘故。

其实,这种认识是错误的。在辨别鱼的性别上,黄鳝是一个很特殊的例子,它具有十分特殊的生殖现象。几乎全部黄鳝的性腺,从胚胎期起到成熟时都是卵巢,换句话说,黄鳝小的时候都是雌性的,它们只能产生卵子。产卵以后,卵巢发生改变,慢慢地变成了精巢。这条从前产过卵的黄鳝,从此就只能产生精液了。也就是说,黄鳝由雌性的变成了雄性的,而且至死都为雄性,性别上不再发生变化。这样,黄鳝在它的一生中经过了雌雄两个阶段,除了当过一次妈妈外,还当过多次的爸爸。可以说,每条黄鳝,既是爸爸,又是妈妈。

生物学上把黄鳝这种“由雌变雄”的特殊生理现象叫做“性逆转”。

黄鳝的性逆转，并不是某一个体发生变异，而是整个种族的发育规律。由卵孵化成的幼鳝，第一年产卵后，到第二年即变成雄鳝，跟下一代的雌鳝交配产卵。这样，每年都有一批变性的雄鳝，每年都有一批新成长的雌鳝。所以，黄鳝的婚姻全部为“老夫少妻”。

从鱼鳃的结构和功能来看，鱼儿是离不开水的。水对于鱼，就如空气对人那样重要。

但是，事实也并非完全如此。在长期的进化过程中，有少数“不满”现状者，学会了一套或几套登陆的本领，常常在人们不注意的时候，偷偷地离开水族世界，赴陆地“观光”和“旅游”。有的甚至能入泥潜洞，在无水的环境中待上几个月而安然无恙。

如果你留心的话就会发现，在水产品市场上，卖鱼的人常常把几十条甚至上百条黄鳝堆积在盛有少量水的容器中，即使不换水，也能保证黄鳝长时间不死。在这里，有限的水只是提供一点浮力作用，让黄鳝能把头抬起来，进行换气呼吸。

倘若仔细观察一下黄鳝就会发现，它的鳃已严重退化，左右鳃盖膜在喉下峡部连成一片，左右两个大鳃裂也在腹面合成为一个总鳃孔，因而在鱼类分类上隶属于合鳃科。它的辅助呼吸器官是口腔和咽喉内壁的表皮，在表皮扁平的上皮细胞上面布满了毛细血管。由于鳃已不能独立完成水中的呼吸作用，口喉内壁的表皮实际上已成为它的主要呼吸器官。浅水中的黄鳝，常竖直前半身体将吻部伸出水面吸气，把空气贮存于口腔和咽喉部，因而喉部显得特别膨大。正因为如此，秋后稻田的水放干以后，黄鳝钻在地下的洞穴中能待上好几个月。当身体完全被水淹没时，口喉表皮也兼营水中呼吸作用，因而在水中也不会闷死。

看来，黄鳝的辅助呼吸器官在结构上虽然很简单，但在功能上却超越了任何复杂的辅助呼吸器官。

我国四大海产之一——黄鱼

小黄鱼、大黄鱼、墨鱼和带鱼，是中国闻名于世的四大海产。尤其是小黄鱼和大黄鱼适于各种烹调，其肉味十分鲜美，营养价值又高，含有丰富的蛋白质，历来是人们喜爱的食品。大黄鱼的鱼鳔是名贵的“鱼肚”，是宴席上有名的美味佳肴。

在一般人的眼里，小黄鱼和大黄鱼没什么差别，外形长得很相像，又都有着金黄色的体色，只是小黄鱼的个头比大黄鱼小些。那么，是不是小黄鱼长大了，就成了大黄鱼呢？不是的。实际上小黄鱼和大黄鱼是两个不同的物种，即使把重500克的小黄鱼和重300克的大黄鱼放在一起，鱼类学家也能分辨出来哪条是小黄鱼，哪条是大黄鱼。

小黄鱼和大黄鱼在形态上有着明显的区别：小黄鱼的尾柄长大约是高的2倍，而大黄鱼的约为3倍：小黄鱼的体长是头长的3~3.6倍，头长是眼径的3.6~4.6倍，而大黄鱼的体长是头长的3.6~4倍，头长是眼径的4~4.8倍。这就是说，个体大小一样的两种黄鱼相比较，大黄鱼显得尾柄细些，头小些，眼也小。此外，两种黄鱼在背鳍与侧线之间的鳞片大小和数目也有明显的差别，小黄鱼的鳞大而稀，大黄鱼的鳞小而密。

小黄鱼和大黄鱼虽然长得很像，但它们有着不同的产卵期和产卵场，以及不同的越冬期和越冬场，从来都是互不相混的。小黄鱼分布于辽东湾至台湾海峡之间，大黄鱼分布于黄海的海州湾以南到南海的雷州半岛之间的广阔海域。

小黄鱼是一种温水性浅海鱼类，生活在海水的近底层，只有在产卵时才浮至中层；大黄鱼则是暖水性浅海鱼类，生活在水的中上层，一般栖息在水深60米左右。

黄鱼生长很迅速。两岁的小黄鱼就可以长到19厘米，与之同龄的大黄鱼可以长到23厘米，达到性成熟，开始繁殖后代。黄鱼的寿命很长，可以活到26

岁~30岁。

我国海域气候大多温暖，饵料丰富，适于黄鱼生长繁殖。那些黄鱼索饵和产卵的水域，就是我国传统的黄鱼渔场。

吃黄鱼时，人们都会发现：黄鱼的头里有两块小石头，这是干什么的呢？

原来这是在鱼耳内腔里藏有的一种石灰质的耳石。它的形状和大小在各种鱼中很不一致。在大多数硬骨鱼中，耳石成小块状，而黄鱼的耳石特别大，通常有小指甲那样大小，很明显，所以人们又称它为“石首鱼”。

当外界声波传达到鱼体时，内耳中的淋巴就会发生同样的振荡，这种振荡能刺激耳石和感觉细胞，再由耳石经过神经传达到大脑中去，从而产生听觉。耳石除了管听觉以外，还有维持鱼体平衡的作用。在内耳有高度感觉细胞，其中含有淋巴液。当身体不平衡时，淋巴液和耳石立即压迫感觉细胞，然后立即报告到大脑，采取平衡措施。

此外，我们还可以用耳石来推算鱼类的年龄。耳石体积随年龄增长而加大，夏季长得快，冬季长得慢，冬季和夏季的生长环可以明显地区分出来，它的形式和鳞片的年轮非常近似。

味道鲜美的黄鱼，大家都尝过。但大家吃到的都是冰鲜鱼，没有活鱼，这是什么原因呢？

鱼在水中生活，离开了水，当然就难以生存了。尤其是在海水里生活的黄鱼，对于水分的要求很苛刻，还需要有一定浓度的盐分。不过，这还不是唯一的原因。

实际上，黄鱼从海里刚一捕捞到船上以后，差不多就死亡了。因为这种鱼平时生活在比较深的海水里，经常要耐受比我们在空气中生活要大得多的压力。当它们被捕出水面以后，由于外界压力突然降低，因此在鱼体内部就发生了一些致命的变化。例如鱼鳔中的空气会因外界压力突然减少而膨胀起来，甚至超过它所能容纳的体积，从而导致爆裂。此外，在黄鱼的血液中，血球原先摄取的氧气也因外界压力减小而呈现出特殊的“沸腾”状态。这些都对黄鱼的身体产生了极为不利的影响，促使它被打捞上来之后迅速死亡。

水族中的奇味——河豚

“竹外桃花三两枝，春江水暖鸭先知。蒌蒿满地芦芽短，正是河豚欲上时。”

这是宋代著名的文学家和诗人苏东坡所写的《惠崇春江晚景》。可见在900多年前，河豚就已经是人们所喜爱的珍馐美味了。河豚是春季溯河产卵的鱼类，所以我国沿海及长江下游的人们对这种鱼最为熟悉。据《石林诗话》载：“浙人食河豚于上元前，常州、江阴最先得。”陈子象著的《庚溪诗话》记载：“余尝寓居江阴及豚陵，见江阴每腊尽春初已食之，豚陵则二月初方食。其后官于秣陵，则三月间方食之，鱼至左江，则春已暮矣。”可见当时对河豚的洄游规律也有了比较详细的了解。

然而，河豚的“名声”并不太好。一方面是因为不止一次地发生过人们因食河豚而丧命的悲剧；另一方面，我们多年来对“河豚有毒”的宣传几乎是家喻户晓。在副食品商店里经常能看到一些非常醒目的宣传画，其上画着河豚的图像，还在鱼身上打上一个大红“X”表示剧毒危险，使人触目惊心，望而生畏。这种宣传对保证人们不误食毒鱼起到了很好的作用。但因宣传内容过于简单，所以也存在着消极的因素。其实，不同种类的河豚，它的不同部位以及它在不同季节的毒性是大不相同的。

河豚的毒素主要存在于卵巢和肝脏，其次为肾脏、血液、眼睛、鱼鳃和鱼皮。冬季和春季期间，卵巢毒素的毒性又最强，假如吃了指头般大小的一块鱼卵就会严重中毒。河豚的肉一般是很少含有毒素的，但鱼死后较久或变质的，内脏毒素会逐渐渗入肌肉里，吃了也难免中毒。

如果加工处理不当，没有排除毒素的河豚被人吃了，其毒素刺激人的胃肠，会引起腹痛、恶心、呕吐等症状，还能麻痹末梢神经和中枢神经。轻度中毒表现为头晕、麻木；严重的四肢肌肉麻痹，甚至全身瘫痪，血压和体温下降，声音嘶哑，言语不清，呼吸困难，全身皮肤青紫。这些严重的中毒者如不及时抢救，就会死亡。

河豚有毒吃不得吗？当然不是。宋代的《明道杂志》曾极力称颂："河豚鱼，水族中之奇味也。"《苏州府志》也说："河豚鱼，春初从海上来，吴人甚珍之。"可见，它是古来就被人食用的。否则"水中奇味"、"吴人珍之"云云又从何而来？既然如此，因何今日就吃不得？在日本，河豚备受欢迎。据说"河豚酒宴"在日本就非常盛行，日本前首相田中鲸因爱吃河豚而被人叫做"河豚迷"。河豚在国外能被人食用，为什么在我国就"吃不得"呢？事实上，江浙、两广等地的人们至今仍有吃河豚的习惯。

鲜河豚的一般食用方法是沿着脊骨剖开鱼体，至头部剖开头骨，然后剥尽外皮，去除所有内脏，去掉脊骨两边血块（肾脏）和血筋，挖去眼睛，切去头和腮，再将鱼肉放在清水里反复漂洗，将血污去尽。烹煮的时间更要长，一般需要两个小时以上，目的是破坏可能残存在鱼肉里的毒素。所以说，要想吃河豚，就不要怕麻烦。

在国际市场上，河豚鱼是畅销的水产品，尤其在日本被奉为名贵佳肴。我国出口的多是冷冻河豚（去头、皮、内脏），其创汇可观。

河豚之利，不仅表现在它的食用和出口价值上，其毒素，包括有河豚素、河豚酸、河豚卵巢毒素和河豚肝脏毒素，都是珍贵的药材，有很好的镇痛镇静效果，可代替吗啡、阿托品、南美箭毒碱等。近年来，有些制药企业还从河豚肝脏中提取出了一些制剂，对某些癌症也有一定的疗效。

因此，我们应当很好地调查河豚的资源情况，提高捕捞技术和加工水平，实行有计划有组织的科学生产。

桃花流水鳜鱼肥

李时珍《本草纲目》记载:“鳜生江湖中。扁形阔腹,大口细鳞。有黑斑,其斑文尤鲜明者为雄,稍晦者为雌,皆有鬐鬣刺人。厚皮紧肉,肉中无细刺。有肚能嚼,亦啖小鱼。夏月居石穴,冬月偎泥袢,鱼之沉下者也。”文虽简短,但对鳜鱼的形态特征、栖息水层、生活习性、食性、雌雄副性征等,都作了比较准确的描述。

鳜鱼,四川俗称刺婆、母猪壳或季花鱼;吉林称鲚花鱼。因其名列松花江流域鱼类之首,独占鳌头,且体具花纹,所以又叫鳌花鱼。

鳜鱼体侧扁,较高。口大,略倾斜,口内有尖锐的犬齿和大小不等的细齿。前鳃盖骨后缘成锯齿状,有4~5个大棘,主鳃盖骨后部也有1~2个大棘,另外,背鳍前部和臀鳍前部各有12根和3根硬棘。其鳞片非常细小,侧线鳞多达120枚以上。体色为灰黄色,自吻端穿过眼部至背鳍前部有一黑色条纹,体侧还具有许多不规则的黑色斑块和斑点。

鳜鱼是典型的肉食性鱼类,性极贪食,鱼苗期间即以其他上层鱼类的幼鱼为食。成鱼转营底栖生活,由于游泳速度较慢,捕食时总是采取先偷偷逼近然后短距离猛扑的办法,捕食对象主要是鲫鱼、鳑鲏鱼、鮈鱼等小型底栖鱼类和虾类。

鳜鱼通常三龄成熟,雌、雄鱼无明显的外形差别,但性成熟的雄鱼具有“婚装”,体侧黑色斑纹远较雌鱼鲜明。生殖季节为5~7月。产卵场底为沙质、水流平缓、无旋涡的浅滩。一般怀卵量约10万粒左右,卵分三批产出,卵膜虽厚,但卵内有细小的脂肪滴,使卵的比重减轻,借此随水漂流发育。鳜鱼发育的早期阶段,其鳃盖上的大刺起主要防御作用,以后随着背鳍、臀鳍硬棘的长大,鳃盖刺相对缩小,鳍棘就取而代之,成了主要的御敌工具了。鳜鱼鳍棘外面有皮膜,内具侧沟和前侧沟,沟内有毒腺组织,是攻击对手的利器,人被它刺后会肿痛。

鳜鱼系底层鱼类,根据它们独特的喜欢侧卧水底凹陷处的习性,渔民常用“鳜鱼夹”或“踩鳜鱼”的方法加以捕捉。也有的地方利用鳜鱼喜穴居的特点,设置竹制的“鳜鱼筒”,诱其入内而进行捕捉。

鳜鱼春季多在沿岸,栖息于水底层,在水草丛生的浅水缓流区觅食。冬季洄游至深水处,多潜伏于泥穴或芦苇丛中越冬,极少活动。

吉林省大安境内的洮儿河末端泄水口,是闻名全国的大安月亮泡,四周沼泽多,又为嫩江水域汇流处,水草异常丰富。鳜鱼在这里繁育,以其他鱼、虾为食,尤在春夏季节,食量大增。其肉质细嫩、味道鲜美、营养丰富,可制成多种名贵菜肴,如清蒸鳌花、红焖鳌花、芙蓉鳌花片、人参鳜鱼、麒麟鳜鱼、浇汁瓦块鳌花等。清初皇室规定不准民间捕食鳜鱼,仅供宫廷及王公府第享用,清亡始废禁令。新中国成立后,不仅鳜鱼生长的天然资源得以保护,还利用渔场、水库进行人工繁殖,使其产量大为提高。

鳜鱼虽属凶猛鱼类,但体高尾小、游速不快,只能捕食一些底栖性的不太活泼的小型鱼类。所以在水库、湖泊和溪河养鱼中,可以适量投放鳜鱼,用以清除水底无经济价值的野杂鱼。这样,既发展了鳜鱼,又可保证其他经济鱼类的摄食和生长。

活发电机——电鳐

扇动宽大的胸鳍,摇动长长的尾巴,在海水中轻盈地漂游,这便是让人心驰神往的水中天使——鳐。

鳐,是一群鳃孔腹位的板鳃鱼类的通称。它体平扁,呈圆形、斜方形或菱形。尾延长,或呈鞭状。口腹位,牙铺石状排列。鳃孔五个。背鳍两个、一个或没有;臀鳍消失;尾鳍小或没有尾鳍。它的头部表面眼睛的正后方有两个喷水孔,海水由此进入鳃孔。

鳐一般以小鱼、虾和贝类为食,强壮的肌肉控制它的上下颚,便于抓掠和吃下食物。

鳐的尾鳍进化成一条长长的鞭子似的尾巴,上面长有一个坚硬的带倒钩的刺。这根刺用于杀死猎物和防御敌人。在需要进攻的时候,它们能够灵活迅速地使用这个武器,即使是游在鳐前方的动物也难逃被刺死的劫数。

中国产有 80 多种鳐。常见的有孔鳐,产于中国北部沿海;何氏鳐,产于中国南部沿海;光棘鳐,产于中国沿海。鳐的肉可供食用,肝可制鱼肝油,皮可制砂皮和皮革。

在我国的南海,有一种奇特的鳐——锯鳐。它的头上长有一块又长又扁、像"锯刀"那样的东西,"锯刀"上的齿足有几厘米长。锯鳐游动起来,像凶神恶煞一般,大小动物一见到它就会躲起来。锯鳐的锯是它捕食的工具,也是对付天敌的武器。它用锯翻掘海底,寻觅小动物充饥。有时候锯鳐也会突然冲入鱼群,用锯左右开弓,把鱼杀伤以后饱食一顿。因此,锯鳐是海洋渔业中的一害。

锯鳐是一种卵胎生动物,一次能生十几条小锯鳐。有趣的是,小锯鳐在母亲身体里很老实,不伤害胎盘。原来它的锯被一层薄膜包裹着,小锯鳐出生以后,薄膜才脱落,它那锋利的锯齿才显露出"庐山真面目"。

锯鳐是一种罕见的海洋鱼类。它的鳍,也称"鱼翅",是上等的美味佳肴,也是高级营养滋补品,有强肾益肺的功效;它的肝和胆都可以入药,有化淤活筋的作用;它那两米长的利锯,更是无价之宝,一直是古董店和博物馆的收藏对象。

有些种类的鳐,还衍生出了额外的武器——毒液。它可以通过尾刺将毒液注入猎物体内。

还有的鳐,以其能从水中跳向空中的本领而闻名于世。

有些鳐还长有一个发电装置(器官),这些鳐被称做电鳐。

有一年,我国渤海湾的远洋作业船队开到东海渔区赶鱼汛,在排除水下故障时,检修员遇到了一种奇怪的情况:刚刚潜到水下,无意间触碰到了什么东西，突然四肢麻木，浑身战栗。当地渔民告诉他们，这是栖居在海洋底部的一种软骨鱼——电鳐在作怪。

不久，他们用拖网捕到了一条电鳐。它有60多厘米长，身子扁平，头和胸部连在一起，拖着一条棒槌状肉滚滚的尾巴。看上去，很像一柄蒲扇。因为吃过它的亏，工人们眼巴巴地瞅着这个怪物，想不出用什么法子来对付它。随船的当地渔民却毫不在意，伸手把它从网上弄下来，丢到甲板上。原来，由于落网时连续放电，这个"活发电机"已经断电了，它已筋疲力尽。

其实，放电的本能并不是电鳐才有。目前已经发现的能放电的鱼类很多，人们将这些鱼统称为"电鱼"。和电鳐齐名的，还有生长在埃及尼罗河和西非洲一些河流中的电鲶和分布于中南美洲一带河流中的电鳗。电鲶的放电电压达300伏左右，而电鳗可达500伏。

电鱼为什么能放电呢？原来，它们身体内部有一种奇特的放电器官，可以在身体外面产生很强的电压。这种器官，有的起源于鳃肌或尾肌，有的起源于眼肌和腺体。各种电鱼放电器官的位置、形状都不一样。电鳗的放电器官分布在尾部脊椎两侧的肌肉中，呈长棱形。电鳐的放电器官则排列在头胸部腹面两侧，样子像两个扁平的肾脏，是由许多蜂窝状的细胞组成的。这些细胞排列成六角柱体，叫做"电板"。

一次放电中，电鳐的电压为60～70伏，而首次放电可达100伏，最大的个体放电约在200伏左右，功率达3000瓦，能够击毙水中的游鱼和虾类，作为自己的食物。

同时，放电也是电鱼逃避敌害、保存自己的一种方式。

放电量最大的鱼类——电鳗

我们日常生活中所用的电，是通过水力、火力、风力、原子能等带动发电机发出来的，电压为220伏特。然而，有些鱼类本身就能发电，它们放电的电压竟比我们生活用电的电压大几倍！具有发电能力的鱼，已知的有电鳐、电鲇、电鳗、瞻星鱼、长吻鱼、裸臀鱼等，大约500种左右。

各种发电鱼所发出电流的强弱和电压的高低各不相同。栖息于南美亚马孙河的电鳗，体形就像一条蛇，身长2米左右，体重20多千克。它在袭击猎物时，放电的电压约为300伏。若长久没有放电，放电时的电压可以达到650~860伏，最高者可达886伏。即使体长不过30厘米的小电鳗，也能放出超过200伏的电压。

电鱼为什么能放电呢？原来，在它们身上都有特殊的发电器。有的是由肌肉演变而成的，有的是由皮肤腺演变而成的。那么，电鳗为什么能放出高压电呢？这大概与它的发电装置有很大的关系。原来，电鳗的发电器官特别长大，位于脊柱两侧并延伸至几乎整个身体，总重量竟占鱼体体重的40%。它身体的全部要害器官，都挤在头部一端，只占整个身躯的1/5，其余4/5是尾部。

电鳗尾部有三个发电器官。这些发电器官多是由肌肉演变而来的。能产生高压电的一个大器官——一对主电池，从尾部开始的地方延伸到尾巴的2/3处，然后逐渐变细，延伸到尾巴的后部。这对主电池中有无数的电板，与头尾轴平行排列，即前后纵向，叠成一叠钱币样的柱，宛如老式电动潜水艇中的蓄电池，是一串一串地排列着的。一条电鳗的身体两侧各有60条柱，每条柱有6000~10000个电板。虽然每个电板所产生的电压并不大，仅有150毫伏，但由于电板的数量多，彼此串联就可以产生很高的电压。电柱又互相并联，因此就产生了很强的电流。在尾巴后部变细的地方，还有一对较小的发电器官，电波频率为20~30赫。它似乎是起着某种探测器的作用。在臀鳍的底部还有一个与鱼尾同样长的小发电器，发出的电波很微弱，其作用至今人们还没弄清楚。

电鳗的全部电板中具有神经的一面都朝向鱼的尾端，当需要发电时，由大脑的一个特殊神经中枢发出冲动传递到发电器，整齐排列在一起的千万个电板同时发出电波。发电时所产生的高压电流从电鳗的尾部流向头部，并在周围水中形成一个电路。有人曾做过这样的实验：在一次展览会上，用电鳗所发出的电力，使写有“电鳗”字样的英文灯光标语牌大放异彩。

鱼类的发电器官多是用来自卫和捕食的，也有用以探测导航、求偶的。像电鳐、电鳗、瞻星鱼等都喜欢潜伏在海底的泥沙里，一旦发现猎物，就会放起电来，把猎物一举击毙或击昏。电鳗在向其他鱼类和动物进攻时，无需直接触及这些猎物，因为它放出的电冲击延伸成的电场，能够到达鱼体周围数米处，可将猎物击中。被击昏的鱼，身体变成弓形，失去了活动能力，被电鳗吞而食之。

电鱼虽然都能发出高压的大电流，但电源并不是取之不尽、用之不竭的。特别是电鳗，其发电器是由肌肉演变来的，连续放电后，肌肉纤维就会筋疲力尽，以后便发不出电来了。

有人做过实验：以每秒5次的频率，刺激电鳗发电器的神经，其放电电压很快降低，250秒后降到零。休息1分钟后，再以同样的频率刺激，此时电压稍有恢复，但刺激100秒后又降为零。之后以同样休息时间和同样频率刺激，放电电压继续下降。从参与放电电板数量看，随着放电时间的延长，发电的电板越来越少。在起初15～30分钟内，发电电板数量约为1000～2000个，到最后能放电的只剩下了100～200个。

电鳗肉味鲜美，营养丰富，是人们极为喜爱的水产品。一些地区的渔民，根据它放电先强后弱的规律，摸索出了一个巧妙的捕获方法：先把一些家畜赶到河里，使电鳗大量放电，等到它体力减弱电量耗尽时，再下渔网或直接用手捉拿。这样不仅安全，而且捕获量也高。

水中的“刺玫瑰”——有毒鱼类

魟，分为赤魟、燕魟等，而赤魟的俗称为鯆鱼。它们大部分生活在汪海，常常把身体埋在沙子里。这类鱼身体扁平，略呈方形或圆形，因此也有人叫它锅盖鱼。魟有一条细长如鞭的尾巴，有些种类尾背上长有一枚粗壮的刺。就是这枚尾刺，人被其蜇后很快会引起红肿疼痛，甚至昏厥。

为什么这枚刺不同于其他鱼刺呢？为了弄清真相，有人用各种鱼身体上的刺做了一些简单的试验。如将各种鳍棘蜇入动物体内，再将刺拔掉，只见被蜇的伤口很快愈合起来，动物蹦跳如常。可是，将魟的尾刺蜇入动物体内，隔不多久，动物身体便红肿起来，严重的甚至死亡。后来，有人还将魟的毛刺插入小树根内，令人惊讶的是，树叶竟由绿变黄，慢慢枯萎，终至死亡。

为什么这种鱼的刺会使动物中毒、树叶枯萎呢？原来，在这种鱼尾刺的两边基部有许多腺体细胞和黏液细胞组成的毒腺。这种毒腺会分泌白色的毒汁，沿刺两边的沟流到刺的尖端，当刺蜇入其他动物时，毒汁就会使被害者中毒。因此，现在不少渔夫捕获了这种鱼，往往立即把它的尾刺斩去，以免被它蜇伤。

在海洋珊瑚礁间生活的一种石鱼，相貌极其丑陋。其身体呈暗褐色或灰黄色，上面布满大大小小的凸块和疙瘩，一对小眼睛长在大脑袋的疣瘤上，背鳍有12根粗大的毒刺。它的名字叫“毒鲉”，是著名的“水下凶手”。

毒鲉不爱活动，经常栖息在浅水的礁石之间。它们静静地半埋在礁石的缝隙中，看起来很老实。其实不然。当它们遇到危险或发现捕食对象时，会立即张开身上所有的毒刺，刺向对方。这些尖利的刺能够刺穿人的脚跟，受害者很快就会失去知觉，如果大血管被刺穿，2～3小时之内便会死亡。毒鲉分布很广，红海、印度洋沿岸、澳大利亚、印度尼西亚和菲律宾海域，都可见到，我国南海及东海也有分布。

是不是所有的毒鱼都长得很丑陋呢？也不尽然。毒鲉的近亲蓑鲉也是一种毒鱼，但它鲜艳俏丽，体态优雅。当它们游动起来时，摆动着长满美丽条纹的身体，张开色彩斑斓的鳍，简直就像一艘花枝招展、扬帆前进的游艇。这种漂亮的鱼身上长有18根毒刺，随时准备刺伤接近它的敌害。蓑鲉的毒刺很厉害，即使被它轻微地刺一下，也会使人感到剧痛难忍，甚至失去知觉。蓑鲉还有一个特点，它能够连着几天一动不动地潜伏在岩缝或珊瑚礁丛中，长长的鳍伸在外面，像海生植物的嫩叶。这时假如有一条小鱼靠近这“嫩叶”，马上就会遭遇灭顶之灾。

在鱼类的大家庭中,有一些鱼轻易不能碰,因为它们是有毒的。据统计,在自然界中,有毒鱼类至少有1200种,主要有这样几类:鱼体内有能够制造毒液的毒腺,毒腺能把毒液输送到牙齿和棘刺里;在鱼的肉、卵或者内脏中含有毒素;某些鱼类,两类毒素都具有。一般来说,大部分的有毒鱼类都分布在印度洋和太平洋水域,以及非洲东部和南部、澳大利亚、玻利尼西亚、菲律宾、印度尼西亚和日本南部等区域的海岸线附近。

据专家估计,每年大约有5万人会成为这些有毒鱼类的牺牲品,中毒的主要症状包括疼痛、昏迷、灼热感、痉挛和呼吸困难等,严重者还可能丧命。

河豚也属于有毒鱼类,它的内部器官含有一种致命的神经性毒素。有人测定,河豚毒素的毒性相当于剧毒药品氰化钠的1000多倍。因此,即使摄入微量也能致人死亡。事实上,河豚的肌肉中并不含毒素。河豚最毒的部分是卵巢、肝脏,其次是肾脏、血液、眼、鳃和皮。

与蛇毒、蜂毒等其他毒素一样,河豚毒素也有其有益的一面。从河豚肝脏中分离的提取物对多种肿瘤有抑制作用。目前,人们已经将河豚肝脏蒸馏制成河豚酸注射液,以用于癌症临床治疗及外科手术镇痛。

其实,鱼类体内的这些毒素主要是防御的需要,同时还可以起到杀死隐藏在鱼鳞中的细菌的作用。人如果被有毒鱼刺伤时,最佳的处理方式是将被刺部位放入热水中并保持30~40分钟。当然,采取这种方法的目的并非为了清洗掉毒素,而是为了加快它们的分解速度。

水族馆里的明星——翻车鱼

翻车鱼的样子是相当滑稽可笑的。它看上去似乎有头而无身。那么巨型的大鱼却长着樱桃似的小嘴巴;一只背鳍高高竖起,宛如一张三角形的风帆;后身像被一刀切去似的,缀上一件“超短裙”,那是尾鳍。不过,这样的体型却能很好地适应漂浮生活。由于它常在海面上缓缓前行,有时像老人般安静,于是被人称作“海洋中的懒汉”。

翻车鱼,又称翻车鲀,主要生活在热带海洋,属鲀形目鱼类。它种类不多,世界已知的约4种,我国南海有两种,那就是翻车鱼和矛尾翻车鱼。它以个体庞大、体型奇特、习性有趣闻名,又因不易捕获而身价倍增。翻车鱼较大者长5.5米,高约4米,体重1150千克。它体形侧扁,背腹各伸出一个长鳍,后端平截,尾鳍像一条弧形花边装饰着身体的后端。矛尾翻车鱼的背腹尾三鳍相连,像武士的头盔戴在后方。头圆钝,配有一张樱桃小口和一双微笑的眼睛,身体两侧中部各有一个小小的胸鳍,颇似一对招风的耳郭,看上去真是妙趣横生。难怪世界各大型水族馆争相饲养展出,不少游人千里迢迢来访,一睹为快。

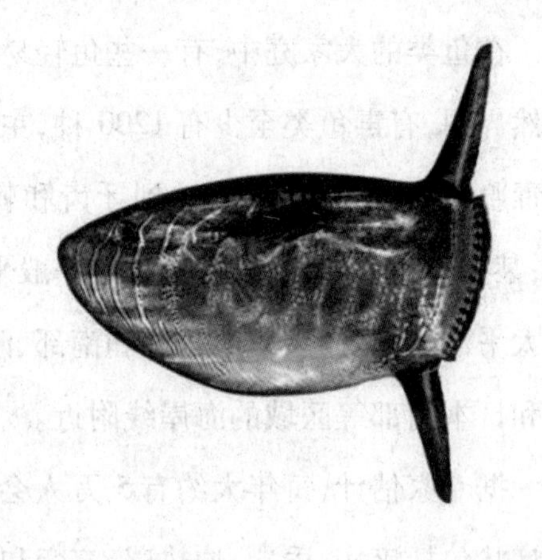
翻车鱼

翻车鱼以上层小鱼及虾为主食。然而在有的翻车鱼的胃里,也可以发现小型的深海鱼,这说明它也善于深潜。

事实告诉人们,天阴时是见不到翻车鱼的,这时它已沉落海底。当它要上升时并不靠鳍(它无鳔),而是靠厚厚的皮及含水较多的肉体。翻车鱼喜欢浮上水面晒太阳。日本人根据前者称它为“浮木”;美国人根据后者叫它为“太阳鱼”。

翻车鱼性情孤僻,平时多单独行动,生殖时节才雌雄成双嬉水,谈情说爱。它貌似愚钝,却感觉敏锐,当水温下降或盐度有细微变化时便迅速游离或潜入深水。

澳大利亚沿岸的海滩上有时会出现搁浅的翻车鱼。这是因为它追逐小鱼时忘乎所以,遇到落潮想撤退时为时已晚。

翻车鱼身价极高,仅一尾翻车鱼的鱼肉就能抵得上几头黄牛的价钱。它的肉质透白通亮,肉味鲜美。其肉如在海水中漂洗能泛起大量泡沫,鱼肉随之散成条状。翻车鱼的经济价值较高。其肝脂可治疗刀伤、肠胃病和软骨病;皮可制革;鱼骨柔软,精制而为“明骨”或“鲛冰”,是上等佳肴。尽管如此,当地渔民深知翻车鱼是稀有鱼类,为了使其不致绝种,往往出动很多人用绳索将其缚住,送回大海。

翻车鱼是鱼类中的产卵冠军。一般的鱼,一次产卵几百万粒已经算多的了。而翻车鱼却能产卵3亿粒!每颗卵的直径约有0.13厘米,堪称“英雄母亲”。由于其所产的卵是浮性卵,特别容易被别的鱼吞食,只好靠多产卵来延续后代。这种情况,在鱼类中是常见的。就拿鳕鱼来说吧,它一次能产2800万粒卵,可是,每100万粒中不到一万粒可以发育成鱼。尽管翻车鱼产卵那么多,但成活的数量却很稀少,所以哪个自然博物馆或水族馆能得到一条翻车鱼就足以引以为荣了。

尽管翻车鱼对各地自然博物馆或大型水族馆是极有魅力的,但想把这位“明星”聘到馆中让游客一睹其风采却难以办到。因为它太难伺候了:水池中的水含盐量掌握不好或水温稍低,它就会大发脾气,甚至会撞壁而死。不过日本千叶县一个水族馆却成功地养活了一条名叫“嫒嫒”的翻车鱼,他们成功的秘诀之一是池壁四周都用尼龙薄膜护住,它想自杀也办不到。

“杂技鱼”的奇妙表演

杂技鱼,也叫跳鱼,栖息在亚马孙河中。平时,这些小鱼并没有什么可以吸引人的地方,但一到了繁殖期,它们的表现就很不一般了。形影不离的雄雌跳鱼,在河里寻找叶子稍稍高出水面的那种植物。它们在叶子紧贴水面的地方长时间地游来游去,选择着表演杂技的“舞台”。一旦有了合适的地点,它们便开始来回“奔跑”,越来越起劲,越来越快。有时向上进行试跳,或者是把头伸出水面。终于,这两位小柔软体操家紧紧地贴挤在一起,它们头贴头、肋贴肋、尾贴尾,突然跳出水面,在空中转身,腹部向上,撞到叶子的下部叶面上,并紧紧地吸在叶子上。就这样,它们背朝下在叶子上要挂几秒钟,然后又掉落到水里。

跳鱼没有吸盘,也没有黏性的分泌物能吸附在植物叶子上。它们贴在叶子上的办法是很特别的。当一对跳鱼接触叶子的那一瞬间,它们猛然稍稍向两旁一拉,紧紧贴在一起的肋部中间便形成了一个真空的空间,这样就吸在叶子上了。两条鱼如同复杂的由两半组成的吸盘一样。假如是一条鱼单独进行跳跃,就不会吸附在植物的叶子上了。

在它们悬在植物叶面上的短暂的几秒钟里,雌鱼赶忙产出5~12粒鱼子,粘在植物叶面上。经过十来分钟,它们俩再重复表演自己的柔软体操项目。这样连续重复多次,直到全部鱼子产完为止。一条雌鱼一次能产鱼子200~250粒。

照看后代的任务由雄鱼承担。它在离卵不远的地方游动着,每隔20~30分钟就用尾巴使劲打水,使水溅到鱼子上,不然鱼子很快就会干死。到第二天的傍晚,小鱼便孵出来了,一条条地落到水里。

有些人喜欢在室内缸里饲养跳鱼。这种小鱼并不怎么挑剔,如果找不到合适的植物,便把卵产在鱼缸的盖子上。

几年前,日本的一家水族馆在饲养鲃鱼的大型水槽中,安装了红绿等色的照明灯,以资点缀。不料,鲃鱼的稚鱼看到红光都纷纷逃避,并隐藏起来。水族馆工作人员由这种现象联想到了"跳鱼表演杂技",便开始在饲养鲃鱼的稚鱼过程中,训练它表演"遵守红绿灯交通信号"的杂技节目,这也是用鱼表演杂技的开端。由于鲃鱼的稚鱼畏惧红光,所以饲养稚鱼开始,在喂食时便开亮绿灯,这样使稚鱼将绿光与食物联系起来。经过长期反复的条件反射,只要一开绿灯,这些稚鱼便成群地游到绿灯下面寻找食物;关闭绿灯,开亮红灯时,鱼群便纷纷逃避并隐藏起来。待长到20多厘米的成鱼之后,鱼儿习惯成自然,看起来便好像能自觉地遵守红绿灯交通信号一般。近几年来,日本的多处水族馆都开始训练鱼类表演很多有趣的杂技节目,"遵守红绿灯交通信号",也是许多饶有趣味的杂技节目之一。

天下之大,无奇不有。除了会跳的跳鱼外,还有会飞的鱼呢!

在会飞的鱼中,要数飞鱼的本领最高强了。它飞得最远,有人在热带大西洋测得飞鱼最好的飞翔记录:飞行时间90秒钟,飞行高度约11米,飞行距离1100多米。然而鱼的飞翔,说得确切些,只是一种滑翔而已。飞鱼身体稍延长,近乎圆筒形,青黑色,长20~30厘米,胸鳍特别长。它的飞翔是这样的:首先,飞鱼在接近水面时,尾鳍左右作急剧摆动,使身体迅速前进,产生强大的冲力,然后突然跃出水面,把胸鳍张开,在空中作滑翔飞行飞鱼的这种举动多半是为了躲避敌害攻击,或船只靠近时受惊而飞,但有时也会无缘无故起飞。成群的飞鱼跃出水面,高一阵、低一阵地掠过海空,犹如群鸟。这种情景,在海上航行的人经常能看到。

飞鱼具有趋光的特性。若晚上在船的甲板上挂盏灯,成群的飞鱼便会寻光而来,犹如飞蛾扑火,撞昏在甲板上,一个小时可收拾一箩筐。飞鱼死后两翅往后斜竖起,活像喷气式飞机。飞鱼的肉特别鲜美,是上等佳肴。

水中的花朵——金鱼

许多国家都饲养金鱼,但最早饲养的是中国。金鱼属于鲤形目鲤科,一名锦鱼,是野生金黄色鲫鱼的变种。它多变的体态和色彩都是经过人工选择培育的结果,可以说是中国的一种艺术物产。根据它半家化、家化的演变过程,能在700~800年这样短的时期内把野生的“金鲫鱼”完全驯化,且又培育出了千变万化的新品种,这在世界野生动物驯化史上真可谓是一个奇迹。世界各国的金鱼都是直接或间接由中国引种的。据历史记载,金鱼最早传入日本是1502年;传至英国则为17世纪末叶;美国则是19世纪引进的。金鱼的祖先是一种呈金黄色、身长尾小的野生鲫鱼,亦称野金鱼。野金鱼的身体是长的,两侧是扁的,由躯干到尾柄、背面和腹面的轮廓是平滑的。金鱼的观赏品种体型与野生类型差异很大。宋朝诗人苏东坡有“我爱南屏金鲫鱼,重来拊槛散斋余”的诗句,说明在那时就普遍注意了金鱼与鲫鱼的亲缘关系。金鲫鱼最早是在我国晋朝时发现的，到了隋唐时期就已有了养鱼供观赏的习尚，到了宋朝被正式养作观赏鱼。金鲫鱼最古的家乡有两处：一是嘉兴的“月波楼”下，另一处是杭州西湖的“六和塔”下的山沟中和南屏山下净慈寺池内。到了南宋，赵构皇帝迷恋玩养动物，特在杭州建造德寿宫，宫内辟有专门养鲫鱼的池塘。在他的影响下，士大夫们也纷纷造池养鱼，形成一股风气。到了明朝末年，金鱼的饲养技术有了较大的进展，开始由池养转到缸、盆饲养。金鱼由野生，经半家化、池养家化到盆养家化的一系列过程中，环境条件有了很大的变化，金鱼在各个方面逐渐出现了变异，并被有意识地人工选择而大大加强，终于形成了形态和色彩极为繁多的现代金鱼品种。

金鱼品种繁多。五彩缤纷。究其美，须寓色彩、形态和运动于一体，其中又以色彩美为主。现今最受喜爱的金鱼有：

红虎头：上海、北京称之为“帽子头”或“堆玉”，日本则叫它“荷兰狮子头”。其体色红艳，头宽体短，尾鳍大而宽，背鳍直展如帆，头部肉瘤异常发达，从头顶一直包向两颊，眼和嘴均陷入肉内，形似草莓。肉瘤厚实，中间隐现“王”字纹路者，更属上品。

鹤项红：全身洁白无瑕，具有闪光，尾鳍长而薄，头顶着深红色肉瘤，神姿酷似丹顶鹤，非常雅致，游姿酷似仙鹤翩翩起舞，别有风趣。其中肉瘤方正厚实、色泽红艳者，视为珍品。

彩色高头：体色蓝底杂有红、白、黑斑，五彩斑斓，头顶有肉瘤，肉瘤发育尚不够厚实。

玉印头：是来自红高头的变异。全身红艳，唯头顶肉瘤正中色白如玉。

水泡眼：属蛋种，背无鳍，因其眼球下挂有充满液体的半透明泡泡而得名。

狮子头：日本名“兰铸”，又名“卵虫”。其身体健壮，尾鳍矮小，头部着生的肉瘤肥厚发达，从头顶延及两边鳃盖，以致眼、嘴均被嵌入肉内。好似一头威风凛凛的非洲雄狮。

凤尾龙睛：金鱼中最早的品种之一。尾鳍长而柔软，下垂如凤尾，煞是美丽。也被称为长尾龙睛、裙尾龙睛。金鱼亦如花卉，以黑者为贵。墨龙睛的色泽黑如墨，背部尤显著，几百尾中方可选出一尾。

红珍珠：它不以色相取胜，而是以鳞片中央凸起、外观如粒粒珍珠而闻名。此鱼极难饲养，稍一不慎，珠鳞脱落，立即逊色了。

金鱼只有在水里才能生活，这是尽人皆知的常识，但并不是所有的水都适合金鱼生活。所以，养鱼必须先养水。那么，什么样的水才适宜金鱼生长呢？

1. 氧气充足。为了使金鱼获得足够的氧气，应该有较大的水面。这样可以增加水中的溶氧量，也便于水中的有害气体逸散到空气中。另外，要保持水面清洁，不使灰尘、浮污、杂物遮盖水面，阻碍气体交换。

2. 略含有机质。养金鱼的水中应该有一定量的浮游生物。不含有机质和浮游生物的水不是养金鱼的好水。各种浮游生物与金鱼在水中保持相对平衡。如果某些浮游生物的质和量发生变化，如水温过高、日光过强，都会使浮游生物繁盛，造成水中含氧量下降。此时应加水温略低的清水，从而缓解水含氧过低的问题。水中含有过多的有机质对鱼也不利。如残食过多，排粪不及时清除，在夏、秋季水温升高时，就会很快分解，使水中氨的含量剧增，导致金鱼死亡。

3. 温度适宜。金鱼属变温动物，体温常随环境温度的变化而变化。水温低于12℃，金鱼新陈代谢缓慢，生长基本停滞；水温高于30℃，金鱼的活动和摄食量也会受到影响。

尖牙利齿专吃肉的鱼

我们熟悉的乌鳢（黑鱼）是靠偷袭其他小鱼来获取食物的。它们常隐蔽在草丛中，两眼窥视着周围的动向，当有小鱼游过时，它们猛然出击，一口吞掉。把这种捕食方法称为“突然袭击”，看来更恰如其分。黑龙江的狗鱼的捕食，也属于这一类型。在狗鱼的胃中曾经发现过老鼠、水鸟，甚至有落水的松鼠。这说明它们不仅攻击鱼类,有时还攻击落水的陆生动物。这些鱼类在捕食时,常迅猛出击,因此,它们有相当好的游泳能力。

乌鳢、狗鱼、鳡鱼(南方常见的凶猛鱼类)等鱼类,我们称为凶猛鱼类。虽然它们的肉很好吃,但它们是养殖业的大敌。如果坑塘和水库中有这种鱼类,对庭养鱼类伤害很大,应加以清除。但有些成鱼养殖的池塘中,因养殖对象个体较大,乌鳢等凶猛鱼类不能吞食,也可放养一两条乌鳢,利用它们抑制野生杂鱼的繁殖,节省饵料消耗。这也是养殖业中变害为利的例证。

生活在大洋中的金枪鱼,也是追捕性鱼类,它们常以蓝圆鲹、沙丁鱼、飞鱼等为食。

人们常常把凶狠的敌人比做鲨鱼,这是因为它是一种凶狠的嗜杀动物,是海上一霸。据说在大洋洲东海岸一带,150 年来发生了近 200 起鲨鱼严重伤人事件。1942 年,在南非海岸有一艘运兵船被鱼雷击沉,1000 多人丧生,其中多数被鲨鱼咬死而葬身鱼腹。

鲨鱼是一个大家族,小的只有几十厘米,大的长达 20 多米。真正杀人的鲨鱼只有噬人鲨、白真鲨、居氏鼬鲨、无沟双髻鲨、短吻蓝齿鲨、白边真鲨、乌翅真鲨、长尾鲨、鲯鲨、尖吻鲭鲨、灰真鲨、大青鲨、太平洋真鲨和澳洲真鲨等十几种。

在鲨鱼家族中,又凶又狠的莫过于白鲨了。人们因此给它起了个绰号,叫“白色的死亡”。白鲨嘴巴很大,牙齿十分锋利,它可以轻松地将巨大的海鱼吃掉。即使是同一家族的成员,它也绝不会嘴下留情。白鲨的活动范围很广,几乎遍及温带海域,白鲨的可恶之处还在于,它经常神出鬼没地从深海游向海滨浴场,突如其来地伤害在水中游泳的人。

除白鲨外,虎鲨也是鲨鱼家族中一个十恶不赦的成员。它之所以被称为虎鲨,除了因为它的身体上长有像虎一样的道道花纹外,还因为它的凶残与虎比不相上下。虎鲨最大可长到 9 米左右,体重能达一吨。它只要发现海洋中有任何移动的物体,都要追上去,向其攻击。虎鲨的胃口很大,海洋中许多动物,经常成为它的腹中食。

猫鲨的贪食，简直令人惊奇。当它吃饱以后，要是发现新的鱼群，它甚至能将胃内尚未消化光的食物残渣全部吐出，重新吞进新鲜的食物。

极鲨的捕食方法也很狡猾。当它向鲸进攻的时候，先将其咬伤，待其鲜血流尽丧命后，便用尖锐的牙齿将肉一块块撕下来吃掉。

双髻鲨是较凶残的鱼类。别看它们头部向两侧突出，似乎增加了阻力，但游动起来速度仍然很快，不仅可以吞食较小的鱼类，有时也攻击较大的鱼类。在它们的胃中，人们甚至发现过带有毒刺的魟。有人说双髻鲨几乎可以吃所有的鱼类，看来是有一定根据的。

鲨类中最凶暴的是噬人鲨。它们个体大，牙齿尖利，边缘有锯齿，凭着快速游动和锋利牙齿追捕鱼类和海兽。攻击人的噬人鲨，一般具有相当大的个体，而且是在非常饥饿的时候。通常情况下，落水人最大的危险是，当被一条鲨鱼咬伤后，血液流出，散发出血腥气味。海中嗅觉敏锐的鲨鱼，很快就会闻味而来，当几条鲨鱼围拢攻击时，人的性命也就难以保全了。海中被击伤的鲸，也因被血腥气味招来的群鲨攻击而丧命。

长尾鲨的长尾常成为它们捕食的工具。它们经常先游到鲱鱼或沙丁鱼周围，用尾击水，使鱼群集中起来，以便于吞食。长尾鲨驱赶鱼群，有时还能看到两尾合作的情形。长尾鲨有时还用长尾在鱼群中猛烈摆动，然后吞食被击昏的鱼类。

锯鲨或锯鳐的捕食方法却与长尾鲨相反，它们是利用长而两侧带有锯齿状的长吻作武器。锯鳐时常冲进鱼群，猛烈摇摆这个锯状武器，把周围的鱼类刺伤、击昏，然后再吞食这些已经失去抗争能力的鱼类。锯鲨的习性较温和，常用锯状的长吻挑掘泥沙，以捕捉藏在泥沙里的无脊椎动物。

百发百中的神枪手——射水鱼

在以昆虫为食的鱼类中，有的种类不仅吃水生昆虫，而且对停留在岸边和掠过水面的陆生昆虫也不轻易放过。在这类鱼的摄食活动中,最奇特的是射水鱼,它那高超的技艺,使人不得不对它刮目相看。

射水鱼大多生活在南沙群岛和波利尼西亚群岛附近的沿岸海域河川中。射水鱼身体侧扁,嘴比较大,可以伸缩,下颌突出,在头的前半部。它们身体的颜色搭配非常艳丽,身体呈橄榄绿色,有几条粗的石青色条纹横在背部,尾部淡黄色,是观赏鱼类中的上品。

射水鱼

一般来说,射水鱼身长只有20厘米左右,长着一对水泡眼,眼白上有一条条不断转动的竖纹。在水面游动时,不仅能看到水面的东西,也能察觉空中的物体。射水鱼爱吃动物性饵料,尤其喜欢吃生活在水外的、活的小昆虫。在自然环境中,水面附近的树枝和草叶上的苍蝇、蚊虫、蜘蛛、蛾子等小昆虫,都是它的捕捉对象。

射水鱼的狩猎活动很像一位经验丰富的猎人。当它发现猎物——一只飞落在岸边水草上的昆虫以后,就会立即兴奋起来,将背鳍撑开,小心翼翼地接近水草,并无声无息地在水草周围游来游去,好像是在选择一个有利的地形、地势似的。当选中"阵地"以后,便停止活动,进入临战状态。它轻轻地划动胸鳍,悄悄地把嘴伸出水面……突然间,一股水流直向小昆虫射去,小昆虫翻身落水,这时射水鱼立即冲向猎物,一口把它咬住,吞进腹中。

射水鱼射击昆虫的命中率是相当高的。在一米多高的距离内,弹无虚发,百发百中。

跃出水面,像青蛙那样吞食空中飞虫的鱼类,还有一些,但像射水鱼这种枪打飞鸟的方式,却是绝无仅有的。

那么,射水鱼的喷水奥秘究竟在哪里呢?

原来,从外表上看,射水鱼与其他鱼类没有什么两样。但它的嘴部构造却很特别。在它的上腭有两个很深的小沟，当舌头紧紧地贴住上腭时，这种深沟便成了“枪管”。射水时，它鳃盖猛地一压，含在口里的水便通过小沟从口中喷射出去。射水鱼所射出的水流是可以变化的，有时是“连发”，有时是“点射”。这种巧妙的动作，是靠它舌尖的变化来完成的。它的舌尖宛如一个活门，当舌尖向下时，活门就打开，一股水流射出，这就是“连发”；如果舌尖一抬一落，就有水珠一束束射出，这便是“点射”。这种不同的射击方法，犹如军人使用自动步枪一样，真是神了！一般情况下，射水鱼射出的“水弹”具有放射性，当其快接近目标时，能散发出几个“小水弹”，扩大了射击面，从而保证了命中率。真不愧是百发百中的“神枪手”！

射水鱼的绝技引起了科学家极大的兴趣。通过观察、实验、研究得知，射水鱼射击的精确性，可以达到弹无虚发的程度，它的射程，最远可达到4～5米，可靠射程是1～2米。科学家还发现，射水鱼的射击目标不仅是昆虫，就连俯身观察者的眼睛，甚至点燃的香烟，有时也成了它的攻击对象。总之，凡是闪闪发光的小东西，射水鱼都不会放过，它会竭尽全力地射击。

射水鱼还是一种体形和色彩都很优美的鱼类，容易饲养，又身怀射水捕食的绝技，深受观赏者的青睐。

在印度尼西亚，人们还把它们养在花园的水池中。在水池中央立一木柱，顶端装一个十字架，十字架上放一些小昆虫，供人们观赏射水鱼的“射击”本领。

海葵的好朋友——双锯鱼

在海底生长着茂密的海藻森林，奇异多彩的珊瑚，五光十色的海绵、海星，还有被称为“海菊花”的海葵。它们娇艳如花，争奇斗艳。

海葵色彩艳丽，像一簇簇随风舞动的鲜花，栖息在浅海或环形礁湖的海底。虽然海葵样子很美，但却有毒，小鱼一旦碰到它的触手上，就很难逃生。

不过，正如凶猛的鳄鱼也有朋友一样，有毒的海葵也有共生的伙伴——带彩色斑纹的双锯鱼。

双锯鱼一般长5～12厘米，身体呈橙色，头上和身上有三条阔而呈青灰色的纵向条纹，条纹上镶嵌着黑色或暗青色的边。柠檬色的鱼鳍上也镶有一道黑边。双锯鱼往往是一对成年鱼和几只半大的小鱼看中一簇海葵，就在海葵周围游来游去，这里就成为它们栖身和捕食的领地，绝不让别的同类来。

双锯鱼因为长得鲜艳夺目，往往被其他肉食性小鱼所追食。如果鱼发现双锯鱼，就偷偷地跟踪，到一定距离后，突然加快速度，猛扑过去。哪曾想，机灵的双锯鱼把身体一扭便从容地躲进了海葵的触手丛中，而那条贪婪的鱼却像触电一样，全身痉挛，落入陷阱，葬身海葵之口。看来，双锯鱼与海葵结伴，主要是为了寻求庇护。如果没有海葵的保护，没有自卫能力的双锯鱼很容易成为凶猛的大鱼的牺牲品。

这到底是怎么回事呢？原来，在海葵触手上有许多含有毒液的刺细胞。平时刺细胞缩在囊中，当贪食的鱼深入海葵触手丛，刺激了触手时，一个个刺细胞便像弹簧一样从囊里射出来，扎在鱼身上注射毒液。被射中的鱼就会中毒、麻痹、死亡，变成海葵的美味佳肴。因此，娇弱美丽又缺乏防卫能力的双锯鱼不但把妻室儿女安置在海葵触手的势力范围内，连外出搜寻食物也从不超出海葵触手的保护圈。

也许你会问：双锯鱼在海葵的“致命武器”之间钻来钻去，为什么能安然无恙呢？经过科学家观察、实验、研究之后发现，双锯鱼的皮肤能分泌出一种黏液，这种黏液对海葵刺细胞的毒液有着特殊的抵抗能力，因而不会受到伤害。这是双锯鱼和海葵长期共生的结果。

海葵不但庇护双锯鱼，并且还供给它们食物。双锯鱼主要吃浮游生物和藻类，也经常把海葵坏死的触手扯下来吃掉。

双锯鱼还寻食海葵进食时掉下来的残渣，有时还在海葵嘴边抢吃食物，海葵却听之任之，从来不会伤害它们。

双锯鱼对海葵的好处，主要是帮助它清理卫生。海葵身体不能移动，常常会被细沙、生物尸体或自己的排泄物掩埋，窒息而死。双锯鱼在海葵的触手中间游来游去搅动海水，冲走海葵身体上的“尘埃”、“污物”。如果有较大的东西落到海葵身上，双锯鱼便立即叼起，抛到一边去。

在实验时还发现，双锯鱼还会给海葵喂食。双锯鱼将猎物弄成碎肉，它把小肉渣吞食了，把较大的肉块叼起，送到海葵的触手里。有时双锯鱼和海葵还嘴对嘴地撕扯肉块来分享美味。

双锯鱼还引诱小型食肉鱼类，使它们触碰到海葵的触手上，成为海葵和双锯鱼共享的猎获物。

其实，这种鱼和其他生物共生的现象很多。比方说，互助合作的金翅鱼和冠海胆，朝夕相伴的牧鱼和霞水母，形影不离的向导鱼和鲨鱼等。

灭蚊能手——柳条鱼

对于人类，蚊子的罪行是罄竹难书的。人类与蚊子的斗争千百年来从未停息过。

在与蚊子的斗争中，人类也有不少帮手——蚊子的天敌。蚊子的天敌很多，其一是蜻蜓。一只蜻蜓一小时可以捕捉 840 只蚊子，是动物灭蚊最高纪录的保持者。其二是蝙蝠。一只蝙蝠在一个晚上能吃掉 3000 只左右的蚊子。其三是壁虎。壁虎在夜晚贴在墙上，藏在屋檐下，吃起蚊子来既准又狠。一只壁虎在一个晚上可以吃掉上百只蚊子。其四是燕子。燕子在空中飞行时，能吞食大量的蚊子。此外还有鱼、青蛙等，它们也都是灭蚊的能手。

灭蚊可采取化学灭蚊和生物灭蚊等方法。但化学灭蚊会造成环境污染。近些年来，蚊子对药物又产生了抗药性。所以，最好还是采取生物灭蚊。生物灭蚊是既不会污染环境，又省钱、省力，还十分有效的好办法。

生物灭蚊，除了利用它的天敌——蜻蜓、蝙蝠、壁虎、燕子、青蛙等外，还可以利用鱼类。

也许有人会问:“蚊子在空中飞,鱼在水中游,养鱼怎么能灭蚊呢?”

原来,蚊子的生长可分为:卵→孑孓→蛹→成蚊四个阶段。前面三个阶段都是在水中生活,大约经过7至14天。这三个阶段一般叫做蚊子的水生阶段。此时的蚊子在水中生活比较集中,不像成蚊到处乱飞,便于鱼儿消灭。

有人提出:“那么我们就养金鱼吧。既能欣赏,又能灭蚊,一举两得。”可是不行。你把金鱼放在适于孑孓孳生的臭水浜、沟和污水里时,金鱼就死了。

那么就养鲫鱼吧——又能灭蚊,长大了还能当副食品食用。那也不行。因为鲫鱼身体比较大,在浅水不能自由游动,也不能起到消灭蚊子的作用。

于是人们想到了泥鳅——不管水大水小还是离开水都能活,又不怕脏水、臭水。但是泥鳅的卵必须粘在水草上才能孵化,因此繁殖很慢。大家都知道,蚊子一次要产卵200粒,其中100粒是雌的。从春天到秋天,一对蚊子要产卵78次,能繁殖100^7,所得的积是1后面加上14个0。泥鳅繁殖慢,不能起到控制蚊子的作用。

人们通过实验证明,灭蚊小鱼如斗鱼、罗汉鱼、泥鳅、柳条鱼中,柳条鱼是最理想的食蚊鱼类。

柳条鱼又叫食蚊鱼、蚊鱼,是鳉鱼的一种,它的老家在美洲。它有四个显著的特点,即鱼身小、适应性强、繁殖快,特别是它能吞食大量蚊子的幼虫。

柳条鱼一般雌鱼身长3~5厘米,雄鱼身长2~3厘米。由于鱼身小,活动敏捷,能在浅水沟浜和幼蚊生长的环境里生活,能穿草吞食幼蚊,即使在一个脚印大的水潭里也能活动。因为鱼身小,没有食用价值,所以鱼群比较稳定。

柳条鱼与蚊子的生活环境基本相同。它能在不同水温的水体里生存,冬天能钻进污泥中过冬,即使在只含有少量盐分和人粪便的水中也能活着。

柳条鱼不是卵生,而是胎生。它的卵不是在体外受精,而是在体内受精后,在体内孵化成小鱼。所以一生出来就是一尾尾小鱼。柳条鱼一胎能生小鱼20~30尾。按每胎平均生养小鱼30尾计,一年就能繁殖小鱼30^5,而且大多数能够存活下来。小鱼出生约40天后就能生养小鱼，每隔一个月就能繁殖一胎。

柳条鱼不但能吞食大量的孑孓，还能吞食卵块、蛹和停在水面上的成蚊。据测定，在20℃左右的水温中，柳条鱼24小时能吞食40~100条孑孓。平均每条柳条鱼一昼夜能吞食70条孑孓。

为什么柳条鱼能吞食大量蚊子幼虫呢？原来，柳条鱼没有胃，它的肠子很短，有边吞食边排出的现象。柳条鱼下腭长，上腭短，嘴巴像畚箕，因此吞食浮在水面的孑孓十分方便。据观察，从吞食到排泄出去的时间一般为10分钟左右。说明它的消化力很强。

会爬墙的河鳗

河鳗是一种肉味鲜嫩，深受人们喜爱的经济鱼类，我国已开始人工养殖。这种形状酷似蛇的鱼类，常常会离开水到陆地上活动，甚至爬到陆地上来捕食昆虫和蜗牛。有时候，因为河鳗生活的池塘、河流水质变坏，它们也会纷纷离开，另觅水质清澈的“家园”。所以，河鳗还是水质污染程度的“监测员”。

更有趣的是，河鳗还能攀爬砖墙，犹如壁虎一样。它们的攀爬技巧十分高明，先是上升头部到两块墙砖之间的凹陷处作为支撑点，然后拽动尾巴触及另一个凹陷处，大约在数十分钟内，可爬3米多高。

俗话说：“鱼儿离不开水。”河鳗怎么能离开水生活呢？原来，河鳗身上的片鳞早已退化，皮肤特别薄，且布满微血管，血液中的气体与外界气体的交换在皮肤表面进行，这叫做“皮肤呼吸”。当它们返回水里后，又可恢复用鳃呼吸。

河鳗，也叫鳗鲡、白鳗、蛇鱼等，属于洄游性鱼类。每年春季，幼鳗成群从海域游入江、河口，雄鳗在河口成长，雌鳗逆水上游到江、河的干流和与河流相通的湖泊中，在江河和湖泊中肥育。到了秋季，成熟的雌鳗又大批游到河口，会同雄鳗一起游到海洋里繁殖。

河鳗的蛋白质和脂肪含量高达26.7%和30.8%，维生素A的含量也很丰富。它对防治夜盲、肺结核、肺炎等有一定功效。妇女产后食河鳗,更有利于恢复体质。正因为它肉肥、味美、营养丰富,被人们称为“水中人参”;鳗鱼出口价值高,又被称为“水中黄金”。

鳗鱼皮柔如鹅绒,韧胜牛皮。韩国人用它制成鞋子、钱包、挺直的大衣和雅致的公文包。这种像缎子一样的皮革,正迅速成为供给世界各地的时髦品。

韩国最大的鳗鱼皮生产者——世一物产公司的总经理说:“请摸摸看,世界上再也没有比它更好的了。它甚至比用犊皮鞣制成的革制品还要柔软。”

这些50厘米长的粉红色鳗鱼实际上被叫做“墨长鱼”,或者叫“黑鳗”。这些鱼没有眼睛,身上分泌出一种黏糊糊的物质,作为自卫手段。

当地的家庭妇女把挣扎着的鳗鱼的头钉在木板上,然后沿着它们的腹部浅浅地割一条缝,把皮剥下来时那些鳗鱼仍在蠕动。

这位总经理说:“必须趁鳗鱼活着的时候把皮剥下来。如果它死了,皮会变硬,就不能用了。”

这位总经理不愿意透露鞣制和着色的详细过程,因为“这项工艺只有韩国知道,我们不愿意泄密”。

他说,在11月至第二年6月的旺季里,为剥取这种极薄的皮,每月要杀掉大约300万条黏糊糊的鳗鱼。夏天时差不多全部停止生产,因为鱼皮会因天热而损坏。

鳗鱼是肉食性鱼类。自然水域里的鳗鱼主要吃食浮游甲壳类、小虾、小蟹、水生昆虫、螺、蚬、蚯蚓等,也吃小鱼和高等植物碎屑。在人工饲养条件下,主要投喂各种动物性饲料,比如禽畜内脏、蚕蛹、螺贝肉、混合饲料等。鳗鱼生长的适宜温度是20℃~28℃,高于或低于这个水温它就停止摄食或进行冬眠。目前饲养的鳗鱼苗都是天然苗。

鳗鱼

河鳗是一种江海洄游性鱼类。它在淡水中生长，亲鱼却降海产卵、孵化。每年春节前后，鳗苗经台湾海峡洄游到粤东沿海，进入韩江、溶江等淡水水域栖息生长。鳗鱼苗白天游入水底，夜间频繁活动，具有趋光习性，可在夜间用张网、撒网、手网或灯光诱捕等办法进行捕捞。此时鳗苗娇嫩，呈银白色，细似粉丝，所以叫“白骨苗”，每千克均有5000尾左右。这时将其放入水泥池中养殖，每亩一米水深，养8~10万尾。经两个月的饲养，鳗苗长到每千克1000尾规格时，体表黑色素增加，叫做“黑仔苗”。此时应再分开饲养，每亩放养2万尾左右。再经50~60天饲养，鳗苗长到每千克100尾时，叫做“细格”，又要分开饲养，每亩放养5000尾左右。经一个月的饲养，鳗苗长到每千克50尾规格时，叫做“粗格”，就可以进入成鳗塘放养，每亩养2000~2500尾。再经两个月的饲养，每千克有4~5尾时，即达到上市规格，供应国内外市场需要。

鳗鱼由幼苗到上市，生长周期约为7~8个月，是一种生长快、周期短、收益大、经济价值和食用价值较高的淡水养殖鱼类。

颇有神通的鱼

1. 高射炮鱼

“蜮”，古代传说为一种含沙射影的动物。也叫“短狐”，又叫“射工”。形状像鳖，三足，俗称水弩。它嘴里有种像弩的东西，听到人声就吸水喷射。射中人身就会生疮。唐朝著名诗人白居易《读史》：“含沙射人影，虽病人不知。巧言构人罪，至死人不疑。”后用“含沙射影”比喻暗地里诽谤陷害别人的一种阴谋行为。白居易诗中的“含沙”二字，大概是那浅水之中必然会含有些细小泥沙的缘故吧。至于这射工能够以射影害人，就带有很浓的神话色彩了。世界上是否真有这样的动物呢？

在泰国的一些河流里，有一种类似这样能“射”的鱼。不过，它不含沙，也不射影，更不会害人，而是含水射食。这种鱼叫射水鱼。

射水鱼具有用一束水打落下正在水面飞行的昆虫的高超技能。同时，它还具有极佳的视力。这个身上长着花斑纹的家伙发明了一种最厉害的寻食之道：射水。射水鱼的嘴要比一般的鱼长，口腔内有独特喷水管道的生理结构，使它的嘴能够瞬间射出"水箭"，击中水面上飞过的昆虫、趴在水草上的寄生虫等，将它们打落水中，成为其囊中之物。这种绝技在水族世界中可是绝无仅有的。

别看射水鱼长到成鱼时体长只有 25 厘米左右，它喷出的水柱却可达 1.5 米之高，故又称"高射炮鱼"。射水鱼还有跳出水面作战的绝技。如果"水箭"没射中目标，射水鱼不会善罢甘休，它会在猎物毫无知觉的情形下跃出水面，将其卷入腹中。它跳出水面的高度竟能达到 30 厘米呢！

2. 会捉老鼠的鲇鱼

人们经常听到的是老鼠会偷鱼吃，而鱼能捉老鼠却鲜为人知。然而，在自然界中确实有会捉老鼠的鱼，这就是我们日常见到的鲇鱼。

鲇鱼，产于我国南部沿海各地，栖息于近海港湾泥沙处。夏季在海湾岩礁的深穴处产卵，繁殖后代。它白天懒洋洋地浮在水面上喘息，夜间出来活动觅食。

鲇鱼有一套捕捉老鼠的本领。它白天养精蓄锐，晚上游到浅滩上，将尾巴露出水面并搁置于岸边，装作一条死鱼，等待老鼠上钩。黑夜出来觅食的老鼠闻到一阵阵腥味，已经垂涎三尺。开始时，老鼠还是保持着警惕，不敢贸然行事，但是当它发现鲇鱼是"死"的以后，贪食成性的老鼠就完全丧失了警惕。它满以为可以美餐一顿，谁知正当老鼠咬着鲇鱼尾巴想把它拉上岸时，装死的鲇鱼便使出全身力气，将它的长而有力的尾巴一摆，老鼠就被拖到水里了。虽然老鼠也懂得一点水性，可是在水里它怎能比得上鲇鱼呢？鲇鱼就紧紧咬着老鼠的脚，一会儿沉到水下，一会儿浮上水面，连续几个回合以后，老鼠被淹死了，也就成了鲇鱼一顿丰美的夜餐。

鲇鱼是很凶猛的鱼类，它不但会捕食老鼠，而且也吞食大量鱼类。一条体重几十千克的鲇鱼，一天要吞食几千克鱼类。它虽是一种经济鱼类，有一定的经济价值，但对水产养殖业具有破坏性。

3.“站”着游的鱼

我国南海有一种鱼，叫甲香鱼。平时，它头朝上，尾向下，挺着肚子，就像站着走路那样在水里游动。它的姿态优美别致，独具一格。

甲香鱼的个体较小，只有一二十厘米，外形像一把刀，全身披甲，只露出游动用的工具——鳍根。根据它的外貌及其特征，甲香鱼又叫“披甲鱼”、“剃刀鱼”或“小虾鱼”。这种鱼肉薄，加上一身硬甲，所以不能吃，经济价值也不高。可是它具有与众不同的游泳本领，因此在教学和科学研究上都被列为鱼类特殊运动的典型代表，各种鱼类学书籍都有它的“标准像”。

神秘的鱼

1. 鱼中霸王

在南美洲，有一种体长仅30厘米的小鱼——培拉鱼，人们谈起它却为之色变。1914年，美国总统西奥多·罗斯福在一次讲话中提到，在巴西有个人骑驴蹚水过河，因遭到“狼鱼”的袭击，竟被吃得只剩一堆白骨。

培拉鱼，也叫“狼鱼”、“虎鱼”。它是鱼中霸王，生长在南美洲的河、湖里，属银元鱼类，体长不过30厘米，体扁平，背蓝腹红，中间呈银色，长有一对赤红色的凶狠眼睛，大嘴巴，凸嘴唇，上下两排呈三角形的牙齿，比钢刀还锋利，宛如切肉机一般。

培拉鱼以能吃人和大动物而得名。据报道，1976年12月，在距曼诺斯城东190千米的一条河上，一辆公共汽车过摆渡时不幸掉入河中，当救护人员在9

小时以后赶到现场打捞尸体时，却只找到38具骨架，肉全被培拉鱼吃光了。倘若牛在湖边喝水时遇到培拉鱼，奶头、尾尖等会被它咬去。培拉鱼敢于进犯别人，主要是凭借它成群结队的行动。

培拉鱼的视觉、嗅觉和听觉都很敏锐，哪怕洒在水里的一点血腥味，也会将它成群地引来。它一旦发现猎物，就会立即发起攻击，用刀子一般的牙齿拼命地撕咬，最后丢下一堆白骨。它们吃食的速度快得惊人。据说，一头陷入困境的牛，只需半个小时，就会被它们吃得精光。因此，当地的人常把培拉鱼与陆地的雄狮、猛虎和饿狼，以及水中的鲨鱼、鳄鱼相提并论。其实，这一点也不过分。

2. 看不到雄鱼的琵琶鱼

在南太平洋周围的深海里，活跃着一种名叫"琵琶鱼"的小鱼。每当人们捕获这种小鱼时都会惊奇地发现：每次捕到的琵琶鱼都是雌鱼，竟没有一条是雄性的。那么，那些雄鱼都到哪儿去了呢？是不是琵琶鱼都是雌性的？它们又是怎样繁殖后代的？

其实，琵琶鱼也有雄鱼，而且就藏在雌鱼体内。只要你细心察看就会发现，在每条雌鱼的体侧都有一团隆起的小肉块，不知底细的人还以为它长瘤了呢！其实在每个肉块里面，就包嵌着一条雄鱼，它们就是这样奇异地并体生存着。

琵琶鱼的雄鱼是怎样"钻"进雌鱼体内而变成小肉块的呢？原来，当成熟的雌鱼排出的卵刚孵化成小鱼时，小雄鱼便开始为自己寻找配偶。由于它们生活在漆黑的深海，因此，大自然母亲就赋予小雄鱼一双非常敏锐的眼睛，又赋予小雌鱼一种能在黑暗中发出微弱光亮的特殊本领。另外，小雌鱼还会发出一种特殊的香味。在茫茫的深海中，小雄鱼就是靠雌鱼发出的这种"信号"——光亮和香味而找到雌鱼的。雄鱼找到雌鱼后，它立即用牙齿咬嵌入雌体的一侧，使自己紧紧依附在雌鱼身上，从此结成永不分离的终身伴侣。此后，雄鱼就寄生在雌鱼身上，直接从雌鱼体上吸取自己所需的营养而生存下去。在这个过程中，雄鱼大部分器官的功能逐渐衰退，直至停止，而只有生殖腺不停地发育，一直到成熟。随着雌鱼的不断长大,雄鱼也逐渐被雌鱼长出的肌肉包嵌起来,最后成为雌鱼体侧的一个不易处理的肉瘤。要是小雄鱼在几个月内都无法找到“对象”的话,它就会孤单地死去。

由于琵琶鱼终年生活在一团漆黑、不见阳光的深海里,生存的需要促使琵琶鱼形成了自己独特的、在动物世界中罕见的繁殖方式。

3. 带“锯”的鱼

在我国的南海,有一种奇特的鱼,叫锯鳐。它的头上长有一块又长又扁、像“锯刀”那样的东西,“锯刀”上的齿足有几厘米长。锯鳐游动起来如同凶神恶煞一般,大小动物一见到它就会躲起来。

锯鳐的锯是它捕食的工具,也是它对付天敌的武器。它用锯翻掘海底,觅找小动物充饥。有时候锯鳐也会突然冲入鱼群,用锯左右开弓,把鱼杀伤以后饱食一顿。因此,锯鳐是海洋渔业中的一害。

锯鳐是一种卵胎生动物,一次能生十几条小锯鳐。有趣的是,小锯鳐在母亲身体里很老实,不会伤害胎盘,原来它的锯被一层薄膜包裹着。小锯鳐出生以后,薄膜才脱落,它那锋利的锯齿方显露出“庐山真面目”。

好斗凶恶的鱼

1. 斗鱼

斗鱼生长在东南亚一带的淡水河中。这是一种极为活跃的小鱼,有手指那么长,有的还要长一些。它的身体扁平,长度为头的三倍多。有些鱼的鳍像炸弹上的尾翼,有些鱼的鳍却很像燕子的翅膀。有一种斗鱼叫做“马克洛保杜斯”,它的尾巴像蛋一般;台湾斗鱼的尾巴像鲨鱼的尾巴,长长的并且带有别致的切口。雄鱼照例要比雌鱼大一些。

马克洛保杜斯能栖息在脏水里，还能忍受水温的急剧变化——从热到冷。因此，它们能很好地在鱼缸和水潭里生活和繁殖。斗鱼什么东西都吃——河泥、浮游生物、草、人所吃剩的食物。但是，它们特别爱吃活动的水栖昆虫。

别看斗鱼斗起架来勇猛异常，但它们可不是完全的“冷血动物”，它们也有自己温情脉脉的短暂的“罗曼史”。每年3～4月间，春姑娘搅动了一江春水，水中的雌雄斗鱼游来游去，到处寻觅自己的“意中人”。那多情的雌鱼一旦碰上外表俊美的雄鱼，立即就会被那美丽的“婚姻装”所迷惑、陶醉，赶快把张开的鳍收拢起来，身上便自然地显露出灰色的斑纹，既像是在显示自己是个正值芳龄的“窈窕淑女”，又似乎在向雄鱼表达自己由衷的爱慕。雄鱼呢，也大有相见恨晚之势。它们四目相对，情意绵绵。然后双双骈游到巢边，翩翩起舞，举行个简单的“婚仪”。随后，雌鱼翻仰向上，雄鱼也转身相就。雌雄同时放卵、排精，配合和谐、默契，俨然是对恩爱无比的夫妻。但当受精卵开始下沉时，雄鱼即刻赶走雌鱼，只把那“爱情的结晶”含在嘴中，放入巢内。雄鱼既当爹，又做娘，独守“闺房”，仿佛是弥补赶走小斗鱼妈妈的过失。而当小斗鱼长大以后，父亲们的美丽和好斗又自然地被它们继承了下来。

渐渐地，斗鱼以乖巧的体态和活泼、好斗的性格赢得了人们的喜爱，成为类似金鱼般的家庭观赏鱼类。

2. 嗜肉的皮拉伊鱼

在南美大陆北部紧靠着大西洋有一个风景秀丽的国家——圭亚那合作共和国。圭亚那是印第安语“多水之乡”的意思，因为那里河流非常多。其中有一条德梅腊腊河流经圭亚那西北部，河面极为宽阔。可是奇怪的是，从来没有看见有人在这条河里游泳。原来，这条河里有一种吃肉的名叫皮拉伊的鱼，西班牙语称“皮拉纳鱼”。这种鱼在委内瑞拉和巴西等国也有。

这是一种银灰色的小鱼，身长仅约15厘米，但生性凶暴残忍，酷爱食肉。它长有两排锯子般的牙齿，极为犀利。据说，即使是头黄牛，只要十几分钟就能被皮拉伊鱼吃得只剩一副残骨。德梅腊腊河从前没有桥，当地农民把牛群赶到河对岸的市场出售，都是挑一个河面较窄、河水较浅的地段，先将一条老病牛砍上几刀赶进水中。当皮拉伊鱼闻到血腥味时，就会蜂拥而上，围着老病牛狼吞虎咽起来。这时农民就抓紧时间，赶忙在老病牛上游一百多米的地方赶牛群过河。

近年来，由于德梅腊腊河下游铝土工业以及其他工业日益发展，河上交通运输昼夜繁忙，加上河岸两旁经常开山炸石，皮拉伊鱼被迫迁居到了上游。尽管如此，渔民们在谈起皮拉伊鱼时依然谈鱼色变。有一次，一位科学家和一些渔民聊天时，科学家问他们现在是否敢在德梅腊腊河中游泳。一位老渔民举起他少了一小半指头的手，心有余悸地说，这截小指头是他小时候坐在小船里，把手伸在水中玩水时被皮拉伊鱼咬掉的。另外几位渔民则是双肩一耸，两手一摊，脑袋一歪，做个鬼脸，表示无此胆量。

3. 卓越的建筑师——珊瑚虫

在南海诸岛，生长着许多奇异美丽的珊瑚海花，俗称“海石花”。它是后一代珊瑚虫在前一代的骨骼上繁殖，乃至不断扩大而形成的。

珊瑚花中，最名贵的是红珊瑚（又叫珊瑚屏），常被人们采来雕琢精美的珊瑚制品和高级工艺品。

珊瑚虫

常见的珊瑚花又分为牡丹式、梅花式、菊花式等几种。牡丹式珊瑚花，远远看去，像盛开的牡丹花坛，橙、绿、白、粉红……十分鲜艳可爱；梅花式珊瑚则具有好看而结实的特点，一丛一丛，宛如报春的梅花；菊花式珊瑚花，多姿多彩，洁白如雪，它们多半呈圆形，由许多小指头粗的珊瑚石丫杈组成，一朵朵菊花状的花朵，令人叹为观止。

珊瑚虫是生活在海底的一种很微小的动物，身体柔软得就像胶质的一样。珊瑚虫的种类很多，主要有石珊瑚、红珊瑚、鹿角珊瑚、海仙人掌等。珊瑚虫的体形一般为圆柱状，一端附着在海滨的岩石上，称为基盘；另一端有口，口的周围有触手。它们靠触手捕捉随海潮而来的浮游生物。

珊瑚虫在海洋动物中，是极为娇养者，需要有一个温暖的环境。它怕凉，温度低于20℃就不能生存。它也不能生活在太深的海水里，80米以下的海水，由于温度低，压力大，它受不了。必须是在海水盐度适中而又洁净的地方，它才能很好地生活下来。珊瑚虫虽娇养，但却十分勤劳，它在广阔的海底里建造出了无数的岛屿。

珊瑚虫群居在海洋下面的石质高地里，它们从海水中吸取的食物经过消化后排泄出石灰质。它们就用这些石灰质做材料，为自己柔软的身体建造一幢幢保护层式的房屋。珊瑚虫的房屋，虽然是一个很小的细管子，可它们愿意把房子建筑在一起，毗邻而居。这样时间长了，它们的子孙越来越多，但它们并不靠老子的遗产，而是另创家业，自己另建新居。群居的珊瑚虫不断重叠地向着海面建筑自己的房屋，建多了就露出了海面。这些建筑经过漫长的岁月而形成了坚石，在波涛汹涌的大海上突出，海水飘来了沙石，海鸟衔来了种子，水又冲来了植物，于是草木生长，海鸟巢居，出现了数千里的陆地，形成了海岛。这就是珊瑚虫联合在一起创造的奇迹。据说，在澳大利亚东北海岸，就有3000多海里的珊瑚礁，这对于小小的珊瑚虫来说，该是多么庞大的建筑工程呀！全世界珊瑚礁的总面积达2700万平方千米，比澳大利亚的国土面积还大，难怪人们惊叹：珊瑚虫建造了地球"第七大陆"！

我国南海诸岛的位置，是在亚洲大陆东南部，这里海面广阔，又多是突起的石灰质海底，海水含盐度适中，非常适宜珊瑚虫的生存活动，于是它们便在这里为我们建造了150多个岛屿和滩礁。

珊瑚在医药领域也有一席之地。近年发现，生活在夏威夷群岛的一种珊瑚虫所含的前列腺素数量，高于陆地动物几百倍，提取其所需成本仅为化学合成的 1/20。

几个世纪以来，珊瑚复杂的结构，一直深深地吸引着科学家们。如今，珊瑚正越来越多地被矫形、整形和牙外科用作移植物。珊瑚是适于人类骨骼的一种多孔材料，因此是一种理想的植入物质。

该领域的开拓者之一、法国的让·路易斯·帕塔特说："这一方法目前正被世界各国广泛采用。"珊瑚与其他物质不同，它的多孔结构适合骨骼生长的要求，而且造成珊瑚形成的海水中的矿物含量与血清的矿物含量相似。帕塔特说："珊瑚吸引那些认为是同类物质的骨细胞。最后，植入的珊瑚被完全吸收，其位置也被骨头取而代之。起初，新生长的骨头模仿珊瑚的结构，但是它逐渐重新塑造自己并形成受体骨的结构。"

法国东部斯特拉斯堡斯特凡妮医院的皮埃尔·凯尔教授在颈外科手术中使用了珊瑚植入物。他说，降低输血需求可以减少传播艾滋病和肝炎的危险。整形外科正使用颗粒状的珊瑚重整面骨。与固体移植物不同的是，一些颗粒在发生肿胀的情况下可以用抽吸装置吸出。

目前，牙医们正在研究使用珊瑚颗粒来增强正在萎缩的颌骨，以固定松动的牙齿，外科医生发现，珊瑚植入物是为老年人断裂的髋骨进行接骨加固的宝贵材料，它可提供更加坚固的基托，用金属钉子在上面固定住，患者在术后通常可以较早地行走。

用珊瑚骨骼制成的人造眼球，比其他人造眼球更具优越性，它可使人体的血管和神经长入，在眼眶内的活动范围远比其他材料的人造眼球大，可达人眼的 90%。

最大的双壳软体动物和珍贵的鹦鹉螺

现在世界上最大的双壳软体动物是砗磲，它生活在太平洋和印度洋热带海的珊瑚礁环境里；在我国台湾沿海、海南岛、西沙群岛和其他南海岛屿都有这类动物的分布。

美丽富饶的西沙群岛，地处热带海域，具有热带海洋性气候。由于这里海水温度和盐度较高，透明度大，海流复杂，季节性变化明显，珊瑚礁发育良好。宽阔的珊瑚礁盘，绵延数千米。礁盘上海水明净清澈，各种类型的珊瑚群体蓬勃发育，千姿百态。还有多种多样的奇异的贝类、海胆、海星、海绵、甲壳类等无脊椎动物，以及各种生长茂盛的海藻，构成光怪陆离、五彩缤纷的珊瑚礁海底世界。

在西沙群岛美丽的海底世界中，栖息有4000多种贝类。在这庞大的贝类家庭中就有世界上巨大的贝王——砗磲。砗磲，南海渔民称为"蚵"。

砗磲属双壳纲真瓣鳃目乌蛤族，至今仅发现6种，即砗磲、大砗磲、无鳞砗磲、扇砗磲、鳞砗磲和番红砗磲等。其中大砗磲重达60～70千克，最大的种类长度超过1米以上，重200多千克。据记载，目前世界上最大的砗磲，是1917年在澳大利亚的大堡礁采到的，长1.09米，宽0.74米，重262.86千克，现陈列在纽约的"美国自然历史博物馆"里。

砗磲的贝壳大而厚，壳面具有隆起的放射肋，壳缘有大的缺刻，弯曲犹如荷叶边。在壳项部的前方有一个孔，这是足丝的出处。在砗磲发育期间，胶质的足丝从孔中伸出来，牢固地黏着在岩礁上，因而成体不能随便移动位置。有的种类不以足丝固定，而通常是背缘着地或在珊瑚礁上穿洞穴居生活。

砗磲与藻类有着十分有趣的共生现象，巨大的砗磲食物主要是靠在它外套膜生长的藻类，而藻类也依靠外套膜提供的条件，利用空间、光线和代谢产物，以及二氧化碳进行生长和繁殖。

砗磲经济价值很高，它的肉味鲜美，称为"蚵肉"，在海南岛民间用来做筵席的佳品，婚嫁的宴席上总是少不了它。尤其是它的肥大的闭壳肌，加工晒干成为"蚵筋"，是西沙群岛的名产，更是上等的海珍品。它的壳可以入药，还可用做盛水器、喂猪槽、花盘等，大的可用做浴盆。

采捕砗磲的工作很特别，因为它个体大，不易搬动，所以渔民要携带特别制作的錾子、刀子和绳子或铁丝潜入水中,趁砗磲把两扇贝壳展开时,看准砗磲的闭壳肌,将錾子插进去划断闭壳肌,然后割下贝肉,用绳子吊浮上水面。

1988 年初,交通部上海海上救捞局工作人员奉命赴南海,参加南沙群岛观察站建站工作。船停泊在永暑礁,船上的工作人员有空便在船舷垂钓。一天傍晚,一位工作人员钓上一个海螺般的东西,白色的外壳,有很多细密的生长纹。他想和同事们品尝这道海鲜,便拎来一桶开水浇上去。不一会,壳里掉出一团粉白色的肉,去掉肚肠和黑色的尖嘴,清水一过,切成一小盘端上了餐桌。

这位工作人员把吃后的壳带回上海作纪念。一天,他捧着壳到上海自然博物馆和上海水产大学去请教。那些专家教授一看都愣了:这鹦鹉螺你是在哪里采获的?原来这鹦鹉螺是国家一级保护动物,至今我国还未采获到活体。吃掉的那只海螺价值 10 万美元啊!

"鹦鹉螺"这个名字挺好听,但是它跟鹦鹉有什么关系呢?也许是冷眼一看,它的"画像"有点像鹦鹉;也许是它的壳内侧色彩极美丽,比得过鹦鹉的羽毛?

鹦鹉螺,虽然名字叫"螺",却跟我们常说的海螺不是同类,不属于贝类。一般的海螺,贝壳都是螺旋形,鹦鹉螺的壳却不是螺旋形的。鹦鹉螺属于头足纲,与乌贼和章鱼同类。

鹦鹉螺生活在台湾海峡、南海以及马来群岛等地的海里,活动能力很差。然而,它死后的外壳,却能漂到数千里以外而不沉没。

有趣的是,鹦鹉螺能浮能沉,可以生活在几百米深的海底,那里海水的压力有几十个大气压;但也能升到只有一个大气压的浅海。

鹦鹉螺与乌贼是同类,它们的运动方式也相仿。它像乌贼一样,靠把水吸进去,然后再喷出来,产生推力来推动身体前进。不过,它的本领并不高明,喷水推力并不能持久,更不能持续航行。所以,它只能在热带地区的海中默默地生存。

鹦鹉螺,有海洋活化石之称,活体极难采获,除澳大利亚南部福耳湾和日本鹿儿岛有采获记录外，目前仅美国华盛顿国家动物园还有两只活体。这是一种珍贵的头足类动物，对研究动物进化和地球演变历史有着极为重要的价值。

海胆·海绵

人们在海边沙滩上经常会发现一小团深褐色的、布满长短不一的棘刺的小动物，这就是海胆。全世界已发现的海胆有950多种，我国有100多种。

大连紫海胆生长在海藻丰茂的岩礁底、石缝间，主要分布在水深10米以内的浅海区域。海胆依靠棘刺行走，行动缓慢，它白天隐藏在石礁缝隙，夜晚外出寻找食物，活动频繁。它以各种藻类和浮游生物为食，尤以海带和裙带菜为主要食物。在海带、裙带菜养殖区域，海胆个大体肥，生长迅速，成熟较早。

每年6~7月份是海胆的生殖季节，这时拿一个海胆，用手掰开，就可以看到一个黄色的小团，这就是海胆的精华所在——海胆黄。它除含有丰富的天然激素物质，还含有大量动物性腺特有的结构蛋白、磷腺等重要活性物质。它既可生食，也可加工成海胆酱或生物制品，食用后能明显促进性功能，增加肌体耐缺氧能力，安神补血，提高肌体免疫力。

中国是世界上最早认识到海胆黄功效的国家。早在明代，炼丹师们就利用海胆黄制成"云丹"专供宫廷，有强精壮阳、滋补养生之功效。日本也把海胆黄制成的鱼子酱列为高级食品，专门陈列于超级市场中。我国可供食用的主要有紫海胆、刺冠海胆、马粪海胆，其中尤以体内不含化学污染的渤海湾紫海胆为上品。海胆不仅其黄可食用，其壳还可制中药，有抑酸止痛、清热消炎、软坚散石、化痰消肿的功效。

随着人们对海胆营养价值的认识和研究，一种新型的海胆制剂——"海胆苷"已研制成功。它是用野生的活海胆，人工取黄去粗取精，按中国传统及现代科学方法提炼而成的。它保留了鲜海胆黄的各种营养成分，利于人体的消化和吸收。药理学实验表明：该品能明显增强运动耐力，延长动物存活时间，降低血清胆固醇和甘油三酯含量，提高肌体免疫力，并具有轻度雄性激素活性作用，可明显提高性机能。

“海胆苷”中含有蛋白质40%，脂肪20%，并含有17种氨基酸及多种人体必需的微量元素，是一种新型的海洋保健滋补品，临床上适用于忠有高脂血症、冠心病、脑血管疾病、糖尿病、性机能减退、神经衰弱等病人。对有精力不足、记忆力减退、倦怠无力、失眠、多梦、心悸气短、头晕目眩、腰肌酸软、阳痿不举等临床症状者，有明显改善作用。

传说，在4500年前，在地中海的克里特岛南部海滨，有个名叫安则东的村庄，全村男女老少都有熟练的潜水本领，靠采集珊瑚和珍珠为生。

有一天，王公贵族派出官兵，限令村民在3天之内交出10千克珍珠，否则把全村男人处死。珍珠生长在珍珠贝里，人们从海底捞取几十、几百个珍珠贝也采不到几颗珍珠。3天的期限到了，凶狠的官兵把全村人集合起来，准备把男人都杀掉。就在这千钧一发的时刻，人群里走出一位十七八岁的小伙子，他对官兵说：“请再多限一天，我保证采足10千克珍珠。”他就是潜海能手格拉古斯。官兵为了得到珍珠，只好同意他的请求。

地中海的珍珠贝大都生长在二三十米深的海底，古时候没有先进的潜水装备，只能靠人屏气潜水去采集。格拉古斯乘独木舟到了海上，为了增加身体的重量，加快下潜速度，他抱着一块大石块跃入水中。几分钟以后，他抱着一大块绿色的东西浮出水面。他举着这东西对官兵说：“我在海底寻找珍珠，碰到海王。我说我是克里特国王的使者，特来问候海王。海王大喜，送给国王这件礼品，把它放在宝座上，坐了能延年益寿。”

官兵不知道这是格拉古斯编造的神话，便信以为真，慌忙把礼品送往王宫。国王看到礼品十分高兴，召见了格拉古斯。格拉古斯把礼品埋在沙中，让它脱去水分，变成了白色的东西。把它放在宝座上，国王坐着它感到极为松软舒适。

“海王”的礼品是什么呢？是海绵。海绵是低等多细胞腔肠动物，多生长在海底岩石间。它身上有许许多多的小孔与体内管道相通。因为有海水流经小孔，海绵就可以从水中吸取营养。海绵脱水后变白的东西是它的骨骼，叫海绵丝。

海绵的再生能力特别强，把它捣碎过筛，再放入水中，仅几天时间，一个个又长成了小海绵。

人们用橡胶或塑料模仿海绵骨骼制成了弹性多孔材料，用于制造海绵拖鞋、海绵球拍、海绵坐垫靠背、海绵防震垫等。

贝类与人的生活

在辽阔的海洋里，生活着多种多样的贝类，它们除一部分被开采供食用之外；更多的是自生自灭，只剩下外壳被海浪、潮水带到岸边，散布在海滩上。

不同品种的贝类，其外壳的形状、颜色、大小、厚薄各异。有的大得像个簸箕，有的小得像颗米粒；有的杂色间，花纹绮丽；有的洁白如雪，全无斑迹；有的保存本来的颜色、形体；有的被流水和细沙淘磨得光洁如洗；有的像粗陶，有的如细瓷；有的像刻有图案，有的像上了油彩……

贝类身体柔软而不分节，它们有一个共同的特点，就是都有一个石灰质的贝壳，有的是单壳，有的是双壳。即使有些种类长到了成体，贝壳退化或消失，但在其幼体时期也都经历过一个有贝壳的阶段，所以把软体动物通称为贝类。常见的墨鱼、鱿鱼、章鱼，虽然叫“鱼”，其实它们也是贝类，它们体内也有一个贝壳，只是退化了而已。

贝类在动物世界中是一个大门类，除节肢动物（昆虫、虾、蟹之类）外，就数它的种类最多，已知的有近 11 万种，还有不少古代贝类，分布也十分广泛，从海拔 5000 米的高山到 10000 米深的海洋都有它们的成员。贝类不但种类多，而且体形复杂多样，以适应各式各样的生活方式：有的在泥沙中过着底栖式的穴居生活，有的附着在其他物体上过固着生活的，还有的过着浮游式或游泳性生活，等等。

在原始社会渔猎时代,我们的祖先就开始利用贝类了。那时候的人都是“近山者猎兽捉禽,临水者捕鱼捞贝”。我国辽东半岛等沿海地方所发现的“贝冢”,就是古人取贝为食,积壳成堆的遗迹。

古人除以贝肉为食之外,也以贝壳为工具、饰品,如在“贝冢”中发现有贝斧、贝针、贝刀、贝铲、贝圈等。在北京附近的山顶洞人居住处曾发现有被磨出圆孔的贝壳,这说明远在5万年以前的旧石器时代,人们就已开始利用贝壳了。

我国有着漫长的海岸线,从北到南,盛产各式各样的贝壳。如辽东半岛南端的大连,出产虎斑纹蛤片,喇叭状海螺,彩云般的蛎壳,珍珠似的扁螺。而西沙群岛有形似圆锥、表面有赤紫斜纹的马蹄螺;有外披红纹、里呈乳白的砾磲贝;有大得像一颗椰子的椰子螺;有像一把小伞的伞贝;还有美丽的锦身贝、凤凰贝、花瓣贝、初雪贝、蜘蛛贝、鹅掌贝、扇贝等。据不完全统计,光是西沙群岛出产的贝壳,就有250种以上。

在原始商业中,曾采用贝壳作为交易的货币。《汉书·食货志》对贝壳货币的使用“价值”有详细的记载,据说古人曾按贝壳的大小尺寸将其分为“五品”,秦汉以后,虽“废贝行钱”,但许多表达交易、价值的文字如贾、贸、卖(賣)、买(買)、财、货等,大多保存一个“贝”字。

3000多年前流行于东南亚一些古国的特殊货币——海贝,位于南方丝绸之路主干道上的四川、云南两省,已先后从商、西周、春秋、战国、秦、汉、唐等各历史年代的古墓挖掘出成千上万枚海贝。这些海贝,有些曾起过货币作用,并作为权力、财富的标志,有些则被古代先民当做与玉石、金银伴用的装饰物。

云南昆明滇池区域海贝出土最多。文物考古人员在17座战国至西汉时期建造的土坑墓,包括滇王及其贵族的墓葬里,清理出近15万枚海贝,重达400多千克。海贝大多存放于铜质贮贝器和倒置的铜鼓内。贮贝器与铜鼓外表铸有人物、动物、飞鸟形象。

在3000年前蜀国文化遗址(今四川省广汉县境内),考古工作者从两个祭祀坑中清理出三种类型数以千计的海贝,其中有长3厘米的虎斑宝贝,极为罕见;还有1.5厘米左右长的背部有大孔的货贝,以及出土量大、背部大多有大孔的环纹货贝。这里是南方丝绸之路的起点,古代蜀文化发祥地,自古至今均为中国西南交通枢纽和商业中心。

据调查,四川、云南其他地区发现的海贝,多数埋藏于商周秦汉石棺葬、汉代崖墓土坑墓之中,以及唐、宋、元各代火葬墓。从南诏国(唐代乌蛮、白蛮等族所建奴隶制地方政权)和大理国(10世纪白蛮部族建立的封建政权)遗址墓葬出土情况看。一千多年前,中国西南就存在把海贝当做随葬品的风俗。

海贝是生活于热带亚热带浅海的贝类,其种类不下数十种,由于它玲珑光洁,色彩晶莹,大小适度,便于携带、计算,深受古代人们喜爱。中国南方丝绸之路沿线的贝币、贝饰原料,主要来自中国南方沿海和印度洋沿岸。据《马可·波罗游记》记述,我国在13世纪元朝时期,云南各族人从海里捞取白贝壳作为货币或作项饰,当时80个贝壳的价值,相当于一个银币或两个威尼斯银币。

贝币是中国古代先民和东南亚诸国使用的一种早期货币。除了中国之外,印度、缅甸、泰国、越南、孟加拉、东帝汶群岛等国家地区都曾以海贝为货币,并用贝币进行国际贸易。

在三门峡市李家窑树虢国首都上阳的墓地遗址发掘出的器物中,就有一些木胎的漆器皿上,镶嵌有蚌壳磨制的圆珠。这说明距今2600多年前春秋时期的"虢国人"已懂得利用贝壳作为艺术点缀品。宋人苏籀的《栾城先生遗言》有"公闻以螺钿作茶器"的记载。明人曹昭撰的《格古要论》说:螺甸器,宋时皆于坚漆上嵌铜线,然后镶以螺甸,其花色细致可玩。这里所说的"螺钿"、"螺甸",均是以螺壳施工磨制而成之物。在发明制造玻璃之前,人们就利用贝壳磨成薄片,嵌于门窗的小木框中,充作既能透光,又能挡风之物。直到现在,我们还可从一些古老建筑物中找到这种创造的遗物。

古时还有直接以贝壳作为器皿的,如南北朝杰出的诗人庾信在《园庭》诗中描写道:"香螺酌美酒,枯蚌借兰肴。"《清异录》载:"以螺为杯,薮穴极弯曲,则可以藏酒,有一螺能贮三盏许者,号为九曲螺杯。"此外,从"海月团团入酒螺”、“渌酒白螺杯,随流去复回”、“红螺杯小倾花露,紫玉池深贮麝煤”等诗句中,也可窥见人们利用贝壳作为生活用具的痕迹。

利用贝壳作为艺术点缀品和生活实用品,在我国有着悠久的历史和光辉的成就。在贝雕艺术展览会上,我们可以看到利用各式各样的贝壳雕刻、磨制、粘缀、组合而成的挂屏、屏风等欣赏品,以及烟具、文具、台灯、瓶插和鱼缸等实用工艺品,其中如用整个贝壳雕空的“云母拾花”,珠光灿烂,胜似玉璧;用大型海螺叠成的台灯、壁灯,形态自如,美观实用;用杂色小螺串成的手提包,工细花匀,别具一格;用贻贝壳等胶合而成的“梅瓶”,小巧玲珑,分外可爱;尤其是“松鹤延年”屏风,青松瑞鹤,丹顶白羽,老干青枝,色彩自然鲜丽,神态逼真,远看宛如一幅图画,走近细看,白鹤和松树全是许许多多小米螺和贻贝、海蛤片堆、雕、粘缀成的。四幅金鱼、对虾、螃蟹、青鱼挂屏,看了令人不忍离去。一群活泼的小鱼儿,在绿柳低垂的清溪中漫游,悠然自得,仿佛会倏忽游去。

贝类和人类生活关系密切,许多贝类肉质鲜美而富有营养,如牡蛎、鱿鱼、鲍鱼、泥蛤、蛤等。有不少贝类可作药用,为人们的健康服务。如鲍鱼的贝壳,中药上叫石决明,可治眼病,有清肝明目的作用;墨鱼的贝壳叫海螵蛸,可治胃病,有生肌止痛、健胃的作用:还有珍珠及珍珠粉更是名贵的装饰品和中药。

大型珍珠的“摇篮”——企鹅珠母贝

颗颗珍珠,璀璨晶莹,玲珑剔透。有的像月光那样淡雅,有的像晚霞那样绚丽,真是奇光异彩,映得满室生辉。

一颗天然珍珠的形成,是靠生活在河、海中无数的贝类,以万分之一的几率,悄悄孕育而成。

人类与珍珠的关系,早就建立起来了。在中国,公元前5世纪编纂成书的《书经》里,首度出现“珍珠”一词。据《书经》记载,大约在公元前2200年,禹国就收到了珍珠贡品。

自古以来,便有无数的采珠人,甘冒生命危险,入海寻珠。因为孕育有珍珠的珠贝几率非常低,所以潜水入海寻珠者,经常是无功而返。

每到春天的采珠季节,波斯湾沿岸的阿拉伯渔民,常潜入10~20米的深海,寻找孕育珍珠的珠贝。尽管入海寻珠常因遭鲨鱼攻击而丧命,但利益所驱,人们依然赌命而为。

闻名世界的南珠是我国的特产。在国际市场上流行着这样几句话:西欧产的西珠,不如日本产的东珠,日本产的东珠,又不如中国产的南珠。南珠负有这样的盛名,就是因为它凝重结实,大而浑圆、色泽新鲜、质地纯良。南珠的故乡,就在我国南海北部湾畔的广西合浦县。合浦县城,又叫廉州,从汉代以来,这里就盛产珍珠。《旧唐书·地理志》中说:"廉州合浦县有珠母海。"中药里常用的廉珠、白龙珠就产在这里。

早在1700多年以前,合浦就开始采珍珠了。在合浦东南的海边上,至今还留有明朝一座珍珠古城的遗址。倒塌的城墙,把珍珠贝壳撒得遍地都是,贝粉粼粼,珠光耀眼,似乎是古代劳苦珠民的泪花在闪烁。那时候的采珠人要用绳索把石块绑在身上,才能沉下海底捞取珠贝。那些监督采珠的官吏,强迫采珠人每次沉下去,必须捞到珍珠贝才能上来。因此,采珠人常常被鲨鱼吃掉,或者因为不能及时浮出水面而憋死。正如清代一位书法家冯敏昌在《采珠歌》中写道:"江浦茫茫月影孤,一舟才过一舟呼,舟舟过去何舟得,采得珠来泪已枯。"

珍珠分为海洋珍珠和淡水珍珠两大类,这两类珍珠都有很大的价值,质量却相差很远。海洋珍珠大部分是大而圆的色泽光艳的有核珍珠,其价值通常比淡水珍珠大几倍。中大型优质的海产珍珠,粒径可达2厘米左右。世界上已有的最大的珍珠,重6350克,直径近28厘米,是1934年5月7日获得的,出自最大的介壳软体动物砗磲体内。这种动物的贝壳直径可达1.5米,体重有300千克。

我国珍珠资源非常丰富。世界上作为珍珠母体的大珠母贝、合浦珠母贝、企鹅珠母贝等,在我国南海都有分布。南海热带、亚热带海湾众多,适宜这些珍珠贝类的繁殖和生长。

企鹅珍珠贝，属热带、亚热带外洋性大型贝类，喜栖息在潮流强、盐度高、水深5～60米的海区。该贝体形呈斜四边形，又因其状似南极企鹅而得名。成只大者壳高约25厘米，体重1.5～2千克。壳面呈黑色，壳内面的珍珠层呈银白色，色彩绚丽，晶莹剔透。

由于企鹅珠母贝珍珠层的贝壳部分大，且珍珠层增厚的速度比其他任何珍珠贝都快，故最适宜养殖半球形附壳珍珠。同时，它也是生产大型正圆游离珍珠较理想的珠母贝。该贝所育的珍珠，颗粒圆润，珠光柔和，色彩丰富，有银白色、虹彩色、淡蓝色、粉红色、古铜色等，历来被专家们认为是上品中的上品。

对于企鹅珠母贝育珠试验，日本早在1889年就已经开始了。他们主要用于生产半圆附壳珠，每贝可植入12～24毫米直径的半球形珠核8～10粒，养殖6个月后收获。

我国早在13世纪就发明了“佛像珍珠”养殖法。然而，正式对企鹅贝进行育珠试验，是20世纪60年代才开始的。1964年由琼海县海水养殖场设立专门机构，着手进行这一试验工作。经过几年时间的艰苦摸索，终于在1968年取得了企鹅贝半圆附壳珠和大型正圆珍珠养殖的成功，首批共收获8～14毫米直径的大型正圆珍珠39颗，其中10～14毫米的有6颗。

企鹅珠母贝除了能孕育大型珍珠外，贝壳的珍珠层也是十分贵重的药材，它还可以作高级纽扣和镶嵌精美工艺品的原料等。

第七章　纵横水陆的两栖动物

两栖动物这个十分特殊的类群，是从水生过渡到陆生的脊椎动物，具有水生脊椎动物与陆生脊椎动物的双重特性。它们既保留了水生祖先的一些特征，如生殖和发育在水中进行，幼体生活在水中，用鳃呼吸，没有成对的附肢等；同时幼体变态发育成成体时，拥有了真正陆地脊椎动物的许多特征，如用肺呼吸，具有五趾型四肢等。

两栖动物是第一种呼吸空气的陆生脊椎动物，多数两栖动物在水中产卵，发育过程中有变态，幼体（蝌蚪）接近于鱼类，而成体可以在陆地生活。但是，有些两栖动物却是胎生或卵胎生，不需要产卵，有些从卵中孵化出来几乎就已经完成了变态，还有些终生保持幼体的形态。

两栖动物由于其幼体要在水中完成发育，成体适应力远不如更高等的其他陆生脊椎动物，既不能适应海洋的生活环境，也不能生活在极端干旱的环境中，在寒冷和酷热的季节则需要冬眠或夏蛰。所以目前只有一个亚纲——滑体亚纲存活下来。

两栖动物大多栖于陆上，少数种类栖于水中。皮肤裸露，有黏液腺，借以润湿皮肤，并起到辅助呼吸作用。心脏分两心耳、一心室，血液循环分大、小循环，但不完全。体温不恒定。现存的两栖类，可分无足目（例如鱼螈）、有尾目（例如大鲵）和无尾目（例如蟾蜍、青蛙）三目。全世界有4000余种（亚种），中国有270余种。

爬行动物是真正的陆生脊椎动物。皮肤具有由表皮形成的角质鳞或真皮形成的骨板，一般缺乏皮肤腺。用肺呼吸。心脏由两心耳和分隔不完全的两心室构成(仅鳄类的心室有发达的隔壁,将心室隔成左右两部分;仅在大动脉基部与肺动脉基部之间,还有一孔称“潘尼兹氏孔”相通)。体温不恒定。现存的爬行类,可分为喙头目(例如楔齿蜥)、龟鳖目(例如金龟、鳖)、蜥蜴目(例如草蜥、壁虎)、蛇目(例如蝮蛇)和鳄目(例如鼍、湾鳄)五目。全世界约有6300种,中国有近400种。

随着全球变暖引起的环境变化,致使某些爬行动物已濒临灭绝。

2010年8月8日法新社报道,哥斯达黎加当地媒体公布的一份科学报告称,气候变暖导致哥斯达黎加河流中雄性鳄鱼大大多于雌性鳄鱼,20年后该物种有可能面临绝种危险。

将哥斯达黎加生物学家胡安·拉斐尔·博拉尼奥斯的这份研究报告部分内容公布于众的《民族报》认为,“这一假设基于更多雄性鳄鱼的出生与气候变化及太阳强辐射致气温始终居高不下有关。”

该报强调,“鳄鱼巢穴中的温度决定孵卵的性别。当孵化温度在28℃左右时,出生的就是雌性鳄鱼,当温度达到32℃时,则为雄性鳄鱼。”

这一研究的主要对象是栖息于哥斯达黎加北太平洋区域的十几条河流中的鳄鱼群。

《民族报》还指出:“在捕获后又被放生的74条鳄鱼中,雌雄比例为1:5,而在正常情况下,这一比例应该是3:1。”

据该报说,“如果国内的美洲鳄鱼群雄性化趋势得以证实,该物种有可能在20年后趋于消失。”

2010年5月13日,美国趣味科学网站也做了相关的报道,据称科学家对全球蜥蜴种群展开的一次调查发现,由于气温升高,蜥蜴种群正在以令人震惊的速度走向灭绝。这项新的研究报告发现,如果照这个趋势发展下去,到2080年,有20%的蜥蜴种群可能灭绝。

报告认为,目前的情况及预测到的灭绝趋势与1975年以来气候变暖密切相关。

加利福尼亚大学生态学和进化生物学家巴里·西内尔沃说:"经过多论实地考察,我们对抽样进行了反复比对,结果证明(目前)这种灭绝是由于气候变化造成的,而不是由于栖息地遭受破坏造成的。这些栖息地未受到任何干扰,它们大部分在国家公园或其他保护区内。"

研究人员说,如果人类能够减缓气候变化的速度,那么研究人员对2080年的预测可能会改变,但它的确显示出蜥蜴已迈进了走向灭绝的门槛,并且它们大幅度减少的趋势至少会持续数十年。

研究人员还估计,到2050年将有6%的蜥蜴种群会灭绝。他们说,这个数字不可能改变,因为大气层附近的温室气体(二氧化碳)会滞留数十年。

蜥蜴种群的消失可能会对食物链产生影响。因为蜥蜴是许多鸟、蛇和其他动物捕食的对象。

"活的救生圈"——海龟

海龟是棱皮龟、玳瑁、海龟、蠵龟的统称。它们的形状跟陆地上、河中的龟差不多,背上也长着硬壳:有的是完整的一块,叫龟板:有的是分成一片一片的,叫角质鳞。

世界上的龟类中,海龟最大,几十千克到几百千克的都有。它是用肺呼吸,每隔20多分钟就要游到水面上来,用鼻孔呼吸空气。不过,海龟的肛门也能跟鼻孔一样起呼吸作用。

海龟

海龟的繁殖生育也十分有趣。它的繁殖季节一般是在六七月间。雌雄海龟在海洋中交配以后,雌龟就在每天早晨三四点钟吃力地爬到海滨沙滩上,用四肢挖坑,然后把卵产在坑里。一只棱皮龟能产卵90~100颗,也有的能产300

颗;一只玳瑁能产卵130~250颗;一只海龟能产卵60~70颗;一只蠵龟能产几十颗卵。产完卵以后,它们用四肢扒沙土把卵掩盖好,然后悄悄回到海洋中去了。卵完全靠阳光的热量来孵化。经过70天左右,小海龟就破壳而出了。这时候,雌海龟就又回到原来的地方,把小海龟们领到海洋中去。

海龟特别能忍饥挨饿。有人做过试验,有的海龟绝食3年也不会死,这在动物界可以算是冠军了。海龟的寿命也很长,有的可以活到300岁。据说,海龟的寿命还有更高的纪录,海龟是名副其实的长寿动物。

海龟捕食龟虾是很凶猛的。但是它有一怕,就是怕四脚朝天,只要被弄得翻转过来,它就一点办法也没有了。

在太平洋、大西洋和印度洋的热带和亚热带海洋里,生活着世界上最大的龟——棱皮龟。

棱皮龟的背甲并不像其他龟那样具有坚硬的角质龟壳,而是被以柔软的革质皮肤。背甲为心脏形,上有7条纵行的棱起,棱间凹陷似沟,这些棱起是由许多不规则的多角形小骨板组成。腹甲骨化,有5条纵行棱起。四肢由于长期适应于海洋中游泳生活而成桨状,前肢很长。背甲长一般为1~2米,体重在200千克左右;而最大纪录者,背甲长可达2.5米以上,体重达715千克。

棱皮龟生活于海洋中,善于游泳。1970年,在我国长江口捕获一只棱皮龟,根据它身上所挂的标记得知,这只棱皮龟是从英国沿海被投放大西洋的,可见它游泳本领之强。

前些年,波兰的报纸刊载了一条消息——“活的救生圈”。说的是一艘利比亚商船在尼加拉瓜沿岸遇到风暴的袭击,船员们顽强地同风浪作斗争。忽然,暴风把船员基姆从甲板上刮进大海。当时因为忙乱,谁也没发现基姆的失踪,商船继续按原来的航向航行。基姆在汹涌的大海中得不到别人的救护,只能独自同波浪搏斗。他很清楚,如果只靠自己的力量,最多还能坚持十来个小时。正在绝望之际,突然,他眼前出现了一个椭圆形的东西,这是一只巨大的海龟,他毫不犹豫地抓住了龟甲的边缘,吃力地爬了上去,于是大海龟用“背”驮着他向岸边游去。大约过了两个小时,瑞典邮船“堡垒”号在离开尼加拉瓜海岸300千米的地方发现了基姆。邮船迅速地接近他,把他救了上来。

事后,有关的海洋学家建议,船员应配备遇险时自救用的专门吸盘,这种东西可以很方便地固定在龟甲上。如果发生了上述情况,这种装置就将显出巨大的威力了,因为像棱皮龟、蠵龟这样大的海龟龟甲上能站不少人。

由于海龟有了这个“救人”的事例,所以被人们誉为“活的救生圈”。海龟的行为大大启发了人们,目前不少海洋生物学家认为海龟可以帮助人类,而且有些国家正在对海龟进行专门训练,使海龟在海洋环境里帮助人类工作。例如帮潜水员把仪器送到60多米深的水下,将缆绳从船上拉到水下作业区,拖拉舢板,还可以让海龟把人从一条船上送到另一条船上,或者送到岸上,等等。

日本学者还训练大海龟进行专门的拯救作业,包括让海龟把舢板和其他装置拖拉到“遇险”区和用无线电控制海龟在外海“航行”等。

海龟能长时间潜在水下,在这方面,它是善于潜水的其他动物(例如海豚、海豹等)所不能比的。它能连续在水下待上几昼夜而不需浮到水面换气,这是它进行水下作业的有利条件。

海龟每年都循着一定的洄游路线作长距离的往返游行,且从不迷失方向。就连从未出过远门的幼龟,也能沿着母龟走过的老路,且游回原来的栖息地。据专家研究,海龟这种远航的本领是由海龟体内的生物钟所控制的,它可以根据太阳的位置,参照海流和水温,来校正它们的前进方向。科学家正在努力探索这一奥秘,以便根据它的原理来研制新的导航仪器。

罕见的绿色动物——绿毛龟

有一种绿毛龟,被视为我国的一种珍奇龟,有“水中翡翠”之称。它身上长的绿毛,实际上是一些水生的低等绿色植物——丝状的绿藻,包括刚毛藻、基枝藻等,附生在金龟和水龟的背甲上,很像绿色的毛。这些藻类繁殖很快,布满整个背甲。绿藻进行光合作用，必须有充足的阳光和养料。因此，绿毛龟生活在经常有散射光的环境中。

绿毛龟既是吉祥物，又是点缀美化家庭生活的观赏动物，也是滋补佳肴。绿毛龟，原产于湖北蕲春，名蕲龟，与蕲蛇、蕲竹、蕲艾合称为“蕲春四宝”。蕲龟，体色金黄，身披绿毛，寿命可达 90 年。其鲜品供食用，味甘、气平、性温、无毒，有滋阴补血的功效。此外，龟肉中富含脂肪、蛋白质、维生素 A、钙、磷、铁等营养元素。

绿毛龟喜欢在洁净的山泉或井水中生活。人工养殖是以黄喉水龟作种龟，用山溪藻接种，在适宜的水质、光照、温度条件下，使藻体附生在龟背和其他部位而成。当其附生绿毛后，就称为“成缨”。按其附生的绿毛的部位称呼其品名，如背甲有毛，称为本毛；背腹有毛，叫天地缨；头部有毛，则称牡丹头；单足有毛，叫单缨；双足有毛，为双缨等。如果头部、四足、背甲均有毛则称之为“五子夺魁”，是上品，最为难得。

绿毛龟因其为动植物的结合体，人工饲养要格外小心。首先，在选种上要选择福建产的黄喉水龟，其底板为象牙色，脚板为黄绿色，连盖面共“十三块”，条纹清晰无伤，也就是要选择头绿、颈黄、爪长的种龟来饲养，这样易于接种藻类，附长后也坚固。江苏、浙江以及上海江阴路花鸟市场等地均有种龟出售。值得注意的是，切忌选择草龟接种。藻类最好选择生长在浙江山区的野生山溪藻与黄喉水龟接种，成活率高。当然，接种的气候、季节要适当，一般要选择温度适中的夏季或初秋季节；气温过高、过低，都会影响藻类接种成活率。

绿毛龟可承受的最高温度为 30℃，最低温度为 0℃，因此遇上大热天，太阳光强烈，超过 30℃时，就要及时把绿毛龟放到阴凉处“歇凉”，否则龟背上的藻类就会焦脆；冷天，气温低于 0℃，藻类易冻坏，需把它移到朝阳房间“取暖”，冬夏季节更要注意气温变化。

要用井水、江水以及山溪水养殖，有条件的最好用活水养殖。这样，可以增大水流面积，有利于藻类、绿毛龟的生长。若用自来水养殖，必须预先将自来水曝晒 1 ~ 2 天或放置 10 天以上方可使用,以防水中漂白粉污染影响绿毛龟生长。至于水温,一般掌握在 18℃ ~ 30℃ 左右。还要经常梳去附在藻体上的污物。

绿毛龟的食饵是黄鳝、泥鳅、小鱼、小虾、螺蛳肉、肉类或饭粒等饲料,也可喂食一些植物性饲料,如煮熟的青菜、瓜皮等,每隔 3 ~ 5 天投饵一次,喂的料量为龟体重的 1/20。当然,摄食的多少,也要根据气温高低变化而定。气温高,吃得多;气温低,吃得少。气温在 20℃ 左右,可每天喂食一次;当气温在 8℃ 左右,基本可以不投饵,但必须仔细观察,适时定量喂饵。

绿毛龟很像"五针松",四季常春,饲养在"玻璃缸"里,漂浮着浓密的绿色茸毛极为美丽,既象征着"迎客"、"吉利",又是美化房间的极好艺术观赏品。

在拉丁美洲,有一种罕见的绿色爬行动物,叫鳞蜥。它生活在树上,身体表面长着绿色的角质鳞片,酷似树叶的绿颜色,很容易隐蔽。它外形丑陋,体长 180 厘米,能在爬行中一次产蛋 24 枚左右。在当地印第安人的民间传说中,鳞蜥是所在部落兴盛发达的象征,所以备受保护。它是一种无害的食草动物,肉质细嫩,比嫩鸡还鲜美且富含营养。近些年来,由于其生存环境遭到破坏,再加上人们乱捕滥杀,巴拿马等国的鳞蜥已经绝迹。目前,德国已研究人工培养并获成功。

甲鱼的身价

龟、龙、凤、麒麟,被古人称为"四灵",把龟崇拜成吉祥如意、先知先觉的灵物。在神话故事中,有龟帮助女娲补天,帮助夏禹驮运"息壤"制伏洪水的传说。古时候,凡帝王登基、出征、祭祀、狩猎及生老病死等,都要用炙灼龟壳所出现的裂纹来占卜预测吉凶。并用刀子在龟壳上刻下占卜的内容,这种占辞,成为我国最早的文字——甲骨文。汉代丞相、将军用的印,其上都铸有龟的形象。唐代规定只有五品以上的官员死了,墓前才能竖龟的石碑。唐代诗人陆龟蒙还以“龟”取名。受中国古代文化影响较深的日本，至今在姓氏里还保留有“龟”字。

甲鱼

龟以长寿闻名于世。科学家们发现，在动物和人的细胞里，有一个日夜运转的钟表，叫“生物钟”，它规定了寿命的长短。龟的全身细胞分裂可高达110次，所以龟的寿命可长达300岁。在我国洞庭湖内曾捕捉到一只300年以上的大乌龟。不过，与其他动物相比，龟长得十分缓慢，一只体重500克的龟，至少要长6年以上。

乌龟，也叫甲鱼，俗称“王八”，是一种具有较高经济价值的半水栖性爬行动物。分布在热带和温带，我国18个省市均有分布。乌龟食性粗杂，生命力强。

乌龟有趣的呼吸方式，给了人们以新的启示。乌龟没有肋间肌，凭借头、足的一伸一缩使肺部一张一收，以获取氧气。古人发现了乌龟这一特殊的呼吸方式，仿效练习，在实践中又结合其他动物的特殊动作，于是便产生了“气功”，成为人们锻炼身体，延年益寿的法宝。

龟全身可供药用。龟肉不仅营养丰富，食用能滋补身体，还有治疗小儿遗尿、子宫脱垂、糖尿病、血痢、筋骨疼痛等病的作用。中医临床用得最多的是龟板（龟的腹甲）和“龟板胶”。龟板有清热、益肾健骨、补虚强壮、消肿治痈等功效。临床上常用其滋补降火、治疗因虚火引起的盗汗、心悸、眩晕、耳鸣、足心和手心发热等。龟板还有抗结核功效，可用于治疗肺结核、淋巴结核和骨结核；也可用于治疗慢性肾炎、神经衰弱、慢性肝炎等。龟板胶的滋补效果比龟板好，能止血补血，适用于肾亏所致的贫血、子宫出血、虚弱等症。龟血可活血补血；龟头能治疗头痛、头晕等症。

1962年，日本科学家小岛孝治教授做了一个有趣的实验。小岛孝治把癌细胞分别注入鸡和甲鱼的体内,5 个小时后作活检,发现注入鸡体内的癌细胞还活着,而且比较活跃;而注入甲鱼体内的癌细胞已被甲鱼的淋巴细胞包围着,成抑制状态,少数已被消灭。一周后,他又对进行实验的鸡和甲龟作活检,结果在两者体内都没有找到癌细胞,也没找到致癌物质。这说明注入的癌细胞已被鸡、甲鱼体内的"卫士"消灭了。

紧接着,小岛孝治又做了一次实验:将癌细胞分别注入鸡、甲鱼的肌体,5 小时后宰杀了鸡和甲鱼,都放在锅里煮,加温到 100℃并煮上两分钟取出来检验,都没有查到癌细胞,也没有发现其他致癌物质及毒素。

甲鱼是高蛋白低脂肪的食物,对人体极为有益。甲鱼所含的蛋白质大部分是人体必需的氨基酸。特别值得一提的是,甲鱼所含的类似廿碳戊烯酸的不饱和脂肪酸是抵抗人体血管衰老的重要物质。不过到目前为止,人们在甲鱼体内还未找到可直接抗癌的物质。

甲鱼性味甘平,能"滋阴"、"补虚"、"去烦热"。对于癌肿病人来说,无论是早期手术的,还是进行化疗和放疗的,食用它都可起到辅助治疗作用。

癞蛤蟆勇斗大公鸡

这是发生在广州市郊的一个真实的故事。

一天上午,一只拳头般大小的癞蛤蟆正趴在稀疏的草丛中休息。这时,一只长着鲜红鸡冠的大公鸡正昂首阔步地向癞蛤蟆这边走来。突然,它发现了癞蛤蟆,于是立即收住了脚步,两眼紧紧地盯着它。这时,癞蛤蟆也毫不示弱,它鼓起那像小鼓似的肚皮,气呼呼地瞪着公鸡。双方如此这般"对峙"了十多秒钟后,突然各自同时退后了几步,摆出一副跃跃欲斗的架势。终于,大公鸡威武地鸣叫了一声,首先发起进攻。它猛扑过来,用它那坚硬而锐利的嘴在癞蛤蟆头上、身上一阵乱啄。癞蛤蟆没有"武器",看来它似乎连招架的能力都没有了,而只有东躲西闪。不过它却临危不惧,而且把嘴巴张得大大的,直对着大公鸡喷气,那涨得像个圆球似的肚子也急促地起伏。它的头部和身上渗出了点点乳白色的液浆。不到 3 分钟,癞蛤蟆已被公鸡啄得血迹斑斑、伤痕累累了。围观的十多名群众以为这下子大公鸡已经稳操胜券了,不料就在这时,形势急转直下,只见大公鸡的攻势越来越缓慢,而且像个喝醉酒的醉汉,脚步不稳,身子东倒西歪,突然一个趔趄栽倒在地上,昏了过去。小小的癞蛤蟆居然斗败了大公鸡,赢得了胜利。

癞蛤蟆学名"蟾蜍"。它的外形比青蛙大,背部呈暗褐色或土黑色,腹旁有灰色的直纹,腹部肥大,黄白色中杂有黑色的斑纹,一对眼睛放着金色的光彩,口部阔大,趾端无蹼,性鲁纯,步行极缓慢。它平常多栖息在池塘、沼泽或湿地处,常在夏秋薄暮或黄昏时爬出来寻吃昆虫,冬季即转入地下蛰伏。

蟾蜍外貌很丑陋,背部有很多内含毒腺的疣状突起物,看起来像癞子,不然人们是不会送给它一个"癞蛤蟆"的称呼了。

其实,癞蛤蟆并不癞,而且在诗人笔下被形容为如鼓如虎;人们还把月宫称为"蟾宫"。

诗人词家褒奖蟾蜍不无原因,因为蟾蜍是个实干家,整个夏秋季夜夜都悄然无声地吞食着农田林间害虫。例如严重危害农作物的蝼蛄、天牛、蚱蜢、金龟子、水稻螟等,都是它的"家常便饭",蟾蜍一生中吃掉的纯动物性害虫约占总食量的 80%,称得上是个"捕虫能手"。

癞蛤蟆一般在水边繁殖,且多在早春季节繁殖。雌体产卵于水中,体外受精,体外发育,卵外有胶质膜包围(即次级卵膜),卵数可达数千枚,卵呈黑色,在卵带中多呈双行排列。个体发育中有变态。幼体称为蝌蚪,用鳃呼吸,长大后鳃消失而生肺,长出四肢,尾部被吸收而消失,逐渐登陆生活。它的个体发育迅速而简短,反映了由水生到陆生的过程,对于研究动物演化提供了胚胎学方面的证据。

蟾蜍身上含有蟾蜍毒素、华蟾蜍素、华蟾蜍次素、去乙酰基华蟾蜍素、精氨酸、辛二酸等物质。实验证明华蟾蜍毒素、华蟾蜍素均有强心作用,能加强心脏的舒缩能力，扩张冠状动脉，其作用与泽地黄甙相似。此外，它们还有升高血压和利尿作用。

蟾蜍的耳后腺和皮肤腺能分泌一种乳白色的毒液浆（因此大公鸡啄它越多，中毒就越快），这种有毒浆经过加工，可以制成供药用的"蟾酥"。蟾酥为常用的动物药材，性温、味甘、辛、有毒，能强心、镇痛、抗毒，治疗慢性心脏衰弱、胃痛、腹痛等病，外用可治痈肿、恶毒及牙龈出血等。药理试验表明，蟾酥有兴奋心肌和迷走神经中枢的作用，能增强心肌收缩，升高血压。古方用于治疗疳疾和肿毒，现代仍用作六神丸的主要成分。

蟾头可治小儿五疳；蟾皮可制取蟾蜍色胺等十几种药剂，有传热解毒、利尿消胀、治疗胃癌等功效：蟾舌可拔疔；蟾肝可敷痈肿疔毒；蟾胆能治疗气管炎。

据报道，蟾酥对组织培养的癌细胞、动物肿瘤模型有抑制作用，临床应用有不同程度的抗癌作用。

日本国立遗传学研究所的研究人员发现癞蛤蟆很喜欢吃蟑螂，是蟑螂的天敌。该研究所的小动物饲养房里，早已成为蟑螂的天国：蟑螂"泛滥成灾"，令人束手无策。后来，他们在那里放养了癞蛤蟆，不久，蟑螂便绝迹了。解剖癞蛤蟆胃部，并检查它的粪便，发现它吞食的食饵中，除少量其他昆虫外，几乎都是蟑螂。

珍奇的哈什蚂

哈什蚂，又叫"哈什蟆"、"油蛤蟆"、"黄蛤蟆"。它是一种典型的森林蛙类，所以又称"林蛙"。

林蛙是一种经济价值很高的无尾两栖类动物。其体较宽短，体长一般为65～72毫米，最大的雌蛙体长可达80毫米。它的前肢短，趾较细长。关节下瘤小而明显。皮肤略显粗糙，背及体侧有排列不规则的大小疣粒。背侧褶不平直。有明显的跗蹠。腹部皮肤平滑。生活时背面、体侧及四肢上部为土灰色，有黄色及红色小点。鼓膜处有三角形黑色斑。两眼间常有一黑横纹或在头后方有八形斑。雄蛙有一对咽侧下内声囊。四肢背侧有显著的黑横纹。腹面乳白色，衬以许多小红点儿，尤以大腿腹面为最多。

林蛙分布于我国黑龙江、吉林、辽宁等地，与黑龙江特产飞龙、熊掌、猴头并列为四大山珍。唐朝宫廷大庆宴席时都少不了它，被列入“八珍”。东北民间煮饺子时把活林蛙下锅，它则抱住饺子不放，成为有趣味的食品。

林蛙在长白山区分布甚广，数量很多。林蛙繁殖季节，几乎所有的水塘和水沟内都有。从海拔400米的山麓地带一直分布到海拔1800米的温泉和岳桦林。4月末5月初，林蛙复苏后由越冬地进到水塘和小溪中产卵，卵成团状，每个卵团含卵粒500～2000个不等。5月中下旬产完卵上岸后开始陆地生活，主要生活在茂密的森林中，尤以混交林和阔叶林中较多。它们多在晚间出来活动，白天多匿藏在倒木下或枯枝落叶层中。其食物主要为拟齿蚲、鳞翅目幼虫、叶蜂、树粉蝶、金花虫等昆虫，也吃蜘蛛、蛞蝓等无脊椎动物。

中国林蛙是一种有益的动物。它不仅能捕食大量森林害虫，而且还可入药，特别是雌蛙的输卵管，是传统的名贵药材。

在哈什蚂产地，人们一年要进行三次捕捉。一是春季“开江”，二是秋天“割地”，三为冬令“避素”。开江后的哈什蚂经漫长冬眠，肚内净空，肉特别鲜嫩：割地时则养分丰盈，肉质肥美；冬眠期的哈什蚂肉素血清，尤为珍贵。大量捕获期是在秋季9～11月间。捕捉的蛤什蚂除少量雄性者供鲜食外，绝大部分立即以木板击头将其处死，然后穿串风干，以备四时之用或剥取哈什蚂油。

哈什蚂的干制品，每100克含蛋白质43.5克，脂肪仅1.4克，碳水化合物36.4克，无机物质3.8克。哈什蚂较一般青蛙肉质细嫩，味道更加鲜香，为酒席佳肴和名贵补品，自古为人喜食。

“哈什蚂油”是人们的习惯称呼，实际上并不是“油”，主要是蛋白质，含量高达50%，脂肪仅占4%，糖为10%，此外还含有无机盐、维生素A、B、C、D，以及多种激素。哈什蚂油最主要的用处是作为一种强壮补益药，用于补虚退热、肺虚咳嗽。一般患病体弱,特别是消耗性疾病,服用哈什蚂油,有助于强身健体,抵抗疾病。其他凡精力不足需要加强营养、提高体质的人,也可适当服用。民间在妇女产后乳汁不足或无乳时服用哈什蚂油,有催乳作用。

哈什蚂是我国珍贵的野生动物药材,目前,哈什蚂、哈什蚂油已从一种地方性用药发展成为全国性,甚至全球性用药,其需求量迅猛增长。哈什蚂的需求过大,导致其价格猛涨。出口一吨哈什蚂,可换取小麦 50 吨,化肥 45 吨。价格暴涨,又刺激了人们更积极地捕杀哈什蚂,导致了一种恶性循环:乱捕滥杀——哈什蚂减少——哈什蚂价格上涨——更猖狂地捕杀。

目前,人工养殖哈什蚂已获得成功。人工养殖哈什蚂,必须选择有水源、森林、向阳的山区坡地,两山夹一沟最好。山坡以阔叶林为佳,针叶林中不能养殖。

哈什蚂生性怯弱,抗敌能力差,本身又无防御器官,只有消极隐蔽或借保护色保护自己,其不同时期有着不同的天敌。卵期和蝌蚪期主要天敌是家鸭、野鸭等,另外,鲶鱼、鲤鱼、鲫鱼等也很喜欢吃它。幼蛙期的天敌主要是青蛙等,一只青蛙每天可吃幼蛙 8 ~ 9 只。幼蛙上山时,常常受到水禽山雀的袭击;上山后,蛇、乌鸦、狐狸等动物经常袭击哈什蚂。冬眠时,狐狸、水獭、山耗子等经常伤害哈什蚂。因此,一定要加强看管,采取各种措施驱赶或消灭哈什蚂的天敌,以保障哈什蚂的正常发育生长。

蛙声十里出山泉

齐白石是我国杰出的艺术家。作家老舍以"蛙声十里出山泉"这句诗为题,请齐白石老人画一幅画。究竟如何将这句诗表达的意境在画面上形象地表现出来呢?这的确是一个难题。齐白石老人一连思索了几天,终于画出了一幅杰作:画面上抹了几笔远山,一片急流从山涧乱石中泻出,水中浮游着几只小小的蝌蚪。画面上根本没有"蛙",但从浮游在乱石流水中的蝌蚪,人们自然会联想到“十里”以外的“蛙声”。这是多么巧妙而含蓄的想象。

青蛙,动作异常敏捷,善于跳跃,是捕虫的能手,是庄稼的卫士。我国蛙类资源非常丰富,据调查,有180多种。其中有体重达200～300克的虎纹蛙、棘胸蛙、棘腹蛙;有小如蚕豆大小的浮蛙、姬蛙;有叫声像弹琴一样悠扬动听的弹琴蛙;有生活在树上的树蛙;有生活在水流湍急的小溪里的湍蛙;还有无斑雨蛙、东北雨蛙、黑斑蛙、粗皮蛙、林蛙、北方狭口蛙等。

青蛙靠肺呼吸,能以陆地为家,它的幼虫蝌蚪用鳃呼吸,只能在水中生活,所以青蛙属水陆两栖的脊椎动物。蛙类以各种昆虫为食,是农业害虫的主要天敌。生活在田野的青蛙,主要捕食水稻螟虫、叶蝉、夜蛾和蚊、蝇等害虫。

蛙类弹跳敏捷,适矛水陆两栖生活,无论在森林、池塘还是稻田里,都不愧为扑虫能手。据观察,一只体型中等的林蛙,每天能吞食60～70只害虫,一只成龄雌林蛙一天能吃掉260只害虫,一只黑斑蛙每天可捕食害虫90多只,一只泽蛙每天可捕食200多只。

蛙类的扑虫能力主要依靠它发达的后腿和构造奇特的口腔、舌头、眼睛。

蛙的后腿发达,跳得很高,轻轻一跃便可扑到60～70厘米高处的昆虫。

蛙的嘴巴宽大,能吞食较大的食物。上颌生有小齿,又可防止食物从口中滑掉。

蛙的舌头比较特殊,舌根长在下颌前端,舌尖反而伸向嘴里。当舌头翻出嘴外,能伸出很长,扩大了取食范围。舌头的表面有许多黏液腺,经常分泌出大量黏液,以此粘住食物。蛙舌富有弹性,伸缩力强,能有力地把食物拉进嘴里。所以,舌头是蛙类捕食的重要工具。

蛙眼突出,对静物反应迟钝,对动物观察敏锐、判断准确,可以在瞬间捕捉到飞过的昆虫,然后伸舌卷回。科学家们根据蛙眼的构造及功能,已经仿制出十分精密的科学仪器,加速了我国科学事业的发展。蛙的眼球突出,能扩大视野,除了正后方和上后方以外,其余各个方位的活动物体都能迅速发现。同时,蛙的眼睛同口腔只隔着一层薄膜,眼眶底部又没有硬骨头。这样,蛙类在吞咽食物的时候,可以靠眼睛来帮助,眼睛一闭,眼球陷入眼眶底部,向下推压口腔顶壁,就能很快把食物咽下去,然后继续捕食。

春天,雌蛙、雄蛙在交配产卵时,雄蛙因有鸣囊,能发出"咯、咯"的求偶叫声,雌蛙无鸣囊,闻声而来。我国劳动人民总结出的通过蛙声判断附近青蛙的多少,预测年景的好坏的经验,是相当有科学根据的。宋代著名爱国词人辛弃疾在《西江月·夜行黄沙道》中有"稻花香里说丰年,听取蛙声一片"之句,把丰年和蛙声紧密地联系在一起。

青蛙还能预报气象。唐诗说:"田家无五行,水旱卜蛙声。"农谚也说:"青蛙叫,雨来到。"这些话是很有科学道理的。因为天将下雨时,空气中湿度大,气压低,影响了皮肤的呼吸,青蛙会感到不舒服而叫个不停。

在农村,农民亲昵地称蛙为"护谷虫"。因为青蛙善于在碧水清波之间游泳,人们叫它"水仙子";又因为它喜欢引吭高歌,便赢得了"蛙诗人"的雅号。

蛙类是征服自然界的强者。在漫长的历史演变中,蛙类练就了一套对付敌人的本领:产婆蛙能将卵缠在后足上,然后伏于穴中;大鼻蛙的雄蛙将快要孵化的卵送入咽部的囊中,等小蝌蚪长到1.3厘米时,再送出来;巴西的雨蛙和南美洲的树蛙还会筑窝保护幼蛙。蛙类变色的本领也堪称一绝。稻田里的蛙,皮肤颜色很像稻叶;河边水草里的蛙,肤色像草叶那样碧绿;雨蛙的肤色更是变化多端,栖息在绿草中,呈现出绿色,爬在树干上,则变成褐色。

一只雌蛙在春季能产5000~10000个卵,按1/3或1/10成活率计算也有上千只新蛙出生。

蛙的高超的筑巢本领

蛙的种类很多,有泽蛙、黑斑蛙、金线蛙、虎纹蛙、姬蛙、雨蛙、树蛙等。

蛙是水陆两栖动物。它由蝌蚪长成幼蛙后,登上陆地,用肺呼吸。但是,它的肺构造简单,呈囊状,吸入的氧气不够需要,还要靠湿润黏滑的皮肤协助呼吸。因此,青蛙一般生活在阴凉潮湿的场所,并经常进入水中,以保持皮肤湿润,有利于呼吸。

蛙类不分昼夜都捕食,三化螟、二化螟、稻纵卷叶螟、稻螟蛉、稻蝗、稻苞虫、黏虫、叶蝉、稻飞虱、稻椿象、稻瘿纹、蝼蛄、斜纹夜蛾、金龟子等,都是蛙类的佳肴美味。据观察,一只泽蛙一天可吞食叶蜂等害虫 260 多只,一只黑斑蛙可吃 70 多只。一年之中,按蛙的活动期为 6~8 个月计算,一只泽蛙可消灭害虫 56000 多只。倘若每亩稻田有 600 只青蛙,则防治螟害的效果比施 1500 克甲六混合粉的效果还好。

蛙类善跳。蛙类跳远的成绩总是以其连续三次跳出的距离计算的。蛙类三级跳远的最高纪录是 10.2 米,这是一只名叫“桑蒂耶”的雌性南非尖鼻蛙于 1977 年 3 月 21 日在南非纳塔尔举行的蛙类比赛中创造的。

一年一度在美国加利福尼亚州安琪儿营举行的“卡拉韦拉斯跳蛙节”上,三级跳远的最高纪录是 6.55 米,这是一只名叫“铆工罗齐”的美国牛蛙在 1986 年 3 月 18 日创造的。“桑蒂耶”参加不了这种比赛,因为这一比赛规定,参加者“脚爪至臂部”的长度必须超过 10 厘米。

我们这里要介绍的是蛙的筑巢本领。

当蛙“成家立业”后,就开始考虑筑巢了。

南美集叶蛙像鸟一样是用植物的叶筑巢的。巢筑在离地一定高度的树枝上,从 1 米到 7 米不等;但有一点却是肯定的,即巢必须筑在伸出到水面上方的树枝上。当发现合适的树枝后,雌蛙就攀缘上去,用前肢牢牢地抓住枝梢,用后肢将叶子围绕着肚子卷成筒状:同时,从体内分泌出大量黏液将叶子粘住,这样就得到了很牢靠的巢。接着,雌蛙就在里面产下 300~600 粒卵。如果第一个巢筑得太小,容纳不下这么多的卵,于是就需要重新造第二个巢。由巢里孵化出来的透明小蝌蚪会顺势掉落在下面的水中,在水中完成发育,最终变成一只只幼蛙。

但上述这种在空中摇摇摆摆的软叶巢,除了少数蛙喜爱外,并不受大部分蛙的青睐。因为蛙是两栖动物,它们最喜欢的是浴盆似的水巢。另一种雌性的"锻造"蛙擅长为自己的子女筑这样的水巢。当它们选定合适的浅水地后,就用前肢趾蹼托一块盘状物作为微型的小铲,用淤泥封住水巢底部,并用肚子和下颚抚平巢底内表面。这种水巢挂在树枝上,底部不脱离水面,内径一般不超过30厘米。接着,雌蛙就在水巢中产卵,孵化出的蝌蚪在里面度过童年时代,完全不必担心来自鱼或其他水栖动物的侵袭,因为水巢对于浅水中外来者来说是欲进无门的。

巴西蛙也会给子女造类似"锻造"蛙的水巢,只是选择巢址有其独特的癖好,建筑技术也迥然不同。通常巴西蛙将巢筑在树上。当找到合适的老树孔后,雌蛙就用树脂堵上裂隙,并把孔内壁也用树脂抹平,防止水透进巢内。随后它就耐心地等待热带雨季的到来,以便雨水将树孔灌满。但雌蛙会经常更换树孔,因为里面的积水很快会变得不新鲜,而这种不新鲜的水是不适合它的后代生息的。

加勒比海安提耳群岛"树叶"蛙的后代降生则是另一番情景。舐犊情深的蛙妈妈会将巢固定粘在某个幽静处,并在贮满水的巢内产卵。当巢内有15~25粒卵孵出后,巢内的空气就会明显地不够用。因此小蝌蚪在没变成幼蛙前,会用尾巴紧贴巢壁,尽可能多地汲取由巢壁渗进来的氧气。

你看,两栖动物中的蛙也是动物界建筑巢穴的能工巧匠吧!

蜥蜴纵横谈

蜥蜴在受到捕食者的袭击时,会蜕去自己的尾巴而逃之夭夭。但蜥蜴却为这种逃脱付出了巨大的代价。从近年来对蜥蜴的研究来看,蜥蜴一旦失去尾巴,它在蜥蜴群中的地位就会降下来,这实际上会威胁它曰后的生存。

美国俄克拉荷马州立大学的斯坦利·福克斯和玛格丽特·罗斯克通过模仿捕食者咬伤蜥蜴的方式,使其自断其尾。然后,他们仔细观察了蜥蜴断尾后其统治地位的变化，研究了蜥蜴的失尾对其在群体中的地位所产生的影响。

为了确定各个蜥蜴在群体中所处的地位，他们在实验室里先让一些尾巴完整的蜥蜴寻偶交尾。为了争夺配偶，蜥蜴之间展开了一场激烈的战斗。胜利者处于统治地位，失败者则处于从属地位。在经过第一次交锋之后，他们把胜利者的尾巴截去一部分，然后再次诱使它们进行争偶战。结果发现，失去2/3尾巴或失去更长尾巴的蜥蜴，表现出其统治地位的明显下降。起初处于从属地位，但尾巴完整的蜥蜴却能够恫吓起初处于统治地位，但尾巴失去2/3的蜥蜴。

蜥蜴

蜥蜴的尾巴上储存着丰富的脂肪，一旦失去了尾巴，它就不得不在体内搜寻必要的物质，以便修复其受伤的身体和重新长出尾巴。因此，蜥蜴的失尾对于它赖以生存的物质也是一种严重的生理消耗。这一新的研究表明，蜥蜴失去尾巴还会降低它统治其他蜥蜴的能力，致使它失去了居住的领地，失去吃食和繁殖的机会，从而也就缩短了它的生存期。因此，蜥蜴这种自断其尾的做法是在受到攻击时，当一切防卫办法都失败后，不得已而采取的最后一招儿。

一提起蜥蜴，人们便知道它是陆地爬行类动物。一说到爬行，总觉得它们爬行得慢慢悠悠。其实，有的蜥蜴的爬行速度是很快的。速度最快的蜥蜴是鞭尾蜥。1941年在美国北卡罗来纳州麦科米克附近测量的一只身上有6条道的鞭尾蜥，它的爬行速度为每小时29千米。这也是所有陆地爬行类动物中最快的速度。

有记录的蜥蜴最长的寿命超过54岁，创造这一纪录的是一条雄性的蛇蜥，自1892年到1946年，它一直生活在丹麦哥本哈根的动物园中。

据说，世界上最小的蜥蜴是分布于英属维尔京群岛中维尔京戈达岛上的一种极小的壁虎类蜥蜴。目前已知仅有15条，其中包括几条怀孕的雌性，它们是在1964年8月10日至16日被发现的。3条最大的雌性从口鼻部至排泄孔的长度为1.7厘米,其尾巴也差不多同样长。

在海地发现的另一种壁虎类蜥蜴,和上面谈到的蜥蜴的长度相仿。唯一见到过的一条已经成年,这是一条雌性蜥蜴,口鼻部至排泄孔的长度也只有1.7厘米,尾巴长度与之相当。这条蜥蜴是1966年3月15日在海地岛马西夫德拉霍特西部一棵树的根须间发现的。

世界上现在最大的蜥蜴是科摩多巨蜥,又叫科摩多龙。1912年一名欧洲飞行员由于飞机失事,被迫降落在印度尼西亚的科摩多岛上。他在该岛上发现了这种巨蜥。它属爬行纲、蜥蜴目、巨蜥科,最大的有3米长,体重达150千克。它的头很大,大嘴巴深裂,巨大的腭上长着很多尖锐的牙齿;舌头橙黄色,分叉:眼睛大;四肢很强壮,趾端有锐利的长爪:尾巴又粗又长。成年巨蜥的头部几乎都是黑色的,皮肤为深褐色,身体披有鳞片。它的视觉和听觉很灵敏,但嗅觉迟钝。它们大部分时间在陆地上度过,通常在山坡、有河流的岸边掘很深的洞穴并生活在里面。其食物主要是野猪、鹿、羊、猴等大型动物。此外,还吃一些雏鸟、昆虫等。它不怕海浪,常在岸边吃一些海浪冲上来的鱼、蟹。从科摩多岛运到动物园的巨蜥,平均每天要吃6~8千克肉。7月是巨蜥繁殖期,成年雌巨蜥能产30枚卵,每枚卵重约200克。靠自然孵化,卵发育要240~250天。

经过精确测量的科摩多巨蜥体长最高纪录是3.07米,这是1928年由一位美国动物学家在比马的苏丹(印尼地名)测量到的。经过测量的这条雄性蜥蜴,1937年曾在美国密苏里州路易斯动物园短期展出过,那时量得它的体长为3.1米,体重为165.7千克。

世界上最长的蜥蜴是产于巴布亚新几内亚的圆鼻巨蜥,经测量,这种巨蜥的体长超过4.75米。不过,这种巨蜥的尾巴占了体长的近70%。

巨蜥看似笨拙,但实际行动敏捷,跑起来可以和狗比美。巨蜥性情温顺,但求偶时雄性之间的争斗却异常激烈。它们长长的尾巴和尖锐的爪和牙,是它们有力的“战斗武器”。当遇到敌害而难以逃脱时,它们同样以这些武器迎战。

"战斗"时，它那大而有力的尾巴左右甩动，不但可吓跑敌害，甚至可致敌于死命。

神奇的变色动物

一种学名叫避役的动物又叫"变色龙"，它以体色善变而著称于世。北京动物园爬行馆曾展出过英国来的变色龙，可变出红、黄、黑、白、绿五种颜色。把它放在不同的颜色环境中，两三分钟内就可变成与环境相接近的色彩。地处热带的马达加斯加岛上，也生活着一种变色龙。当它爬到草丛中，全身立即变成青绿色；当它蜷缩在岩石下或枯木上时，体色便呈褐黑色；把它放在红色土壤上，全身就变成红色。它的身体表皮和真皮之间有无数的色素细胞，色素细胞的扩张和收缩，就可以调节颜色的变化。它一旦受到惊吓或环境色彩的刺激，会立即改变体色。科学家最新发现，若变色龙在树上碰上敌害，身子会一蹬来个"金蝉脱壳"的动作，折断树枝落地。如果它在地上爬行碰到猛兽，会立即呼气鼓胀全身，发出"嘶嘶"的嘘声，让猛兽不敢轻易接近，然后它溜之大吉。变色龙之所以改变体色，在很多情况下是为了引起同类的注意，如雄性碰到雌性嘴唇变黄色，以取得"女朋友"的欢心。有的变色龙已由卵生进化为胎生，一次可生 30 多条小变色龙，以提高后代存活率。

古巴有一种变色蜗牛，它随食物的化学成分而改变颜色。它有时像晶莹的绿翡翠，有时像瑰丽的红宝石，有时又像五彩缤纷的贝壳，就好像树上开满了五颜六色的蜗牛"花"。它还发出奎宁苦味，任何鸟兽都不伤害它。还有一种雪鞋兔，夏天呈泥土色，冬天是一身白。

可以毫不夸张地说，绝大多数动物都具有保护色。所谓保护色，是指动物的体色与其所生存的环境颜色一致或近似，使自身与环境背景混淆不清，从而获得更多的生存机会。

令人惊异的是，有的动物不但能与周围的生活环境颜色保持一致，而当环境一旦变化，它们也能随机应变。例如欧洲有一种雨蛙，每年在4～5月间开始繁殖的时候，雌蛙和雄蛙一起来到水边，如果它们站到枯枝烂叶上，体色就呈现出黄色或褐色，若是停在菖蒲、芦苇或其他绿色植物上，身体又会变成绿色。海洋中有一种鲽鱼，简直是一位技艺高超的画家，它能将自己身体的颜色变成蓝、绿、黄、橙、褐色或玫瑰红色，把五彩缤纷的海底颜色表现得淋漓尽致，惟妙惟肖。

保护色不仅对那些弱小的动物有用，就是那些强壮有力、性情凶猛的动物也十分必要。因为这些性情凶猛的动物都捕食其他动物，有了保护色便于隐蔽，容易接近捕食对象而不被发现，使它们的捕获率更高，得到的食物更有保证。例如，号称兽中之王的老虎，全身黄色，并点缀着黑色的横条纹，这种花纹与它的生活环境有着密切的联系。老虎潜伏在树林草丛里，毛色就和枯草的颜色混在一起，一条条的黑色斑纹衬托其间，看起来就像一条条的树枝和枯草的影子，因此其他动物很难发现它。非洲狮的毛色和它生活环境的颜色相似，所以不易被猎人发现，因而也起着保护作用。

最爱睡觉的鳄蜥

鳄蜥是我国特有的珍稀爬行动物。其身体可以分为头、颈、躯干、尾和四肢几个主要部分。它的头似蜥蜴，躯干为圆柱形，尾长而侧扁似鳄鱼。根据这些特征，科学家给它起了个叫“鳄蜥”的名字。鳄蜥体长36厘米左右，体色为棕色，腹面浅黄或为金红色。它喜欢生活在山区溪流间的水坑内，食物主要是蝌蚪、蛙类、蚯蚓、小鱼，以及螳螂、蟋蟀等昆虫。

鳄蜥个子不大，力气又小，行动也不灵活，捕食和抗敌的“本领”都很低微，最致命的弱点是特别爱睡觉，整夜伏在岩石或树枝上闭着眼睛寸步不离，有时白天也如此“呼呼大睡”，因此当地人又称它为“大睡蛇”。

先前，人们一直认为鳄蜥仅分布于广西金秀瑶族自治县罗香乡龙军山的几条山冲内。后来，经过科学工作者反复调查，发现除罗香外，还有贺县姑婆山林区以东的江华水山冲，昭平县北陀乡北陀村附近的观牛顶圹冲和大冲，蒙山县长平林区山冲等地都有分布。这些地区多为原始森林，有柯木、栗木、柏木、毛竹等，气候温暖湿润，年绝对最低温为 2.1℃，绝对最高温为 34.9℃，年平均气温为 18.6℃，雨量充沛，年平均降水量约 2000 毫米。

虽然鳄蜥“软弱可欺”，但在危机四伏的生物界里能苟延残喘地生存到今天，它自有一套“招数”。首先是“防”。鳄蜥身体表面的颜色和它所栖息的岩石、树枝、树干等的颜色极其相似，不易被发现，因此具有一定的保护作用。并且它最爱待在垂于水面上空的树枝上睡觉，一遇到惊扰即可松开四肢，自行落水，然后潜藏或逃跑，所以人们又送给它一个绰号：“落水狗”。一旦被捉住了，它还会躺倒装死，这时任凭你怎样摆弄它都毫无反应，就像真的死了一样，但只要你稍微一放松，它便迅速地溜之大吉。

它还有一个“绝招”，就是自残肢体以求生存。原来，鳄蜥的尾巴与蜥蜴类一样，在受到外力时可以自动断掉，因此如果被捉到的部位只是尾巴，它就利用“牺牲”一段尾巴的办法保全生命，过一些时候仍可长出新尾巴来。

除了以上说的“防”的办法外，鳄蜥唯一“攻”的手段就是用嘴咬，而且一旦咬住东西就死咬不放，尤其是雄性的鳄蜥，有时也很凶狠呢！

鳄蜥这种弱势群体，目前已经处于濒临灭绝的境地。酿成这一后果的原因有多种：

一是鳄蜥的生活环境遭到严重的破坏。近些年来，鳄蜥生活的山林多被破坏，有些甚至被烧光、砍光，山上无林木，致使山溪干涸，鳄蜥无生存的余地。

二是鳄蜥本身条件的限制。鳄蜥的繁殖习性与其他爬行动物不太相同，每年 8 月前后是它的交配期，其孕期很长，一般约为 9 ~ 11 个月，交配后第二年 6 月左右才能产子，一次可产 2 ~ 6 只。鳄蜥的性格很冷酷，母鳄蜥在饥饿时有自食其子的现象：平时大鳄蜥饿急了会互相残杀吞食，所以每年增加的数量不多。再加上鳄蜥对环境的要求过高，产区比较狭窄。

三是人们对鳄蜥的任意捕杀。近些年来,对鳄蜥的乱捕滥杀现象十分严重。有的地方为牟取暴利而滥捕鳄蜥,使鳄蜥的存活数量锐减,处于濒危的境地。

鳄蜥具有很高的学术价值。它是我国特产,对国际交流、科研、教学、动物分类、进化等理论研究都提供了第一手材料,1978 年已被列为国家一级保护动物。在医疗方面,可治失眠和小儿虚弱症等疾病。

毒蜥·毒蛙

世界之大,无奇不有。产于美国亚利桑那州和新墨西哥州,令人望而生畏的毒蜥竟常常有人饲养。尽管它不像鸟雀那样婉转啾鸣,不像金鱼那样悠闲自在,不像猫儿那样性情温顺,也不像小狗那样讨人欢心,但是有些美国人还是喜欢喂养。据说完全是为了“好玩”。在农村,农民们将毒蜥围上栅栏圈养,喂青蛙等小动物;在城市,市民们则在花园的一角,把毒蜥用矮墙围起来饲养,经常喂鸡蛋等食物。

这种蜥蜴的毒性颇为强烈,所以称之为“美国毒蜥”。美国毒蜥的下颌前部具有毒牙,牙上有沟,与毒腺相通。它的毒汁对人和动物的神经、心脏和呼吸系统的功能都有影响。人被毒蜥咬伤,如不及时治疗,对人体的健康影响较大。青蛙、老鼠、兔子等小动物被毒蜥咬住后就会丧命。当然,毒牙注射毒液需要一定的时间和适当的剂量,才能使猎物致死。因此,毒蜥咬住猎物,从不轻易松口,等猎物一死,就成为它的可口食物。

生长美国毒蜥的亚利桑那州和新墨西哥州的山上,岩石大部分都裸露在外面,有些地方覆盖着毫无生气的干草,山间一些起伏不平的乱石中,沙地上则长着一些仙人掌。身体肥壮,体长超过半米的美国毒蜥就经常出没在这些仙人掌旁。它的头略呈扁平,眼睛小得出奇,可是发现猎物或者敌害时,则顿时变得目光炯炯。它的躯干和尾巴呈圆筒状,四条腿短短的,爬行时肚皮擦着地面,显得有些迟钝。它全身青白色，间或有淡红、橙黄和黑色的斑点，但很不规则。

美国毒蜥的尾巴十分奇怪，时粗时细，因时而异。这种奇异的变化，完全是适应当地的生活环境所致。原来这里气候比较干燥，全年的降雨次数远不及其他地区多。在雨季，毒蜥爱吃的食物——鸟蛋、青蛙、蛤蟆和老鼠等比较多。这时，毒蜥能吃到充足的食物，获得大量的营养，除了保证身体的正常需要外，还能把多余的营养转化成脂肪贮存到尾巴里去，随着进食的增加，尾巴变得越来越粗大，简直同整个躯体的比例极不相称。然而，如果长时间不下雨，地面越来越干燥，毒蜥的食物也少了。于是，它就只好动用"库存"，慢慢地消耗贮存在尾巴里的脂肪。粗大的尾巴变小了，天长日久，尾巴得同整个身体的比例极不协调。

美国毒蜥不仅尾巴能够变化，它的动作、脾气也能变化。平时，它在沙地或乱石中爬行时，动作缓慢。但是，当它遇到猎物或敌害时，却会在瞬息之间变得非常机敏。当人们捕捉它的时候，它预感到危险的到来，还会张牙舞爪，露出利牙，闪动舌头，同时发出"嘘嘘"声，真是面目可憎，声色俱厉。然而，美国毒蜥一旦被人捕获，情况就完全不同了。它会一反常态，变得温顺起来。美国毒蜥从来不会无缘无故伤害它的主人，这也许是美国城乡某些人喜欢喂养它的一个重要原因吧！

世界上最毒的两栖动物应该算是箭毒蛙了，也称"毒标枪蛙"或"毒箭蛙"。

箭毒蛙体型非常小，通常体长为1.5厘米，但非常显眼，颜色为黑与艳红、黄、橙、粉红、绿、蓝的结合。箭毒蛙的皮肤内有许多腺体，它分泌出的剧毒黏液，既可润滑皮肤，又能保护自己。这些黏液中包含一些影响神经系统的生物碱。箭毒蛙毒液的毒性非常强，取其一克的十万分之一即可毒死一个人；五百万分之一克，可以毒死一只老鼠；任何动物去吃它，只要舌头触到一点毒液就会中毒，以致死亡。但是，最毒的种类还要数哥伦比亚艳黄色的"金色箭毒蛙"，仅仅接触就能伤人。它的毒素能被未破的皮肤吸收，导致严重的过敏。当地人并不杀死这种蛙来提炼毒素，而只是把吹箭枪的矛头刮过蛙背，然后放走它。

哥伦比亚几个部落利用各种不同的箭毒蛙来提供毒素,并涂抹吹箭枪的矛头。

箭毒蛙分布于巴西、圭亚那、智利等国的热带雨林中。

箭毒蛙是全世界最著名的蛙类,这一方面是因为它们属于世界上毒性最大的动物之列,另一方面也是因为它们拥有非常鲜艳的警戒色,是蛙中最漂亮的成员。许多箭毒蛙的表皮颜色鲜亮,通身鲜明多彩,四肢布满鳞纹,多半带有红色、黄色或黑色的斑纹,其中以柠檬黄最为耀眼和突出。举目四望,它似乎在炫耀自己的美丽,然而这些颜色在动物界常被用作向其他动物发出的警告:它们是不宜吃的。这些颜色使箭毒蛙显得非常与众不同,它们不需要躲避敌人,因为攻击者不敢接近它们。

善于飞檐走壁的壁虎

夏日的晚间,在墙壁、屋檐、天花板等处的灯光照射下,人们常可看到一种外貌酷似蜥蜴的小动物,上蹿下跳,忙碌地捕食。这种动物善于飞檐走壁,人们称它为“守宫之虎”——壁虎。

壁虎在全世界大约有700种,广泛分布于各大洲热带和温带地区。我国有壁虎20多种,除少数分布在北方,大多分布于南方各省。按其特征又分为多疣壁虎、无蹼壁虎、锯尾蜥虎、西域沙虎、裸趾虎、睑虎以及鸣声像“蛤蚧”的大壁虎等。壁虎,俗名守宫、蝎虎、天龙,也有壁宫、蝘蜓、盐蛇等别称。

壁虎的外貌奇特,头部扁,吻钝圆,舌肥厚,耳孔小,眼大无睑,四肢短小,体、尾长度相差不多。其趾膨大,底部具有褶襞皮瓣,颇似吸盘,所以在光滑的墙壁、木板上活动自如,行走敏捷。据《唐本草》载:“蝘蜓……以其常在屋壁,故名守宫,亦名壁宫。”《本草纲目》也说:“守宫,善捕蝇蝎,故得虎名。”

壁虎属脊椎动物爬虫类,形体奇特,身怀绝技,在仿生学里,有重要的研究价值。它的眼球大而突出,中央有孔,能使光线进入。两只旋转的眼球可以各自独立运动,左眼向前看,右眼可以向后看,也可向上看,视野很广,有利于发现猎物。它的嘴巴很大，伸缩灵活有力，喷射出来的舌头可超过它的身长。壁虎专用舌头捕食，袭击各种昆虫百发百中，真像活动在墙壁上的猛虎。它对有毒的蝎子也敢捕捉，所以又有蝎虎之称。壁虎的尾巴呈圆锥形，易断裂，但断后又能长出，与蜥蜴相同。据科学家研究，这类动物的机体内含有一种特殊的生长素，当受到敌害追捕时，常常施“弃尾保身”的计策而逃之夭夭。更为有趣的是，断了的尾巴还会不断跳动，以此来转移敌害的视线，所以又有避役之称。有人说，壁虎的尾巴断后会钻到人耳朵里去。其实，这是无稽之谈。壁虎的尾巴很容易断，这是事实，人们称这种现象叫自割。因为断掉的尾巴里有很多神经，尾巴离开身体后，神经并没有马上失去作用，所以还能摆动，但它没有定向活动的能力，因此是不会钻到人耳朵里去的。

壁虎常栖于壁间、檐下隐蔽的地方，夏秋之夜活动频繁，捕食蚊、蝇、飞蛾等。据说，壁虎一小时能捕食37次，一夜之间可捕食数十只甚至上百只小型害虫，在夏、秋两季的100多天里，竟能消灭害虫上万只，人们称其为“捕虫能手”，实非过誉。难怪古人有“家屋养壁虎，蚊蝇夜夜除”之说了。

由于壁虎其貌不扬，又带有“蛇名”，所以有人认为它是有毒之物，民间还有“壁虎尿毒，入眼则瞎，入耳则聋”的传说。其实，壁虎虽有“盐蛇”的别称，但却名“蛇”非蛇，根本不会咬人使之中毒。说它的尿能致人眼瞎耳聋，也是没有科学依据的。壁虎的尾巴到底有没有毒，毒性如何，人们还没有掌握确切的证据。在爬行动物中，目前还没有把它列入有毒动物。过去，动物专家们曾不止一次地看到墙壁上落下来的壁虎，被猫捕食，但并没有发现猫产生任何中毒症状。因此，壁虎身体上某一个器官或分泌物，即使有毒，估计毒性也不会太强。

不过，壁虎从吞食害虫这一点来说，对人确实是有益的，应该保护它，不要任意杀害它。

壁虎除捕食害虫外，还可作药治病。如用壁虎焙干研末，用乳汁调匀，可治新生儿破伤风；用米醋调匀涂患处，可治各种疮疖；还可制成守宫丹、守宫膏、壁虎丸、蝎虎丹、祛风散等中成药，分别可治癫痫、子宫瘤、小儿疳积、类风湿关节炎等病。特别是治疗消化道癌症,有一定的疗效,已经引起医学界的广泛重视。

“活恐龙”——扬子鳄

扬子鳄,又叫中华鼍。安徽俗称“土龙”,浙江叫它“水壁虎”,江苏又叫它“乌龟胆”。“扬子鳄”这个名字是外国人定的。18 世纪时,一个法国人在中国发现这一生活在长江淡水里、与热带咸水鳄鱼有明显区别的种类,把它带到国外,国际学术界就给它起了现在这个名字。

扬子鳄

因为扬子鳄的外形有点像龙,俗名又沾上了个“龙”字,所以在我国历史上早就身价百倍。传说在 2000 多年前,越王勾践复国曾祭祀鳄鱼,希望得到它的庇护。扬子鳄的另一个名字为“鼍”,从字形上看,“鼍”字具有显著的中国象形文字的特点。见了这个字,很容易使人想到全身披着鳞甲,长着一条尾巴的动物。可见,鳄鱼在我国具有久远的历史。扬子鳄的头特别硬,尾巴灵活有力,利于自卫和进攻敌害。其体长约 2 米,体重一般为 15 ~ 25 千克,寿命达 50 ~ 60 年。它是世界上幸存鳄鱼中体型最小、性情最温驯、行动最迟钝、体笨且懒惰的一种淡水鳄鱼,仅分布在我国的安徽省宣城地区和浙江省、江苏省等少数地方。扬子鳄生于中生代,至今已有 2.3 亿多年的历史,是世界稀有动物,有活化石之称。由于它的体形、构造和古代恐龙接近,因此又有恐龙的活化石之称。在 1958 年,扬子鳄被列为国家一级保护动物。它是我国的稀世国宝。

扬子鳄的生活很有趣,它喜欢居住在河滩、湖泊、沼泽及丘陵山涧的滩地。这些地方长满了芦苇或翠竹,既便于隐蔽,又便于捕捉食物。扬子鳄是穴居动物,并各有各的“家”,除发生意外,一般都比较固定。它们很聪明,擅长造窝。

扬子鳄的窝都选择在土质疏松的地方，先用前爪掘开较硬的表层土壤，厚约30厘米左右，再用尾巴把土圈围到旁边，然后用头使劲地钻进去、退出来，再钻进去、退出来，这样不断地钻进退出，终于造成了一个“理想的家”。扬子鳄的巢穴好比一个神奇的迷宫，构造不仅巧妙奇特，而且还很科学合理。穴是设在芦滩地隆起的小丘上，这样可以免遭水的浸渍，也适于产卵和育雏。穴有几个进出洞口，开在水塘或河沟的垂直岸上。此外还开有与地表垂直的气口，穴的底部平坦，设有临时休息室和供冬眠的卧室。再向下开一条岔道通达水潭，潭内贮满了水，这是扬子鳄的“地下水库”，即使遇到大旱之年也不会干涸。

扬子鳄属于爬行动物，卵生。雌鳄的生殖能力很强，每次可产二三十个蛋。产的卵埋在沙土中，靠天然的温度孵化。为了保护下一代，母鳄在孵化期内几乎不吃食物，昼夜守卫在巢旁。倘若有别的动物到附近活动，母鳄会立即发起进攻。雄鳄是个甩手当家的，只负责传宗接代，其他的事一概不管。幼鳄出世不久，就在母鳄的带领下到水中嬉游、觅食。母鳄游到哪里，幼鳄也跟随到哪里。幼鳄经过锻炼，具有独立生活能力了，母鳄才放心地与子女分开，让它们独立生活。

扬子鳄是变温动物，因此每年冬季都要进行冬眠。它冬眠的地方离地面深度大约有2米，离洞口长达几十米，而且中间还要转几个弯，因此外界的冷空气进不来。这样，它所居住的地方的温度可保持在10℃左右，接近于恒温状态。当扬子鳄进入深度冬眠状态时，不仅双目紧闭，而且看不到它有任何呼吸征兆，即使凭借兽用听诊器也听不到呼吸声和心跳声，完全处于昏迷状态。冬眠期间，扬子鳄内分泌腺组织结构有变形收缩现象，机能大为下降，同时体内还产生一种被称为“冬眠素”的复杂物质，其中包括对睡眠起重要作用的五羟色胺，能使代谢迅速减缓，能量消耗急剧下降，这就大大增强了它忍饥挨饿的能力。

扬子鳄以鱼、龟鳖、虾、蚌、鼠、鸭、小鸟、青蛙等小动物为食。每当人们看到扬子鳄狼吞虎咽地吞食鸭子、河蚌等小动物时，也许有人会问：它如何消化这些食物呢？扬子鳄的牙齿是多换性同型齿，吃食只能撕碎吞食，没有咀嚼、切断食物的能力，而扬子鳄胃部的消化功能又很弱，那么食物又是怎样磨碎的呢？原来，在鳄鱼的胃里有许多石块，扬子鳄正是靠这些石块来帮助磨碎食物的。这和小鸡吞食碎石、沙粒具有异曲同工之妙。不过，扬子鳄吞食石块还有增加体重、提高潜水能力的作用。凡是胃里存有石块的扬子鳄，其潜水能力大大超过胃里没有大石块的同类。换句话说，扬子鳄吞食石块具有双重意义。扬子鳄与热带鳄不一样，是驯良的，至今还没有听说过它伤人的事，而有关同人和睦相处的故事倒不少。

鳄类是现存的、最古老的爬行动物，扬子鳄又是鳄类中的"兄长"，有2_3亿多年的历史。人们知道恐龙是远古时代的动物，其实鳄与恐龙曾共同生活过一亿多年呢！学术界认为，自从35亿年前，地球上出现最初的生命以来，到现在已有90%灭绝了，而鳄鱼却能奇迹般地幸存至今，这就为揭开大自然之谜提供了科研的材料，故有"活化石"之称。

鳄鱼的眼泪

公元819年3月25日韩愈抵达潮州，做了刺史。他问民疾苦，得知鳄鱼是当地人民的一大祸害，于是在4月24目写了著名的《祭鳄鱼文》，勒令鳄鱼限期迁归大海。

180年后，陈尧佐到潮州做了通判。他十分崇拜韩愈，便为韩愈建庙，将韩愈祭走鳄鱼的故事写成文字，画了壁画，刻在庙堂上。可是在第二年的夏天，一个年仅16岁的少年在溪中洗涤衣裳时，却被鳄鱼用尾巴卷走。陈尧佐十分悲愤，当即命县令李公诏、郡吏杨勋带人驾小舟操巨网去捕捉鳄鱼，并且说："苟不能致，予当请于帝，躬与鳄鱼决。"如果他们不能捕捉的话，他将向皇帝请命，亲自去和鳄鱼决斗，可见其决心之大了。县令和郡吏在他的鼓舞下带了100名勇士，和鳄鱼搏斗，终于使鳄鱼落了网。100名勇士把网拉起，将鳄鱼抓住，封住它的嘴，捆住它的脚，用大船运回潮州。陈尧佐当即写了《戮鳄鱼文》，隆重地举行戮鳄鱼的仪式。他令人把鳄鱼抬到街市中，击鼓召众，宣布了鳄鱼的罪状，当众把鳄鱼杀死后，送入鼎里烹。这在当时真是一件大快人心的壮举。《戮鳄鱼文》最后辞曰："矫口巨尾迎而搏兮，获而献之观者乐兮，鸣鼓召众春而斫兮，而今而后津其廓兮。"

鳄鱼是陆地上最大的动物之一，除了特大的蛇以外，再没有别的动物能和它相比了。马尔加什的马岛鳄，竟有10米长！

最长寿的鳄鱼可活到300岁左右。只有巨大的海龟才能和鳄鱼在寿命上进行"竞争"。

鳄鱼的吼声有如雷鸣一般。当然，不是所有的鳄鱼都如此。有的专家认为在动物中，鳄鱼吼声的响亮程度居首位，居第二位的是河马，狮子只能退居第三位。鳄鱼属爬行动物类，其他的爬行动物都无声带，独有鳄鱼例外。

力大无穷的鳄鱼一旦被人握住了嘴巴，就像蛇被人握住了头颈，要想挣脱开，却没有劲了。南美就有一些猎人敢于赤手空拳地和鳄鱼进行搏斗。

西方有句话叫"鳄鱼的眼泪"，意思是假慈悲。为什么会有假慈悲的含意呢？原来鳄鱼在吞食较大动物时，便会从眼睛里慢慢地流出水一样的液体来，看起来好像在流同情之泪。其实鳄鱼是没有泪腺的。

我们知道，浩渺的大海，是鱼儿的王国。但是，每一升海水的含盐量多达35克。换句话说，鱼儿是生活在盐的世界里。许多海洋生物的身上，都有一种提取盐分的器官，鱼鳃里的特殊细胞专门收集血液里的盐分，并把这些盐分排除。大海里的龟、蛇和蜥蜴（又叫四脚蛇）等，盐腺的排泄管口在眼角，它的分泌物从眼睛里流出来。经常与大海打交道的海鸟和一些冷血动物，也都有提取盐分的盐腺。鸟儿的盐腺在眼窝的上缘，它的排泄管道通向鼻腔。

其实，鳄鱼的流泪并非表示"悲痛"，而是一种必需的生理排泄。倘若你有机会把鳄鱼的泪水放在嘴里尝一尝，就会感到其味道苦咸。这泪水正是鳄鱼排出的多余的盐溶液。

近年来，科学工作者在对海洋生物的考察研究中发现，有些动物的肾脏是不完善的,只靠肾脏不能排出体内多余的盐类。这些动物就形成了帮助肾脏进行工作的特殊腺体。鳄鱼就属于这类动物。它排泄溶液的腺体正好在眼睛附近,所以当它吞食“牺牲品”时,由于嘴巴张合牵动腺体而排泄盐溶液,竟被误认为“假悲伤”了。

我们知道,海水含盐量很大,不能喝,越喝越渴。海洋里的动物也是一样,需要喝淡水。对于肾脏不完善的鳄鱼、海龟等来说,排盐腺体就是天然的“海水淡化器”。

这种“淡化器”的构造很简单:当中一根管子向周围辐射出许多细管,状如洗瓶刷子。这些细管又同许多血管交织在一起,它们可以把血液中过剩的盐分离析出,再经过当中那根管子排泄到体外去。于是动物得到的就是淡水了。

动物的这种“淡化器”对人类是很有启示的。

我们在海洋上远航,船舰上须装有淡水,装少了不够用,装多了负荷大。最好是装上海水淡化设备,这样就可以少装或不装淡水了。但是,目前舰船上使用的淡化设备结构复杂、体积大、费用高、效率低。更何况海上遇难者既不可能随身携带淡水,也不可能背上目前这种笨重异常的海水淡化设备。

因此,出远海的人总是对淡水有一点担心。如果我们的科学工作者能够对上述动物那种体积小、重量轻、效率高的海水淡化器加以深入地研究,模拟出一种轻便的淡化设备,这对海洋远航者来说便是最大的福音了。

鳄鱼的神秘生活

鳄鱼是地球上最古老的生物之一。两亿年前,它已经是这个星球上的“居民”了。然而在今天,它却面临灭绝的厄运。许多自然科学家列举了一些悲剧性的事实。比如,在尼日利亚的一片沼泽地带,如果天气干旱引起干涸的话,那么栖息在那里的鳄鱼将成批地死亡,3 年后会全部消失。特别严重的是,目前用鳄鱼皮制成的手提包和饰物价格越来越昂贵,许多鳄鱼被偷猎者捕杀,使鳄鱼的数量骤减。为了保护灭绝中的生物，许多自然科学家发出呼吁，并提出了许多保护性的措施。

鳄鱼这种两亿年前就出现的动物，随着时间的推移，已产生了巨大的变化。它们像恐龙一样，曾经在中生代有过辉煌的时刻。大约在6500万年以前的中生代后期，由于种种自然原因，大量动物灭绝，但鳄鱼却奇迹般地存活下来。安东尼·波利和卡尔·冈斯是两位研究鳄鱼的专家。他们在尼罗河畔考察了整整4个月，对生活在尼罗河的非洲鳄鱼作了出色的研究。根据一些猎手、传教士或博物学家的零星报道，人们只能把尼罗河的鳄鱼描写成一种笨拙迟钝的和患嗜眠症的动物。它们的大部分时间都用于在太阳底下取暖。每隔一段时间，它们苏醒过来，在水边捕食动物。而事实并非如此，它们像其他爬行动物一样，靠缓慢的代谢来节省能量。而尼罗河的鳄鱼还能把在太阳底下暴晒时所增加的体温储存起来。这种太阳能的直接利用可以使这种鳄鱼在食物稀少时（不管在什么时候，30%的鳄鱼的胃是空的）继续生存。到了食物充足的季节，鳄鱼马上补充能量，同时还为它们的生长和繁殖储存必需的能量。尼罗河的鳄鱼应该说是一种令人生畏的动物，它的身长一般可达4~5米，大者可达8米，体重达500千克，胃口很大。安东尼·波利从1957年就从事鳄鱼的研究。20世纪60年代中期，他建立了一个鳄鱼饲养站，除放养分布于尼罗河上游的非洲鳄以外，还放养其他种非洲鳄。在他进行研究之前，手头只有一些有关3岁以下鳄鱼的实验资料。由于鳄鱼的寿命在25~50岁，所以这种有限的资料如同人们以对婴儿的实验来研究成年人的生理一样困难。

经过仔细研究，他们发现鳄鱼的心脏与人类的心脏很接近，它的大脑肯定比所有爬行动物都复杂。依靠这些器官，鳄鱼完全能测定出猎物的位置，并主动地捕捉猎物。这项研究推翻了鳄鱼是无动于衷地等待猎物的“狩猎者”的论点。出于生活的需要，年幼的鳄鱼主要吃些小动物，如昆虫、蜗牛、青蛙和小鱼等。它们在捕获猎物后，竟会像猫逮住老鼠一样，先玩耍一阵，然后再把它吞下去。成年鳄能够捕食一些大动物，它们经常捕获的是羚羊，有时还能抓住并淹死同它们一般重的水牛。为了追捕猎物,鳄鱼能到陆地上奔走。通常,它们由水下游向目标,途中偶然一两次露出水面,以准确测定猎物的位置。当它露出水面捕捉猎物时,挥动粗壮的尾巴用力拍击,两只后脚间或触及水底以获得向前跃进的冲力。鳄鱼还具有互助的技巧,最常见的是多只鳄鱼一起把较大的猎物撕成小块,以便于吞食。为了扯碎猎物,鳄鱼通常是咬住猎物的某一块,然后不停地原地翻滚,直到绞断脱落为止。当然,猎物不能太小,否则猎物会跟着鳄鱼一起翻转,这就不能撕下来。当撕不下来时,鳄鱼就把猎物拖到一个同伴那儿,让同伴帮它咬住一头,它自己咬住另一头,然后翻滚身子,或者两只鳄鱼同时朝着不同方向翻滚。最后两只鳄鱼各吃自己撕下的那一块,而绝不向对方表示敌意。年幼的鳄鱼也会共同合作捕鱼。春天来临时,它们在河里排列成半圆形,然后认真地捕捉所有路过的鱼。波利和冈斯说:“在捕捉时它们都坚守岗位,从不争执。”鳄鱼还能共同开挖隧道,既可用来躲避,冬天还可借此取暖。

鳄鱼过群居生活。到了交配期,雄性鳄鱼之间为争当首领,要进行一场争斗。通常总是最大的雄鳄鱼获胜。

鳄鱼在水中交配后,雌鳄会到年年都去下蛋的窝产卵,一窝卵有16~80枚。幼鳄在出壳之前会发出一阵尖叫声,母鳄即使在20米之外也会听到叫声,便马上奔过去,把蛋掘出来。幼鳄一旦出壳,母鳄马上把它们叼到嘴里,小心地把它们放在两排牙床中间,母鳄把它的舌头放平,使整个口底组成一只育儿袋。然后这些幼鳄被放到水里,它们不停地发出叫声。父鳄听到幼鳄的叫声后,便游向母鳄,用庄严的声音向它表示致敬。

有时候,幼鳄不能破壳而出,雄鳄便要充当助产士的角色。它先把蛋叼到嘴里,然后让蛋在舌和腭之间由前到后地滚动,直到蛋壳破碎为止。要知道,成年鳄和幼鳄之间的重量要相差4000倍,而雄鳄用这副能压碎水牛股骨的颌,能叼着蛋而不伤害里面的幼鳄,充分说明这种表面笨拙迟钝的动物隐藏着一种高度的灵敏和肌肉控制的准确性。

蟒蛇能吞人吗

人们对蛇往往怀有本能的厌恶和畏惧；至于蟒蛇，则更以为它神通广大，可以把人整个地吞下肚去。

大蛇究竟是否攻击人？能否吞下人呢？其实蛇的长度的最高纪录不过10米左右。蛇头也并不很硬，至少不如人的头硬，它是不会把人或其他动物打得丧失知觉的。蛇也不愿意用头来进行搏斗。此外，蛇的攻击也不像传说的那样疾如闪电。体重为125千克的蛇，攻击猎物的力量不会超过体重20千克的狗。

蛇向猎物进攻时，不是靠头部打击，而是用嘴咬猎物，只有当嘴紧紧咬住受害者以后，蛇才开始将身子缠上去。因此，如果与大蛇遭遇时，必须牢记抓住它的后颈部，这样蛇就没法咬你了。

即使蛇用嘴咬住受害者并在身上缠上几圈，也并不意味着受害者一定会“粉身碎骨”。

巨蛇缠死猪狗时，并不是把它们的骨骼弄碎，而是使其窒息。它缠紧受害者的胸骨，使其不能进行呼吸。持续的挤压有可能会使心脏停搏。科学家研究过被巨蛇弄死但尚未吞下的3只猪、3只家兔和3只老鼠，发现这些受害者身上没有一根骨头是断的。

蟒蛇通常不喜欢吃大的活食。据报道，7米长的极其贪食的蟒蛇，经过一小时的紧张努力，还是未能吞下34千克重的小羊。总之，还没有任何一位专家可以证实，巨蛇能吞下重量大于60千克的活物。由此看来，蟒蛇不可能把人弄死，更谈不上吞食人了。

不过，蛇的进食活动是别具一格的：凡是被捕获的动物总是整个儿地被生吞下去。蛇的身躯细长，“嘴巴”又不大，也许被它吞食的只不过是一些小动物吧！其实不然。蛇不仅能吞食比它的头稍大的食物，甚至还能吞食比它的头大好几倍的食物。例如，新疆的沙蟒能吞食五趾跳鼠，南方的蟒蛇能吞食小羊，蛇岛的蝮蛇则能吞食比它的头部周径大十来倍的海燕。

奥秘究竟在哪里呢？原来，蛇的下颌骨和头骨的关节非常松弛，下颌的左右两半也和其他动物截然不同，它们不是紧密相连，而是靠韧带很松弛地连接着。正因为如此，所以蛇的口可以在垂直方向上张得很开，并且下颌的两半既能同时向两侧扩展，又能独自或交替地向一侧扩展。

蛇类的吞食动作不是"一气呵成"的。美味到口以后，它们往往是先用一侧牙齿（如左侧）咬住捕获物的头，接着，右侧的牙齿向前推进一小段距离；而后是右侧牙齿咬住猎物，左侧牙齿向前推进。如此循环往复，直至整个猎物被它吞下口去。一般来说，食物越大，它们所花的气力也越大。小的食物只要一两分钟就可吞食完毕，而大的食物有时就得花费一小时左右的时间。

也许青少年朋友会提出这样的问题：蛇在吞食时，口、喉都张得很大，而且持续的时间较长，为什么它不会窒息而死呢？原来，蛇的喉头与众不同，其气管前端有一组特殊的肌肉，这组肌肉的活动可以使气管的前端越过舌头前伸，位于分开的两侧下颌之间，使之不会被食物所堵塞。除此之外，蛇的气管壁上又有环状软骨，这就使它不会在压力下坍陷。

许多蛇的吞食活动都不相同。美洲有一种钝头蛇，头部很大，身体却又细又长。它能吞食蜗牛壳中的软组织，而将壳吐出来。当钝头蛇用上颌齿咬住蜗牛的头部后，它的下颌齿就会咬入软组织之中，然后利用一种轻微的旋转运动将其从壳中拉出来，以便吞食。

蝮蛇捕食鸟类的情景也是相当有趣的。它的身子缠绕在树枝上，头部略微抬起。当发现了栖息在树枝上的鸟后，它便以"迅雷不及掩耳"之势，用嘴衔住鸟的头顶，使鸟喙很自然地弯向颈部，以便将鸟的头部和颈部吞进去。接着，蝮蛇便把上颌斜向左侧，似合拢折扇一般，把一只翅膀合拢；然后，再将上颌斜向右侧，把另一只翅膀合拢。最后，才使劲地将整只鸟往嘴里送。前后历时一刻钟左右。

碗口粗的巨蟒能吞下体长一米左右的一只麂子。巨蟒把尾巴卷在树上，向麂子发起突然袭击，先是袭击它的头部，使之昏厥过去，而后使用尾巴把麂缠死，最后才从头到脚，把整只麂子吞了进去。有时，蛇和麂子的搏斗相当激烈，但麂子最终还是成了巨蟒的腹中之物。

海蛇的故事

1947年12月30日，这是一个晴朗的日子，希腊轮船“圣塔·卡拉拉”号正在大西洋北美海岸航行。三副突然大呼一声，两个助手立即奔了过去，他们三人同时看到离船舷10米处的洋面上露出一只动物的头，它很像蛇头。它的皮肤呈暗褐色，光滑无毛，可见部分并无鳍或任何其他突起物。这只怪物被轮船撞断，上半段约11米长，周围海水顿时被怪物的血染得殷红一片。经过一番挣扎之后，它终于消失在船尾后的远处。由于这一怪物的形态与海员们描述的大海蛇差不多，因此大海蛇之谜曾一度成为热议的中心。

关于大海蛇的存在，多数学者持否定态度，认为所谓的大海蛇，很可能是海中的大王乌贼。大王乌贼体长20~30米，触手长达20米，甚至更长一些。有些触手有小水桶那么粗，在海面蠕动时，常被误认为大海蛇。

海蛇

海里有蛇，却是事实。只不过它们没有传说中的大海蛇那么大而已，其长度一般都不超过3米。

海蛇本和陆生蛇是一家，最早也生活在陆地上，后来由于自然环境的改变而再次下水，又重新返回生命的摇篮——海洋的怀抱里了。在长期的进化过程中，海蛇逐步适应了海洋生活，身体结构和陆生蛇有了很大差异。它们的身体较陆生蛇侧扁，在游泳时，腹部可收缩，使身体成棱柱形，以减少前进的阻力。

蛇尾也侧扁,这是它强有力的游泳器官。海蛇游泳是靠尾部左右摆动拨水前进的,游泳速度很快,海蛇的鼻孔在吻端,朝上仰开,这样只要头部稍稍离开水面,便能呼吸到空气。海蛇和陆生蛇一样,都是用肺呼吸的。它的两个鼻孔内长有能随时启闭的瓣膜,可防止海水从鼻腔进入体内,一次吸足空气后,能潜泳很长时间。其舌下有盐腺,可把体内多过的盐分排出体外,体鳞下的皮肤也比陆生蛇厚,以防海水浸入。

海蛇主要分布于澳大利亚的西北和东部沿海、中美的西海岸,我国南方沿海也有分布,但南海最多。

海蛇多栖息在沿岸近海海底,特别喜欢待在半咸水的食物丰富的河口地带,多以鳗为食。绝大多数海蛇是卵胎生,直接产子。

世界上所有的海蛇都是毒蛇,其毒腺分泌含有神经性毒素的毒汁,毒性较强。海蛇的毒性是澳大利亚太潘蛇的一百倍。这种剧毒的蛇多在澳大利亚西北部帝汶海中阿西姆暗礁附近出没。

海蛇不但有毒,有的还带电。1985 年,巴西一位渔民在亚马孙河口捕获了一条长 2 米的电蛇。经测量,这条蛇的身上带有 350 伏特的电压,若人在水中碰到它,就会遭到电击。

海蛇虽然有毒,甚至带电,但它也有很多用途。海蛇皮可制胶膜,脂肪可炼油,肉可供食用。海蛇又是一种很好的药品,加中草药浸酒,有祛风活血、治疗风湿的功效。所以每当渔民起网后,若发现捕获的鱼中有个别的海蛇,总是把它当做珍品,不肯轻易放过。

随着现代科学的发展,国内外科技工作者对蛇毒的研究已经取得了丰硕的成果。利用毒蛇的毒液,制成了各种抗蛇毒血清的疫苗。目前,世界上已有 20 多个国家利用 50 多种蛇毒研制成 70 多种抗蛇毒血清。世界上对蛇毒的研究处于领先地位的,要算巴西坦塔毒蛇研究所。这个研究所从建立至今已有上百年历史,拥有医生和研究人员 100 多人,饲养着各种有毒与无毒的蛇 2 万多条,收集了世界各地的蛇标本 5 万多件,还能用蛇毒制造 13 种不同的疫苗和 17 种血清。这些疫苗和血清不仅可以用来治毒蛇咬伤，还可以治疗流感、百日咳、白喉、骨髓炎、结核、伤寒等疾病。近几十年来，我国上海、浙江、广州等地也研制出了抗毒蛇的血清，抢救被毒蛇咬伤者的有效率达 98% 以上。

灭鼠能手响尾蛇

1982 年 6 月 9 日，黎巴嫩贝卡谷地的上空战云密布，电闪雷鸣，第五次中东战争进入了高潮阶段。近百架美制 F—15、F—16 的以色列飞机，突然对部署在贝卡谷地的叙利亚 19 个萨姆—6 防空导弹基地进行轮番轰炸。叙利亚立即起飞米格—21 和米格—23 飞机升空迎击。双方先后出动飞机 150 多架次，在空中进行了持续一个多小时的战斗。结果，叙利亚 29 架米格飞机被以色列击落，而击落叙利亚飞机使用的武器，是一种模仿响尾蛇颊窝的构造制造的“响尾蛇导弹”。

在美洲、澳洲、非洲的某些地区，常会听到一种“嘎啦嘎啦”的声音，没有经验的人以为这是溪水发出来的流水声，可是在这声音的四周，却没有小河小溪。原来这不是什么流水声，而是由一种毒性极强的蛇用尾巴剧烈地摇动而发出的响声。这就是大名鼎鼎的“响尾蛇”。

为什么响尾蛇的尾巴会发出响声呢？

大家在观看篮球比赛时，总看到裁判吹的哨子吧！它是一个铜壳子，里面装上一层隔膜，形成两个空泡，当人用力吹时，空泡受到空气的振动，就发出响声。响尾蛇的尾巴也有类似的构造，不过它的外壳不是金属，而是坚硬的皮肤形成的角质轮。由这种角膜围成了一个空腔，空腔内又用角质膜隔成两个环状空泡，也就是两个空振器。当响尾蛇剧烈摇动自己的尾巴时，在空泡内形成了一股气流，随着气流一进一出地反复振动，空泡就发出一阵一阵的声音来了。

响尾蛇的角质轮所发出的声音，很像溪流声，用这种响声来引诱口渴的小动物，所以这也是它的一种捕食方法。

响尾蛇经常捕捉耗子等小动物作为食物。奇怪的是,它的眼睛已经退化得快要成为瞎子了,怎么还能捉住行动那样敏捷的耗子呢?

科学家经过观察发现,响尾蛇的两只眼睛的前下方,都有一个凹下去的小窝,这是一种特殊的器官——探热器,能够接收动物身上发出来的热线——红外线。这种探热器反应非常灵敏,温度差别只有1‰摄氏度,它就能感觉到。所以只要有小动物在旁边经过,响尾蛇就能立刻发觉,悄悄地爬过去,并且准确地判断出那个猎物的方向和距离,窜过去把它咬住。

早在200多年前,科学家就曾用多种方法试图探索蛇颊窝的结构和功能,但直到20世纪30年代,有人从解剖入手才摸清了颊窝的构造。原来凹窝生在颌上,凹窝内有一层1/40毫米的薄膜,薄膜上分布着第五对脑神经的神经末梢。薄膜将凹窝分为内外两室,外室直接与外界相通,内室有一个细胞管通向眼角前方,仅以一小孔与外界相通。

搞清楚颊窝的构造后,人们用响尾蛇作了一次有趣的实验,把蛇的感觉器官都封闭起来,只留着颊窝,然后用黑纸包着灯泡通电发热。蛇虽然看不见光,它却突然向灯泡冲去,这使人们第一次知道颊窝是蛇感觉温度的器官。

20世纪50年代,科学家们对响尾蛇为什么能传导这种极微弱的生物电流进行了研究。他们麻醉了毒蛇,将颊窝上的神经分离出来接到仪表上,然后用动物或带有热度的物体去接近它。这时颊窝的内室保持正常温度,而外室则受到动物热量的影响,使颊窝薄膜的两边产生温差。由此证明,在薄膜上产生的微弱生物电流,是通过神经传导到中枢才产生感觉的。人们还发现,响尾蛇的颊窝结构非常精巧,对温热变化感受的灵敏度十分惊人,它不仅能感受到周围气温3‰甚至1‰摄氏度的变化,而且还能判断发出热量物体的准确位置,从而揭示了响尾蛇夜间捕捉田鼠的奥秘。原来,田鼠等小动物在夜间会辐射出人眼看不见的红外线,响尾蛇就靠它颊窝的"热感"来发现和捕捉这些猎物。因此,蛇的这种红外感受器,也就是热定位器,依靠它捕捉老鼠。

科学家们根据这些原理,在一些导弹上安装了类似的红外线自动导引系统,响尾蛇导弹就是其中的一种。它能感受目标的红外辐射,有红外线自动跟踪制导系统,发射后能寻找追踪喷气机尾部喷管及飞机机身辐射的红外线,直到击中目标为止。

不过,人们制造的“红外导引”装置只能适应5‰摄氏度的差别,而且构造比响尾蛇的要复杂得多。

目前,经过军事科学家们进一步改进的响尾蛇导弹的击中率更高了。由于使用了先进的光学设备和电子设备,红外线自动引导系统的灵敏度比原来的要高出几十万倍,它不但能敏锐地观察到发动机尾部喷出的高温热气流的红外辐射,还可以“看见”喷出的二氧化碳废气的红外辐射,以追踪距离达6千米外的目标,并且可以分辨出是真正目标还是干扰信号,从而自动锁定目标,直至目标被摧毁。

印度的圣蛇——眼镜蛇

祭台前,4个妇女跪伏在一条眼镜蛇面前,虔诚地献上她们的供品:几个铜盘中分别装着鲜花、粮食、牛奶和燃烧着的樟脑。她们嘴里默默地念着一首赞美眼镜蛇的诗:“我们默默地祈祷,我们热情地赞美……”她们跪伏在眼镜蛇能咬到她们的距离之内(眼镜蛇身体竖起部分的长度),以示她们的虔诚。令人惊讶的是,眼镜蛇并不攻击它那些忠实的信徒。这是印度“毒蛇节”中一个惊人的场面。

眼镜蛇是一种有剧毒的毒蛇。它颈部和躯干部的颜色和花纹变异甚大;颈部有一对白边黑心的眼镜状斑纹,躯干部呈黑褐色,有黄白色环纹15个,腹部黄白或淡褐色,当它一旦激怒时,前半身竖起,颈部胀大,怒目相视,发出“呼呼”的响声,这种凶恶的模样足以使人望而生畏、毛骨悚然。

但是在印度,眼镜蛇却受到人们的崇拜和敬仰。他们把它视为“生育”的象征,崇拜眼镜蛇,神灵就会赐予他们儿女。早在13世纪,印度马哈巴利普兰的一块巨石上雕刻了一座高达3米、背上有7条前半身竖起的眼镜蛇的神像，以表示人们对眼镜蛇的无限敬仰。

在整个印度，要数位于印度西部的小村庄——希拉立最崇拜眼镜蛇了。那里的村民相信这样一种传说：“相传在很久以前，神曾给予当地人一个恩惠：永远保佑村民免遭田地里的眼镜蛇的伤害。”从此以后，希拉立的村民们不必再害怕眼镜蛇了，而眼镜蛇便成了神的象征。因此每年7月在希拉立举行一次规模庞大、热闹非凡的庆祝活动——毒蛇节，从印度各地赶来参加这次圣会的人数可多达2万人。

在“毒蛇节”的前几天，希拉立的村民就在肥沃的田地里和泥洞中到处寻找眼镜蛇。一旦捉到眼镜蛇，他们就把它视为神灵养在家中。

在“毒蛇节”这天的黎明之前，村民们都进行沐浴。当太阳升起时，欢乐的人们捎着装有眼镜蛇的瓷罐来到集合地点。妇女们和姑娘们用金银饰品把自己打扮起来，赶来参加这一盛会。队伍拥过希拉立的街道，来到800米外的一个寺庙。村民们把眼镜蛇一条接一条地放在祭台之前。眼镜蛇盘着尾巴，竖起前半身，头部左右摇晃。此时，崇拜者们纷纷跪伏在它们面前，献上她们带来的供品。

等到所有的仪式进行完毕，妇女和孩子们把稻米撒在眼镜蛇的头上。甚至有人把鲜花放在眼镜蛇的头上，好似给它戴上一顶美丽的花冠。

傍晚，披着盛装的牛拉着一辆辆车子在村子的主要街道集中起来。眼镜蛇则被放在车子上的小神台上。到了深夜，眼镜蛇又被装进罐中，直至第二天再放它们出来。此时的村民们载歌载舞，饱餐一顿，这才是整个节日中最愉快的时刻。

我国体型最大的毒蛇——眼镜王蛇与大名鼎鼎的眼镜蛇同属一科，“长相”较为相似。

尤其是当它被激怒时，也像眼镜蛇一样，能使身体的前半部竖立起来，颈部扁平扩展，显出发怒的样子，只是颈背部的花纹没有眼镜斑。但它的“个子”比眼镜蛇大得多,一般眼镜蛇最长不过2米左右,而眼镜王蛇却能长到4米多,最长的甚至超过5米,就是刚孵出来的幼蛇都长达半米,真可称得上是毒蛇中体型最大的一种。

眼镜王蛇也是最毒的蛇种之一,它的毒液成分复杂,含有神经毒、血循毒、各种酶及多种溶细胞素。平时毒液贮存在位于眼后皮下的毒腺里,咬物时毒液靠肌肉收缩挤压通过毒牙排出。毒牙一般为一对,形状很像弯曲的圆锥,并具有纵沟,牢固地附着在上颌骨的前方,所以叫前沟牙。

眼镜王蛇主要分布于我国长江以南各省,喜欢栖息在200米以上的高山区,常在溪塘附近,隐匿在岩缝或树洞内。后半身能缠绕在树枝上,前半身悬空下垂或昂起。一般都是白天出来活动,它的食性很特别,专喜捕食各种蛇类。它的"脾气"比较暴躁,我们形容人吵架常说"脸红脖子粗",而眼镜王蛇和眼镜蛇在盛怒时,虽然"脸"不会变红,但"脖子"却能向两边涨粗,并且头平直向前,随着竖起的身体摆动着,不时发出"呼呼"的示威声。它们的这种习性是一种特殊的活动方式,"脖"子能胀起的原因是,体内这段的肋骨较长,支撑着皮肤可向两侧扩展所致。

像所有爬行动物一样,眼镜王蛇冬季也要冬眠,出蛰后进行繁殖。蛇类没有声带不会鸣叫,它们是怎样互相寻找"对象"呢?原来在它们肛门孔下端长着一对臭腺,交配季节能分泌出特殊气味的液体,双方嗅到气味后就能互相找到。产卵时以落叶堆成巢窝,把卵产在里面,再用落叶盖住。一般每条蛇产卵20~25枚,多的可产到40枚。母蛇有护卵习性,产完卵便盘伏在上层的落叶堆上,有时雄蛇也帮助护卵。在饲养的条件下,其寿命可活到10年以上。

两栖动物中的"巨人"——娃娃鱼

娃娃鱼又叫大鲵,是我国体型最大的两栖动物。它虽有"鱼"之名,却不是鱼,隶属于两栖纲的有尾类。从生物进化的观点来看,是从水中生活的鱼类演化到真正陆栖的爬行动物之间的过渡类型。它有四肢,用肺呼吸,但由于肺发育不完善,因而也像青蛙一样,需借湿润的皮肤进行气体交换,以作辅助呼吸,所以大鲵必须生活在水中或水域附近。

大鲵是两栖动物中的"巨人"。它比起其他两栖动物,无论是蛙类、蟾类、鲵类或蝾螈类,都大得没法比。成年的大鲵,身长60~70厘米,体重10千克左右,并不罕见。身长超过1米,体重达20千克的,也曾发现过。偶然还有身长2米左右,体重超过50千克的超级巨鲵。前些年,在湖南桑植县曾捕到一条长3米多、重73.5千克的巨鲵。据研究,一条大鲵需要20年才能长到75~80厘米,那么,一条长达一米甚至两三米的巨鲵,得多少年啊!

大鲵的分布非常广泛,黄河、长江及珠江中下游的支流中都有它的踪迹,遍及17个省(区)。大鲵在我国2200年前已有记载,所以很多古书中也提到:鲵有四足,如鳖而行疾,有鱼之体,而以足行,声如小儿啼,大者长八九尺……由此可见,大鲵的形状和生活习性早已为我国人民所熟知,娃娃鱼之名也一直传到今天。此外,还有人认为,大鲵有四条又短又胖的脚,特别是前脚连同它的四个指头很像婴儿的手臂,后脚有五趾,这是称它做娃娃鱼的又一个理由。

大鲵不仅体大,样子也长得丑。它有一个又宽又扁的大头。头和身躯一样,看不出头和身躯的分界。头顶上长着两只很小的鼻孔和一对绿豆大的眼睛;一张宽阔的大嘴,嘴里密排着锋利的小齿,身躯和头一样扁,体侧有纵行的皮肤褶,尾侧扁,尾端呈圆形,长度约占身长的1/3。全身皮肤光滑湿润,在水里黑油油的颜色很深,其实以棕褐色为主,但有较多的不规则的乌褐色斑。

在两栖动物中,大鲵的生活环境较为独特,一般在山区水中多鱼、水质清凉、石缝和岩洞多的溪流中,选择滩口上下洞穴内栖息。白天常卧在洞里,夜间出来捕食。它常守候在滩口乱石间,发现猎物经过时突然张开大嘴囫囵吞下。鱼、蛙、蟹、蛇、虾及水生昆虫等,都是大鲵的盘中餐。

大鲵虽然分布于水温很低的山溪中,不怎么怕冷,但也有冬眠的习性。每年由初冬到来年开春,大约有4~5个月是卧在洞内休眠的时期。这时,它的新陈代谢变得很缓慢,可以不吃不动。4月份出洞后,至少有两个月拼命加餐,以补足冬眠时期的亏空。大鲵既善于忍饥耐寒,可以几个月不吃东西,但又是一个暴食者。据说它饱餐一顿,体重能增加1/5。大鲵还有同类相残的习性,当食物缺乏时,个儿大的便会残食个儿小的。由于同类相残,所以有些地方又称它为“狗鱼”(狗咬狗)。

大鲵一般在5~8月产卵,它的繁殖很有趣,产卵前先由雄鲵用头、足和尾巴把“产房”清扫干净后,雌鲵才进去。产卵多在夜间进行,一次可产数百枚。雌鲵产完卵后就算完成任务而溜走,卵由雄鲵监护。雄鲵也确实是很负责任的父亲,它常把身体弯曲成半圆形,将卵围住,或把卵带缠绕在身上,以防被水冲走和敌害的侵袭。

受精卵经过近20天的孵化期,孵化出来的幼鲵就像蝌蚪似的,用没有鳃盖的鳃呼吸。5~6年后才长大,改用肺呼吸。它在水中稍稍把头一抬,头顶上的细小鼻孔就露出水面了,它深深地吸一次气,再潜入水中,待上1~2个钟头以后,才出来换气。

大鲵的天敌是黄鼠狼等小型食肉动物。双方一旦遭遇,它就用锋利的牙齿、粗壮的四肢、有力的尾巴进行自卫。如果还不能脱身,它就“哇”的一声把胃里的臭鱼烂虾朝敌人喷去,吓得敌人会立刻跑掉;或者趁敌人抢吃这些“残羹剩饭”的时候,它便溜之大吉。如果被敌人一口咬住,脱不了身,它还有最后一招,从颈部毛孔分泌出一些黏糊糊的白色毒汁,弄得敌人口舌甚至全身都不舒服,只好把它放开。

大鲵是一种珍贵稀有的动物,被国家列为二级保护动物。它不仅在研究动物进化方面有重大的科学价值,而且也具有很大的经济意义。它肉味鲜嫩,是名贵食品。同时,它作为药用对贫血、霍乱、痢疾、疟疾等都有一定的疗效。

大鲵的分布区广,很难防止人们的乱捕滥猎。从20世纪70年代起,湖南、湖北、陕西等省,突破了亲鲵培养、激素催产和受精孵化三道难关,孵化出一批批幼鲵,实现了人工繁殖。

滋补山珍——蛤蚧

蛤蚧，属蜥蜴类爬行动物，生长于亚热带的石山中，形似壁虎，头呈三角形；皮肤粗糙多棘突，皮色一般深灰；背有鳞，呈绿色和红色的斑点；趾有吸盘，因此善于“飞檐走壁”，能在光滑的石头上或天花板上奔跑自如。生性十分机灵，每当遇到敌害袭击，它会使尾巴突然断离，断下来的尾巴在地上蹦跳，分散敌害的注意力，而蛤蚧却逃之夭夭了。

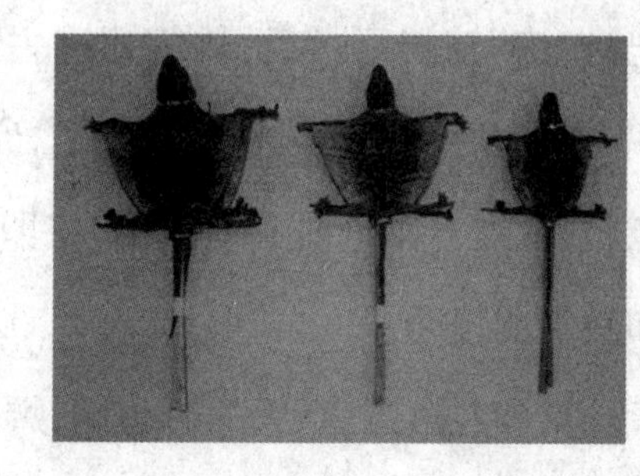
蛤蚧

蛤蚧由于其雄性能发出“蛤一蚧，蛤一蚧”的叫声而得名。在繁殖季节，它们的叫声尤其频繁而响亮。当山崖峭壁上的蛤蚧发出啼叫时，声闻数里，萦绕山间。

蛤蚧生活于石山岩隙、树洞或墙壁上。它们昼伏夜出，出来后静静地守候着，当猎物从它面前通过时，那灵巧的舌头像箭一样射出又缩回来，把猎物吞进肚子里。蛤蚧喜欢吃蚊子、蜚蠊、蚱蜢、蟋蟀、金龟子等，也吃小蛇和雏鸟。

夏末秋初，蛤蚧最为肥壮，是捕捉的适宜时期。当你确定岩洞中有蛤蚧后，用一条细软的小藤条轻轻伸入洞内，胆小的蛤蚧以为是敌害来袭，便发出“蛤一蚧，蛤一蚧”的惊叫声，拼命咬住藤条不放。这时，将藤条慢慢拖出，用铁钳夹住它的颈部而捕取。也可将一团毛发或马尾扎在竹竿的一端，伸入洞内轻轻摆动，蛤蚧误认为是飞来的昆虫，便张开大嘴把毛发或马尾咬住，结果，蛤蚧那细小、锐利的牙被毛发缠住，便可将其拉出洞外。夜间，用灯火照射，蛤蚧见光而不敢妄动，也可乘机捉获。

蛤蚧含有丰富的动物淀粉和蛋白质、脂肪，是一种名贵的滋补品。明代李时珍所著《本草纲目》中已有记载：“药性咸温，补肺润肾，益气助阳，治渴通淋，定喘咯血，气虚咯血，气虚血竭者宜之。”蛤蚧除常见于中医药方中作为补肺平喘、补肾壮阳药物，用以治疗久喘不止、肺痨咯血之外，还可用鸡及肉等和蛤蚧一起蒸、炖食，作老年、体弱、大病初愈者保健强身之补品。以蛤蚧浸酒饮，对治疗肾虚体弱、腰酸背痛、神经衰弱也有很大的效用。把它制成蛤蚧干，以及以蛤蚧为原料，配以数种中药精制成“蛤蚧精”等，是高级营养滋补强身剂。

据记载，蛤蚧“其药力在尾，尾不全者无效”。无尾者不入药。由于蛤蚧是滋补珍品，市场上供不应求，常有以壁虎、蜡皮蜥等伪品冒充。所以，要想辨别真伪，必须掌握它们的特征。

蛤蚧头、尾、四足及体腔用竹片撑直呈扁平状。头及躯干部长 10～18 厘米，尾长 10～14 厘米，腹背部椭圆形，宽 7～11 厘米。头大而扁，略呈三角形，眼大凹陷成窟窿，口内二颚密生尖锐细齿，无大牙。体灰黑色，腹部银灰色，有圆形似珍珠状的小鳞片，显光泽。全体有红棕色稀疏散在的斑点，脊椎骨棱状突起，节清晰，肋骨可见。四足有吸盘。尾上粗下细，有数个黄棕色环斑，质结实，中部骨节稍突起。气腥，味微咸。以体大、尾全者为佳。

壁虎，形状似蛤蚧而体小，头及躯干约 7 厘米，宽约 4 厘米，尾长约 6 厘米。体灰褐色，腹部黄白色，鳞片极小，密布黑色微小的斑点，骨多外露于腹边两侧，口多闭合，有细齿。尾较细小，具数个灰棕色环斑，四足有吸盘。

蜡皮蜥，头及躯干部长 10～15 厘米，尾长约 13 厘米。头小略呈三角形，口内密生细齿，上下颚各有大牙一对。脊背部较窄，灰棕色，有灰黑色和红棕色相间的圆形花斑，腹部黄白色，无斑纹。尾灰黄色，上部粗大，中下部细长，有剪割痕迹。全体有细棱鳞。四足与鸟爪相似，爪尖细长，无吸盘。

根据它们各自的一系列特征，相信无论活的或者干的蛤蚧和壁虎、蜡皮蜥，都不难把它们区别开来。

蛤蚧已列为国家二级保护动物，应予以保护和进行人工饲养。

青蛙和蟾蜍相同又相异

青蛙和蟾蜍虽然同属于两栖动物，但在形态上有很大的差异。不过，超过两栖动物共性80%的青蛙和蟾蜍，却有着许多不同的特征。

比较起来，由于青蛙的外表要比蟾蜍的外表好看，人们总是偏爱青蛙，而对外表丑陋的蟾蜍，人们有说不尽的厌恶。不过话又说回来了，我们千万不能"以貌取人"。青蛙只能跳跃，而蟾蜍除了跳跃之外，还会爬行，且相当灵活呢！在捕食方面，青蛙只有在保持蹲坐姿态的时候，飞行的昆虫才会引起它的注意，并做出一系列的机械动作：身体前倾、张大嘴、伸舌头等；可是蟾蜍却不是这样，它们的视力似乎比青蛙强得多，蟾蜍在爬行的时候也能捕食猎物，连一些不会动的小虫子都逃脱不掉它的火眼金睛。

在呼吸方面，它们之间的差异就更大了。青蛙有一对适于在陆上呼吸空气的肺。肺呈简单的囊状，壁薄，肺壁的内侧有增大呼吸面积的隔膜网，所以肺的内表面呈蜂窝状。肺上布满着毛细血管，气体交换就在这里进行。两栖类动物没有胸廓，所以肺的呼吸动作很特殊。首先，青蛙张开鼻孔并落下口底，这时，口腔的容积增大，气压减小，因此外部空气通过鼻孔进入口内。接着，鼻孔的瓣膜关闭，口底上升。这时，口腔的容积缩小，气压增大，口内的空气进入肺中，这就是青蛙的吸气。当鼻孔瓣膜开放（口底处在上升状态），由于肺有弹性，所以肺中空气被压排出。这是青蛙的呼气。

青蛙的表皮内有许多多细胞的腺体，下陷的真皮里能分泌大量黏液，所以表面很湿润。氧气先溶于湿润的表皮，然后渗入真皮中的毛细血管而进入血液。青蛙的皮肤不但在陆地上可辅助肺的呼吸，在水中也有适应作用。

蟾蜍居住在远离水边的潮湿陆地上，只有在生殖时才进入水中。它是居住在田间的典型的两栖类动物。蟾蜍的皮肤比青蛙粗糙，上面生有许多瘤突，能分泌毒液，在眼后的皮肤里，有一对凸出的毒腺，分泌毒液最多。毒液起到保护蟾蜍的作用。毒液进入肉食动物的血液中后可以使其中毒,像猫、狗这样大的动物也会因中毒死亡。肉食动物不捕食蟾蜍,就是这个道理。蟾蜍由于经常生活在潮湿的陆地上,所以皮肤比青蛙稍微干燥些,角质层也增厚,这样可以减少一些体内水分的蒸发,但也因此影响了皮肤的呼吸,而促进了肺的发育。蟾蜍的肺比青蛙大些,每个肺叶的后端常连有一条延长部分,肺的结构也比青蛙复杂,隔膜增多,有突起,增大了呼吸面积。

我们常见的除大型蟾蜍外,还有一种花背蟾蜍,又叫小蟾蜍或小癞蛤蟆。它的身体比蟾蜍小得多,生活在池塘或溪水的岸边,有时也会在墙角或草原上发现它们。

蟾蜍和花背蟾蜍都是有益的动物。它们能在黄昏或夜间消灭大量害虫(这时很多食虫鸟类正在休息)。蟾蜍还能捕杀其他鸟类不能捕杀的害虫。

青蛙和蟾蜍都长有一个无尾的蹲状躯体,一双强劲有力的后腿,而它们的前肢都比较短,还长有两个脚趾,眼睛也相同:同样大,同样凸出,一样能引起人们广泛的关注。它们大多居住在陆地或靠近陆地的地方,捕食移动迅速的动物,尤其以昆虫为主要食物。

在早些年间,生物学家为了研究并考验蟾蜍的生存能力,他们做了这样一个实验:给一只饥饿难耐的蟾蜍喂食各种各样的昆虫。由于十分饥饿,蟾蜍吞食食物的速度非常快,但是,当它把一只带毒的蜈蚣吞下去的时候,它马上开始剧烈地呕吐,不一会儿,就把蜈蚣吐了出来。

当生物学家再次把蜈蚣喂给它吃的时候,无论它有多么饥饿,也不会再吃了。其实,正是靠着这样一种学习和获取经验的能力,才使它们能在危机四伏的自然界游刃有余地生活,并世代繁衍下去。

第八章 洋洋大观的哺乳动物

关于哺乳动物的起源,当今的主流观点是:恐龙大约在6500万年前白垩纪结束时灭绝,其原因可能是一颗小行星撞上了地球,引起尘埃遮天蔽日,从而导致地球变冷,恐龙赖以生存的植物遭到毁灭。

根据这一理论,当“恐怖的蜥蜴”——恐龙渐渐消失时,一直在附近静等的哺乳动物欣然接管了它们的地盘。

它们进入刚刚空出的栖息地,逐渐开始多样化,形成了我们今天所看到的哺乳动物物种的各个种群。

然而,英国《自然》周刊2007年3月29日一期刊登的一篇论文,对现代地球生命的这个基本理论提出了挑战:哺乳动物起源于生物大爆发期。这篇论文说,哺乳动物的多样性是通过两个重要阶段逐渐形成的。第一个阶段发生在白垩纪结束几百万年前,第二个阶段发生在白垩纪结束几百万年后。

论文还提到德国慕尼黑工业大学的奥拉夫·比宁达·埃蒙茨及其同事,通过对哺乳动物进行深入研究后,绘制的几乎囊括所有4200多个哺乳动物物种的基因“族谱”。

他们利用以物种进化速度为基础的分子钟,让时间倒流,估算出这些哺乳动物何时发生基因变化。

在1.6亿年的时间跨度中,哺乳动物在大约9300万年前经历了首次多样化大爆发。当今灵长类动物、啮齿动物和有蹄动物的祖先最早出现在大约7500万年前或稍晚一些。

但是,哺乳动物非但没有普遍受益于白垩纪的结束,反而因为大灾难而遭受沉重打击。许多哺乳动物物种像恐龙一样永远地从地球上消失了。

第二次多样化发生在大约3500万年前,此时距恐龙的衰落已经过了漫长的岁月。第二次物种大爆发尤其重要,因为它产生了现如今的哺乳动物的家族。

论文作者说,第二次物种大爆发的原因尚不明了,但这可能与全球气温上升有关。

论文的作者之一,美国自然历史博物馆脊椎动物馆馆长罗斯·麦克菲说:"现在的重要问题是,什么原因让现代哺乳动物的祖先过了这么久才形成了多样化。"

今天,我们已经知道,多样化的哺乳动物是世界上最高级的动物类群。哺乳动物躯体一般分头、颈、躯干、尾和四肢五部分。体腔以膈分为胸腔和腹腔。体表一般有毛。齿有门齿、犬齿、前臼齿和臼齿的区别,有齿的退化。体温多较恒定;心脏分两心耳和两心室;红细胞呈圆盘状,无细胞核。除单孔目外,均为胎生;都以乳汁哺育幼儿,所以称为"哺乳动物"。

现存的哺乳动物,可分为原兽亚纲(例如鸭嘴兽、针鼹等)、后兽亚纲(例如袋鼠、袋狼等有袋类)和真兽亚纲(包括绝大多数的哺乳动物)三亚纲。全世界有哺乳动物4200多种,中国有近500种。

但是,使人担忧的是目前有千余种哺乳动物濒临灭绝。

据英国《每日邮报》网站2010年10月27日报道,一项大规模的地球生物调查结果显示,世界上1/5的哺乳类、鸟类、鱼类、爬行类和两栖类动物濒临灭绝。

这项惊人的研究结果显示,濒危脊椎动物的数量仍在不断增加,而人类在很大程度上是罪魁祸首。

许多科学家认为,世界正在经历"第六次物种大灭绝"。拥有40亿年历史的地球已经经历了五次物种灭绝,最近的一次发生在6500万年前,造成了恐龙的灭绝。

生物学家估计，目前已经发现并仍然存活的4200多种哺乳动物中有1/4濒临灭绝。

为了挽救濒临灭绝的老虎，拥有野生老虎的13个国家于2010年11月23日在俄罗斯圣彼得堡签署了一份宣言。

宣言要求，签署国家设法在2022年之前使老虎数量翻一番，同时打击偷猎以及贩卖虎皮、虎骨和虎器官的非法贸易。

在过去的一个世纪，拥有老虎栖息地的国家已经从25个减少到13个，8个老虎亚种中已经有3个品种灭绝。专家们说，全球目前只有大约3200只野生老虎。

野生老虎大多数分布在东南亚，这些国家的政府已同意保护和增加老虎栖息地，并让地方团体参与老虎的保护工作。

俄罗斯远东地区是世界上最大的老虎品种西伯利亚虎（中国称东北虎）的故乡。虽然俄罗斯在最近几十年里使野生老虎数量有所增加，但西伯利亚虎仍濒临灭绝。任意砍伐雪松造成大量动物迁徙，迫使老虎袭击村庄和农场，这也使得它们常常被人类射杀。

俄罗斯总理普京对圣彼得堡“老虎峰会”的与会者说：“目标是艰巨的，但是可以实现的。”

濒临灭绝的虎

虎，百兽之王，是威武、力量的象征。

虎属哺乳类食肉目猫科，是一种大型的猛兽，被人们称为“百兽之王”，是世界上的珍贵动物之一。至于虎起源于什么地方，曾在科学界有过激烈的争论：有人认为虎起源于亚洲南部，后来逐渐北移；也有人认为虎最早起源于西伯利亚的东北部，此后才向南方或西南方迁移。经过很多年研究考证，虎移入印度的年代并不太久。一千多年前，虎在印度还不如狮子多。而那时的海南岛台湾等岛屿上有金钱豹和云豹，却没有虎。因为虎的脚掌经不住高温，不敢在晒得发烫的土地上前行。相反，虎却习惯于严寒。槲研究，目前印度、缅甸、孟加拉、台湾等地的虎，都是由北方移过去的，时间大概是在一些岛屿与亚洲大陆分离之后。

老虎原来广泛分布于亚洲。即使古代的北京，也是一个多虎的地区呢！

50 万年以前，北京地区的气候温暖湿润，山岭上密布郁郁葱葱的森林，那里栖息着许多动物，剑齿虎便是其一。这种动物凶猛异常，长着长长的锋利如刀的牙齿，不仅能捕杀鹿和野猪，还可捕食大象。到了山顶洞人生活的年代，剑齿虎灭绝了，但老虎分布却极广。一直到唐代，北京地区虎的数量依然很多。

明万历年间，曹学佺有一次到房山县城，正值上元之夜，但县城内“人家皆闭门”。经询问，方知附近有虎活动。在北京的易平路附近，有一地名叫卧虎桥，此桥的得名，相传即是有人看见有虎卧在桥下歇息。

清代有些帝王喜欢射猎老虎，因而在京畿附近养虎供猎。康熙皇帝所居的畅春园的西花园内，就时常饲养着不少小虎，以俟其长大，放入园囿供自己狩猎。乾隆皇帝也喜欢猎虎，在故宫博物院里，至今还有一幅《弘历刺虎图》，画的就是乾隆皇帝猎虎的情形。南苑的晾鹰台便是猎虎的地点之一。

令人惊奇的是，清代还有野虎进入北京城内。据鲍泠的《稗勺》记载，雍正三年八月的一个晚上，一只老虎跑入城内，并在大将军年羹尧的府前游动，守卫年府的士兵发觉后，群起围攻，才将虎击毙。可见，那时老虎还很多。

世界上只有一种虎，分布于亚洲，源于亚洲东北部，由于长期地理隔绝而逐渐分化成 8 个品种，即孟加拉虎、南亚虎、华南虎、东北虎、爪哇虎、高加索虎、巴厘虎、里海虎等。

虎喜欢在动物资源比较丰富，水源充足，林木草丛茂密的环境独居，一般虎都有自己的领地。在印度，一只虎占 50～100 平方千米，而在西伯利亚要占 500～4000 平方千米。虎常年都可繁殖，春季为繁殖盛期。约 4 岁性成熟，最长寿命约 26 岁。

虎常夜间寻食,一旦发现猎物,使猛扑过去,断其喉,折其颈椎。虎往往好几天才能找到食物,故每次食量很大,以捕食野生动物为食,很少伤人。

由于人类活动范围扩大,垦拓农田,发展交通,无形中缩小了虎的栖息地;或隔断了老虎彼此间的联系,以致影响了它们的繁殖。再加上乱捕滥猎,虎的总数锐减,其中巴厘虎、高加索虎和里海虎已经灭绝了。另外两个种类的数量已降低到很难有生存能力的程度:东北虎只剩下不足30只野生虎;西伯利亚虎为150~200只。

生活在印度、孟加拉国、尼泊尔和不丹境内的孟加拉虎的数量为3250只;南亚虎为1050~1750只。

有人认为,老虎的生态地位处于顶部,缺了老虎,世界上食草动物数量就会迅速增长,生态系统就会破坏。因此,保护老虎也就等于保护人类赖以生存所必需的环境。

不少国家的科学家认为,当务之急是要为老虎创造必要的生存条件。

新中国成立以来,我国十分重视对虎的保护工作,颁发了各种保护条例,建立了七星砬子、长白山、武夷山、梵净山、西双版纳等自然保护区,使虎得以栖息生存。

狮子与舞狮

公元87年,远在西亚的安息国遣使给当时的东汉朝廷送来狮子。狮子,哺乳纲,猫科。雄性体魄矫健,头大脸阔,颈有鬣毛,威风十足。产于西亚、非洲。中国是老虎的故乡,东北虎、华南虎均闻名于世,但不产狮子。中国的狮子是外国进贡后在中国安家的。

狮子来到中国可交了好运。汉朝人虽然没有办法使狮子在中华大地上安家落户,繁衍后代,但却给中国的文化增添了多姿多彩的一页。

我们祖先的想象力、模仿力、创造力实在令人折服。东汉人见到狮子没几年，民间就出现了狮子舞。此后，经久不衰，代代发展。

狮子

相传，南北朝宋文帝元嘉二十三年（446 年）五月，交州（今广东、广西一带）刺史檀和之奉命北伐林邑。林邑王范阴的士兵都骑在又高又大的象背上，挥舞着长矛，十分厉害。宋兵则使用短兵器，无法接近，吃了败仗。宋军先锋官宗悫突发奇想：连夜用布、麻等做成许多假狮子，每头由两个战士披架着，隐伏于草丛中。他还在预定的战场上挖了许多又深又大的陷阱。两军再次交战，“狮子”突然跃出，一个个翻动着斗大的血口，张牙舞爪，直奔敌军大象。大象惊恐万状，纷纷逃窜，不少跃进陷阱，人象俱被活捉。尔后，舞狮逐渐传入民间。

千百年来，舞狮是我国人民喜爱的体育活动。狮子是百兽之王，连老虎和大象都怕它三分。它英勇威猛，机智灵活。百姓认为它有驱邪镇妖之功，有如意吉祥之兆。每逢春节，敲锣打鼓，挨家挨户，舞狮拜年，以示消灾灭祸，预报平安吉祥。每逢喜庆的日子，舞狮助兴，更增加了浓郁的气氛。

如今，狮子舞已成为汉族的传统艺术，被视为“国粹”。

中国庙堂、园林建筑中，多以狮子为饰物，在北京的故宫、颐和园等地，铜狮子、铁狮子、石狮子随处可见，相对而言，老虎的形象，就颇罕见了。至于世界闻名的卢沟桥上的石雕，那更是清一色的狮子世界。卢沟桥是用白石建成的，长达 235 米，有 11 个桥拱，桥面很宽，桥畔有两幢石碑。桥的两边是一色石雕栏杆，每边各有经过雕刻的石柱 140 根，每根石柱上都有一只蹲伏的石狮。每只石狮子身旁和身上又刻有一些小狮子。这些石狮子形态活泼动人，神情刻画得细致入微，并有雌雄之分。

我国人民对狮子的喜爱还不止于此，苏州建有名园狮子林，广东出产良种狮头鹅，西藏有狮泉河，东海产狮子鱼……中国人还把自己称作“东方醒狮”。

狮子是百兽之王。它威风凛凛，君临天下，不容他人染指自己的领地。一旦向猎物出击，则疾如风、快如电，往往一蹴而就。大多数狮子不攻击人，但也有个别嗜血成性的吃人狮，美国研究人员最新研究揭开了狮子吃人的原因。

芝加哥菲尔德博物馆的研究人员最近研究了三只吃人狮的头骨。

菲尔德博物馆的动物学家布鲁斯·帕特森经研究发现，其中有一只患有严重的牙疾。它的一排牙中少了三颗，下颚的一颗犬齿断裂，牙根还有囊肿。上颚的犬齿畸形，不能发挥正常的作用。长有这样牙齿的狮子很难撕碎硕大、强壮的动物，如180千克重的水牛。

菲尔德博物馆还拥有另一具吃人狮的头骨。据报道，这只狮子是1991年在靠近赞比亚卢安瓜谷地咬死了6人。帕特森发现，这只狮子也患有牙病。它明显受到颌慢性感染的困扰，这种病很疼，但一般不会导致更严重的疾病。据此，帕特森认为，一些食肉野兽，如狮子、老虎、美洲豹等攻击人，是因为它们患有牙病或其他慢性疾病，使它们难以捕捉运动快速的猎物，如斑马和羚羊，而人类是一种比较容易捉到的猎物。与大多数动物相比，人类运动速度非常慢，听力也不是很好。在黑暗中，人类的视力大为降低。

不过，19世纪90年代两只吃人狮的另一只并没有严重的牙疾。它只有一颗牙齿有轻微的断裂，这不会影响它的捕猎能力。对此，帕特森猜测说，这只狮子和患有牙疾的一只可能有亲密的血缘关系，因此它也吃人。

帕特森认为除牙疾外，狮子吃人还可能有其他原因。他说："19世纪90年代的大瘟疫使非洲数百万匹斑马、羚羊和其他动物死去，食物匮乏可能也是狮子吃人的原因。"

豹的家族里有个短跑冠军

世界上有五种豹：云豹、金钱豹、雪豹、猎豹和美洲豹。我国的云豹、金钱豹和雪豹都被列为国家一级保护动物。猎豹在亚洲已经灭绝，只有在非洲撒哈拉南部地区才能看到。美洲豹虽然分布比较广，从美国西南部到阿根廷巴塔哥尼亚高原中部都有，但数量正逐渐减少。这五种豹在个头、色斑、栖息环境、生活习性上均有差别。

云豹又名龟纹豹，全身呈黄色或灰黄色，因体侧有黑色边缘的云块状斑纹，故名云豹。成年豹体长85～100厘米，体重15～20千克，介于小型和大型猫科动物之间。它是热带、亚热带丛林动物，活动和睡眠都在树上，夜间捕食鸟、猴及其他树栖小动物，也能猎取地面的兔及小型鹿类。

金钱豹因黄色皮毛上密布铜钱似的黑色斑纹，故名金钱豹。成年豹体长100～150厘米，体重可达50千克，为大型猫科动物。主要生活在我国东南、西南、东北、华北各省的山区。金钱豹善爬树，常伏树上，能猎食野羊、野猪、猿、猴、马及家禽等。

雪豹是生活在世界最高峰的食肉类动物。体长150厘米，但尾巴差不多与身体等长或稍短，并略显粗些。体重约50千克。身体毛色呈灰棕或灰白色，其上散布有许多黑斑，头部的黑斑小而密。从头部向后侧形成不规则的黑环，愈向后黑环愈大，环中并有小黑点；但冬毛由于较长所以黑环模糊不甚明显。白肩以后在背脊部还有三条由黑斑连成的三道线直到尾根。整个腹面为白色，也具有少量的黑褐色的斑。尾部有不明显的黑环，末端为黑褐色。雪豹生活在3000米以上的高山多岩石的草原和草甸地带。性凶猛，是高山地带最凶猛的野兽，它捕食岩羊、盘羊、北山羊等各种野羊及麈、麝、马鹿等各种鹿类以及野兔和旱獭等动物，有时也袭击家畜牛、羊等，但它从不袭击人。猎捕动物的方式常常是潜伏在岩石旁等待猎物经过或借岩石隐蔽物潜行接近猎物，然后一跃而出，将猎物扑倒在地咬死然后吃掉；倘若扑不到猎物它也不再追赶。雪豹主要在早晨、黄昏或夜间活动，它有固定的巢穴，通常是在岩石下，白天几乎全在洞中休息。雪豹常是成对生活，每年春季发情交配，5～6月产子，每次可生2～3只，哺乳期过后，由双亲带回猎物哺育。

雪豹在我国主要分布在新疆、青海、西藏及宁夏的阴山山脉、四川西部。国外主要分布在中亚地区。由于它栖身高山旷野，又善隐蔽，较难捕获，是一种非常难得的珍兽。

猎豹全身浅黄并杂有小黑斑点，外形大体如金钱豹，头及身体有点像猫。成年豹体长120~130厘米，身高75厘米左右，体重45~50千克。猎豹看上去体态苗条，风度翩翩，所以与长颈鹿和斑马并称为动物界的“三王子”。

猎豹目光锐利，四肢强健，动作迅猛，在非洲五大动物猎手（狮子、鬣狗、野狗、花豹及猎豹）中排列第二。它主要以捕猎羚羊和野兔为生。在猎取猎物时，常常采取迂回包抄的战术，从后面和侧面发动进攻，或者是埋伏在灌木丛中，凝神静息，以逸待劳。如果猎物来到了距它50米以内，猎豹便突然跳起，像离弦的利箭直冲向前，两秒钟之内就能将猎物扑倒。据观察，猎豹从静止状态到时速70千米，只需要两秒钟。在所有陆地动物中，短距离的速度冠军是猎豹，在适宜的平地上，它的最高速度为96.5千米/时~101.4千米/时。据记载，早在公元前800多年前，波斯王朝就驯养猎豹，帮助狩猎。

猎豹的腿长且直，遇小土丘处不便于做急速转弯，所以不少猎物遭遇猎豹追击时，常以锯齿形的线路奔跑或在草丛小山丘间作不规则蹦跳，使猎豹发挥不了快速的长处，一无所获之后只得悻悻而归。据统计，猎豹在低荒草地、地势低平的地方捕猎成功率达70%，在草高、小丘起伏处仅为37%。

猎豹的生活很有规律，通常昼出夜息，早睡早起。它一般清晨5点半左右起来，然后外出觅食。猎豹每天平均要走4千米，最长达十几千米。它一般每天捕来一只猎物，每顿能吃9千克左右的肉食。有时捕猎到一只大羚羊，能吃上一两天。

美洲豹是最大的豹，成年豹体长112~185厘米，体重可超过50千克。它生活在密林、灌木丛、沿岸林地、芦苇丛中，以鼠、貘、水豚、树懒、鳄鱼、龟、蛙、鱼等为食。因其嗜饮水，所以干旱地区没有它的踪迹。

靓丽的金丝猴

灵长类动物中最漂亮者莫过于金丝猴。有关专家比较了全部近200种灵长类动物,没有一种能与中国金丝猴相媲美。

金丝猴身上披着黄色丝样的毛,长达三十多厘米,由此而得名。这种猴子的鼻骨极度退化,即俗话所说的没有鼻梁子,因而形成上仰的鼻孔。

金丝猴

金丝猴脸为天蓝色,在头顶上生有黑褐色毛冠,两耳长在乳黄色的毛丛里,棕红色的面颊由橘黄色衬托。胸和腹部是乳白色,而四肢外侧却为棕褐色,色泽越向体背则越深,从那深色毛区中,伸展出缕缕金丝,犹如贵夫人的金色斗篷。金丝猴的体毛五颜六色,风雅华贵。雄猴威武雄壮,雌猴婀娜多姿,真不愧为当今美猴王。

金丝猴生活在海拔1400~3000米的阔叶林和针阔混交林,几与大熊猫同域分布,同样惧怕酷暑而耐严寒。滇金丝猴则生活在海拔3800~4700米的热带松杉林中,那里山势陡峭,气温很低。滇金丝猴一年中有好几个月都在雪地生活,故又有“雪猴”之称。几种金丝猴均在树上活动的时间多,没有固定的住处,晚上都在树丫间挤着睡。滇金丝猴喜群居生活,在清晨或黄昏活动。它是世界上栖息地最高的灵长类动物。金丝猴最大的群体可达600余只,在灵长类动物中,如此庞大的群体实属罕见。它们主要在树上生活,也到地面上找东西吃。主食有树叶、嫩树枝、花、果,也吃树皮和树根以及昆虫、鸟和鸟蛋。吃东西时,总是吧唧着嘴,显得那样香甜。寄生在高山针叶林区的松萝是滇金丝猴的食粮。松萝的寄生影响树木的生长,所以滇金丝猴可以称得上是森林的“小卫士”。母爱在金丝猴身上表现得非常突出,母猴无微不至地关心和疼爱自己的孩子，尤其是在哺乳期，母猴总是把子猴紧紧地抱在胸前，或是抓住小猴的尾巴，丝毫不给独自离开玩耍的自由。在此期间，朝夕相处的丈夫尽管向夫人献了许多殷勤，又是理毛，又是捡痂皮，也别想摸一摸自己的后代，更甭提抱抱小猴亲热亲热了。母猴总是抱着小猴，把背朝着自己的丈夫，丝毫不给丈夫抚爱子女的机会。

金丝猴是较古老的动物，早在三百多万年前就已经存在，曾在四川、贵州及广西的山洞堆积物中找到金丝猴的骨骼化石。历年来，由于乱捕滥猎，几种金丝猴的数量日渐减少，其分布区由过去的西南、华中广大地区缩小为现在仅限于川、陕、甘以及滇、贵、鄂的局部山区。产于贵州梵净山的黔金丝猴是世界上最少见的灵长类动物之一，已不到500只，是世界上濒危物种；它曾在北京动物园展出过；国外只有一个皮张，国内也仅有这种金丝猴的4个标本和一个头骨。

“滇金丝猴对许多人来说可能很陌生。有的人虽然知道它的名字，但从未见过其尊容。”台湾学者韩联宪在他的文章中这样说。由于滇金丝猴生活的地区山势险峻，森林茂密，海拔极高，交通不便，对滇金丝猴的研究很困难。1890年，两名法国人在云南德钦县猎获7只滇金丝猴并制成标本运回了法国。之后许多科学家都推断这种稀有的动物可能灭绝了。直到1979年，我国的动物学家才在野外第一次看到了活蹦乱跳的滇金丝猴。

后来，四川卧龙自然保护区的野外观察站的观察员老田，在卧龙自然保护区里也看到了金丝猴，并目睹了它们午睡的全过程。

一天，保护区天朗气清，山色明丽。老田穿行在海拔两千多米的云杉林中，向金瓜树沟进发。

他刚走进沟口，远处忽然传来一片喧腾的尖叫声和攀折树枝声。他猛一抬头，立刻惊呆了：前面大树上金丝猴飞的飞，跳的跳，大大小小来了一大群。他机警地就近猫下腰，拿携带的雨衣将脑袋盖住，只露出两只眼睛，想把它们的行踪观察个够。

这时，两只毛色华丽的成年公猴，连跳带飞，来到离老田二十多米的地方，叽嘎地叫了两声，紧跟在后的壮猴、老猴和小猴，便一齐停了下来。唯有十几头不大懂事的小毛猴，却越来越近，十几双机灵的小眼睛好奇地盯着项雨衣的老田。那两只“前哨”公猴中的一只，好像要查明可疑迹象，故意跳到老田隐蔽处的树上，拉屎、撒尿，进行试探，随后又“咿——噢”一声长鸣。老田以为这个“哨兵”发现了自己，通知猴群逃跑呢。但他仰面观察时，发现远远近近的猴子却原地不动，林里一片寂静。再仔细瞧，猴子们开始闭起眼睛要睡觉了。

猴子岛上的猕猴群

海南岛陵水县南部新村港对面的南湾半岛，1976 年 5 月被定为南湾自然保护区，面积为 14000 亩，主要保护对象为猕猴。

南湾半岛，为海洋性气候。一年四季充满春天气息的南湾，生长着茂密的阔叶灌木，这里繁花似锦，绿草如茵，番石榴、野菠萝、水柿、山蕉、山橘等五十多种野果遍地都是，犹如《西游记》里的花果山。

猴子岭是南湾半岛最高的山峰，海拔 247 米。很早以前，这里有数以千计的猕猴，后来森林毁坏，逼得它们无处安身，加之遭到任意捕杀，到 1965 年只剩下五六十只，并逐年减少。建立自然保护区后，猕猴才得到繁殖增长，现已达到几千只。

猕猴一年一胎或三年两胎，每胎一子。母猴很疼爱小猴，从出生到下次发情期，一直将小猴抱在腹下。小猴长到 5 ~ 6 个月后，生活就能自理了。当小猴长到 3 岁左右，是雌的就可继续留在猴群里生活，是雄的则被迫离开过流浪的生活，待到年轻力壮时，方可回到原猴群，并可与猴王争夺王位。

猴子的天敌是蟒蛇。蟒蛇常常用尾巴圈成一个圈套，一有猴子落套，就用尾巴猛力甩打，直到把猴子甩打得骨碎如泥，再慢慢吞噬。这里的猕猴对付天敌有种办法，就是请保护站的管理人员救助。有一次，一只母猴来找保护站的管理人员，抓住他的手又叫又摇，往灌木丛中拉。一看，原来是一条大蟒蛇，蜷成螺旋形,像一堆黑色的石头埋伏着。管理人员立即采取措施,为猕猴解了围。

猴子很诚实,它也希望人和它们以诚相待。你若珍惜它、爱护它,它不仅和你和睦相处,而且会非常高兴地给你表演各种滑稽可笑的动作,讨你喜欢。如果你捉弄它、欺骗它,它对你也不客气。有一次,一位年轻的游客,手里拿着一包花生逗猴子,几只猴子很有礼貌地来到她的面前,她却一粒花生没给。猴子急了,趁她不注意抢走了她手中整包花生,而且狠狠地咬了她一口。据说这种血的教训经常发生,被咬的人当然很后悔,但无法挽回了,猴子们已扬长而去。

猴岛还发生过一个真实而有趣的故事。1983 年4 月的一天,守岛部队的战士正在兴致勃勃地看电视时,突然一个猴王领着一群猴子毫不客气地坐在战士的前面也看起了电视。开始,由于好奇心,它们看得很认真,可看了一会儿,有几只小猴子就吵闹起来,猴王看到这种情景非常生气,站起来就给小猴子几个耳光,小猴子立刻一声不吭,乖乖地看起了电视。从此,部队战士每次看电视都将前排座位留给它们,它们也准时来看这奇妙的玩意儿。

猕猴已被国家列入二级珍稀动物,别看它们在动物世界中不起眼儿,可它们却享受着其他动物所不可比拟的待遇。驻岛部队对它们采取严密的保护措施,就连喂给它们吃的东西都是经过精心选定的,并要经过严格的消毒。现在它们按管理人员的规定,每天下山两次。开饭集合哨一吹响,霎时,漫山遍野的树枝摇动,'传来一阵阵"唧唧吃吃"的叫声。不一会儿,一群猴子窜到装谷子的竹篱旁,用前肢抓起苞谷就吃。它们好动好闹,时而爬上石桌、石凳、石柱顶聚餐,时而推推搡搡争食。有的边吃边抓脸挠耳,有的跑到树上荡"秋千"嬉闹。而抱着吃奶小毛猴的母猴很谨慎,选择角落蹲下来,一边转动着机警的双眼,顾盼左右,一边贪婪地吃着谷子,嘴里塞进谷子,吐出谷壳,快得活像脱粒机。

此刻,它们不仅可以结识一批新朋友,和中外游客一起欢度那令人难忘的时光,而且还可以饱餐一顿游客们带来的美味佳肴。

灵长动物猿猴,就血缘关系来说,与人类同属一目。"灵长"一词源于希腊文,含有“灵活、聪明、智慧”的意思。猴子不但善于观察与模仿人类的一些行为,进行滑稽表演而受到人们的青睐;而且还在分子生物学、免疫学、细胞遗传学、环境生态学、病理学、宇航科学等实验中大显身手,对人类做出了重要的贡献。

医学科学研究中,许多不便在人体上进行的试验,必须由动物替代,若根据研究的器官、组织、系统的特点来确定实验动物,猴是最理想的。猴感觉灵敏,行动迅速,这是由于它具有发达的脑神经。所以猴是研究神经系统的极好对象。

短尾猴世界探秘

在我国,最珍贵的猴是金丝猴;然而,研究比较全面又最有意义的却是黄山短尾猴。

短尾猴是一个游荡的种族。生活在安徽地区的短尾猴分布在皖南海拔较高的山林地带,以黄山及其附近的歙县、休宁等五个县数量最多。黄山海拔600~1500米的常绿落叶混交林和落叶阔叶林是猴群栖息、生活的主要场所,但它们无固定的栖息点。黄山的几个短尾猴猴群,各把持着几个山头进行循环活动。它们在一处活动数天后,开始作漫游迁移。漫游中,由成年雄猴带队,雌猴和小猴夹行中间,后面又有成年雄猴压队,幼小的猴紧抱在母猴腹下。猴群漫游迁移所选择的路线,一般都是乔木林带或悬崖石壁,而不在树上攀缘前进。猴群在行动时,除冬季边行边寻食外,其他季节似乎有一定的目的地,所以行走时发出的响声小,速度快,每小时最快可达6~7千米。迁移过程中,常有调皮小猴掉队,它立即发出呼叫,随后猴群中也发出同样的叫声相呼应,等掉队猴赶上后才继续前进。短尾猴十分喜爱泼水做戏,特别是小猴更甚。每当路过山泉水溪,它们总要滞留1~2小时,往往弄得全身淋湿方才离去。下午4时后,猴群寻找到符合它们的栖息环境就不再移动。夜间,猴群分成几堆,幼年小猴夹在中间，成年猴在外侧互相拥抱成团在石壁上入睡，睡眠时猴群警觉性很高，稍有动静它便发出惊叫。

短尾猴的小群约20～40只，大群可达50～70只。每群均由身强体壮的成年雄猴充当“猴王”，负责指挥猴群的一切行动。短尾猴的食物以植物为主，也吃少量动物。

短尾猴过着家长制管理的群居生活，这对共同防御天敌，捍卫本群栖息活动场所等方面有重要意义。猴群每留居一处进行觅食活动时，必有数只成年猴攀树登高担任岗哨，一旦发现异常情况，立即发出报警叫声，随之整个猴群隐蔽逃窜。

短尾猴的每一生活群，除了在食物极其缺乏的情况下，一般不侵犯其他猴群的栖息活动区域。即使一群无意侵入，而当听到对方群体在活动时所发出的响声会立即避离。可是，一旦发生侵入现象，两群必将引起一场争夺地域的激战，片刻后打败的一群迅速逃离。

在短尾猴中，常常见到这样一种现象，就是一只雄猴或雌猴尾随一只特定的雌猴或雄猴，两者频繁地离开群中其他猴子一起活动、一起作息，相互捋毛，这可能就是一对“夫妻”。但它们喜新厌旧，这种关系一般只保持3～30天，然后各自更换自己的原来对象，继续各自去找下一个“意中人”。但是，它们在性交时，必须躲着进行，因为猴王是所有雌猴的占有者。一旦雄猴“偷吃禁果”被发现，就会被猴王咬得遍体皆伤，而且在以后的日子里连食物都不准吃。

短尾猴怀孕期为8个月左右，每胎一子。幼猴一般体重550克，半年后可达2000克，并停止吃乳，一年后逐渐离开母猴单独活动。

短尾猴中，每一群的个体有着明显的等级变化。根据它们的进食顺序、占有配偶及在群体中所表现的作用等行为分析，可把每一个生活群中的所有猴子划分为4个阶层。“猴王”位于群体中首领地位，属第一阶层。第二阶层由数只(一般为2～4只)被称为“次雄”的年轻雄猴和几只受“猴王”、“次雄”们宠爱的“爱妃”(雌猴)及与它们有血缘关系的幼猴组成。“次雄”协助猴王指挥该群行动。猴群找到食物后,总由“猴王”和“次雄”们先吃,再由雌、幼猴吃,最后才轮到大部分猴子。这种进食顺序特别在缺食的情况下显得更加严格、突出,逆反者必遭到撕咬。第三阶层是一般雌雄猴子,表现为屈服强者,遵守规矩。第四阶层地位最低,通常仅有 1 ~ 2 只猴子,是受气猴。它们一般是“篡位”未成者,或者是有偷偷寻找食物的现象。

目前,科学家已经掌握了不少有关黄山短尾猴与其他猕猴的不同点,如生态模式、交配行为、雄猴与雄猴之间的社会关系以及种群的增长规律等,这些成果对认识人类的进化与起源有一定的借鉴作用。

古老的大熊猫

在种类繁多的野生动物里,大熊猫似乎和人类结下了不解之缘。画家挥毫摹写它们娇憨可爱的神态,工艺美术师用它们来设计图案、商标,动物园里的熊猫馆是游客最爱驻足流连之处,连世界野生动物基金会白铁镀金的徽章上面的图案也是大熊猫。

大熊猫

大熊猫古称貔貅,民间又称黑白熊,食铁兽。它是一种历经数百万年大自然活动存活下来的动物“遗老”,有“活化石”之称。

虽然大熊猫闻名于世只有 50 多年,但它确实和恐龙一样是个古老的动物。根据已发现的大熊猫化石,证实在距今 100 多万年的时候,大熊猫是一个正处于兴盛时期的大家族，它的分布地区西起缅甸，东达我国华东，北至北京，南到广东、台湾。

但是，由于它行动迟缓，牙爪又不是特别锐利有力，在弱肉强食的斗争过程中沦为猛兽的猎物。大约到了一万年前，为了保存种族，它只有放弃原有地盘，躲避敌害，活动范围已大大缩小了。如今，它只龟缩在四川、陕西和甘肃的一些长有竹木混合的高山深谷。

大熊猫惯于流浪生活，从来没有固定的住处，总是随着气候的变化而迁移。夏天爬上凉爽的高山避暑，冬天又迁到比较低洼和避风的地方。它们早晚出来觅食，白天就栖息在竹丛中，或是爬在树枝上晒太阳。它们的食量很大，一只大熊猫每天能吃 20 千克竹子。从解剖大熊猫得知，它只有一个胃，无盲肠，肠的长度也不超过 10 米。这样的消化系统，与食草动物的消化系统完全不同。如牛的胃分四室，肠的长度为体长的二十多倍，而且还生着帮助消化植物粗纤维的细菌和纤毛虫，所以它吃草能消化和吸收养分。由于熊猫的胃肠没有这种功能，故在它的粪便中存在大量未被消化的翠竹枝叶。但为了生存，在无法猎肉为食而又无其他食物可供充饥的情况下，只好大量吞食容易获得的翠竹为生。随着时光的流逝，代代相传，以翠竹为食就成了它的习性了。

在野外，大熊猫生活在海拔 2000 ~ 4000 米的高山竹林里，竹林就是它的家。竹林里还住着竹鼠，只有熊掌大小。竹鼠个体小，很灵活，又会打洞钻到地底下，专吃竹笋。大熊猫用带有肉垫的脚掌，尽量不发出声响，暗地里查找。一旦找到洞口，用力拍打地面，打得洞里的竹鼠心惊胆战往外逃。大熊猫敏捷地抓获竹鼠，把竹鼠整个儿地吃下去。

大熊猫抓竹鼠，是那么机智巧妙。可它也常做傻事。大熊猫到溪涧喝水看到自己清晰的水中倒影，以为又来了一只熊猫，于是，抢先喝起水来，直到肚子胀得圆滚滚才肯离去。可没走几步又不放心，回到水边，看到水中的倒影，以为另一只熊猫还在，怕水被喝光，又抢着拼命地喝起来，喝着喝着，胀得昏昏沉沉，倒在地上，通常 3 ~ 4 个小时之后才能恢复常态。当地人把这叫"熊猫醉水"。

大熊猫的视觉和听觉都比较差,但它们是爬树能手,也善于游泳,能攀上高高的树巅,也能泅过湍急的河流。也许正是这两种天赋的技能,使它们得以在残酷的自然竞争中幸存下来,没有遭到灭族绝种之灾。

大熊猫这种由黑白组成的脸圆而硕大的动物,已成为全世界人类的宠物。新中国成立以来,我国的大熊猫多次被中国政府作为国礼,赠送给英、美、日等国。可爱的大熊猫成为象征中国人民情谊的“友好使者”,为增进中外友谊做出了贡献。

第一只出国充当中国熊猫“大使”的,是宝兴的“平平”。1955 年,“平平”被赠送给苏联,成为莫斯科市民最宠爱的动物。

1972 年中美建交,中国政府将宝兴籍的大熊猫“玲玲”和“兴兴”赠送给美国。当“玲玲”和“兴兴”初次在华盛顿国家动物园与美国观众见面时,动物园前交通为之阻塞。开始第一个月,观众就达 110 多万,这一年被美国人民称为“熊猫年”。

20 年后,华盛顿国家动物园为“玲玲”、“兴兴”莅临美国 20 周年出版了专刊《熊猫热》,称自 1972 年以来,大熊猫一直是该动物园最有声望的“居民”。

凶猛的“食铁兽”

大熊猫,古时候被称为“食铁兽”,它锋利的牙齿能将村民的铁锅咬碎吃下,可见大熊猫不仅牙口好,消化功能也不赖。大熊猫属哺乳纲,食肉目。它的祖先是食肉动物,由于环境的改变,才不得不吃素,主要以吃箭竹为生,有时也捕食些小动物,改善改善生活,本性难移嘛!

我国在古代就观察到竹子开花这种现象。在两千多年前的《山海经》中就有“竹生花,其年便枯”的记载。在历史上,由于大熊猫的生活环境没有很大的破坏,其中生长着不同种类的竹丛,所以当某一种竹子开花时,大熊猫还可以采食别的未开花的竹子,维持正常生活。随着人类经济社会的发展,农业垦殖和森林采伐的扩大,大熊猫的栖息地退缩到山体的上部,成为孤岛状分布。这些地方水源最少,竹子等植被种类比较单一,所以一旦竹子大面积开花,就会对大熊猫的生存造成威胁。1974 年至 1976 年,岷山的竹子大面积开花枯死,形成数千平方千米的竹子开花枯死区,其中心地带由于海拔较高,竹种广,因此灾情特别严重,造成大熊猫大量死亡。

1983 年,四川宝兴县山上的箭竹大面积开花枯死,大熊猫生存受到空前威胁,急坏了当地的农民。村民们纷纷自发组织起来,组成抢救队、巡逻队,设立了观测站,形成了一个庞大的民间抢救大熊猫网络,纯朴的村民们贡献出自己并不宽裕的零花钱,为大熊猫购买药品。大熊猫饿极了,便跑到猪圈与猪争食吃,甚至到羊圈吃羊……

人们往往由于它的外表和宣传上的偏颇而误认为它是一种十分温顺的动物。其实不然,大熊猫属于肉食动物,它的牙齿的排列均是肉食动物的齿式。

大熊猫在平地上奔跑起来,能够四足腾空。它甚至能追赶上老乡饲养的家羊,只见它一跃而起,能够在一瞬间咬断羊的脖子,然后大吃大嚼。有时候,它竟能够把一头粗壮的牛咬死。

其实,大熊猫是非常喜欢吃肉的。在自然保护区内,它可谓没有天敌。科研人员捕捉它时,常常用很粗的钢筋做成大铁笼子抬到山上,然后把烤熟了的羊肉挂在铁笼子的机关上。大熊猫的嗅觉十分灵敏,它在很远的地方就能闻到烤羊肉的香味,禁不住美味的诱惑。当它进入笼子中撕食羊肉时,机关打开,一个沉重的铁门就会关下来,将它关在笼子里。这时候只见它会发出凶猛的怒吼,在铁笼予里狂跳,震得铁笼子叮当作响,只有这个时候,科研人员立刻用麻醉枪将它麻醉,然后才敢靠近它,给它戴上无线电项圈后再放它入山。

自然保护区内大熊猫主动攻击人、伤人的事件时有发生。保护区饲养场中的饲养人员稍不留神,就会被关在笼子里的熊猫咬伤致残。可以这么说,几乎没有一个饲养员没有被大熊猫咬过,只是伤势轻重不同罢了。饲养人员有被咬掉手指的,也有被咬掉腿肚子的。

有一次,一名女兽医正在喂养一只平常看来十分温顺的大熊猫,没想到这只熊猫突然野性大发,将女兽医扑倒在地,用牙齿撕咬着她,这个刚满 22 岁的姑娘顿时鲜血淋漓,幸好这时候,另一名年轻力壮的男饲养员听到呼救声飞身爬上饲养场的墙头,奋不顾身地跳入圈中,与熊猫展开了生死搏斗,只见他用脚死命地抵住大熊猫的胸口,闻声赶来的工作人员迅速用麻醉枪将熊猫射倒,然后把女兽医抢救了出来。女兽医屁股上的肉被熊猫撕下了一大条,鲜血不停地顺着腿往下流,浑身上下伤痕累累,真是令人惨不忍睹。

1993 年 6 月的一天,一位摄影师看到与他同行的另一位摄影师没命地从山上往下跑,只见一只大熊猫在其身后紧追不舍。他知道那位摄影师没有拍摄大熊猫的经验,就高声地向他喊道:“跑 S 形”,“向有障碍物的地方跑!”因为熊猫在平地上跑起来非常快。但那位摄影师似乎并没有听到他的呼喊,高度紧张的摄影师已经吓晕了头,一不小心,被石头绊倒在地。这时熊猫离他只有一两米的距离了,当摄影师回头看见那凶相毕露的熊猫,吓得再也跑不动了,两手抱头,双腿一软就蹲了下去,熊猫立即向摄影师扑了上去。

此刻距他们只有十来米的那位摄影师抄起一根大木头桩就冲了上去,用树桩死死地抵住大熊猫的头,大熊猫疯狂地反抗着,于是摄影师拼命呼喊,这才引来其他工作人员迅速赶到现场,将凶猛的大熊猫赶走了。

冬眠产子的黑熊

隆重的熊节庆祝活动,是东北亚许多土著民族共同的节日。

相传,中华民族共同的老祖母——华胥,就是踏上了公熊留下的大脚印,才生下伏羲、女娲,才有炎、黄二帝。熊成神,射熊、斗熊,又是一种高尚的文体活动。从炎帝到西汉,凡死人送葬,都以一人披熊皮,戴假面具,在前头开路。汉武帝为了过熊节,在上林苑特别修建了一座射熊馆,节日这天,天子和文武百官到上林苑狩猎,而射熊则是天子的专利。

熊是猛兽，仓颉造字在“能”字下加一个“火”字，是因为熊族是炎帝后裔，有“熊熊大火”一语，火种也是东北亚土著民族共有的神祇。

熊有白熊、狗熊(黑熊)、棕熊、马来熊等多种。其中黑熊是我们比较熟悉的。

黑熊性情孤僻，常常单独活动。一般不主动伤人，仅受伤或护子时异常凶猛，会主动攻击。

有趣的是黑熊在冬眠时还产子呢！每年的9月中旬到11月，黑熊便开始大吃大喝，为冬眠贮备足够的能量。在这期间，它开始从低山转向海拔1800米的高山上频繁活动，主要吃高热量的橡子和其他坚果，同时也偷吃各种农作物，如玉米、土豆等。由于这些食物含水量较低，所以黑熊常感口渴，需要饮水，以保持体内水分的平衡。吃饱喝足以后，便寻找在向阳坡的树洞，也有个别的在树根下扒坑为洞，或者是选择适宜的岩洞开始冬眠。每年的11月到第二年3月为冬眠期。它在冬眠期间不吃不喝，仅靠消耗自己体内的脂肪维持生命。每隔一定时间，它还会醒来晒晒太阳以升高体温，抵御严寒。冬眠过程中，有的母熊还会产小熊崽儿呢！这时母熊还得担负起哺育幼子的重任。

冬眠后的黑熊，体内脂肪消耗很大，体重减轻，需要大量补充能量。这时候黑熊常到低地游荡，大量觅食各种草本植物。它的胃口很大，每天要用一半的时间来觅食，一般白天都在活动，到了晚上才去睡觉。只有在秋天盗食农作物时，黑熊才在夜间偷偷摸摸地活动。

黑熊主要分布在喜马拉雅山系、中南半岛、中国、日本及西伯利亚东南部。我国的黑熊有5个亚种。由于它适应性很强，在我国分布很广，但数量不多。

黑熊浑身都是宝。

熊胆和山珍、鹿茸、虎骨一样珍贵。能清心火，平胆退热，明目杀虫，药效显著。倘若打到了黑熊应立即剖腹取胆。若是上半月打的熊，其胆汁仍在胆囊里；若是下半月打的熊，胆汁往往分泌在肝脏里。这时若连肝脏一块取下，放到一冷水盆里浸泡一个小时，胆汁就会重新回到胆囊里去，再取胆。取胆时先把胆口扎紧，以免胆汁流失。然后再小心剥去胆囊外附生的油脂，干后即为成品。胆汁干后称为胆仁。胆仁色黄的称“铜胆”，色黑的称“铁胆”。“铜胆”药效尤佳。熊胆有解痉挛、抗惊厥、促进胆汁分泌、健胃强心、解毒、消炎等作用。

熊掌又名熊蹯，是难得的奇珍。《左传·晋灵公不君》里载：“宰夫胹熊蹯不熟，杀之。”可见中国人早就知道熊掌是美味佳肴了。

到明清时，更为大雅之堂上乘珍馐，位居“山八珍”之列并一直被视为山珍之首。作为药物，历代以为补益强壮之品。

现代科学分析表明，熊掌每100克可食部分含粗蛋白55克，脂肪43.9克，并含矿物质0.94克，蛋白质水解产生的天冬氨酸、苯丙氨酸、亮氨酸、谷氨酸等11种氨基酸，在医疗上具有滋补气血、祛风去邪、健脾胃、宜气力等功效。

平常被人们认为登不得“大雅之堂”的猪蹄，其营养价值竟与熊掌相似。据分析，新鲜猪蹄的蛋白质占15.8%，脂肪占26.3%，矿物质占0.8%。所含氨基酸多达10余种。所以，猪蹄无论是给产妇通奶，还是对久病体弱、皮肤干裂或手术后恢复期的老年人都是一味上等的补品。

冬天猎获的狗熊，脊背下有一条厚厚的脂肪，称熊白。用它炼出的油脂味道纯香，涂在手脚上可防冻防裂。肉可食，皮可以制作地毯、褥垫。黑熊还有比较高的观赏价值呢！

珍贵的毛皮兽——貉

《汉书·公孙刘田王杨蔡陈郑传》记载了这样一个故事：

西汉汉宣帝时期，朝廷上有个中郎将，名叫杨恽，他是司马迁的外孙。杨恽的父亲也是朝廷的大官，做过大司农、御史大夫，还代理过丞相。杨恽由于告发霍光谋反有功，而被封为平通侯。

杨恽因为受到皇帝的器重，自以为了不起，不把朝廷大臣放在眼里，还常议论、讽刺汉宣帝，因此遭到一些人的嫉恨。不久，太仆戴长乐被人告发，被捕入狱。戴长乐怀疑是杨恽密告他的,因此在狱中写了一封信,向皇帝告状,说杨恽诽谤朝廷,诅咒圣上。他在信中写道:“有一回杨恽听说匈奴王单于被人杀了,他发议论说:昏庸的君主不采纳大臣们的善计,自然要得到如此的下场。秦二世胡亥宠信奸臣,杀害忠良,所以灭亡。若是他任用贤臣,也许秦朝会持续到现在呢!总而言之,古与今都是一个山丘上的貉。这是杨恽引亡国之事以诽谤当世,违背人臣之礼。”

原文是“古与今如一丘之貉”,成语“一丘之貉”就是从这里引出来的。后来人们引用这句成语比喻彼此都是坏家伙,同是丑类,没有什么差别。似乎貉是一种坏透了的动物。其实,貉虽然其貌不扬,但并不像狐狸那样狡猾、奸诈,而且貉还是一种珍贵的毛皮兽。

貉,长得似狗非狗,似狐非狐。野貉常住在荒野土丘的洞穴中,故有土狗、毛狗、狸、土车子等俗称。

貉在我国分布较广,大江南北都有它的足迹。产于长江以南为南貉,如闽越貉、湖北貉、云南貉等;产于长江以北为北貉,如乌苏里貉、朝鲜貉、阿穆尔貉等。北貉体型较大,毛绒丰厚,御寒力强。

貉是食肉动物,样子很像狐狸,尖尖的嘴巴,短短的吻,但比狐狸略小。身体比较胖,重约4~6千克。两颊生有长长的胡子。背部和吻部的毛呈棕灰色,头部两眼圈和眼下部分的毛是黑色的,形成八字形的黑纹,常向后延长到耳下方。背毛掺杂很多黑毛。

貉常栖居在河谷、草原和靠近溪流、河、湖附近的树林里。它身体虽很胖,但很灵巧,能爬树。食性很杂,主要以鱼和鼠类为食,有时也以昆虫、蛙和果类、蔬菜充饥。

貉是一种十分有趣的穴居动物,常常雌雄成对生活在一个洞穴里。如果配偶有一方死亡,剩下的一只“光棍貉”往往不耐寂寞,会跑到别的洞穴去栖身,在人家洞口附近住下来,过着可怜的寄人篱下的生活,境遇是相当悲惨的。它来人家寄住,洞穴的主人只好把洞再挖深些。挖下的土怎么处理呢?“光棍貉”只好仰身躺着，任凭房东夫妇把土放在自己的肚皮上。装满后，它用前肢抱着土块，不让土掉下来。房东夫妇俩各咬它的一条后腿往外拖。拖到洞口外，“光棍貉”一翻身，把土卸掉，再回到里边去运土，直到把挖下的土运完为止。到了秋天，房东夫妇需要运些植物性食物到洞里，准备过冬。这时，还要把“光棍貉”当车使用。久而久之，“光棍貉”的身体变得扁而平，背部的毛磨掉了，出现了一层胼胝，满是伤疤。正因为貉有这种特殊的挖洞运土的习性，所以有些地方的人们又叫它“土车子”，你看，还挺贴切吧！

貉冬季有间断性冬眠的习性，一般在 11 月底至来年 3 月初结束，有些个体只进行短期睡眠，所以其冬眠只是昏睡状态。每年 3 月间交配，妊娠期约 2 个月，4～5 月份产子的较多，每胎产子 6～8 只，最多可达 10 只。

貉是闻名中外的经济毛皮兽之一。貉皮轻柔保暖，美观大方，可制成高档裘皮大衣、衣领、皮帽、袖头等。不拔掉针毛的为“貉皮”，拔掉针毛的为“貉绒”。针毛可制刷、制笔，也可加工成细尾毛出口。貉肉鲜美肥嫩，营养丰富，是难得的野味佳肴。据《中国动物药》中介绍：貉肉有“滋补强壮”之功效，可治“虚劳”等症。

貉能灭鼠，有益于维护自然生态平衡，应合理开发利用。

可见，人工养貉是项很有前途的养殖业。貉既可网笼饲养，也可像养猪那样圈养，但必须架设防雨、防雪棚盖。

长颈鹿的奇特生理结构

长颈鹿的老家在非洲的森林里，那儿一年四季都很暖和。森林里没有多少青草，它们只好伸长了脖子吃树上的嫩叶。经过千万年的进化，长颈鹿的脖子慢慢变长了，个子也越长越高，终于成为世界上最高的动物了。

长颈鹿在地球上已生存了 2500 万年。一个世纪以前，长颈鹿在非洲紧靠撒哈拉沙漠以南的一片宽阔地带游荡。如今，人类将它们挤到东非的一些

"岛"上。它们的总数约有45万头。

长颈鹿

虽然活动地区越来越小，但长颈鹿的前途比犀牛、象、豹和狮子似乎要好一些。长颈鹿与世无争。它们不会低下头来与牛羊争食牧草，只是在树身高处或灌木上找食物，每天吃约45千克的树叶，它们看见多叶的高灌木就像饥饿的孩子看见煮熟了苞米一样高兴。首先，它的45厘米长的舌头端部卷到多汁的树枝上，将它拉到大而结实的嘴唇之间。然后紧闭嘴，摆动头部，轻巧地咬下满嘴嫩枝、叶、荚和蚁类。

公元前46年恺撒第一次把长颈鹿带到罗马，欧洲人才认识了这种怪兽。由于长颈鹿体型高大像骆驼，花纹斑驳又像豹子，人们便给它起名叫"骆驼豹"，甚至传说是骆驼和豹的杂交所生的后代。

长颈鹿看上去似乎很笨拙。这种世界上身材最高的动物，事实上却是最机警敏捷的。在长颈顶端之上长着一双警惕的眼睛，具有几乎360度的视野。

别看长颈鹿个子挺大，胆子却很小！它们害怕凶猛的狮子，经常成群地生活在一起，还常常警惕地抬起头向四下张望，竖起耳朵留心细听。它们个子高高的，像小小的瞭望台，可以发现远处的动静。它们长着一身美丽的斑纹，一钻进树林就和树干、树叶交错在一起，可以骗过敌人。要是真的遇上狮子，它们就放开四肢，拼命逃跑，快得像飞奔的骏马。到了深夜，它们一只挨着一只地卧在地上睡觉。在它们熟睡的时候，总有一只公鹿在那儿站岗，守护着整个鹿群。

长颈鹿的生活结构十分奇特。由于身体的表面积大，利于进行空气调节，从而能使它在炎热的环境中保持身体凉爽。而非洲其他巨兽——犀牛、河马、大象等，都要经常泡在水里或滚在泥水中取凉，而且常常还要喝水。可从来没有人看见过长颈鹿是泡在水里或滚在泥水中取凉的。长颈鹿只要有刺槐的嫩叶可吃,似乎可以永远不需要喝水。刺槐的鲜枝嫩叶中蕴涵着丰富的汁液,约74%都是水分。

长颈鹿的脖子除了作为瞭望和取食的用途之外,在夏季酷热中还起了冷却塔的作用,它的巨大暴露面有助于散热。长颈鹿的脖子长,气管自然也就特别长,它有着动物中最长的气管。气管长了,体内的废气不容易在呼吸的时候完全排出来,常有陈旧的空气滞留在气管里面。但是由于长颈鹿的肺特别大,才补救了这个缺陷。它的肺活量比人大7倍,这根气管成为一条1.5米长,有很大吞吐力的风道。不然的话,长颈鹿就要不断地呼吸那停留在气管中的废气了。

长颈鹿向前行动时,利用它的脖子来增加力量。当它缓步或快步行走时,将头向前伸,使重心向前移,然后再缩回,准备下一次的前伸。它只有7节椎骨,同人类、鲸鱼和其他哺乳类的一样,但它太大了,只能由活动肌肉支撑着。颈部顶端是一个巨大的带角头颅。在雄鹿的全部生命过程中,颅骨不断地往更厚、更重生长,头颅重量有时能增加一倍。

看到长颈鹿那巨大的头颅一下子低到地面又抬了起来,人们不禁对这种生理上的奇迹叹为观止。它避免了血液在心脏和脑之间快速流动后所引起的晕眩。动脉和静脉的瓣膜使血液在各种姿势下都保持均匀的流动。低头时脑底部的血管扩张以容纳增多的血液;每当突然抬起时,就收缩以止住血液流动。对血管和脑周围的脑椎液造成反压力。为了便于输送大量血液,长颈鹿的血压在动物中是最高的。它有一颗11千克多重、60厘米长的椭圆心脏,每分钟输送血液68升。

长颈鹿很少躺下。有些科学家认为,它们是睁着眼睛睡觉,而且即使站着也能睡。

难得一见的野生双峰驼

野生双峰驼是世界珍稀动物，目前只有我国尚有生存。19 世纪末，在罗布洼地第一次发现野生双峰驼时曾轰动了国际动物界。由于野驼生活于缺水干旱荒漠地区，人迹罕至，不易捕获，所以研究工作进展不大。国外有的动物学家对我国是否有野驼持怀疑态度，理由是，在中国获得的标本太少，很难区分是野生种还是野化种。

我国自 1976 年以来，开始研究野生双峰驼，进行了多次考察，取得了丰富的第一手资料和标本。

1976 年 7 月的骄阳，火辣辣地烘烤着大地。一支由新疆生土所、新疆林业局、新疆大学和乌鲁木齐市人民公园组成的考察队，沿着塔里木河下游古河道上缓缓前进。

一条坎坷不平的土路蜿蜒曲折，通向灰蒙蒙的漠野，沿途风化雨蚀的断垣颓墙和残缺不全的人工水渠依稀可辨。80 年前，这里有较发达的农牧业。后来塔里木河改道北上，这里也就渐渐地变成了废墟。20 世纪 70 年代，不断传来塔里木河下游有野驼出没的消息，科研人员决定进行一次科学考察。

从天蒙蒙亮出发，到晚上 10 点多钟（这里夏天晚上 10 点半以后天才全黑），考察队的马队在沙漠里足足行走了十六七个小时。忽然，一名考察队员在附近的沙地里发现一行桃形的足迹，经测定，是野驼刚留下的。由于黑夜吞没了前进的道路，他们只得安营扎寨。

第二天清晨，队员们跃马南下，继续追踪野驼，只留下一位患病的队员和一名猎手。中午，这位患病的队员服药后，感到舒坦些了，就到帐篷外散散步，一行野驼的新鲜足迹把他吸引住了：沿着足迹望去，远处一棵沙枣树下，一峰野驼正在美美地睡觉哩！他悄悄地取来步枪，小心翼翼地匍匐前进，在离野驼 200 米时，连发 3 枪，野驼应声倒下。

这是我国取得的第一个野生双峰驼标本。它是一峰公驼,除了腿、颈和峰间有些稀疏的毛外,全身光秃秃的,呈灰褐色。

考察队详细考察了这一带的地形地貌,询问了附近的农民,了解到许多关于野驼活动的情况。夏天,野驼都深入到塔克拉玛干大沙漠腹地,冬天才回到塔里木河下游繁殖。附近农民见到最多的一群野骆驼达70多峰。考察队确认这是一个野驼新分布区,提出了在塔里木河下游河道约5000平方千米范围内,建立野驼保护区的建议。

1980年以来,中国科学院新疆分院综合考察队先后3次,对罗布洼地野生双峰驼的分布、种群、生活习性等进行了考察。

同年6月中旬,著名科学家彭加木率领的考察队来到库木库都克附近。一天下午,3辆汽车就像3片扁叶,在沙海里漂浮着。突然司机说:“前面有野骆驼。”彭加木抬头远望,在500~600米的地方果然有十几峰野驼。它们昂着头,在辨别汽车声音的方向,然后很快就分散开来,有的躲在沙丘后面,有的钻进了芦苇丛中。经验丰富的司机立刻熄了火,荒漠上又恢复了平静。过了一会,野驼以为没事了,一峰峰探头探脑地钻了出来。就在这时,汽车如离弦之箭冲了过去,野驼闻声四处惊跑,有一峰小驼腿上有疾,被汽车轻轻一碰,倒在地上,成了考察队的“俘虏”。彭加木高兴地说:“把它送到乌鲁木齐人民公园去。”

野驼一般过群体生活,一旦丢失一峰,其他野驼就会到处寻找。那天晚上,考察队宿营地周围,野驼“呜呜”地叫个不停,小驼也发出了求救的哀鸣。但是机警的野驼群始终没敢接近宿营地。

第二天,彭加木外出找水,不幸迷失方向,以身殉职。大家急于找彭加木,无暇顾及这个“俘虏”,两天以后,这峰小驼死亡。

野驼的嗅觉和听觉十分灵敏,如果是顺风,可以发现几千米外的异常,而且它还有在沙漠中疾跑的本领,汽车也很难追上它。所以,尽管在罗布洼地野驼留下了许多活动的痕迹,但要直接接触野驼,并不是一件容易的事。

一天下午,考察队在一片沙丘发现一群野驼,队员们立刻卧倒进行观察。

这群野驼共23峰，正在美滋滋地吃着芦苇、骆驼刺和一些盐木类植物。其中有一峰不吃食，警惕地东张西望，像是站岗的"哨兵"。有一位考察队员拿起相机想拍照，由于水汽太大看不清楚，正在这时，野驼似乎发现了他们，在一峰野驼带领下，迅速逃走。两名队员敏捷地穿过坚硬的盐壳地，抄近路赶了上去。这群野驼见来了两个人，丝毫不惧怕，照样从容不迫地向前走着。等到两名队员离它们只有200米时，野驼似乎感到了威胁，便依仗驼多势大，恶狠狠地迎着两名队员走来，队员见"来者不善"，赶紧拍了几张照片就返回了。野驼也不追赶，侧过头去，一步一个脚印，朝着沙漠深处走去……

这些有趣的经历为我国有野生双峰驼生活提供了丰富的佐证。

极其丑恶的鬣狗

鬣狗一向"不得人心"，原因在于它集丑恶之大成。

阿拉伯人有句格言："你别贪心不足，学鬣狗在水中捞月。"可见，在阿拉伯人的眼里，鬣狗是贪得无厌的坏东西。

在《伊索寓言》中有一则《鬣狗与狐狸》，大意说，鬣狗每年变换其性，有时雄，有时雌。一次，它责备狐狸不肯与其交友，狐狸反唇相讥：还是责备你自己吧，因为我不知道把你当成女友还是男友。当然，性的变易是不可能的，但鬣狗的性不易区别倒是事实。在这则寓言中，它被视为暧昧不明，必须时时提防的家伙。

鬣狗名声很坏的原因，主要还在于它习惯不良。最可恨的就是吃死人的尸体。这种食性不是始于今日，早在旧石器时代晚期，我国山顶洞人就对它恨之入骨：它潜入山顶洞人埋葬亲属的洞穴，把埋入土中的尸体用利爪掘出来，弄得一片狼藉。

非洲猎人常以斑马或羚羊尸体当做诱饵捕猎，有时需在猛兽出没处放置过夜。但清晨去看，却已不翼而飞。有经验的猎人很快就猜到盗贼一定是鬣狗。

它不但把腐肉吃个精光，而且连骨头也不剩一点。因为它齿坚颚强，消化力惊人，所以消化硬骨头绰绰有余。

"不劳而获"是它固有的习性。它经常跟在狮子后边，等狮子饱餐完毕，剩下一点残骸，才去大吃大嚼。对鬣狗来说，狮子算不得大方的"施舍者"，至少有点小恩吧。可是它毫不领情，倘若狮子受伤或衰老时，它就冷不防猛扑上去，原来狮子肉是它最喜欢的美味佳肴。

鬣狗喜欢独来独往，但要袭击林中的孕牛或病马时，却也像狼一样分工合作。别看它平时胆小，一旦得势，就变得肆无忌惮：其中一只跳上背去，狠狠地咬住头颈，其后有十多只紧追不舍。所以，它们在得不到"残羹剩饭"时也会侵犯无力自卫的家畜甚至小孩，这又是十分令人深恶痛绝的。

鬣狗丑态百出，生性多疑，就连叫声也与众不同，像是咯咯的笑声，在夜半的旷野中听了颇使人毛骨悚然。

确实，鬣狗在人们心目中是一种猥琐的、令人生厌的、卑鄙无耻的怪物。

尽管如此，它对待自己的儿女却一片柔情。为了使小鬣狗健康成长，成年鬣狗不惜花费大量精力建造安全、舒适的"托儿所"。这种迷宫似的"托儿所"是鬣狗们的公用洞穴。小鬣狗刚出生，母狗就让它们待在一种称为"产房"的小洞里。一间"产房"能同时容纳 1 ~ 4 只小狗。在这期间，狗妈妈每晚还要起来喂两次奶。怕孩子睡得不舒服，它还经常帮小狗翻身、挪地方。两个月后，小狗被搬进旁边"托儿所"的洞穴。稍大一点，它们就正式入托了，和许多不同年龄的小狗待在一起。小狗入托后，就由狗妈妈照料、喂奶。它们无私地哺喂所有的小狗，不管是不是亲生儿女。

14 个月后，进入"幼儿期"的小鬣狗住进"托儿所"旁边的"单身宿舍"。隔几天，狗妈妈就会给孩子送来一份营养丰富的食物。这些食物大多是小狗爱吃的非洲大羚羊肉或长颈鹿肉。雨季中，鬣狗们围捕所有能到手的食物，把它们储藏到自己的仓库里。有时狗妈妈不在，送饭的任务就落到其他母狗的身上。当大狗们外出寻食时，托儿所就成为小狗的避难所。只要听见猛兽的嚎叫声，小鬣狗们就马上钻进托儿所墙壁上开的小洞里。这些预先准备好的小洞非常狭窄,仅仅能容一头小狗进去。如果不速之客得寸进尺,小狗就会竖起颈上的鬣毛,卷起尾巴昂起头,露出一副狰狞可怕的凶相,吓退入侵者。可是,如果路过的是狮子,小狗则立即钻入洞里,大气也不敢出,直到危险过去,它才重新活跃起来。

在"托儿所"里,小狗们不仅可以尽情地玩耍嬉戏,还练习各种捕食猎物和躲避敌害的技巧。这种技巧将决定它们成年后的生活境遇。

古怪的动物——刺猬

盛夏的晚上,当人们在庭园里纳凉时,有时会看到一种灰色的小兽带领着几只幼兽,顺着墙根溜达,仔细一看,才知道它们是一群刺猬。

刺猬是一种野生小动物,体肥矮小,长 20 ~ 25 厘米。四肢短,弯爪锐利。眼和耳都很小。体背密生土棕色的棘刺,刺基白色,尖端棕黑色。面部、四肢及体腹无刺,但毛粗糙。遇敌害时,能卷曲成球,以刺保护身体。夜间活动,主食昆虫和蠕虫,对农业有益,有时也食农作物。它分布于亚洲中部、北部和欧洲;中国北部及长江中下游地区也有它的踪迹。

刺猬栖息在山地森林、丘陵、平原、草丛及灌木丛等处,有时候在市郊及村落附近也可见到。刺猬一般都挖洞作窝,白天藏在窝里,晚上出来活动。它的食物以昆虫及其幼虫为主,也吃幼鸟、鸟卵、青蛙、蜥蜴以及瓜果、蔬菜等。

刺猬冬眠时间比较长,并别具一格。它在正常情况下,每分钟呼吸是 50 次;但在深度冬眠(熟睡)时,却几乎停止了呼吸。原来,刺猬的喉头有一块软骨,可将口腔和咽喉隔开,并掩紧气管入口,这样就使它在冬眠时,呼吸简直像停止了似的。这时如果将它扔入水中,过半小时后再捞上来,它也不会被淹死。动物学家曾把冬眠的刺猬放入温水中,足足浸泡了半个多小时,它才慢慢苏醒过来。可是在夏天,只要把它扔在水里 3 分钟,它就会死亡。当刺猬进入冬眠时,它的身体会出现令人惊奇的现象:用手抚摸它的身体,似乎已经冻僵。这并不奇怪,因为它的体温只有1.8℃,心跳从每分钟128次减到每分钟2次,呼吸由每分钟50次减到每分钟5次,难怪看起来好像停止了呼吸似的。

刺猬冬眠时团成一个球。虽然用以维持生命的消耗是很小的,但是,它的体重仍在日益减轻。通常要消耗体重的1/3,有时甚至消耗1/2。

刺猬

刺猬的肉味鲜美,只要食肉兽遇到它们,就摆出跃跃欲试的架势。但是一经接近,刺猬就马上缩头屈脚,将整个身体向腹内卷起,变成一个全副武装的刺球,使垂涎三尺的食肉兽扫兴而去。在哺乳动物中,刺猬的脑的相对重量最小。在它的脑半球上无法找到脑沟和脑回,大脑皮层仅占据了脑半球的1/3。而大脑皮层越发达,动物给自己"安排"的活动时间就越长,动物就越伶俐。

刺猬的大脑远不是最优秀的大脑,但它在实验中的表现却不像一个十足的傻瓜。比如在两个不同的地方给刺猬喂食,而在其中的一个地方偶尔才放些食物,它发现后就会只走向常有美食的地方。

刺猬可以说是个古怪的动物。晚上,它还未出窝就开始呼呼喘气,同时吱吱地叫着。这是它在嗅味。刺猬鼻子上的可观之物是鼻孔,宽大的鼻孔眼儿,四周长有齿形皮肤。这当然不是为了美观,闻到气味后,这种齿形皮肤迫使气味进入鼻内,并加速运动,鼻内的特殊细胞对气味进行鉴别。这种细胞的表面积不大,相互衔接着排成8排。

刺猬的耳朵更新奇。如果看一看刺猬的耳朵,不能不认为刺猬是个妖怪。所有发育正常的野兽都有耳鼓膜,刺猬也有,而且比应有的鼓膜面积还要大些。可是我们在哪里见过第二层鼓膜呢?人们把刺猬的第二层鼓膜叫做假鼓膜,以区别于真鼓膜。它比真鼓膜薄，有些松弛，没有多大弹性。这层多出的耳鼓膜也是声音接收器，使听到声音的机会更多了。但这层神奇的鼓膜的优点还不完全在此，它能增强声波的振动力，延长进入中耳的第一次讯号和第二次讯号之间的间隔，这两种讯号是通过听骨系统和真鼓膜传递的。也就是说，能更准确地确定声音来自何方。科学家对刺猬耳朵的奥秘的研究还在进一步深入。完全可以设想，两层鼓膜各有分工，假鼓膜传递低频率的微弱声音等，真鼓膜传递正常声音。

不管什么时候，只要传来可疑的沙沙声，刺猬周身的皮下肌肉一收缩，立刻变成长满刺的球。

刺猬是个出色的挖土手，用它那带着坚硬的前爪挖洞，洞深可达 1.5 米。如果树墩下有个僻静的地方或小坑，它就不再挖洞了，而开始用干树叶、草和地皮把自己的冬季住宅修饰得更加温暖。进入冬季住宅后，刺猬就不再理会周围所发生的事情了。

我国人民很早就发现刺猬的皮可以治病，约在东汉时成书的《神农本草经》中，已经收录了这种药材，列为中品。中医经过长期的医疗实践，认为刺猬皮性平味苦，入胃和大肠，有降气定痛、凉血止血功能，主治反胃吐食，腹痛疝气，肠风痔漏和遗精。

罕见而奇特的犰狳

犰狳是一种奇特的常常被人低估的动物，它已经历了超过几百万年的进化，有着超乎寻常的适应能力。犰狳有保护性的甲胄，是具有真正甲壳的唯一哺乳动物。对于第一批西班牙征服者来说，它看起来一定很奇特，类似于澳大利亚的欧洲定居者看待鸭嘴兽一样。

犰狳有 21 种，目前分布最广、最常见的是长鼻子九带犰狳，人们能够在美洲的阿根廷发现这种犰狳。这种机敏的动物在 1850 年左右横渡格兰德河，轻松地移居北美洲。目前,犰狳多数分布在得克萨斯州、路易斯安那州和佛罗里达州。尽管因气候严寒不适合犰狳生存,但这些地方仍有犰狳出现。人们尚未彻底弄清这种动物是如何成功地移居到新地带的。

九带犰狳的体型大约相当于一只大猫,体重在2.5~6.5千克之间。九带犰狳能够把空气深深地吸入胃和肠,增加浮力,这有助于漂浮。它们还能憋气10分钟之久。人们遇见过犰狳拖着气泡,从溪流底部涉水而过,再爬到岸上。

犰狳与食蚁兽、树懒一样属于异关节目动物。它们的祖先大约在5800万年前出现在今天的南美洲,而它们的命运几乎与南美洲的变迁相一致。在很长的时间里,南美洲是远离大陆的孤岛。

异关节目动物的在一个几乎没有竞争的环境中茁壮生长和进化的。大约在上新世(500万年前)美洲之间的陆桥形成之后,大型捕食动物向南迁移,并造成严重的破坏。化石记录显示,犰狳的祖先跋涉到北美洲,多半是为了逃生。随后,大约在1.1万年前,它们无缘无故地消失了,又在不到两百年前,重新出现在格兰德河以北地区。

犰狳独特的适应半地下生活方式的代谢系统助长了其韧性。犰狳的体温为33℃~33.5℃,代谢率(这一体型动物的预期代谢率为29%~57%之间)较低,这能防止它们在独居的地洞中太热。一只九带犰狳的活动范围可达10.8公顷,而且有多达12个地洞。有些地洞只是地表上的一个浅洞,能让犰狳把鼻子埋进土里休息,其他一些地洞深达2米,里面铺着草。再加上它的憋气的本领,使它在对付捕食者方面具有明显的优势,因为捕食者无法深入犰狳黑暗且不透气的地洞中。

如果犰狳碰巧在地洞外面,或者地表的浅洞中遇到捕食者,就会用两种方法自卫。第一种是蜷缩身体,把甲胄的边缘插进地里,四肢紧紧缩回,收紧脚爪。这种方法通常是用以阻止较小的捕食者,因为它们无法达到犰狳的身下,将其翻过来。三带犰狳能够卷成一个结实的球,这就更安全了。但是像美洲豹这样的大型捕食者能够用嘴咬住犰狳,弄裂甲胄。犰狳的另一种防御手段是突然而且迅速地垂直跃入空中。这种方法能吓住捕食者,使犰狳有足够的时间逃跑。

在南美洲,犰狳肉被认为是一种美味,据说味道像上好的猪肉,其甲胄可制成皮包。

犰狳让科学家着了迷。这主要有两个原因:其一,九带犰狳的幼子具有相同的基因。这种犰狳总是一胎产4只一模一样的幼子。它们由相同的遗传物质形成,并共享一个胎盘。瑞士研究犰狳的专家马里耶拉·苏佩里纳说:"有几种理论试图解释这一现象,但尚未弄清其意义。"九带犰狳的幼子出生时没有甲胄,不能自立,身上覆盖着柔软但坚韧的皮肤,皮肤随后会变硬,并由骨质甲板形成甲胄。幼子在4~5周后断奶,并在6个月至1岁大时达到性成熟。

其二,犰狳是除人类之外,唯一易受麻风病菌感染的哺乳动物。在大多数犰狳的组织中,尤其是肝脏、脾脏中存在麻风分枝杆菌。在得克萨斯州和路易斯安那州发现的犰狳中,每6只中就有1只携带这种病菌。

凶猛的犀牛要生存

犀牛是凶猛、孤僻而又珍贵的动物,目前世界上仅有五种——黑犀、白犀、苏门答腊犀、大独角犀(印度犀)和小独角犀(爪哇犀),前三种是双角犀。黑犀和白犀分布于非洲的热带,其他三种犀均分布于亚洲。它们生活在热带或亚热带丛林里,以各种植物为食,为热带厚皮兽,同属奇蹄目犀科。

1957年7月中旬,北京动物园从肯尼亚引进两岁的黑犀"非阿",在动物园里安家落户。1965年开始生儿育女,它一年四季均可发情、求偶,怀孕期平均为452天、446天至465天,每胎产一子,5~6岁成熟,能活40~50岁。"非阿"自幼由人工饲养,经过多年驯化,和主人建立了"深厚"的感情。它从来没跟主人发过脾气、耍过"态度",即使坐月子,主人进入它的产房,它也没有任何敌意。"非阿"母性十足,总是让孩子们先吃先喝。

提起犀牛的脾气和“态度”，使人想起犀牛和犀鸟和睦相处的故事。

非洲犀牛身体庞大，四肢粗壮，皮肤坚硬，多皱褶，毛极稀少，体重可达1500千克，头上长着两只奇怪的角，一前一后，前大后小。大角有90厘米长，打起架来，任何猛兽都不是它的对手。这样一个凶猛的家伙，居然也有一位知心的小朋友——犀鸟。说来也怪，它们总是和和睦睦，朝夕相处。

原来，犀牛的皮上有许多皱褶，其中的皮肤非常娇嫩，神经、血管密布其间；再加上它喜欢在水泽泥沼中生活，时间久了，皱褶里就钻进了各种寄生虫叮咬它的皮肤，疼痒难忍。停歇在犀牛背上的犀鸟，嘴巴尖长，身披黑羽。它们结成小群，无拘无束地在犀牛背上走来跳去，不停地在犀牛的皮肤皱褶处觅食小虫，有时它还毫不客气地爬到犀牛的嘴巴或鼻尖上去。犀牛之所以对犀鸟这样客气，是因为它在为自己捉拿寄生虫，否则，它会痛痒难耐。

犀牛眼睛很小，视力很差，听觉也不十分灵敏。每当发现险情时，犀鸟便会立即向自己的伙伴发出警报，先是跳到它的背上，然后飞起来，大声啼叫并在上空盘旋。所以有人又把犀鸟称为犀牛的“警卫员”。

犀牛是世界上极其珍贵的稀有动物，犀角是贵重的药材之一。

为了满足有利可图的犀牛角贸易的需求，偷猎犀牛曾在亚洲和非洲愈演愈烈，几乎将犀牛逼上了绝路。

1920年，非洲南方的白犀牛仅剩下100头，如今已增至4000头。几年来，它们已经被迁到原来的分布区去。目前，在博茨瓦纳、南非和津巴布韦，白犀牛的数量已相当可观。

莫桑比克的白犀曾因偷猎而绝了种，不得不从国外进口。连年内战使白犀牛又一次遭受劫难，现已所剩无几了。偷猎使非洲北方白犀牛也几乎绝迹，现在仅有区区17头生活在扎伊尔的加拉姆巴国家公园，由公园管理人员严加保护。

非洲黑犀牛数量的减少是最令人吃惊的，它们从1970年的65000头锐减至1986年的4500头。这主要归咎于在非洲黑犀牛最大的栖息地（如坦桑尼亚的塞勒斯野生动物保护区和赞比亚的卢安瓜河谷)进行的偷猎活动十分猖獗。在津巴布韦,尽管该国的野生动物保护部门的工作很卖力,但是在赞比亚河谷偷猎犀牛的活动仍然达到了空前的程度。

亚洲有三种犀牛,它们的生存也受到了威胁。爪哇犀牛在印度尼西亚爪哇岛西端的一个国家公园里尚可见到,在溪流的两岸生活着大约60头。公园管理员的严密巡视使偷猎者不敢涉足。然而,由于这些犀牛密集地生活在一小块地域内,一旦瘟疫袭来,几周之内这些犀牛就会全部染病而死。

印尼苏门答腊犀牛有750头。但是由于其天然栖居地遭到人为的破坏,这些犀牛被迫四处逃命,七零八落地生活在各地,这使它们很难进行繁殖。为此,有关部门计划将这些苏门答腊犀牛迁到马来西亚和英国去,以便它们在人工饲养的条件下繁衍。

二十几年来,在东亚进行的犀牛贸易额已经减少,这是令人欣慰的迹象。它使人们对犀牛将在它们的某些天然栖息地内得以生存下去产生了希望。

狡猾的狐狸

狐狸的寿命不长,一般只能活12年左右。所以说,狐狸能活上千年,能成"精"成"仙"的说法,是毫无根据的。

不过,狐狸是十分狡猾的,特别是它那善诈偷盗的伎俩,最令人痛恨。

从狐狸偷鸡的本领,就可以看出它那十足的狡猾相。雄狐狸和雌狐狸常常一起偷偷来到农家宅院附近,然后分头行事:雄狐狸故意做声,诱骗凶猛的看家狗狂吠直追,但它与狂追的狗始终保持着一定的距离,待把狗引到很远的地方,便逃之夭夭。当狗垂头丧气地回到家里时,鸡舍里的鸡早已被雌狐狸叼走了。更狡猾的是,狐狸能模拟小羊、兔子等动物的叫声,以此诱骗羊、兔闻声而来,以便乘机擒住,饱餐一顿。它扑杀家兔时所采取的则又是另一种办法:它常常装做一位彬彬有礼的来客,徘徊在兔窝附近,待家兔恐慌感逐渐消失时,就乘其不备,突然袭击。更令人感到意外的是,有时连猎人也会被狐狸捉弄:在山林里的小道上,狐狸有时遇到猎人便拔腿逃窜,逃到一定的距离时却忽然停下,故意回过头来,四处张望,观察动静。当猎人举枪瞄准时,它又迅速伏下身体,飞快地向远处逃跑。当它逃到有效射程以外时,又停下来,再回头观察,好像故意和人开玩笑一样。猎人有时遇到这种气人的事,被它拖得精疲力竭。

狐狸的警戒心极强,一般情况下很少“单枪匹马”深入村里去偷盗家禽。偶尔去一次,也绝不敢连续作案。它的活动时间多在薄暮中、黑暗处或黎明前后。虽然狐狸尾巴有一种臭腺,能分泌油质臭物,成为猎犬追逐的线索,但它在万分危险时竟能除去这种臭味。要是遇到羊群,还会把臭气传染给羊群,嫁祸于它们,而它自己则安然逃去。狐狸还有一个特点,就是多疑。

狐狸的洞穴构造精巧别致,两端开口,内部光滑,洞门很多。猎人都知道,要从洞穴里捕捉狐狸是很难的。狐狸交尾多在初春,怀孕60天分娩,每胎产5~8子。它的寿命为12年。在自然生活8~9年后,其视觉和行动即见衰退,因不能捕食不是饿死,或是被其他动物所害。

偷盗家禽、小家畜是狐狸的专长,但它更多的是捕捉为害农作物的田鼠和野兔等,为人类消灭很多有害的小动物。它们的毛皮很珍贵,在国际市场上很受欢迎。

狐狸的一些狡猾行为,是它在长期的进化过程中,为了适应外界的环境,特别是逃避各种凶猛的野兽,慢慢地锻炼出来的。任何动物都有这个特点,比如老鼠会逃避猫,狡兔有三窟等等,没有什么好奇怪的。可是,古时候,人们并不理解这些,误认为狐狸如此狡猾,必定是什么“神灵”,因而对它产生畏惧。后来,在阶级社会里,统治阶级为了维护自己的统治,便利用人们对狐狸的畏惧,捏造狐狸成“精”成“仙”的迷信,并且竭力提倡供奉“胡仙”,修建“胡仙庙”、“胡仙堂”等等。一些专门从事迷信活动的巫婆神汉,又假借“胡仙”附体的名义,装神弄鬼,胡说人生病是被“胡仙”迷住了,以及“胡仙”能驱鬼下药、包治百病等等。再加上旧时代的文人用“狐狸精”为题材,编写神怪小说或传统故事,忠实地为统治阶级服务,或者发泄对统治阶级的愤怒。这样一来,狐狸成“精”成“仙”的迷信就越来越多,传播得也越来越广,直到现代,还有一部分人迷信“胡仙”,或者是借“胡仙”迷惑思想不开化的人,借机骗取钱财。其实,我们只要仔细想想,狐狸虽然十分狡猾,但是“狐狸再狡猾,也逃不过精明的猎手”。

驯狼牧羊

狼这种动物,常被用作凶恶、狠毒、残忍、贪婪的同义词。

许多人都读过《中山狼传》,听说过“狼吃羊”的故事,知道了狼的不可改变的吃人本性。然而,动物学家经过长期反复的观察、试验研究表明:人不但可以接近狼,甚至可以长期地和它生活在一起;经过驯化的狼不但不再吃羊,还可以看护羊群,成为牧羊人最忠实的朋友。

一提起狼,人们一般只想到那可怕的嗥叫、阴森的目光,不免产生厌恶恐惧之感,而对它的生活习惯却不熟悉。

狼的生活与人的生活有着相似之处。人类的家庭由父、母、儿女组成;而一个狼的家庭一般有 10 只左右,它们也由老公狼、老母狼和幼狼组成。母狼常与幼狼待在一起,公狼外出猎食,有时也兼管照料幼狼。

狼群中有着严格的等级制度,狼群的首领有选择食物和配偶的特权。它带领着狼群外出猎食,并决定什么时候跟踪、攻击目标,什么时候休息,猎获量多少等等。狼群的计划性很强,通常,它们所攻击的每 24 只鹿中仅杀死一只,其余的放走,留待以后猎获。

公狼之间要经过一番激烈的厮打来决出谁是“首领”;只有“首领”才有权选择配偶,其他成员则不许随意交配,狼群就是这样控制家庭成员增加的。

狼群的这种等级制度使许多已成年的狼忍受不了,所以它们只有三条路可走:

一是通过厮打取得“首领”的地位;

二是逃离群体，另寻自己的伴侣，组成一个新的家庭；

三是卧薪尝胆，待日后再图“霸业”。

而大多数已成年的公狼因夺魁无望都选择了第二条路。所以，狼群中一般只有老公狼、老母狼和幼狼。

狼的驯养工作最早是从德国开始的。《明星》画刊生动形象地报道了享誉世界的养狼怪杰——沃纳·弗特：“他像狼那样嚎叫，和狼一起猎食，与狼一块睡在莽莽丛林之中，不时同狼‘侃侃而谈’。只要他向漫漫夜空一声长啸，阵阵狼声便立时从四面八方传来；他放声高唱‘人歌’，狼便向他奔驰而来，友善地舔他的脸，亲他的嘴……”

沃纳·弗特早在童年时代就喜欢往森林里跑，观察琢磨各种动物的生活习性。中学没毕业，他便进入了法兰克福动物园。尔后，到亚非拉的许多山村和荒凉偏僻的地带考察野生动物。回国后他便开始和狼打交道，投入狼的怀抱，和狼生活在一起。

后来，他拥有了5个用铁丝网围成的森林养狼场，总面积达30多公顷。沃纳·弗特有他自己的栖身之处——长4米、高6米的大木箱子。冬季垫一些干草御寒取暖，和狼蜷伏在一块，度过一个个漫漫长夜。

“和狼在一起，千万不可丧失警惕，麻痹大意。妖术是不存在的，但我并不胆怯害怕，因为我会科学地对待它们。”这是沃纳·弗特总结十几年的经验，对各国科学家、记者做出的精辟回答。最初，有一天夜里，由于沃纳·弗特缺乏经验，睡觉时不小心挤醒了入睡的狼，被惹怒了的狼差点要了他的命。还有一次，他来到迈齐克养狼场，几乎惊呆了：弓着腰弯着背的一只只狼，狼毛竖立，狼尾伸展，齐刷刷地站在一起，虎视眈眈地拦截他。沃纳·弗特心里感到惊悸，但他知道，倘若流露出半点恐慌，后果将不堪设想。机警的沃纳·弗特一边注视着站在最前面的“带头狼”，一边镇定自若地走去，狠狠地踢了狼一脚。带头狼尖叫着仓皇逃跑了，其余的狼立刻反戈一击，站在主人一边去追赶那只夹着尾巴逃遁的“带头狼”。

寒来暑往,15 个春秋的养狼生涯在沃纳·弗特的身上和脸上留下了一道道伤疤。这道道伤疤记录着他的辛酸、艰险,也凝结着成功的欢乐、幸福。他已经成了狼群的首领,负责分配它们的食物,照料它们“生儿育女”;与此同时,他还潜心撰写了一部有关狼的著作。

实验证明,人为地对动物进行早期训练,改变动物的食性,不仅可以驯狼牧羊,还可以让狐狸和鸡同居一室;狮子与绵羊和睦相处……这就提醒人们对一些动物不应滥加捕杀,而应该加以保护;某些物种还有可能按照人们的意志进行驯化,让它们造福人类。

给黄鼠狼平反

黄鼠狼一般都躲在山坡、草丛、树洞、柴堆或破庙里睡眠。天黑之后,它才出来找东西吃。它最喜欢吃老鼠,而且捕捉老鼠的本领特别大。它在鼠洞外面,能够闻出洞里有没有老鼠。在找不到老鼠吃的时候,它也吃鸡、青蛙、鱼和昆虫等小动物。所以,有时候,鸡窝的门没有关严,它就会钻进去偷鸡吃。因此,它就背上了“偷鸡贼”的坏名声。俗话说:“黄鼠狼给鸡拜年——没安好心。”在农村,人们发现鸡被吃了,总以为是黄鼠狼干的。这种说法可靠吗?从事黄鼠狼研究工作的科学家通过大量的科学实验,否定了黄鼠狼专门吃鸡的坏名声,给它平了反。

黄鼠狼

有一个时期,科学家每天解剖 20 ~ 30 只黄鼠狼,从留在它胃里的骨头、牙齿等残骸来鉴别它吃的是什么动物。经过日积月累的工作,他们分析解剖了上海、浙江、江苏、安徽、湖北、河南、山西、吉林、内蒙古和黑龙江等地近 5000 只黄鼠狼,发现只有两只吃了鸡。

以后,科学家又做活的黄鼠狼吃食试验。第一晚,在黄鼠狼的笼子里放进活鸡3只,一段带鱼。黄鼠狼没有吃鸡,吃了带鱼;第二晚,放进鸡、鸽、老鼠、蟾蜍。黄鼠狼吃光了老鼠,吃掉了一部分蟾蜍;第三晚,放进活鸡、活鸽。黄鼠狼把鸽子咬死……第五晚放进活鸡。黄鼠狼在没有别的食物的情况下才以鸡肉充饥。

黄鼠狼不是鸡的天敌,却是蛇的死对头。科学家把蛇与黄鼠狼放在一起,两者相遇,互相对峙。黄鼠狼显得异常灵活,不时跳动,变换自己的位置,防御蛇的袭击。在蛇头伸出的刹那间,黄鼠狼如离弦之箭冲上去咬住蛇头,迅即又放掉,不让蛇缠身。然后,黄鼠狼再伺机进攻,直到把蛇咬死吃掉为止。

黄鼠狼有惊人的抵御蛇毒的能力。一般说来,20毫克的蛇毒结晶就能使人丧命。研究人员给1千克重的黄鼠狼注射这么多蛇毒结晶后,黄鼠狼当天厌食不吃:第二天小便带血、脚肿,也不吃食;第三天开始进食;到第五天又活蹦乱跳了。最后,科学家把注射量增加到30毫克,有一些黄鼠狼仍然未死。甚至有的黄鼠狼注射了40毫克蛇毒后,15天后又恢复正常。为什么黄鼠狼具有如此惊人的抵御蛇毒的能力?它的血清对人类防治蛇毒有什么积极意义?也许人们通过对黄鼠狼血清的研究,能找出防治蛇毒的办法呢!

特别令人高兴的是,黄鼠狼不仅会斗蛇,而且还是个灭鼠"能手"呢!黄鼠狼食鼠的本领特别大,咬住鼠头后几口就把老鼠吃掉了,并且能够挖开鼠洞,消灭整窝老鼠。据估计,一只黄鼠狼一年能够消灭300~400只老鼠。以一只老鼠每年糟蹋1千克粮食计算,就等于从鼠口里夺回300~400千克粮食。科学家到过很多岛屿、林区、草原调查后发现:凡黄鼠狼多的地方,老鼠就少;黄鼠狼或其他小型食肉动物少的地方,老鼠往往多些。没有黄鼠狼的地方,老鼠会多得成灾。这说明,黄鼠狼和老鼠起着生态平衡作用。看来,繁殖黄鼠狼,用生物防治的办法灭鼠,可收到事半功倍的效果。

黄鼠狼的身体细小、柔软,能够出入很小的洞穴。它的肛门近旁有一对臭腺,是它防身的“法宝”。人追捕得紧的时候,它就会放出一个特别恶心人的臭屁。趁人掩鼻的空隙,就会逃跑或者钻到洞穴里去,一转眼就不见了。因此,人们往往感到很神秘,误认为它有“灵气”或者有“道行”。其实,这只是它求生和自卫的本领,就像狗会咬人,蜜蜂会蜇人一样,没有什么可奇怪的。

有人说,黄鼠狼会拜月亮,天长日久就会得“道”成“仙”。这是无稽之谈。它是一种非常胆小、感觉又非常灵敏的小动物。夜里,它出来活动的时候,稍微听到一点儿动静,就会立刻停步不前,用后脚站立起来,举起两只前脚,观察动静,窥探周围的情况,以便遇到危险的时候,好立刻拔脚逃跑。从前,有些人不懂得这个道理,就牵强附会地说它在“拜”月亮。

还有人说,黄鼠狼能够迷人附体。其实,这种现象只是人患了一种精神错乱(心理变态)的病,医学上称为“凭依妄想”。

野猪的群体社会

野猪给人的总的印象是凶残、强壮。它全身密而硬的鬃毛仿佛是一件黑色的铠甲。它的眼睛小也不太管用,老是看着地面或顾盼一下左右;相比之下,其耳朵却很灵敏,能四面转动,甚至能察觉1千米外的行人脚步声。一对约长30厘米的獠牙,令人望而生畏。成年野猪呈楔形的头,长度相当于躯体的1/3。但幼猪却不同,它们显条纹的身躯和匀称的鼻面,倒也逗人喜爱。随着年龄的增长,小猪的颚骨越长越坚实,长鼻骨迅速发育,终于长成了拱嘴。

在大型的有蹄类动物中,野猪是唯一的杂食者。它的食谱非常广,除了植物及果实外,还包括蚯蚓、软体动物、鸟、蛋、蛙、蜥蜴、蛇和田鼠等等,总共不下120种食物。野猪的牙不仅能咬碎核桃,而且能咬碎大角鹿的管状大骨头。

为了觅食,野猪两周内可跋涉300千米;它能灵活而快速地游泳;轻易地拱倒盘根错节的枯树;跃过4.5米宽的沟堑或1.5米高的障碍;不太费力地冲上40°~50°的陡坡;野猪的四只蹄子可使支撑面增加1.5倍,可以毫不困难地通过沼泽和洼地。但野猪与兔子一样,是不吃窝边食的。

野猪依靠坚韧的刚毛、稠密的细绒毛、结实的皮和厚厚的脂肪,能经受住沉重的打击和外伤。

野猪的生活是相对固定的,但也有迁徙;它们之中既有奉行独身主义的,也有家庭观念较强的。

一群野猪总是由一只开始起家的。当某群野猪出现"超编"现象时,就会有身强力壮的野猪独立离群觅一处无主空地,用犬齿在树干上作记号,并在通幽的曲径上喷洒下橙黄色的尿液,这种辛辣的强烈气味很久不散。在安家立业期间,它什么也不吃,目见消瘦,等待其他野猪的光临。一旦来了新伙伴,就会发生一场权力争斗,通常是先占地者胜利,于是宣告首次招兵买马的成功。

一群野猪有两位掌权者:领头公猪和女首领。猪群中等级制度是很严的,地位最次者总是缩颈仰鼻地呈现出一副谦恭相,小心翼翼地随时随地给高等级的野猪让道、让食。遇到危险关头,还得冒生命危险挺身而出。

有位动物学家曾亲眼目睹过这样的情景:一群野猪沿堤坝而行,突然前面出现了一道大豁口。猪群停下来并向后退,谁都想让同伴暴露在前面,于是队伍发生混乱。但很快又安静下来,只见有一只年轻的雌野猪被推出队伍。但当它走到裂口边上就驻足不前了,边惊惶地叫起来,边向侧后转身迂回走下倾斜的堤坡,小心翼翼地蹚过冰层,经过豁口后又回到了堤坝上。随后,野猪群在确信不存在危险的情况下,才一只只顺着探出的路线鱼贯跟进。

作为掌权的领头公猪,除了享有许多既得利益外,也有很多义务和责任:最起码的职责是维持种群秩序,调解争食争水引起的纠纷;当猪群在田野里进食时,它须担任警戒,只能匆匆忙忙地抽空抢吃一点东西;当猪群撤离危险区时,它总是殿后压阵。作为女首领则主要负责找食物和选择道路。在野猪宿营地(一般面积不超过300平方米),女首领总是居中,便于照顾和观察。野猪的死亡和出生率都很高,一窝崽儿能达到14只之多;而幼猪在猪群中的地位是神圣不可侵犯的,即使生身母猪死了,小猪崽儿也不会饿死,自会有别的养母哺育。

母野猪的启蒙教育是很尽心尽职的。找到美食时,母猪会向上仰起头,张大嘴巴吸气,并发出长长的柔声。于是小猪纷至沓来,模仿着张大嘴,吸进并记住食物的气味。特别是对于女首领的行动,它们更是处处模仿,唯恐遗漏。

当猪群集体行动或睡觉时,总是将幼猪夹在队伍中间,大猪位于四周。睡觉时,大猪都是头朝外尾巴朝里睡的,便于察觉动静。一旦发现异常情况,在领头公猪发出警报后,群猪即头朝里尾巴朝外很快聚拢在其周围,并不乱跑,继续竖耳倾听;而小猪则伸开四肢,腹部着地卧在中央。如果敌人隐藏着不露面,领头公猪就会打着响鼻径直朝目标走过去,意在吓走敌人。接着,它又返回猪群,再令其他大猪沿它刚才走的路线巡视。在情况仍不明时,群猪就会解散应急队形,由女首领走在前,小猪随其后,两侧是大猪,由领头公猪殿后,撤离危险区。如果敌人凶相毕露大肆进攻的话,野猪群就会头朝外尾巴朝里地围成环形,同仇敌忾坚守阵地。

不伦不类的鸭嘴兽

在澳大利亚东部沿海和南部塔斯马尼亚岛上,有一种非常奇特的动物,叫鸭嘴兽。这种奇怪的动物,有一张鸭嘴似的嘴,但嘴里没有牙齿。披着一身毛,像爬行动物一样产硬壳的蛋。脚上有蹼,像只鸭子。用奶喂小兽,但没有奶头。它在河流湖泊中生活,在岸上地洞里歇息。雄性鸭嘴兽有毒腺,长在后腿的角质距上,能像蛇一样袭击其他动物。

据说,1880 年一个鸭嘴兽标本运到英国,当时英国较著名的生物学家们大发雷霆。他们断定,这个标本是几种不同的动物拼凑起来的,并扬言要追查是什么人敢对大英帝国恶作剧。

一年以后,一位英国动物学家收到一只被保存在酒精中的鸭嘴兽。他做了解剖并宣布这是真实的,人们才相信世界上确有像鸭一样的动物。随后,欧洲博物学家们来到澳大利亚的丛林地,并从那里发回一些对鸭嘴兽的描述:它被称作两栖鼹鼠、小水獭、鸟兽海狸和“鱼、鸟、四脚动物的混合物”。对它的形容词各不相同:大的、小的;长毛的、不长毛的;角状嘴的、橡胶状嘴的;驯服的,好斗的等。

鸭嘴兽有一个平而扁的阔嘴巴,短而钝的粗尾巴,还有一对蹼,乍看起来,同家鸭差不多。而它那身漂亮而柔软的灰色绒毛,又可与我国特产水獭媲美。

鸭嘴兽既不同于哺乳类,又不同于爬行类、鸟类。它生殖、繁衍后代的方式非常奇特。它既下蛋,又哺乳。鸭嘴兽与鸟类、爬行类也有相似的地方:卵、尿、粪都由一个孔排出体外,所以叫“单孔类”。雌兽受精后在体内发育成两个卵。卵排出后,由母兽孵化,10 天后,小兽破壳而出。母兽没有乳房和乳头,只在腹部有一片乳区,像出汗一样分泌乳汁,小兽就爬到母兽的腹部舔食乳汁。两个月后,幼兽睁开眼睛,但活动能力还很弱,4 个月后,小兽能独立游泳、觅食。

你看,有多怪,说它是野兽吧,它靠下蛋繁殖后代;说它是爬行动物吧,可它孵出的后代是靠哺乳喂养的。真是“不伦不类”。我们知道,一般从蛋中孵出的小动物是不吃奶的,如鸡、鸭、鸟、蛇:而一般吃奶的动物是胎生的,不下蛋,像猫、狗、猪、羊。由于鸭嘴兽既下蛋又吃奶,生物学家们伤透了脑筋。最后,只好以毛和奶作为决定分类的依据,将鸭嘴兽列入哺乳类,称它为“卵生哺乳动物”。因为世界上只有哺乳动物有毛(鸟类的羽毛是扁的)和分泌真正的乳汁,而这两个特点鸭嘴兽都具备。

鸭嘴兽总是在河边打洞,洞有两个出口,一个通往水中,一个通往陆上的草丛。它们用爪挖洞的本领很高,即使在坚硬的河岸,十几分钟就能挖出一米深的洞。有的洞长达几十米,里面有宽敞的“卧室”,准备产卵用。卧室全铺着树叶、芦苇等干草,俨然是个舒适的“床铺”呢!

科学家发现,雄性和雌性鸭嘴兽都有一个像鸟类或爬行动物的泄殖腔(一个既有排泄功能又有生殖功能的单一出口),而不是两个分开的出口。雌性鸭嘴兽有一个和雌鸟一样的卵巢,能产蛋黄和蛋白,蛋壳作胚胎的保护层。

若与爬行动物相比,鸭嘴兽显然是比较高等的动物,因为它虽属卵生,却是哺乳的。但在哺乳动物中,它却是最低等的。它生蛋和排泄粪尿都用一个器官,所以又称为单孔类。澳大利亚是世界上唯一的单孔类动物的故乡,除了鸭嘴兽外,还有一种叫针鼹。

鸭嘴兽是从鸟类到哺乳类之间的过渡型动物。关于它的祖先,还有待进行深入的研究,目前尚无结论。这真是天下之大,无奇不有。生物界有待人们去探讨、揭示的奥秘,还多着哩!

极其珍贵的毛皮兽——水獭

水獭,又名水狗,是我国珍贵的毛皮兽类之一。水獭分布范围很广,欧洲、亚洲、非洲北部和南美苏里南的江河湖泊,我国大江南北的水乡河边和芦苇荡里,到处都有它的足迹。其中尤以黑龙江省宝清县的大、小索伦河、小挠力河岸,以及吉林省长白山头道白河、二道白河、三道白河和松花江上游、鸭绿江、漫江等各河流、湖泊中较为常见。

水獭模样奇特,惹人喜爱。身体细长呈圆筒状,长约 70 ~ 80 厘米。尾巴扁平,长 33 ~ 40 厘米,底部宽大,这是它的舵和橹。借助这"舵"和"橹",它可以在水中呈波涛状前进。体重 7 ~ 12 千克。

水獭

不少常在水中出没的动物,如鳄鱼、青蛙等,它们的头部是扁平的,眼睛和鼻孔长在头顶,以利于在水面上窥测方向和呼吸,不致被人发现。水獭头部也是这个样子的。它的头部宽且稍扁,眼小,耳朵小且圆。四肢粗短,趾间有蹼,适于水中游泳。

体被里面是咖啡色的绒毛,外表有一层灰褐色又粗又密的针毛,背面深褐色，迎光生辉，腹部毛色较淡。水獭皮下脂肪层薄，毛皮厚实绒毛密，不易吸水，保暖性超过貂皮，故有兽类“毛皮之王”的美称。

水獭经常穴居河边，性喜群栖，常在岸边陆地及沼泽里掘土打洞造穴。水獭的听、视、嗅觉都十分敏锐，鼻孔和耳朵里都有特殊的活瓣，在水里能自动关闭，因此它能下水潜伏7～8分钟之久，潜水深度达十多米。它追逐鱼群，巧妙捕食，是任何兽类、水禽所不能比拟的。水獭主要捕食各种鱼虾，有时也觅食水禽和小型兽类。

水獭在水里游动自如，行动敏捷，可是一到陆地，则行走缓慢，令人发笑。先是蹬开四条短粗的小腿，惯用腹部紧贴地面匍匐前进。冬天来临时，它们常常三五成群蹒跚地在薄冰或浅雪上漫游，一遇敌情，“哨獭”就会立即发出“哈！哈！哈！”的狂叫声，同伴听到后便很快地钻到冰窟或雪下逃遁。

由于水獭的皮毛异常珍贵，常被人捕杀取皮，所以它们胆子很小，只在黄昏或夜间出来觅食。这时候，它们的眼睛就不灵了。怎么办呢？它们自有一套灵敏的装置，那就是长在鼻子周围的长长的触须，凭着这些触须便可以在昏暗之中搜捕食饵。

春、夏季是水獭发情配偶的时节，性成熟的雌雄水獭经常成双成对地在岸边“哼哼”歌唱，或者交头接耳地谈情说爱，求偶交配。雌獭怀孕期两个月，每胎产子1～4只，生下来的幼獭常常“吱吱”地叫，而母獭却将幼獭横衔在嘴里取乐。幼獭长到120天就能自己活动了，由母獭先在陆地上教子女们跳跃、伏下、猛扑等捕食动作。小水獭的牙齿长硬了的时候，母水獭便耐心地教它们如何撕碎一条鱼，还训练它们游泳，去主动捕食。开始学游泳时，小水獭见了水总是畏缩不前，因为它们还没有成年水獭那层油光光的皮毛，对寒冷相当敏感。母水獭毫不姑息迁就，硬是把小家伙们带到河流中间，迫使它们自己游回岸边。一年后，小水獭发育成熟，就可以离群外出捕食，独立生活了。

小水獭会给自己修建住房，当然是极简陋的。两年后，它们已经成年了，但还保持着孩提时代的稚气。小水獭贪玩极了，它们常用一段段弯弯曲曲的木棒做玩具。它们最大的乐趣就是把河堤的斜坡当滑梯,由上滑入水中作乐;冬天则在雪上滑滑梯。当它们玩得高兴的时候,会发出吱吱的欢叫声。

水獭绵毛柔细而稠密,能御严寒且外貌美观、华丽,毛皮十分珍贵,经济价值很高,是制作名贵大衣领、帽子、袖口的上乘皮料;它的脂肪、肉可食用,肝脏可入药。由于乱捕滥猎,致使水獭数量急剧减少,被国家列为二级保护动物。近年来,我国科学工作者通过人工驯养,变野生为家养,积极繁殖,使养獭业有了较大的发展。

罕见的扭角羚

扭角羚是一种适应高山生活的大型食草兽类,是亚洲特产,也是我国一级保护动物。扭角羚生有一对似牛角的角,不过它的角从头部长出后,突然翻转向外侧伸出,然后折向后方,由于具有一对这样扭曲的角,故称"扭角羚"。又由于它身躯强壮如牛,体长可达 2.1 米,重 300 千克,犹如一头小水牛,而其头小、尾短,又像羚羊,又称"羚牛"。此外,还有野牛、山牛、白牛、牛羚、盘羊、大白羊等称呼。其实它与牛有明显不同:一是成体的犄角向内扭曲,二是尾短而多毛。它的形态构造介于山羊和羚羊之间。

扭角羚生活在海拔 1500 ~ 4000 米的高山上,这里山高谷深,地形崎岖,绝壁悬崖,比比皆是,再加上受地势影响,海拔愈高,气候愈寒冷,整个山地伴随海拔高度的升高,由低至高依次生长着常绿阔叶林、落叶阔叶林、针阔混交林、针叶林和高山草甸灌丛,显示出海拔愈高,环境条件愈严酷。可是扭角羚却无所畏惧,把这里作为自己的家园,林下密生的竹林、灌丛是它们隐身休息的地方,悬崖陡坡是它们的运动场地,它们在这里练就了一副强壮的身体,上下往来于群山之中,纵横于悬崖峭壁之间,如履平地。它身上披着厚厚的毛,抵御着严寒,因而扭角羚能够在许多动物望而生畏的高山严寒环境中繁衍生存。它们的食物以草类为主,辅以各种嫩枝、树叶及树皮。春季是扭角羚食物较多的时候,度过一冬的扭角羚,还时常下到1500米左右的山谷中"抢青",如黄背草、鹅冠草、羊胡子草、早熟禾、野百合、藜芦、天门冬、黄花菜等。而新生的竹笋、竹叶更是家常便饭。夏季扭角羚随气温上升而迁至高处,除上述种食物外,还采食羌活等含有多种维生素及淀粉的食物。秋季,扭角羚可择食更多的植物,因此膘肥体壮。冬季扭角羚进入高山台地,主要采食松花竹、树皮及灌木嫩枝。它的食物中很多为中草药植物。这对于在自然界为生存而抵御各种疾病的扭角羚,具有一定的辅助作用。扭角羚喜欢吃特定的食物,这可能与某些生理上的特别需要有关。如扭角羚喜欢啃食冷杉树皮,可能与冷杉树皮含单宁有关;喜欢舔食岩盐及硝盐,这与草食动物需要补充盐分有关,还可能与胎儿发育需要大量的钙、磷、铁诸元素相适应。

扭角羚白天多隐匿于竹林、灌丛中休息,黄昏和夜间出来觅食。性喜清静,每群少则几只,多则几十只、上百只。觅食时,每群有一头体强力大的"哨羚"居高瞭望,一旦发现有异常情况,它会立即"报警",其他扭角羚则闻声潜逃。它们走动时,背部向上弓起,蹒跚而行,姿态奇特,令人发笑。成队行进时,由慓悍的扭角羚"开路"、"断后",速度比较快。休息时,它们会像狗一样蹲坐。

扭角羚每年7~8月进入交配季节,对扭角羚来说这可是一个庄严的时刻,能否把种群最强壮个体的"基因"传递下去,是关系到整个种群兴衰的大事。但谁是最强者呢?这需要通过角斗来决定。这时的雄性扭角羚,性情变得异常凶猛,强壮雄性个体之间为了争夺雌性,取得"霸主"的地位,互相间展开了殊死的角斗,"战争"一旦爆发,必见高低才能罢手。失败者往往退居群后,成为随从,失去了与雌性交配的机会,有时失败者还会遍体鳞伤,甚至丢掉性命。体弱衰老的雄性,对此角斗避而远之或等待时机,以图东山再起。经过激烈的角逐之后,最终的优胜者得以与雌性交配,从而保持种群的繁盛。扭角羚的孕期约9个月,多在翌年3~5月产子,每胎为一子。

扭角羚之所以被人们称为极为难得的珍贵动物,主要是因为数量稀少,并且这种动物体重有几百千克,且性情凶暴,易攻击人,很难捕获。即使捉到,也无法从崎岖偏僻的山区运出来。至于人工饲养的扭角羚，据统计，除中国动物园外，全世界只有3家动物园展出，总共也只有5头，而且都是喜马拉雅种扭角羚。四川亚种、秦岭亚种和不丹亚种等3种扭角羚，国外动物园至今没有展出过。特别是秦岭扭角羚，国际自然和自然资源保护联盟所公布的红皮书上将其列入珍贵级内。由于对该亚种的情况所知甚少，1979年日本出版的《世界的动物》一书中，曾称它为“探险家羡慕的目标”。

为了保护扭角羚，除在扭角羚分布的地区建立了多个综合性的自然保护区外，又在陕西省秦岭东段柞水县境内建立了以保护扭角羚为主的“扭角羚保护区”。

私鼠·麝鼠·毛丝鼠

天地之大，无奇不有。在鼠类大家庭中，也有招人喜欢的动物，它们是松鼠、麝鼠、毛丝鼠。

1. 松鼠

松鼠体态优美，小巧玲珑，自古以来就受到人们的钟爱。这种漂亮的小动物乖巧、驯良，很讨人喜欢。它面容清秀，眼睛闪闪有光，行动敏捷、机警，一条蓬松的尾巴总是翘得高高的，显得格外漂亮。

科学工作者的研究表明，松鼠喜食软皮果实以及松科、山毛榉科的果实和种子。但食物随季节而不同，春季主食花、乔灌木嫩芽。秋后以山毛榉科、松科种类的果实、种子为食。

在我国东北长白山自然保护区的红松林里，在高大的枝头上，常常可以看到一只只小松鼠在跳来跳去。它们有两颗锋利的门牙，即使松子坚硬的外壳也是一咬就开，果仁便落到它肚子里了。红松的松塔大，一只松塔上有20颗左右的松子。这是松鼠最爱的美食。假如当年松子丰收，那么松鼠吃得饱，繁殖得多,第二年松鼠家族就兴盛。

每当秋天种子成熟的时候,松鼠就会采集好多好多种子埋在地下,为越冬做准备。可是,松鼠的记性不太好,秋天埋得实在太多了,有些连自己都找不到了。但这也有一个好处,那些被松鼠遗忘的种子会在第二年的春天生根发芽,慢慢长成茁壮的大树。松鼠被人们称为"义务植树家"。

2. 麝鼠

麝鼠,又叫水耗子,顾名思义它是在水中生活的老鼠。因为在繁殖季节公鼠能分泌一种与麝香一样的物质,所以分类学家送给它一个美妙的名字——麝鼠。麝香是一种高级香精,在国际市场上被称为"软黄金"。

麝鼠常年生活在水中,食水草和芦藕为生。它的长相也不俊俏:小脑袋,小眼睛,又短又钝的小嘴上长着一对很大的门牙;耳朵小得可怜,隐藏于毛丛中很难看见;尾巴又扁又长,上边没有几根毛,而是覆盖了一层细小的鳞片;前肢短,后肢长,后趾之间还长有像鸭子一样的蹼。别看它的样子丑陋,却身披华丽的"外套"。其被毛丰厚而细软,针毛具有特殊的分水功能。当你把麝鼠从水中提出时,可以看到一串串的水珠从它身上滴溜滴溜地滚落下来,眨眼间浑身都干了。在阳光下,那淡黄色的被毛,光闪闪,金灿灿,十分华丽可爱。由此人们把它的毛皮称为青根貂皮,被视为高级制裘原料,在国际市场上享有很高的声望。

麝鼠的故乡在北美洲的沼泽地。在那里,麝鼠虽得天时地利之便,却失"人和"之乐。因为在那里还生活着一种性情凶猛的水貂。水貂恃强凌弱,时常威胁麝鼠的安全。麝鼠体躯肥胖,视力不佳,又无自卫武器,一遇水貂,只有东藏西躲或束手待毙。它只是靠着自己顽强的繁殖能力,才能于艰难的生存环境中延续种群。19 世纪末,人们发现了麝鼠皮之高贵,导致了大规模的商业生产,诸如人工放养、引种散放和人工饲养等技术措施应运而生。

3. 毛丝鼠

在鼠类大家庭中,论相貌,毛丝鼠可以说是首屈一指的。在它那500多克重的小动物身上,长满了蓬松平齐而又柔软细密的绒毛,看上去像一个大绒球。它的头部有几分像老鼠,但胡须坚挺而长,眼睛大而明亮,炯炯有神;耳朵也很奇特,耳郭向前,直立于头上,好像是两个淡黄色的梨缀在这个大绒球身上。胖胖的椭圆形身体,又很像松鼠。

伏天酷热,它就不停地摇晃大尾巴,给自己摇"扇子"解暑。渴了时,用嘴含着笼子里连着饮水瓶的塑料管,像婴儿吮乳一样"咕咕"地喝起来,但水必须清新干净,否则它会生气不喝的。它以新草为主食,吃东西时竖身直坐,用像人手一样灵活的前爪,抓起东西送进嘴里。

你可不能惊吓它,它胆小,一惊吓就掉毛。有趣的是,谁要是从它们的鼠群中拿出一只,以后再放回去,那么这只鼠就不会被收容了;至于生客,就更不欢迎了,常常是群起而攻之:不是亲生的子鼠,会被它们咬死的。

毛丝鼠的容貌是可爱的,但更可爱的还是它那身特殊的毛皮:艳丽新颖,油滑光亮,状若丝绒,是任何毛皮动物都无法与之媲美的。自然状态中的毛丝鼠只有一种颜色——灰色,人们称之为标准色。今天,在育种学家们的努力下,毛丝鼠已脱掉了古老的装束,换上了各种各样的服装:有白色的、蓝色的、米黄色的、咖啡色的、黑天鹅绒色的……五颜六色,光彩夺目。

蝙蝠与夜蛾的空战

在自然界,有许多动物为了自己的生存进行过激烈的生死搏斗。在飞行动物中,蝙蝠与夜蛾之间的空间肉搏战,颇为精彩、神秘,它们各自采取的追捕和对抗手段,引起人们极大的兴趣。

在夏日傍晚,依稀的暮色中,人们可以看到蝙蝠在那儿追捕夜蛾或蚊子。

但是,在如此昏暗的夜色中,蝙蝠怎样探测夜蛾呢?

起初,人们以为蝙蝠也与其他动物一样,是靠视力发现目标的。

后来,人们做了一些实验,逐步识破了它的秘密。人们专门布置一间房间,没有任何光线,从天花板到地板拉上许多铁丝,铁丝之间间隔正好比蝙蝠的翅宽大一点,再把铁丝与仪器相连,如果蝙蝠与铁丝相撞,就可以从仪器上观察到。把蝙蝠放入这一房间中,发现蝙蝠仍能飞行自如,穿越众多的铁丝网障碍而不碰撞。可见,蝙蝠飞行与视力无关。为了可靠起见,甚至还用黑胶布把它的眼睛蒙起来,结果还是一样。但是,如果把蝙蝠的耳朵用石蜡封住,或把它的嘴用胶布粘住,再放入这一房间,那么它就像没头苍蝇似的到处乱撞。可见这与它的听觉和发声有关。再联系到蝙蝠飞行时发出的人刚能听到的尖叫,以及用超声探测仪记录到的讯号,可以肯定蝙蝠飞行时,自己发出超声波,用耳朵捕捉回声,用以定位和探测目标。这就是蝙蝠的声雷达,即"声呐"。

自然状态的蝙蝠,一边发出超声波,一边无声地做曲折飞行,追逐飞虫。用特殊的高速摄影技术可以捕捉到蝙蝠与夜蛾之间的追跑轨迹。

读者也许会问:视力很差的蝙蝠在夜空中"盲目飞行",单靠其"声呐"是否管用? 从野外观测以及一些行为实验表明,它的声呐不仅管用,而且还相当优越!

这种声呐的体积和重量都很小,整只蝙蝠有几百克重,而它的发声器官和耳朵都在头部,即使再加上它的分析器官,也不会超过几克重。因此蝙蝠可以携带着小巧的声呐在空中做种种特技飞行。

这种声呐的分辨力很高,蝙蝠能自由地飞过由直径 0. 12 毫米的线织成的网。不仅如此,它还能区分是十字形物体还是圆形物体,能分清虫子还是纸片。

蝙蝠的声呐对于蝙蝠的生活起着极为重要的作用,它携带着声呐在空中急速地转移,能每分钟捕捉 10 只飞虫。

蝙蝠飞行时发出的超声脉冲,声强是非常大的,有人测量后,发现其声强甚至超过地下铁道中火车发出的噪声。有的蝙蝠还能使它们发出的信号聚焦。

它的嘴鼻周围皮肤隆起,形成圈状瓣膜,起着扬声器的作用。

魔高一尺,道高一丈。在蝙蝠与夜蛾的斗争中,夜蛾处于极为不利的地位。但是地球上的夜蛾没有完全被蝙蝠吃光,这是有它的原因的。夜蛾从它的身体结构到它的飞行方式,都采取了一系列措施来对抗蝙蝠的声呐探测。难怪英国皇家第360空军中队把一只夜蛾画在队徽的中心,作为该中队执行电子干扰任务的标志。

夜蛾的反声呐措施大致有这样一些:一是有灵敏的侦察设备——鼓膜器;二是有效的防护服;三是巧妙的逃跑动作。

夜蛾的胸腹之间有一个特殊的听觉器官,专门接受超声波,叫做鼓膜器。在鼓膜器内有三个神经细胞,其中有两个与听觉有关。当放送某一频段的超声讯号时,可以从鼓膜器的神经上引出电讯号,夜蛾一般可感受8~100千赫的超声波,有的可感受高达240千赫的超声波,对于22千赫的超声波,反应最大。夜蛾使用这个简单而灵敏的接收器,探测蝙蝠的来犯。如果把鼓膜器破坏,那么夜蛾就失去了情报来源,只能成为蝙蝠口中的美味了。

有健全的鼓膜器的夜蛾,在截获蝙蝠的探测“雷达”波后,如果相距30米左右,夜蛾便转身溜之大吉;如果近在咫尺,鼓膜神经中的脉冲达到饱和频率,说明危险临头,夜蛾已来不及继续收听蝙蝠飞行方向的信号了,只有当机立断,采取紧急措施——开始转圈子,翻跟斗,采用曲折的飞行线路,躲避蝙蝠的追击。如果迫在眉睫,只好收起翅膀干脆直线往下落,掉在树枝或地上草丛中隐蔽起来。总之,使蝙蝠无法确定它的位置。

夜蛾身上还有一种防护设备,就是厚厚的一层绒毛,这层绒毛吸收大部分的超声波,使得蝙蝠接收不到足够的回声,发现不了它的所在。据说,有的夜蛾足部关节上还有一种振动器,能发出一连串的“咔嚓”声来干扰蝙蝠的声雷达。也有的夜蛾模仿臭蛾子发出的超声波,欺骗蝙蝠不要捕捉它。

夜蛾采取这些措施,用以对付蝙蝠的声呐,从而有效地防止了蝙蝠的掠食,维持了自身的生存。

吸血鬼——吸血蝙蝠

第二次世界大战期间,美国曾搞过一个"蝙蝠轰炸日本"的计划。他们捕捉了200万只蝙蝠进行研究试验,设想利用蝙蝠喜欢栖息在阴暗角落里的特点,将大量绑有微型烈性炸弹的蝙蝠用飞机运到日本城市上空投放,它们就会到居民木屋的阁楼上"安家落户",从而引起爆炸,给日方士气以沉重打击。可是,经过多次试验,蝙蝠并不飞入新居,反而返回故里。其中,有颗炸弹倒真的响了,但不是在日本,而是在美国墨西哥州的一个军用飞机库,使整个机库被完全烧毁。这项煞费苦心的耗费200万美元的计划终于在1943年被放弃。

蝙蝠,獐头鼠目,其貌丑陋,令人生畏。其实,绝大多数蝙蝠是人类的益友。我国人民自古视蝙蝠为吉祥的象征,在古代建筑、家具、服装和器皿上,它的图案到处可见。蝙蝠日暮成群飞出,捕捉蚊子等害虫,黎明前隐匿于屋檐下或岩洞里。据统计,全世界大约有900多种蝙蝠,有专食昆虫的家蝠、大耳蝠、山蝠等,也有食果实的狐蝠及果蝠,还有食蛙的皱唇蝠,以及吸动物或人血的吸血蝙蝠。

据研究,有的蝙蝠一夜能捕食蚊子3300多只,它们在捕食大量害虫之后,胃里积存的害虫重量几乎是它体重的1/3。它们不但能吃,而且也能拉,在它们常居的一些岩洞里,可收集到成吨重的蝙蝠粪。蝙蝠粪和鸟粪一样,是一种肥效很高的优质肥料。

据报道,在国外有人专为蝙蝠设置了适应它们栖息的蝙蝠塔。一座能容纳50000只蝙蝠的塔,每年可收集20多吨蝙蝠粪。凡是设有蝙蝠塔的地方,很多种害虫显著减少。特别是由于蝙蝠能大量消灭蚊子,当地疟疾的发病率也显著降低了。

蝙蝠有奇特的本领,它能在黑暗中飞翔和捕食昆虫。1938年美国科学家发现蝙蝠以超声波定位以后,把它作为仿生学的研究对象,因而发明了雷达等现代化设备。

蝙蝠的食物主要是昆虫。但最近发现,中南美的一种蝙蝠——皱唇蝠,除吃壁虎等小型爬行动物外,还食蛙。动物学家观察证明:一小时内它竟能抓6~7只蛙;它在暗处完全凭蛙的鸣叫声进行捕捉,其捕获成功率随鸣蛙多少而增减。根据播放各种蛙的鸣声录音可以看出:当放布氏雨蛙声时,蝙蝠就接近;当放一种有毒的蟾蜍声时,蝙蝠大部分无反应。该种蝙蝠还能识别蛙体的大小,能清楚分辨出体长35毫米的蛙和体长200毫米的另一种蛙。对于个体太大的蛙,蝙蝠不能捕捉,因为蝙蝠的脚无力搬动它。

蝙蝠是具有飞行能力的哺乳动物,分大蝙蝠和小蝙蝠两大类。前者体型大,第一和第二指均有爪,以果实为食,如狐蝠、犬蝠等;后者体型小,仅第一指有爪,种类较多,一般以昆虫为食,如菊头蝠、山蝠等:个别种类吃鱼或吸其他动物的血。

在拉丁美洲,有一种东西夜里出来,从动物和人的动脉里吮吸鲜血。在没有弄清真相之前,人们认为这是一种吸血鬼。它像一个巫婆,夜里蜕去皮,变成一个火球,藏在僻静的地方,伺机扑到动物或者人身上吸血。后来,科学工作者揪出了这个“吸血鬼”,原来它是一种吸血蝙蝠。

拉丁美洲的蝙蝠种类很多。在各种蝙蝠中,就有夜里吸血的蝙蝠。吸血蝙蝠是恐水病和其他危险疾病的媒介。学者们查明,吸血蝙蝠只分布在新大陆的热带地方,共分三种:普通吸血蝙蝠、连毛腿吸血蝙蝠(或小吸血蝙蝠)和白翅吸血蝙蝠。

吸血蝙蝠适应于潮湿的热带森林生活,也适应较冷的山区。它们异常灵活,善跑、善跳、善爬,甚至能后腿直立长时间大步行走。它们的视察力和嗅觉都很发达,又有独特的“回声探测器”发出特殊的超声波,用耳朵捕捉周围动静。它异常小心地飞到要袭击的对象上边,长时间地在上面缓缓盘旋、观察,寻找机会。然后飞下来,用它那像刮脸刀片一样锋利的门齿,不痛不痒地咬开动物或人的皮肤,把舌头伸进伤口处开始吮血,每秒钟吸5次。它的舌头下方有两条从舌尖通到喉头的小沟,彼此由肌肉隔开。通常,它们咬人的面颊、鼻子和手指,咬牛和马的背部或体侧,咬猪的腹部,咬鸟的腿部。

一般吸血蝙蝠每次吸血 50 克,占其体重的一半。当吸血量是其体重的 2 倍时,仍能飞走。它一夜间能吸几种对象的血,或往返几次吸同一对象的血。每次吸血时间长达 9 ~ 40 分钟。这样,一只蝙蝠每年吸血要超过 9 升。它的平均寿命为 12 年,一只吸血蝙蝠一生所吸的血达 100 升之多! 真是名副其实的吸血鬼!

澳大利亚独有的袋鼠

位于南太平洋的澳大利亚,是个风物独特的国家。只要看一看这个国家的国徽,就会给人以联想。澳大利亚的国徽,左边是一只袋鼠,右边是一只鸸鹋。

袋鼠在英文中叫“堪加鲁”。据记载,1770 年英国航海家库克在探测澳大利亚东海岸时,见到一种“跳跃前进”的奇怪动物,问土著人是什么,土著人回答说“堪加鲁”,从此得名。其实“堪加鲁”在土著语中是“不知道”的意思。

袋鼠生活在水草丰盛的草原上,在澳洲有 52 种。它们大小不一,小的体长才 20 厘米;大的可达 2 米,体重有 100 多千克。大袋鼠是它们当中的佼佼者,被画进澳大利亚国徽的就是大袋鼠。雌袋鼠的腹部有一个育儿袋。它们的幼子都是发育不完全的早产儿。如火赤袋鼠的幼子只有 3/4 克重,最大的也不超过 1 克,仅是母袋鼠体重的三万分之一。刚出生的幼子软弱无力,像个蠕动的小虫子,无耳无眼,靠身体的感觉,本能地沿着母袋鼠用舌头在腹部舔出的一条通往育儿袋的路径爬进袋内,小袋鼠要在袋内生活 6 个月左右才能独立生活。袋鼠体壮,跳跃力强,每小时可跑 60 千米。其跳跃时全靠后脚和尾巴的力量,一跳可高达几米。大袋鼠在澳大利亚随处可见。袋鼠见到夜间在公路上行驶的汽车的灯光,以为是敌人来袭击,就从森林跳到公路上,奋起抵抗,与汽车相撞。有时早晨看到路上开过的汽车前部鲜血淋淋,其实是撞了袋鼠,不是撞了人。

几年前，澳大利亚西澳大学代表团赠予中国动物学会三只羚袋鼠和一对黑天鹅，中国动物学会委托北京动物园饲养。它们住在一间明亮而整洁的兽舍里。羚袋鼠不太怕人，一只大的全身棕红色，尾巴像条钢鞭，杵戳在地上，支撑着身子坐在那里，舔舔“手”，搔搔耳；两只小的全身棕褐色，侧着身子伏卧着，毛尖稍带点灰色，不时地舔舔爪子，一面东张西望地瞧着过往的游人，泰然自若……大概是因场地不太宽敞，很少看到它们奔跑跳跃，但有袋类动物的独特风姿，仍吸引了游人的注目。

澳大利亚西部地区70%是沙漠，雨水稀少，气候干燥而炎热，最高温度可达48℃～49℃，环境条件很恶劣。但是生活在西澳山区的羚袋鼠，生命力（适应性）很强，能够长期不喝水或每周只喝一次水。

羚袋鼠属于夜行动物。白天躲藏在潮湿、凉爽的山石岩洞里，借以避免骄阳的暴晒，减少体内水分蒸发；夜晚气温较低时才出来活动。羚袋鼠有一种特殊的生理机能即自身回收尿氮，这一方面弥补了身体对氮的需要，另一方面又减少了体内水分的排泄。尽管如此，羚袋鼠仍然需要定期补充一定的水分。其原因有两个：一个是岩洞面积有限，洞住满后，有的羚袋鼠就必须住在洞外面，便会受烈日暴晒和热空气的侵袭，使得体内水分大量蒸发；再一个是羚袋鼠对盐有一定的需求，而山上岩石含盐量少，到一定时期就要下山找水，从水中得到钠盐的补充。下山找水的羚袋鼠常有近1/4因找不到水而渴死。羚袋鼠的食物主要是耐旱的硬三齿稃。干旱季节可占食物总量的76.5%。

羚袋鼠能够自我控制繁殖，只有在羚袋鼠发生死亡或迁移下山后腾出了栖身之处，母羚袋鼠才会生产，否则即使怀孕，受精卵也会停止发育，直到条件具备了再继续发育直至分娩。

“世界野生动物基金会”及“自然和自然资源保护协会”认为，澳大利亚的袋鼠因遭捕杀临近灭绝。一些西方国家的野生动物保护团体也呼吁各国政府采取措施，限制袋鼠产品进口。

但澳大利亚有关当局认为,澳大利亚拥有47种约3000万只袋鼠,现在只允许捕猎7种,而且袋鼠繁殖率特别高,每年可递增25%,它们绝无灭种之虞。

据野生动物保护者的调查,1983年大旱之后,澳洲袋鼠只剩下1200万只,目前最多不超过2000万只,而猎户们通常每年实际捕杀600万只。因此袋鼠有绝种的危险。

奇妙的有袋动物

有袋类动物,是一种进化上较为低等的哺乳动物。它们集中分布在澳大利亚的伊里安岛、塔斯马尼亚岛上。澳洲的有袋类动物约有150种,除袋鼠外,其中比较出名的有以下几种:

1. 袋獾

在澳洲最大的岛屿——塔斯马尼亚岛上,栖息着一种绰号叫"塔斯马尼亚恶魔"的有袋类动物。这种动物的学名叫袋獾。

袋獾为什么会得到这样一个恶名呢?原来是塔斯马尼亚岛上的白人移民,根据它丑陋的相貌、凶狠发疯似的性情给它起的诨名。其实这是很不公平的,经过驯养的袋獾完全可以变为憨态可掬的驯服的小动物。就连那些被捉到的成年袋獾,如果是驯养得当,也能使其改变凶猛的个性。

袋獾是一种矮小粗壮的动物,大小和我国产的獾差不多。它是一种食肉动物,通常在夜里出来觅食,食物包括鼠类、蜥蜴、蛇、野猫和兔子等。它吃东西的方法很有趣,常常是把猎物连皮带骨整个吞下去。袋獾觅食并不挑三拣四,碰到动物腐尸亦可充饥。因此,捕捉袋獾的诱饵无需讲究,只要是肉就行。袋獾四肢短小,跑动不快,所以很容易捕捉。

袋獾曾受到早期移民的大量猎捕,因为它们常常毫不客气地从人们的院子里把家禽拖走。如今,袋獾在塔斯马尼亚的处境很好,已经受到当地政府的充分保护。

2. 袋猫

澳大利亚还有一种极为稀有的袋猫，却鲜为人知。袋猫是现存的有袋动物中最小的一种。它和其他有袋动物一样，以母猫胸前有一育儿袋而得名。它的育儿袋里有三四对乳房，可容纳4～6只小袋猫。

袋猫是一种行动诡秘的动物，它生性多疑，而且谨慎小心，一有风吹草动，立即逃之夭夭。加上它有昼伏夜出的特性，白天栖息在山上的岩缝中或林中的树洞里，晚上才悄悄出来活动，所以很难捕捉。袋猫以捕食老鼠、小鸟和昆虫为生，从这点说，它是益兽。但有时候它也会袭击家禽，趁黑偷偷摸进村舍偷鸡吃。它抓到鸡后先把血喝干，然后才大嚼其肉。

袋猫还有一种非常奇特的本领，就是它的骨骼富有弹性，可以伸缩自如。正因为有了这个特点，即使比它身体小的洞穴，它也能不费吹灰之力地钻进去，并在洞内很快地匍匐前进，追捕食物。

3. 袋熊

袋熊是一种穴居的有袋动物，母袋熊腹部育儿袋的开口是向后的，幼子从母亲的两条后腿中探出头来。这也许是自然选择的结果，因为袋熊的爪短而不灵活，不能像袋鼠那样用爪子打开育儿袋口，把头伸进去清理育儿袋。向后开口可以避免挖洞时把沙土弄进育儿袋中。

4. 树袋熊

树袋熊享有与我国熊猫一样的声誉，是世界珍稀兽类之一。它个子不大，通常体长只有60厘米，圆滚得像个胖娃娃。它们单独栖息在大桉树的树冠上，只以桉树叶为食，而且在澳洲的350种桉树中，它们肯问津的只不过20来种。母树袋熊一般一胎产一子，产两子的极少见。育儿袋里有两个乳头。树袋熊母子之间感情特别深厚，它们的婴儿常把小脸伸出育儿袋，十分好奇地东张西望，有时还爬出育儿袋,在妈妈身边玩耍。

树袋熊

5. 袋狼

袋狼是一种肉食性的有袋动物,体长 1 ~ 1.3 米。它们只生活在澳洲的塔斯马尼亚岛。20 世纪袋狼在这里成群结队地出现,侵扰羊群。当地政府颁布法令:打死一只袋狼奖励 100 马克。而今已很难发现它们的踪迹,成为世界罕见的动物了。

6. 大袋鼯

大袋鼯是一种很会滑翔的有袋动物,身长 1 米多,体重 1.5 千克左右。它借助身体两侧、前后肢之间的翼状皮膜,在林间“飞行”。大袋鼯要“飞”时,先爬上树梢,由高处往下俯冲,一般能滑翔 100 米左右。它落地后,又爬上树做第二次滑翔。母大袋鼯的育儿袋里,通常只有一个幼子。幼子在母亲的育儿袋里要度过 4 个月方能成熟。

“海外游子”回到了祖国

考古发现,我国曾有过四种麋鹿,而且从旧石器时代起,就与我们的祖先发生了密切的联系。在原始人类的遗址,常常可以见到大量麋鹿古骸化石。从甲骨文麋与鹿的不同字形来看,古人早已把这两种动物严格地区分开了,而且主要区别在角上。在当时生产工具落后的情况下,甲骨文上记载猎麋的最高纪录一次竟达 348 只,可见当时麋鹿数量之多。同时,从狩猎数字的逐年递减,也可以推断出麋鹿种群的毁灭从那时就已经开始了。

麋鹿原是我国特有的一种大型的鹿类，身长可达2米，肩高1米多，雄鹿比雌鹿大，体重有200多千克。只有雄鹿生角，角的形状和其他鹿不同之处在于，它的角干上没有向前伸出的叫“眉叉”的分枝。身体背面及侧面颜色棕黄，腹面及臀部棕白色，在颈背有一条黑褐色的纵纹，成体的颈下长有长毛，尾巴比一般的鹿都长，约有30~40厘米，在尾的末端有长的丛毛，蹄子比一般的鹿宽大并且分开瓣。麋鹿又叫“四不像”，是说它的“尾像驴而非驴，颈像骆驼而非骆驼，蹄子像牛而非牛，角像鹿而非鹿（正确地说应该‘角像鹿而非一般的鹿’）”。

在我国著名的特产动物中，大熊猫已成为人们熟知的宠儿，但一般人却不知道，麋鹿在海外的名声，几乎不亚于大熊猫，这两种动物是在19世纪60年代中，同时被介绍到海外的。但是由于麋鹿早有实物可见，而大熊猫迟迟没有实物，所以麋鹿名满天下的时间要比大熊猫早得多，而且麋鹿特有的传奇般的“身世”更使它的知名度大大提升。

1865年深秋的一天，法国神甫大卫站在北京南郊皇家猎苑墙外的土岗子上隔墙一瞥，发现了动物分类学上前所未有的奇异鹿类——麋鹿。在中国居住的14年间，大卫神甫曾把许多中国特有的动植物介绍给海外的科学家，其中包括三种中国最著名的特产动物：大熊猫、金丝猴、“四不像”。那隔墙一瞥，坚定了他非要把“四不像”弄到手不可的决心。他于1866年1月30目的深夜，匆匆赶到猎苑，隔着院墙以20两纹银为代价，换取里面偷偷递过来的两张鹿皮和两个头骨。后经巴黎自然历史博物馆鉴定，这果然是一个新属新种。

这种“新发现”的动物立即引起了世人极大的兴趣。1866年之后的10年间，生活在南海子猎苑里的“四不像”，被英、法、德、比等国的大使、代办、领事、教士之流，或明索，或暗购，先后弄走不少，分别养在欧洲各国动物园里，供人观赏。但是，由于当时他们不熟悉这种动物的生活习惯，所以养得很不成功，多半是越养越少，几乎死绝。唯一剩下的是养在英国贝福特公爵的别墅乌邦寺的一群。十一世贝福特公爵于1893~1895年间从法国、德国及比利时收集了18头麋鹿散养在他的大庄园中，在这里麋鹿得到了很好的发展。因为乌邦寺的面积很大,有水沟、水里有鱼、树林、草坡,几乎同北京的南海子猎苑一模一样,所以在这里养殖成功了。

与此同时,南海子猎苑的那一群麋鹿却连遭浩劫。先有1894年的洪水之灾,永定河水泛滥,冲破了猎苑的围墙,使里面的鹿、狍、黄羊等纷纷逃散,被饥民吃了不少。后又有1900年庚子之难,剩下的鹿群竟致全部覆灭!至此,英国乌邦寺的那群麋鹿遂代替了我国南海子的那群,成为世界唯一的麋鹿群,并从此过着"海外游子"的生活。

直到20世纪30年代至40年代,麋鹿才被公认为"世间最稀有最难得的鹿"。老贝福特素以拥有世界唯一的麋鹿群而自豪,无论别人出多少钱,他也不肯让出一只。但第二次世界大战打破了这种局面。一则小贝福特子承父业后没有延续父亲的作风;此外在战争中粮食缺乏。人尚且吃不饱,何况鹿呢?于是他一度不得不靠卖鹿肉打发日子。更令贝福特不安的是,在纳粹飞机狂炸英伦的日子里,整个鹿群大有毁于一旦之势。这使贝福特背上极重的精神负担,深恐这种事态会使他成为历史的罪人,永远受后人责骂,于是他决心分散鹿群。至1948年,乌邦寺的麋鹿群已增至252只,贝福特陆续将少数麋鹿转让给国内外各大动物园饲养展览,特别是英国惠布斯奈动物园,面积有230多公顷,也适于自由散放,所以给得较多。

新中国成立后,英国的动物学会曾于1956年及1973年两次将4对麋鹿送回中国,饲养于北京动物园,期望在它的故乡能重新恢复种群。但其发展并不理想,主要原因在于它的现有环境不能满足麋鹿的生态要求。1984年乌邦寺贝福特决定再赠送一批麋鹿给中国。1985年,在南海子原皇家猎苑建起一个面积60公顷、环境优美适宜的麋鹿苑,这年8月24日迎来了阔别近百年的"新主人"22头麋鹿——"海外游子"总算回到了祖国的怀抱。

大象的故事

在100多万年前,地球上有452种大象,现在只有非洲象和亚洲象两种了。

动物学家在印度河谷考古证明,那里的人早在4000多年前就开始驯养亚洲象了。在古代战争中,象起过装甲坦克部队的作用。战象身披铠甲,鼻上缚有利剑,长牙上系着带毒的长矛,象背上的小塔里藏有担任观察和警戒的武士。古代军队的整个司令部往往就设在象背上。印度皇帝亚格伯曾用300头战象攻克了8000名敌兵守卫的希托尔要塞。

象的听觉十分灵敏,可以在5千米内预告有水源或自己的同类。象的"智慧"十分令人赞叹。它能为找水而挖坑,过桥时不忘用鼻子试试桥的坚固程度。象的记忆力也是惊人的。在印度,一次有一头象把鼻子伸进了裁缝铺敞开的窗户,裁缝顺手用针扎了一下象的鼻子。几个月后,这头象再次来到这条街上,它在喷泉旁吸了满满一鼻子水,当它走到裁缝铺时,把裁缝淋成了"落汤鸡",就这样对自己的"仇敌"进行了报复。

大象看起来动作很笨拙,但实际上十分聪颖,会"动脑筋"。有几则趣闻可以证实。

在国外动物园里,常有大象吮吸硬币的表演。有一次,一位游客用力过大,把一块硬币扔出栏杆外,硬币骨碌碌地滚到了墙根。大象几次伸出长鼻子去吸,可怎么也够不着。怎么办?大象盯着那枚硬币在"动脑筋"。不一会儿,它用力把长鼻子甩出圈外,但见它吸足气猛吹土墙,这口气像一阵风一样受墙阻挡反弹回来,把硬币带了过来。大象轻而易举地把硬币吸住,并且自豪地高高举起,引起在场观众的一阵欢笑。

印度东海岸城市本地治里有一位著名的点心师,一天,他做点心不小心把铜蒸锅的底烧穿了。他叫自己平日驯养的大象驮着蒸锅送到一个铜匠那儿去修补,大象做了个姿势,铜匠马上明白了它的来意。大象耐心地等铜匠把蒸锅补好，最后它伸出长鼻"吻"了一下铜匠的脚，似乎是"鞠躬示谢"。主人拿到蒸锅用水一试，发现还有几处裂缝渗水，叫大象送去重修。聪明的大象驮起蒸锅，来到一口水井边，吸了水喷到蒸锅里，大象一到铜匠处，就把盛满水的蒸锅高高举起，让水滴在铜匠的头上。好像在说：老师傅，你的手艺不怎么高超！

大象虽然生性温顺，但容不得人们对它过分挑逗、"侮辱"，否则，它会设法"回敬"那些好事的游客。伦敦动物园有一头叫"杰克"的母象，一次，一个年轻人先用甜食引诱它，后又把手缩回去，这样连做了几回。"杰克"当即发火了，它伸出长鼻子，一下把年轻人打翻在地。

在巴黎动物园，一位游客用一个苹果引诱大象，当大象过来接受"礼物"时，他用粗针猛扎了一下大象的鼻子。大象连忙把鼻子缩回去，好像对此毫不介意。游客到别处转了一圈又回到象馆，正巧停在那头大象面前。这头大象"记性"真好，趁他不备，伸出长鼻子，一下子"夺"走了他的凉帽，"撕"成碎片，抛出圈外，教训了这个恶作剧的游客，游客吓得魂飞魄散，而大象得意地欢叫了一声。

在泰国，人们还把已经绝种的黑牙象的黑色象牙供奉在庙宇之中。泰国是亚洲产象最多的国家之一，在泰国，象被视为国宝，严禁杀害。白象更为珍贵，只有皇室有权饲养。一位泰国历史学家说，如果没有大象，泰国的历史可能要重写。在古代，泰国曾为了大象同其他国家交战。在战争中，象同战马一样，驮载着泰军的将领和士卒南征北战。17 世纪，泰国国王的军队有战象两万头。

象在泰国人民的经济生活中起着不可忽视的作用。象的样子很笨，实际上却很聪明，它不仅能驮上千千克重的货物长途跋涉，还能在固定的工作岗位上独立工作。泰国盛产木材，搬运木材的工作十分繁重，大象却能轻而易举地完成。它们利用自己那长而灵活的鼻子，一下子将木材轻轻卷起，很快放到指定地点，堆码得整整齐齐。

麝香与麝鹿

1981年,我国运动员李宁在莫斯科世界体操锦标赛前的练习中,不慎右脚严重扭伤。当时距离比赛只有3天,于是外国人士认为他不能参加比赛了。然而,比赛时李宁竟上场了!

李宁的脚伤怎么恢复得如此之快呢?原来,他的脚伤是经我国体操队医生采用麝香医治好的。

麝香是我国名贵药材之一,有“药到病除”的妙效。它不仅是名贵药材,还是高级香料的原料,香味浓烈而持久,经济价值很高。

用麝香作香料,不但芳香宜人,而且持久,并起着圆和、定香的作用。古人在上等墨料中也加少量麝香,制成的墨称“麝墨”,用麝墨写字作画,芳香清幽,画卷封妥,防腐不蛀。

据我国古代医学文献记载,麝香的主要功用为:开窍、辟秽、通络、散瘀、治中风、痰厥、惊痫、中恶烦闷、心腹暴痛、跌打损伤、痈疽疮毒。在治疗许多疮毒时,相应的药膏中如加上微量麝香,药效特别明显。麝香渗透性强。它还具有抗菌抗炎的作用。据药理试验,麝香酊的稀释液在试管内能抑制大肠杆菌及金黄色葡萄球菌等。

据现代医学分析,麝香之所以能产生强烈的香气,是因为它含有麝香酮和灵猫酮两种成分。此外,麝香还含有胆甾醇、铵盐、磷酸钙、树脂等药物成分。

西医鉴于麝香有兴奋中枢神经系统作用,常用作强心剂、兴奋剂等急救药物。中西医临床表明,麝香还可以用来治疗乙型脑类、梅毒、麻疹等传染病。现代医学研究认为,麝香对镇痛、消炎及外用治疗疮肿痈疽尤其有特效。

但麝香来之不易。麝香是雄麝脐部香腺囊的分泌物,故俗称“脐香”。

麝,又名香獐子、獐子、麝鹿、麝香獐,藏族称拉石子等。在动物分类学中属于偶蹄目,鹿科动物。它是珍贵的野生动物,主要分布于我国西藏、四川等高原，云南、广西、湖南、贵州、青海、内蒙古、安徽、吉林、黑龙江、山西、河南、宁夏、河北也有出产。与我国西南接壤的不丹、尼泊尔、缅甸、印度、巴基斯坦等国也有出产，但数量以我国为多，质量也以我国为佳。

麝，性格孤僻急躁、胆小怕人。夜幕降临的时候，它才出来活动。无群居习惯，一般只在发情期可见一雄一雌谈情说爱。麝的自卫能力很差，主要靠“飞毛腿”走悬崖，跳峭壁。如果遇到别的野兽追捕，就会边跑边淋尿，有时趴在地上动也不动。小麝崽儿遇到险情时，常“咩——咩”乱叫。

麝虽然胆小，但特别机警，稍有风吹草动，就急忙站起，抬头四下张望，如果遇猛兽侵犯，撒腿就跑。它还有个有趣的习惯，跑出后总想设法沿着旧路回到“老家”，这给狩猎带来极大的方便，因此猎人说它是个“舍命不舍山”的动物。

麝喜欢吃的食物是植物的茎、叶、花、果实、种子等，有时也吃些蘑菇、苔藓之类的食物。

麝香产自雄麝的香囊，初时是膏状的分泌物，慢慢凝结为一颗颗红褐色的香丸。秋天，雄麝寻找伴侣，在石头上蹭肚子，香丸便脱落于地，雌麝便循香而来。这脱落的香丸放出的香味，往往也就成为猎人捕捉麝的“路标”。

过去猎麝取香，通常是杀了雄麝，从腹下割下香囊，阴干后将毛剪短，成为“整麝香”。另一种方法是挖取囊中的麝香颗粒，名日“麝香仁”。

猎麝取香是很困难的事。麝一旦发现猎捕者有加害之意，有时会自行破坏香囊，所以必须乘它不备将它打死，然后取香。由于射击时有一定距离，雌雄难辨，以致往往误射雌麝，影响繁殖。而要取得 1000 克麝香，要射杀 60 只雄麝，并有一定数量的错杀，如此年复一年，麝的数量急剧减少，保护天然资源已成为突出问题。

为了解决麝香的供求矛盾，我国早已开始进行麝的驯养，先后在四川、安徽、陕西、山西、西藏、云南、东北等地兴建了养麝场，开展了野麝家养的工作。麝胆怯畏人，常因持续惊恐紧张不进食而死亡。通过悉心研究，现在野麝家养、活麝取香已获成功。实践证明，活麝取香，对雄麝不但没有影响，而且取香后雄麝仍能再生麝香。一只体质健壮的雄麝可连续取香10年。这为合理驯养、利用麝资源、增加麝香产量开拓了一条前景喜人的新路。采取这种方法,每年可取麝香两次,因此目前我国麝香产量与过去相比有大幅度增加,居世界第一位。

水中“大熊猫”——白鳍豚

传说古时候鄱阳湖边有一姓江的渔家父女,在湖主父子的欺凌之下,女儿被逼得投江自尽,变成了白鳍;渔夫被打得落湖溺死,变成了江猪。后来,江猪与白鳍在风浪中掀翻了大船,使湖主父子葬身鱼腹,得以报仇雪恨。

现实中的江猪与白鳍虽然并不像传说中那样,却也很有趣。江猪暂且不说,单说白鳍。

白鳍(鱀)豚,又称江马、白夹、白鱀或白旗。

白鳍豚属于稀有淡水豚类。在距今1000万年前的中新世和上新世时期,淡水豚种类很多,分布也很广泛。现在世界上残存的只有四种,其中自鳍豚是我国特有的奇异动物,为我国一级重点保护对象。

在遥远的古代,白鳍豚生活在陆地上,由于沧海桑田的变迁,才到水中生活。然而,它们至今保持着群居的习惯,三五成群地在水深流急、鱼类较多的地方活动,以鱼为食料。正常情况下,白鳍豚的寿命大约是25年,最高可达30多年。但它极少生育,一对白鳍豚每年只生一胎,每胎一只,偶尔也有两只。雌性白鳍豚具有异常的“母爱”习性。刚生出来的幼豚不会游泳,母豚就用背鳍或头部把幼豚托出水面。倘若幼豚不幸夭亡,母豚照样把它当活的托着,滑落下去了,再托起来,直到幼豚腐烂了,母豚才依依不舍地放弃它。

白鳍豚在淡水生物中,可算是庞然大物。发育成熟的白鳍豚,身长2~2.5米,重约100多千克,有的可达到200~300千克。它的体形像纺锤,中间粗,两头细。其吻部占体长的1/6~1/7。尖长的吻部像把利剑伸于头的前方,是捕食的有力工具,可伸到烂泥中衔取食物。

白鳍豚的鼻子很奇特,外鼻孔仅一个,开口在头的顶部,长有关闭自如的瓣膜,防止水流入鼻道,保证肺呼吸的正常进行。它呼吸时头部先出水,有时还会喷起不太高的水柱。一般每隔 10~20 秒钟,白鳍豚就要浮出水面来呼吸一次,潜水时间至多 1~2 分钟。

白鲭豚虽然身长体重,却很灵活。它运动时,用它的很大的水平尾鳍不停地划水,就像船舶上的螺旋桨一样,借水的反作用力推动身体前进。再加上它特殊的体形和皮肤结构,适于减少水的阻力,其快速游泳的本领是十分惊人的。

白鳍豚眼小,耳孔似针眼儿大,这些器官的衰退并不影响它的生活。因为它有着更为先进的装置。声波在水中传播遇到物体能产生反射,成为回声。白鳍豚具有依据回声判定物体位置的能力,从此探知水中的各种目标,获取食物、通讯联络、逃避敌害和寻找配偶。白鳍豚还能发出长、短两种类型的叫声,如将其录制下来进行回放时,它会游向声源,在其周围游动,久久不肯离去,可能误以为同伴在此吧!据测量,豚类听觉最灵敏的频率范围大都在超声范围。因为水中 10 千赫以下的噪音很高,所以超声回声定位尤为优越。白鳍豚能从喉部发出超声波,利用回声来识别目标,判断方位,控制自己的行动。它的声呐也比人造声呐更加精确有效,能够排除噪声的干扰,自动地调整发出的信号,并且可以朝着多方向发射。所以,白鳍豚游潜水中,捕捉鱼类,寻找同伴,都活动自如,毫不费力。

白鳍豚生活在水深 10~20 米处,那里的水流速缓慢,温度在 16℃~27℃之间,它以小型鱼类为食。江中的浅滩、支流与干流交汇的河口处,是鱼类生长、繁殖、觅食的地方,聚集了较多的鱼类,因而这些地方也是白鳍豚觅食的场所。白鳍豚胆小易惊,多在江心漫游,仅在晨昏时,游到岸边浅水区。呼吸时常将头、背露出水面(此时最容易为人们发现),换气后,又潜入水中,如遇惊扰,则潜水逃匿,迅速异常。

有人认为豚类的两个大脑半球有节奏地轮流睡眠。但豚类不断地发射声波,而在几秒钟内它的声波发射会暂时中止。如果把一昼夜声波发射中止的时间累加起来,可达 7 小时,大约等于哺乳动物每天正常的睡眠时间。科学家认为白鳍豚正是利用这种间断睡眠来适应江水奔腾中的激流生活。通过解剖得知,白鳍豚的大脑很发达。它的大脑面积很大而且分化完整、沟回复杂,聪明的程度不亚于猴子,有一定的记忆和思维能力。

白鳍豚这种最原始的豚类,不但在生物演化过程中有独自的适应分化方向,在研究动物进化中占有一定的地位。而且,研究白鳍豚体形、皮肤结构、声呐和潜水本领,对于改进和创新船舶结构、潜水设备和自动装置等工程技术系统都有重大的意义。目前,我国和世界上许多国家都已投入大量的人力、物力进行这项研究。

东北一宝——紫貂

晋武帝司马炎有个叔叔,叫司马伦,被封为赵王。可是,司马伦野心极大,并不满足。晋武帝死后,晋惠帝司马衷即了位。司马伦就和手下的亲信一起搞阴谋诡计,篡夺了皇位。司马伦上台以后,任人唯亲,胡乱封官,他的亲戚、朋友,甚至许多仆人、差役都跟着飞黄腾达,加官晋爵。真是"一人得道,鸡犬升天"!古代皇帝的侍从官员用貂尾装饰帽子,由于封官太多,以致貂尾不足,只好用狗尾代替,《晋书·赵王伦传》中记载:"奴卒厮役亦加以爵位,每朝会,貂蝉盈坐,时人为之谚曰:'貂不足,狗尾续。'"后用"狗尾续貂"讽刺封官太滥。宋朝孙光宪撰《北梦琐言》卷一八:"乱离以来,启爵过滥,封王作辅,狗尾续貂。"也比喻拿不好的东西补接到好的东西后面,前后不相称。

我国历代将貂皮列为贡品。据《东观汉记》记载:汉代在大兴安岭南麓的以游牧为主的乌桓人,到中原朝拜皇帝时,即以貂皮为贡品。《清太宗实录》记载:"黑龙江地方虎尔哈部落托思科、恙图里、恰克莫、插球四头目来朝,贡貂狐猞狸等皮。"此后,朝廷更明文规定索取。康熙下令:鄂伦春、鄂温克、达斡尔等族身满 5 尺者,岁纳貂皮一张。辽朝时,黑龙江地区一次就向中央王朝交纳貂皮65000张。

上面提到的貂尾、貂皮，就是紫貂的尾巴和毛皮。紫貂为鼬科动物，又名黑貂、青门貂、赤貂、林貂，满语称“舍克”。紫貂身躯细长，体长平均45厘米左右，颇似家猫，头部若狼崽儿；眼大有神，耳略呈三角形，耳外缘下方双层，即附耳；尾毛蓬松呈帚状，为体长的1/3；四肢短健，足有5趾，趾端有爪，尖利弯曲，伸屈自如。全身被毛为棕褐色及灰色，基本一致，仅面、颈处色较浓。成年雄貂体重约894克，成年雌貂约774克。它喜欢在针叶林中生活，能在高大树顶跳跃如飞。性孤独胆怯，昼伏夜出，采食鸟、鼠，或松子、榛子及浆果。产地山高林密，食物丰富。年产子2~3只，最多不超过5只。

紫貂

紫貂毛绒细软轻柔，底绒浓密丰厚，色泽光润，于黑褐色绒毛中衬托稀疏均匀的白色针毛，以其制作高档裘皮服装，美观高雅。具有“见风愈暖，落雪则融，遇水不濡”的高度御寒保暖性能。轻巧灵便，一件女式貂皮大衣筒，重不过250克。

紫貂的猎捕远在汉魏时代就已开始。久居松花江一带的靺鞨族即用以制成衣帽御寒。明末清初，居于松花江与黑龙江交汇处的达斡尔族，以出产黑貂著称。

紫貂主要分布在我国东北、俄罗斯西伯利亚和蒙古国。紫貂在吉林主要分布于长白山脉及其附近的蛟河、舒兰、抚松、靖宇、白山一带；黑龙江主要分布于穆棱、尚志、五常、黑河、宁安、林口、密山等县。

紫貂性极孤僻，素以凶顽薄情著称。除交配期间，它们从不合群，即使人工饲养的，平时也必须一笼一貂。交配期内雌雄才合笼，婚后即要分笼，否则“夫妻”反目，会造成伤害。据有关专家认为，秉性不合群及性成熟期晚等导致这一

“亲族”人丁不旺，也就格外珍稀。

紫貂现已列为国家一级保护动物，禁止捕猎，所以现在已很少见到紫貂毛皮制的衣、帽、手套等。貂皮价格昂贵，在国际市场上素有“软黄金”之称。

黑龙江省科学院自然资源研究所和美国怀俄明州野生动物保护机构联合组成中国紫貂考察组，于 1991 年冬开始进行了历时 3 年的考察。专家们在大兴安岭地区首次运用无线电遥测技术进行了考察。中美专家联合呼吁，要进一步争取用有效办法保护东北境内生态环境，并开展人工饲养，使紫貂家族再度兴旺起来。

中国农业科学院吉林特产研究所从 1957 年起就开始了“紫貂的笼养繁殖”研究，几十年来，已取得了可喜的科技成果，为建立和发展我国紫貂饲养业奠定了基础。

骆驼耐渴的奥秘

人们习惯把骆驼称为“沙漠之舟”，意思是沙海中的运载工具。其实，以其功能而论，它可是家畜中的全能冠军呢！

骆驼原为野生，4000 多年前开始驯化成家畜。那时，骆驼不仅用于农田耕作，生活使役，而且还是重要的军事运输工具。闻名于世的“丝绸之路”就是一队队骆驼驮着商人开辟的。“丝绸之路”打开了中西方交往的通道，骆驼功不可没。在人类文明进步的今天，习性和用途基本相同的单峰驼和双峰驼仍不失其作用。

骆驼能巧妙地适应艰难的沙漠环境，最重要的一点是它能耐渴。在缺水情况下，可以行走 45 天，它的耐渴能力是人的 10 倍，是驴的 3 倍。不久前，有人作了一个实验，他们把两只骆驼放在 7 月酷暑的沙漠中，结果这两只骆驼在滴水不进的条件下生活了 16 天，而在同样条件下的人连两个小时都坚持不了。

骆驼为什么有这么大的耐渴本领呢？据研究，骆驼耐渴的根本原因是它有一个特殊的鼻腔。骆驼鼻腔黏膜面积有1000平方厘米，比人大800多倍。骆驼鼻腔黏膜能像水泉一样，当极为干燥的沙漠空气吸入鼻腔，经过黏膜时，黏膜就会渗出水分，湿润空气；而当空气从肺中呼出，再度经过黏膜时，黏膜却把68%的水分回收下来。

当然，这只是骆驼耐渴的一个原因。骆驼耐渴的因素还很多，如骆驼的贮水库比较大，它在腹中有30个小囊是专门装水的，骆驼一次能喝下100千克水，不论是溪水、咸水、清水、浑水，或者是冰雪水，它都能喝。另外，成年骆驼驼峰中贮存的40千克脂肪，通过氧化分解也可变成水。据计算，每100克脂肪在氧化过程中可产生107克水，贮满脂肪的两座驼峰，在不断氧化过程中就能产生40多升水。

骆驼不仅靠特殊肌体大量贮水，还懂得开源节流，不肯浪费身上贮存的任何的一滴水。考察表明，骆驼不论得到多少水，都能尽量加以利用。大多数动物如果小便不多，不能把尿素废料排出体外，便会中毒。而骆驼却可经由肝脏把大部分尿素循环回来，制造出新的蛋白质。人们还发现骆驼很少出汗，即使体温由34℃升高到40℃也毫不在意。再加上骆驼身上长的又密又厚的绒毛，不但能抗寒防晒，更重要的是能防止水分经皮肤散发出来。有人做过实验，如果把骆驼身上的毛都剪掉，它的耐渴本领就会显著降低。

关于骆驼适应沙漠环境，不久前，又有了新的解释。

科学家认为，骆驼血液中有一种特殊的蛋白质，这种蛋白质对水有很大的亲和力。因酷热而散失水分占体重的20%时，人的血液因失水而变得黏稠，无法通过毛细血管，就会昏迷致死；但骆驼在同样的情况下，即使脱水达到体重的27%时，血液里的水分仍然接近正常。

看来，骆驼与其他沙漠动物一样，对脱水有着较强的耐受性，这也是骆驼如此耐渴的一个原因吧。

骆驼的消化功能极佳，食不厌粗，连沙漠里发湿发硬的枯枝杂草都能大口吞食，并且能很快消化，变作脂肪贮存起来，以备不时之需。驼峰隆起时，最多能储存五十多千克脂肪，每当饥饿难忍之际，它的肌体便用这些脂肪来调整营养，以维持生命。

骆驼之所以受到沙漠牧人的喜爱，除了负重致远——能够背负 200 ~ 300 千克的重物长途远涉以外，它还可以保护主人，在风雨严寒中依偎在主人身旁，供其取暖和避风用。另外，骆驼还能预测风雨，寻找水源。远近的牧人，常以骆驼为前导，跟踪寻觅水草丰盛之所。

骆驼腿长步大，极有耐力。它可负重连续行走 3 ~ 4 个昼夜，时速不低于 7.5 千米。在国防现代化的今天，骆驼不仅没有失去原来的军事意义，而且成了边防战士的亲密战友。

骆驼的毛绒质量高，产量多，奶汁甘美，肉用实惠。据载，每只成年骆驼可年产驼毛 10 千克左右，每只母骆驼可口产奶 10 多千克。

骆驼虽是身高 2 米、身长 3 米以上的庞然大物，但却温善驯良。在人们骑乘或者驮载货物之前，它都能毫无怨言地按主人的意志跪伏下来，准备负重。它们在前进中昂首阔步，目不斜视，一往直前。不过，骆驼倘若被人欺负，是富有报复性的，这一点却鲜为人知。

不久前，在沙特阿拉伯沙漠中发生了一件事，就使骆驼的主人们大为震惊。

一天，一位商人因为在做买卖中赔了钱，心情很郁闷，独自在酒店里喝了闷酒，回来后无缘无故地抓住了一头骆驼，狠狠地将它鞭打了一顿，打完，便扬长而去了。

几个月过去了，主人早已将此事忘得一干二净。一天夜里，那头曾经无故遭毒打的骆驼默默地、轻轻地来到主人的帐篷外，它静静地站了一会儿，突然猛地一下子冲进去，将主人的床踢踏得乱七八糟，还把帐篷里的餐具踩得粉碎。然后，它得意扬扬地迈着轻盈的脚步走回自己的草棚。

羊其实很聪明

据动物学上所说，羊本野生，嗣后豢养于人，何时由野生变为家养，现在难以考究。但远在三千三百多年前的商朝，在占卜用的甲骨上就刻有“用羊十牛二”的文字，这意思是指在占卜吉凶的祭奠中，用十头羊与两头牛做供品。

我国人民自古喜欢羊。孔夫子在《论语》中说，“牛羊之字，以形似也”。这个象形的“羊”字，经常被使用于含有美好意义的文字中，如善良的“善”，美丽的“美”，吉祥的“祥”字等，都是由“羊”加其他部分组成的。最有趣的是营养的“养”，把上下两部分（繁体字“養”）拆开来看，就是“羊”与“食”。大概古人那时就认为，吃羊肉可以获得最好的营养吧。

传说周代时候，南海有五位仙人，骑着5只羊，飞临一片膏腴之地，留下了一串串谷穗，祝福这里富裕和平，然后腾空而去。人们怀念幸福的天使，就在留下谷穗的地方塑造了5只羊，这就是广州城的城徽，“五羊城”也由此得名。这个传说反映了古代人民对幸福安定生活的憧憬。

民歌《敕勒歌》中有“天苍苍，野茫茫，风吹草低见牛羊”的佳句。宋朝诗人张来《感春》一诗中，“年丰妇子乐，日出牛羊欢”，读后更使人有羊壮人欢之感。

羊，历代受到人们的重视，在畜牧业中占重要地位。白绒绒的羊毛、柔软的羊皮革、香美的羊肉、营养丰富的羊奶，羊角、羊胆还可以入药……总而言之，羊从外到里，全身是宝。

据英国《卫报》报道，英格兰南部温切斯特的公交公司在一辆公交车上安装一个槽，这个槽向汽车尾气喷洒羊尿，以减少氧化亚氮的排放。

公司总经理安德鲁·戴尔说，这个激进的计划不是胡思乱想。

他说：“这是减少污染的一个新奇的方法，我们觉得这种方法会奏效。”

“不需要担心什么，我们不会要求乘客留下尿样，而且我们也不会常带一只羊在汽车后面。”

取自农场的尿被加工成尿素。尿素中的氨将氧化亚氮转化为氮气和水。

这个公交公司一辆装上尿槽的公交车已经开始为旅客服务,行驶在温切斯特的街头。

戴尔说,他没有什么可局促不安的。

他说:“我在伯明翰的一个会议上说,羊尿可以成为清洁交通工具的一个关键因素。当时有人笑话我,可是现在这已经成为现实。”

他说:“这是最新的环保技术,我们认为它将有助于使我们的城市成为一个更美好的地方。”

英国《独立权》发表署名文章说:羊,其实很聪明。

新的研究表明,它们得病后会自我治疗。它们还能辨认和记住人的面孔;区分高兴和抑郁的表情;辨别不同羊的叫声。科学家发现,羊能正确地对自己的肠胃毛病进行治疗。给羊喂一些使它们感觉不舒服的饲料,它能够选择吃那些适合治便秘和胃灼热的东西。

研究人员说,早在有文字记载的历史以前,人们就相信动物能自我治疗,但是此前人们一直不清楚羊生病时能否认出可以治病的东西。在最新的研究中,科学家给羊羔一些使它们感觉不适的饲料,然后给它们各种可以缓解症状的东西。它们能正确地认出并吃下那些能治病的东西。来自犹他州立大学的研究人员说:“这是第一次表明动物在药物上的偏爱。”

由于克隆羊多莉和《酷狗宝贝》中那只被称为肖恩的羊,人们对羊的关注增加了,然而羊仍然普遍被看做是愚蠢的动物。据牛津大学物理学教授、神经学家基思·肯德里克说,情况并非如此。他说:“我们现在有足够的证据证明羊并不笨。实际上它们相当精明,陷于某种境地会设法脱身,看上去就像什么事都没发生一样。”肯德里克教授和他的团队一直在研究羊对面孔和表情的辨认,不久将发表他们的研究结果。

他说:“这是研究羊如何对面孔和表情进行处理。我们发现羊能识别人的面孔和表情,以及羊面部表情的变化。它们还能记住面部的图像,至少可以识别 50 种不同的面孔，记住一两年或者更长的时间。它们在自己的社交环境中相当老练。它们知道与愤怒的面孔相比，高兴的面孔是什么样的。”

法国行为生态集团的研究人员也发现雌羊能辨别它们每只羔羊的声音，说明在人听来都是一样的“咩咩”声可能是各不相同的。他们说，“我们的研究结果表明，雌羊和它们的羔羊仅靠叫声就能互相辨认出来。”

骡子能下崽儿的秘密

在畜类中也有“混血儿”，骡子就是其中之一。

明代的李时珍在《本草纲目》中曾经解释说，骡有五类：牡驴交马；牡马交驴；牡驴交牛；牡牛交驴：牡牛交马。这五种杂交牲畜，明代统称为骡。时至今日，可能由于适者生存的规律，只剩下驴骡（母驴与公马的后代）与马骡（母马与公驴的后代）两种。

一般说来，骡子是没有生育能力的，可是母骡有子宫等全套生殖系统，少数的还有不规律的间隔期发情。那么它们为什么不能生育呢？当前学术界的普遍看法是由于染色体的不匹配所造成的。

每个物种都有其特定的染色体成分及数目，除了决定性别的染色体以外，其他类的染色体都有两套，所以每个细胞中都有两套染色体，其中一套来自于父本，另一套来自于母本。比如，马的染色体为 64 条，驴的染色体为 62 条。在形成性细胞时，要进行减数分裂，即染色体数量减半，每个性染色体每种细胞只得到一套染色体。骡子是马和驴的杂种后代，它从马与驴那遗传下来一套染色体，因此它的染色体为 63 条。这是一种混合物，所有的染色体都不能配对，于是在形成性细胞时，染色体的运动就会杂乱无章，导致性细胞没有生存能力。

以前偶然有过母骡生下后代的报道，其中最著名的要数在 20 世纪 20 年代时，一匹生活于美国的名叫“老白克”的母马骡了。据说，它曾生下了几个后代，而且其后代也有生殖能力。只可惜当时还没有足够的科学手段来验证，只是凭外形判断,但外形是非常不可靠的。

在我国,西北少数民族最早饲养了骡子,中原极少见。所以,直到汉初,骡子的身价还可以与珊瑚之类的珍品相媲美。到了南北朝之后,内地的劳动人民才逐渐掌握饲养、繁殖骡子的方法和技术,并让它在农业生产和运输中贡献力量。

骡子看上去似驴非驴,似马非马,比驴、马都高大,耕輓能力也胜过它们。驴骡生后一般长到不足10个月就和它的妈妈能力相当。其后便逐渐超过它的妈妈。驴在4~6岁时,才达到其成年体格的95%,而驴骡一周岁时即达成年体格的90%。一般骡子一周岁半开始干轻活,两岁即可完全投入耕輓服役。

骡子是民间喜欢饲养的一种家畜,力气大,能干活,一头体壮的中型骡,拉木轮大车,能輓重500千克,日行30~40千米;如套胶轮大车,行于公路之上,輓重1500千克不成问题。这是"杂交优势"所给予它的长处。

骡子唯一的缺点是基本不能繁殖后代。它们多半没有生育能力,只有极个别的母骡与马或驴交配后能生育。

既然远缘杂交得到的骡在一般情况下是不育的,为什么还有骡子下崽儿呢?

在任何生物体内,都存在着遗传物质——染色体。在不同种的生物中,染色体的数目、形态、大小都不同。在体细胞内染色体是成双存在的,每一条染色体都有一条和它的形态、大小、功能相同的另一条染色体,其中一条来自母体,一条来自父体。这两条染色体称为同源染色体。在形成精子或卵子之前,同源染色体进行配对,然后两条同源染色体分别到两个配子(精子或卵)里去,其中哪一条染色体到哪个配子里去是完全随机的,再通过精卵结合成为受精卵,由受精卵发育成为新个体。这样发育成的新个体,它的染色体数目和它们的亲体是一样的。

如果是远缘杂交,由于种间差异,染色体的数目、形态大小往往不相同。马的染色体数是64条,驴的染色体数量是62条,马的卵子染色体数是32条,驴的精子染色体数是31条,通过精卵结合发育成的新个体——骡子的染色体数是63条。骡子性成熟以后,再形成精子或卵子时,每条染色体都没有相对应的同源染色体进行配对,这样每一条染色体分到哪个配子里是随机的,就可能有马的一条染色体和驴的30条染色体形成一个配子;另一个是一头驴的染色体和马的31条染色体形成一个配子:再由马的2条染色体和驴的29条染色体形成一个配子,另一个是马的30条染色体和驴的28条染色体形成一个配子……依此类推,这样就可以产生2^{31}(接近429500万)个不同类型的配子。在这些配子中,只有配子里的染色体完全来自于马的,或来自于驴的,这样的配子才有生育能力。当骡与马或驴回交时,就有$(\frac{1}{2})^{32}$的几率能生出马,有$(\frac{1}{2})^{31}$的几率生出驴,但不能再生出骡子来。

从皇宫深宅来到民间农舍的驴

毛驴,原产于亚洲山地及气候炎热的沙漠地区。在我国,最早饲养毛驴的,是西北边疆一带的少数民族。到汉朝初期,才有少量毛驴流入内地,成为帝王将相、达官贵人和商贾们消遣娱乐的玩物。

后来,毛驴渐渐增多,便走出皇宫深宅,来到民间农舍,给劳动人民拉犁輓车。这可令达官贵人蒙羞,于是反对再将驴作为娱乐的玩物,说"驴者服重征远,上下山谷,野人之所用耳,何有帝王君子而骖驾之乎?"驴的社会地位,于是一落千丈。怒人骂街,也常捎上个"驴"字,什么"死驴"、"臭驴"、"蠢驴",不一而足。

不过,在历史上,毛驴与文化艺术,特别是与诗歌有着极为密切的关系。据史料记载,唐宋诗人外出旅行,几乎都骑毛驴,许多精彩的诗篇,都是在驴背上吟就的。《唐诗记事》上说,有人问诗人郑肇有什么新作,郑肇深有感触地说:"诗思在灞桥风雪中驴子上。此处何处得之?"

唐朝贾岛的名句“鸟宿池边树，僧敲月下门”，就是在驴背上酝酿成的。李贺几乎每天都骑着毛驴出门转悠，想出好的诗句，便立刻记下来装进挎包里。善于写景的孟浩然也曾胯下骑驴，他在一首诗中说自己“骑驴十三载，旅食京华春”。而流传最广的是李白骑驴的佳话。那是李白从长安辞官归野之后，有一次他骑驴去华山游览，经过华阴县衙门口时，由于没按规定下驴步行，县令听到禀报后大发雷霆，让手下人把李白抓进大堂，气急败坏地嚷道：“你是何人，胆敢如此无礼！”李白很幽默，没有直接回答，只是在纸上写下几句话：“曾令龙巾拭吐，御手调羹，贵妃捧砚，力士脱靴。天子门前，尚容走马；华阴县里，不得骑驴？”县令一看，恍然大悟，原来是李白，慌忙磕头道歉。

更有趣的是，那时候，出门骑驴似乎已经成了诗人的标志，所以宋代爱国诗人陆游在《剑门道中遇微雨》一诗中，曾经很诙谐地问自己：“此身合是诗人来？细雨骑驴入剑门。”意思是说：我也是个诗人吗？不然，怎么也骑上毛驴了呢！

在印度古典诗歌《列格维迪》中，诗人更把驴比作在天上奋勇杀敌的战士。驴子勇士在同邪恶势力搏斗时，以其如雷霆般的吼声使敌人胆战心惊，失去抵抗力，于是驴乘势把它们踢入地狱。

不过，在人们的心目中，毛驴的形象也并非完全是美好的。

我国唐代杰出的文学家柳宗元写过《河东先生集·三戒·黔之驴》。后来人们就用“黔驴技穷”比喻有限的一点儿本领已经使完了。

在许多国家的现代语言中，驴甚至成为傻瓜、懒汉、固执的人的同义词。比如，英国流行着这么一句话：“驴子摇耳朵，傻瓜装聪明。”

犹太人则认为驴是“不洁之物”，所以他们从来不吃驴肉。不仅如此，因为兔子跟驴都有一对长耳朵，所以犹太教徒对兔子肉也从不食用。

20 世纪初，俄国画家伊·比利宾在《茹佩尔》杂志上发表了一幅讽刺画，画的是暴君沙皇尼古拉二世，他的脑袋酷似驴头，影射沙皇的愚蠢顽固，还自以为不可一世。驴再一次充当了替罪羊。

其实，笨啊，蠢啊，固执啊，懒啊，与驴是毫不相干的，是冤枉了它。驴的四肢刚健，韧带发达，平衡能力和耐力比较强，因而善于爬山越岭，行走羊肠小道；驴还擅长驮乘，负重可超过它的体重，这是其他牲畜望尘莫及的。它能鞔辕驾车，一辆驴车通常可拉运400～500千克，人们戏称“驴吉普”。如果让它拉磨轧碾，只要用布蒙住它的眼睛，它就会自个儿不停地运转，无须后面跟着人棍打鞭抽，自觉性着实可嘉。驴与马交配生下来的骡子，体大力强，更是拉犁驾辕的能手。

早已驯养的猫

据法新社报道，从塞浦路斯发现的一具远古猫骸骨来看，人类早在9500年前就驯服猫当宠物，比人们原先所认为的提前了5000多年。

猫是一种非常普遍的家庭驯养动物，人类和它相伴已有几千年的历史了。

倘若你仔细地观察过猫，就会发现，小猫在休息的时候，常用舌头舔自己身上的毛。有人认为它是在洗脸洗澡呢，其实不是。它是在舔食一种营养物质。因为猫的皮毛里有一种东西，被太阳一晒，就变成了维生素D。小猫在身上舔，就是在吃维生素D。小猫若是缺少了维生素D，则会得软骨病，整天无精打采的。

猫能很轻松地从高处跳下来，而不受伤。原来，猫从高处跳下来的时候，眼睛能很快地看清地面平不平，把看到的情况通过神经告诉它的大脑。这个时候，猫的四只脚也做好了落地的准备。猫的那条大尾巴，赶忙帮助身体保持平衡，使猫在落地的时候，四只脚着地。猫的脚底还有又厚又有弹性的肉垫，在猫落地的时候能为之减轻震动。所以，猫从高处摔下来不会摔伤。

猫帮助人类灭鼠也有几千年的历史了。这期间，人类曾尝试让它做更多的事情，于是有些趣话应运而生。

在埃及，人们把猫奉若神灵。公元前525年，波斯人大举入侵埃及，在攻打有重兵镇守的佩鲁斯城时，就利用埃及人的崇猫习俗，把这一只只小精灵放出，守城的埃及士兵见状,只顾保护"神猫"而顾不上开枪放箭。刹那间,波斯兵蜂拥而上,轻而易举地攻克了这座坚城。

1879 年,比利时曾试验用猫传递邮件。当年 37 只花猫被送到距列日市 30 千米的几个地方,让它们带上信件出发。一昼夜之内,所有的猫都回到了列日市,虽然有 10 只猫莫名其妙地丢了信件,但还是受到了热烈欢迎和嘉奖。

第二次世界大战期间,驻守在太平洋所罗门群岛的美军养有一只小花猫,每逢日本飞机到来之前,它就用尾巴使劲地敲打地面,还发出"咪——咪"的报警声。小花猫发出的空袭警报比岛上的电子报警器还要早,使美军及时避过了日军的空袭而保存了实力。后来,这只通人性的小花猫死于空难,所罗门群岛驻军将它和死难者一道葬入无名公墓,并为之默哀半分钟。

1958 年,美国路易斯·苔思太太寡居后,讨厌和男性再度结合,决意与猫为伍。她精心驯养了 3 只猫,可以为她开门,可以陪她嬉闹。当苔思太太哼着南方小调自我消遣时,3 只猫也会心地发出"咪、咪、咪"的鸣叫。这种人猫合唱增加了孤寡老人的生活情趣,此时,她成为最快乐的人。

猫狗同人类和睦相处,狗防贼,猫捕鼠,各司其职。然而猫狗在一起,不是厮打就是吼叫。这是为什么呢?

科学家们将各种动物觅食、求偶、情斗、育子时的叫声用录音机记录下来,带回实验室,借助示波器、滤波器、分光仪、拟声仪等专门仪器将声波转变成电波,然后根据显示的波形比较分析动物声音信号的强弱、频率结构、章节的数目、延缓的时间。原来,动物在每个生活环节,其中包括在保卫领地、表示爱慕、教育子女、请求帮助、实施威胁等活动中都有专门的语言、信号。不仅如此,动物语言还有固定的"单词"和"词组";如池蛙的叫声中含有单词 6 个、鸡 25 个、莺 25 个、山鼠 19 个、猫 21 个,动物界中的海豚最"健谈",它们交谈使用的单词有 138 个。动物的单词与单词之间也有严格的组合顺序。也就是说,动物语言也有"语法",组合的顺序不同,意思表示也就不一样。

有趣的是,动物除了通过声音传递信息外,还能通过种种动作表达不同的意思，它们和人类一样，也有各自的“肢体语言”。

动物通过各种语言保持它们之间的联系，有些动物还有“方言”和“土语”。猫和狗之所以不和，问题就出在语言的差别上。比如，狗伸出一只前爪并使劲地摇尾巴，它的含义是“给我一点吃的吧”或“跟我一起玩吧”。可是在猫的语言里，这两个动作的含义是“滚开，要不我用爪子抓你”。又比如猫发出舒适的“呼噜”声，它的意思是“跟我一起走走吧！”可是对狗来说，这是一种威胁性的狺狺声，意思是“别来惹我，要不我咬你！”猫和狗并非天生的夙敌，它们长期相处在一起，都有着友好相处的良好愿望，但由于语言互译过程中不断加深的误会，久而久之，便形成了一种相互仇视的心理。

人类最忠实的朋友——狗

据考证，在五六万年前的穴居时代，人们除了使用石头、树枝外，只是赤手空拳。因此所能猎获到的仅仅是一些性情温顺的动物，比如兔、鹿、羊等，偶然碰到一些豺狼时，往往直捣其巢，于是那些幼子也就成了俘虏，被人们带回来。久而久之，其中一些小豺狼渐渐与人们厮混熟了，再加上它们夜间听到别的来犯野兽，还会叫醒人们，白天又能协助打猎，人们当然舍不得再杀它们，多少年后，祖先为豺狼的狗终于成为人类最早驯化的家畜之一。

狗

早在15000年前，狗就开始跟人结伴了。狗以其忠诚、机敏和勇敢而受到人们的宠爱。狗的品种多达125种以上。它原属食肉性动物，经过长期驯养，才变为杂食性动物。同时，对它的使用也渐趋专业化，分作猎犬、军犬、警犬、役犬、玩赏犬等类。其中玩赏犬类的狮子狗，是目前数量最多的一种。德国的牧羊犬和道薄门大猼犬是狗中的佼佼者，现在的军犬、警犬,多是选用它们驯成的。

狗的嗅觉、听觉特别灵敏。使用最新科学方法测定,狗的嗅觉灵敏度比人高100万倍,能辨别200多种不同气味。这一奇特功能,不但使狗能够领路、搜捕,还能检查煤气管道、探矿。如今,通过训练,它还能充任海关"检查员",能从一大堆邮件中正确无误地检出毒品、炸药和其他违禁物品,甚至能充当探索地雷的"工兵"。

狗善于奔跑,最高时速是72千米,英国猎兔狗短程时速可达100千米。狗的跳远距离最远10米,最佳跳跃高度是5米。力气最大的狗能拉着100多千克重的货物,以5千米的时速走100多千米。善于游泳的纽芬兰犬,是海上落水者的义务救护员;身高力大的圣伯纳狗是阿尔卑斯山上迷路者的带路人;身强力壮、勇武无敌的獒犬,为了营救主人,常常作出自我牺牲。古今中外广为流传的"义犬救主"、"义犬殉职"的故事,确非无稽的夸张。

随着现代科学技术的飞速发展,对狗的利用又赋予新的使命。

法国巴黎出现了驯狗取送报刊的趣事。试验认为,训练有素的狗,每天可以准时派它到报亭取报刊。不过狗经过的路上不能有肉铺,否则会使它垂涎三尺,以致弄脏报刊。

15世纪,法国国王路易十一世就建立了一支军犬部队作为他的内卫。第二次世界大战时,前苏联将500条狗组成4个军犬连,作为反坦克的"敢死队"。美军侵越战争期间,美越双方都使用了军犬,进行侦察、干扰等活动。近年来,美国还训练了一支狗组成的跳伞部队,用做空降敌后搞破坏,因为在近距离搏击中,狗奋勇扑敌,常迫使手持武器的士兵失去战斗力。

前苏联生理学家巴甫洛夫说:"需要狗,如同需要重要的生理仪器一样。"他终身与狗为伴,在狗身上进行消化生理实验,取得了巨大成就,1904年获诺贝尔生理学和医学奖。1935年,根据巴甫洛夫的建议,在当时的列宁格勒的实验医学研究所里修建了一座"无名狗纪念碑"。现在,国外繁育出一种袖珍狗,小得出奇,成年狗仅1~1.5千克,有的只有250克。这种狗不仅可供玩赏,而且是医学生物学实验的最合适对象，因为喂养饲料少，占用场地小，实验捕捉方便，用药量也少，尤其适合作为显微外科和器官移植的实验动物。

狗还是实施战地救护的干将，它能将分散、隐蔽的伤员搜集起来，并能从尸体堆中检出尚存一息的危重伤员。狗还能扒出埋在雪地里的冻僵者，巴黎有只狗在雪崩中连续救过40多人，为此人们给它立了座纪念碑。现在，法国又专门训练潜水狗，执行营救落水人员的任务。他们选用中亚地区的圣伯纳大狗，这种狗善游泳，长有浓毛不畏严寒，能克服狂风巨浪，可在负重下连续游25千米，敏捷地救出落水人员。

北极犬很耐寒，在-50℃的雪地上照样酣睡，能拉雪橇，能拖曳重物达一百多千克。爱斯基摩人常乘狗拉雪橇捕鱼和猎熊，暴风雪中迷了路靠狗认路回家。

日本的牛犬性情义勇、凶猛，三四条牛犬可击败一只狮子或老虎。当主人受到袭击时，它常常牺牲自己来救主人。

欧美一些盲人上下班或外出访友、购物，全靠狗领路，这种狗能识别红绿灯。美国人道学会训练的狗专供聋人使用；门铃一响，它们就触动主人的手臂，告诉他们门口有人；婴儿啼哭时，它们就轻轻推动主妇去哄孩子。

不仅如此，狗还是世界上最早进行空间试验的动物。1957年11月3日，苏联发射的第二颗人造地球卫星，第一次把狗送上太空。狗为人类走向太空再立新功。

从狗鼻子说到电子警犬

有人做过试验，狗能嗅出100多万种物质的不同浓度的气味，即使浓度在百万分之一以下的某些气体，它也能嗅得出来。而人最多只能识别出上千种的物质和不同浓度的气味。嗅觉测验结果表明，狗的嗅觉比人要灵敏100万倍。

正因为狗的嗅觉特别灵敏，20世纪60年代初，瑞典等国家的地质学家们开始训练狗,用它帮助地质勘探队员们找矿。经过几年的试验,取得了良好的效果,找到了埋在地下几米深的黄铁矿、汞矿和黄铜矿。狗又有了新的用途——探矿,人们把这种狗叫做“探矿犬”。

这样,除了看家的家犬、侦缉的警犬、探地雷的探雷犬外,又多了个探矿犬。狗对人类的帮助实在是太多了。

这使我们想到了有记录的最杰出的缉毒犬:一对名叫“洛基”和“巴考”的玛伦牧羊犬(1984 年出生)。这两只狗是沿南得克萨斯边境巡逻的一支美国边境搜查队的成员。仅在 1988 年一年内,它们参与破获毒品走私案 969 起,毒品价值达 18200 万美元。由于它们工作的成效极高,墨西哥毒品走私犯出资 3 万美元悬赏它俩的头。后来,“洛基”和“巴考”双双被授予军士长的荣誉军衔。

有记录的唯一一只查毒百发百中的狗是美国军队的一只名叫“将军”的德国牧羊犬。自 1974 年 4 月到 1976 年 3 月,这只狗和它的管理员——第 591 武装警察连的迈克尔 · K. 哈里斯出动了 220 次,发现了 330 处藏毒品的地方,因而逮捕了 220 人。

那么,狗鼻子为什么这么灵敏呢? 这首先得从嗅觉说起。关于嗅觉的原理,目前科学上尚未完全弄清楚,仍然是生物学领域里的一个亟待解决的难题,它吸引着成千上万的科学工作者正在顽强攻坚。迄今为止,光嗅觉假说就提出了 30 多种,如嗅觉的振动说、嗅觉的化学说、嗅觉的吸附说,等等。一般认为,嗅觉产生的过程有三个步骤:一是有气味的分子遇到鼻子的神经末梢,产生一个电脉冲信号;二是这个电脉冲信号通过神经传到脑里;三是脑子对电脉冲信号进行分解,产生嗅觉。经组织学研究证实,人鼻子的嗅觉细胞只有 500 万个,而狗鼻子却有两亿多个嗅觉细胞,因而狗的嗅觉特别灵。

近些年来,由于仿生学的出现和发展,狗的这种惊人的嗅觉能力引起了科学家,特别是研究自动分析仪器的科学工作者们的广泛注意。人们希望能模拟狗鼻子,研制出气味电子接收机,使电动分析仪器更灵敏、快速和小型化。科学家研制成功的嗅敏检漏仪就是其中之一。这种仪器是根据半导体和有气味的分子相互作用的原理制成的半导体探头，用的是氧化锡和氯化钯。遇到某些气体，其电阻就发生变化，通过电子线路便显示出来。它能“嗅”出丙酮、煤气、氯仿等四十多种气体，比狗的嗅觉更精确、更灵敏。

前些时候，国外一家电脑公司根据狗鼻子的原理，研制出一种气味测定仪——“电子警犬”。这条“电子警犬”装有微型电脑，能储存各种气味信息，其灵敏度比狗鼻子还高得多，具有多种用途。例如，在军事上用于预测人是否使用化学毒剂；在气象学和环境保护方面，用于监测大气变化和空气污染程度；在现代侦探学中，用于勘察发案现场的气味，追踪捕获罪犯；在医学上，用来分析患者的各种排泄物的气味，帮助诊断疾病。在生活上用途更为广泛，将“电子警犬”安置在汽车司机的驾驶室内，当司机酒醉时，呼出的气体含乙醇分子浓度过高，此时“电子警犬”便锁闭电门开关，使酒醉的司机不能开动汽车，避免发生车祸。“电子警犬”还可以用来看守家门。它能发射肉眼看不见的红外线，不论什么人一进入光控范围，“电子警犬”便立即爆发出令人丧胆的声响。“电子警犬”防盗防抢的另外一大本事是声控系统。无论多么高明的强盗和窃贼一旦进入现场，只要动手脚，只要发出细微的声响，在有隐线相通的、远在 250 米之外的值班室，就可以听得一清二楚，使窃贼难以得逞。

目前，气味测定仪的种类很多，用途也越来越广泛。它们不仅用于测量大气污染、检验化学药品、预告食物腐败、地球化学探矿、测量煤矿瓦斯，而且还可以用来分析潜水艇、高空飞机和航天飞机里的气体。

聪颖的猪

提起猪来，没人不知道，猪总喜欢用鼻嘴拱地，到处找食，即便吃得饱饱的也是如此。猪，为什么有这种掘土寻食的习性呢？

原来，家猪是由野猪驯养来的。在驯养过程中，不仅体态、生理特点等产生了变异，就连动态表现也发生了改变。比方说，家猪体态肥胖，好吃懒睡，性情温顺,但一些原始野性却未改变多少。野猪鼻嘴的前端呈长筒状,以便在野外掘土寻找易于消化的块根、块茎等杂食。而家猪虽然经过驯化和选育,嘴筒比野猪短,但掘土本性难移,常常掘坏猪舍和地面。

据研究,猪的驯化开始于五六千年以前。那时,我国正处于新石器时期,农业生产比较兴盛,我们的祖先就把捕获的野猪饲养起来。起初,为了防止抓来的野猪跑了,人们制造了“系绳”,以后又修圈栏,限制野猪的活动。这样年复一年,代复一代,经过漫长的驯化、选育和不断地改善饲养管理方法,终于使性情暴烈、警觉敏锐的野猪,逐渐变为温顺而易于调养的家猪。

人们在漫长的生产实践中,对家猪不断地进行改良和培育。商代有个叫韦家的,据说是我国最早的猪种选育专家。春秋战国时期,对猪的选育已有了一定的基础,到秦汉时期又有了进一步的发展。北魏贾思勰写的《齐民要术》中,系统而全面地描述了我国劳动人民对猪的选育技术。我国的猪种,大都具有早熟、易肥、耐粗食、肉质好、繁殖力强的优点。现在世界上许多著名猪种,几乎都有中国猪的血统。早在两千年前,罗马帝国就引进我国猪种,育成了罗马猪。英国大白猪是我国华南猪与英国约克夏猪杂交改良而成的,美国的波中猪也是引进中国猪后改良成的。

躯体肥胖的猪给人一种迟钝和笨拙的印象,其实猪十分聪颖,它是有感情和记忆力的。它经常用多变的声音和动作的“词汇”来表达感情。这种“词汇”包括各种不同的吼叫、咆哮、呼啸声、扇耳舞尾等。它怀念爱护它的人,而对虐待它的人是警惕的。它从脚步声能辨出是否是主人来了,并摇头摆尾跑到圈边等待,同时发出亲昵的哼哼声。如果挨过棍棒或打过预防针,几天内一见手拿棍棒和注射器的人便躲闪开去,远远地用小眼睛盯着你,并做出随时准备逃走的样子。

猪看待事物总是经过思考的,对它可按人们的需要进行定向培育,并且还能叫它干事。美国马里兰州的一家人养了一头猪,经过适当训练,使它学会了狗能做的一切技艺,如跳舞、跳水、拿报纸、拉车等。古埃及人曾专门将猪赶进田里，让猪把种子踩入泥中。18世纪，英国人狩猎时常利用猪追捕猎物。猪辨别气味的能力和其他四脚动物一样敏锐。如果把243种蔬菜放在面前，它拒食171种。因此有人利用猪寻找丢失的东西，在战场上能嗅出地雷。在法国有一个地区20多厘米的深土下生长着一种价格昂贵的药用菌，历来就是让猪替人去寻觅。德国一个小镇上，立有猪的纪念碑。原来，这个地方缺少盐，人们吃盐非常困难。有一次，镇上的人们发现一头猪总是在一个地方拱土，便把那里的土挖开，结果发现了盐矿，从此，解决了当地人的吃盐问题。大家为了感谢猪的功绩，便在镇上为猪立了一座纪念碑。

猪是聪颖的，正如生物学家达尔文指出的：猪的智能并不亚于狗。英国剑桥大学的科学家们做过一次有趣的实验，他们把猪和狗分别放到一座冷室里，教它们怎样按动键钮来打开暖气，猪只用了一分钟就学会了这个动作，而狗却用了2～3分钟的时间。美国佛罗里达州有人训练了一头母猪，能够替主人看门。

猪是个爱清洁的动物。它之所以常常在泥水中打滚，是它调节体温所采取的一种办法。因为猪身上汗腺极少，热天里为了散热，它只能不得已而为之了。如果有干净的水，它是绝不会混迹于污泥之中的。它们本能地在远离自己的食宿处去拉屎、撒尿，这一点则胜过狗。

“猪身出百宝”。一头猪去掉65%的肉和油，其他部分可以加工成500多种副产品。猪粪猪尿是优质农家肥。猪在医疗保健方面的应用早已有详细的记录。可以说，猪的脑、心、肝、肺、肾、肠……以至猪的毛、骨、血和蹄甲等，样样都可做药用，其中有的还具有独特的功效。

到了近代，猪对制药工业的贡献更大，从猪身上制出了催产素、胰岛素、胰酶、胃蛋白酶等品种繁多的药物，并在临床上广泛应用。随着科学技术的飞速发展，药物学家又从猪的身上研制出不少引人瞩目的新药，让猪为人类的健康再立新功。例如医治心肌梗死、脑血管障碍的“细胞色素C”，就是从猪心中提炼出来的。有一种抗凝血的名叫“肝素”的新药，是从猪的肠黏膜提炼的。它在复杂的心血管外科手术及防治多种血栓塞时可以大显身手。

鹿鸣山谷

中国开始养鹿的时间很早,远在西周初期,已具相当规模。这在我国最早的一部文学著作《诗经》中,已有清晰的描述:

王在灵囿,麀鹿攸伏。

麀鹿濯濯,白鸟翯翯。

这首诗,记叙了周朝的奠基人文王亲自到灵囿看鹿的情景。囿,就是苑。灵囿,是周文王饲养珍禽异兽的地方。可见,早在两三千年的西周,人们已经对鹿实行圈养了。

鹿

鹿体态玲珑健美,皮色斑斓雅洁,十分招人喜爱。据庐山五老峰南麓后屏山的白鹿洞洞志记载,唐朝李渤养的一只白鹿训练有素,将袋与钱系在鹿角上,能到星子县城替主人购买书纸笔墨,投寄书信。

梅花鹿是吉林省的名贵特产,人工饲养已有一百多年的历史。据史料记载,清太祖努尔哈赤建都沈阳,曾将吉林省东丰县小四平乡划为皇室围场,供皇室贵族演艺习射,打猎寻乐。这里山势嶙峋,林茂草丰,禽兽出没,野鹿成群。当年有百余家猎户,分四十八家趟子,专为皇家狩猎服务。当时猎户们捕鹿靠的是合围"窖鹿",即在梅花鹿经常出没的地方挖好陷阱,上面架树条,蒙上草帘,再铺上土和草皮,外表看不出一丝痕迹。然后带上猎狗拉网似的围山赶鹿,掉进陷阱里的鹿即被逮住。猎户把鹿圈养起来,留备向皇帝进贡。

光绪十二年(1886 年),清廷在伏力哈色钦(满语地名,今东丰县小四平乡)

设“鹿趟”。由于猎户赵允吉性格豪爽耿直,胆大心细,且能吃苦耐劳,为此,鹿趟总头领史庆云委派他为四十八家鹿趟的“跑信人”(即联络员)。

光绪二十一年(1895 年),四十八家鹿趟的猎户感到采用窖鹿的办法捕捉野鹿越来越困难,无力再向朝廷进贡活鹿。于是,他们推举赵允吉为代表进京向朝廷进言,请求将鹿集中起来圈养繁殖。猎户们凑齐了 20 只活鹿,送到了北京,由盛京官员将鹿交给了“旗务司”,并领了回文。随后他领赵允吉叩见了光绪皇帝(一说叩见了慈禧太后),递上奏表。经恩准,封赵允吉为鹿鞑官,并赐给黄马褂和虎头牌等物,同时拨给 40 名骑兵的军饷,以建皇家鹿苑。

翌年,即光绪二十二年(1896 年),朝廷将吉林等地猎户所捕的 60 多只鹿都集中到伏力哈色钦,由赵允吉圈养。同时规定,每年除了向宫里进贡活鹿 20 只外,还要缴纳鹿茸、鹿尾等珍品。

赵允吉用朝廷拨来的经费,建起了一座能容纳 100 多只鹿的鹿圈,叫第一鹿圈。同时建起了家眷住宅和丁役宿舍。这时赵家的鹿倌、炮手(护院兵丁)、仆人,已有 40 多人。光绪二十六年(1900 年),赵允吉之子赵振山代父进京贡鹿,以后年年不误,深得朝廷的信任。宣统年间,由于赵家养贡鹿有功,宣统皇帝封赵振山为鹿鞑官。赵振山仰仗献鹿有功,于是在大肚川(东丰县俗称大肚川)跑马占荒,把养鹿官山范围扩大。几年光景,赵家已经拥良田、山林百余里。

1947 年 2 月,小四平乡解放,人民政府集中赵振山等几家鹿趟所圈养的鹿,建立了小四平鹿场。

鹿是一种“家野不分”的食草反刍偶蹄类动物。它反刍像牛,善跑像马,还像猪一样爱在泥水中“打溺”。

有趣的是,倘若遇到猎手开枪不中,鹿自然会急速返身逃跑,但是在窜逃的紧急时刻,它总要把尾巴撅起,露出下面的白色,好像挂上一面小白旗,异常醒目。这无异会招惹猎人再朝着那个目标补发两枪。但即使未曾开枪,而仅仅是惊动了它,当它逃走时,也总是翻起白尾而逃。鹿为什么要干这种傻事呢?原来这是一种有利于保存种族的遗传习性。当鹿群发觉有敌害(不论是虎也好,豹也好，狼也好）迫近之际，为首的鹿立即领头逃走，其他的鹿也相继尾随而逃，那翻起的“白旗”原来是一种联络的信号，使后继者不致迷失方向。

马的故事

1928 年，红四方面军在井冈山一次反“围剿”的战斗中，缴获了一匹小黄马。这匹小黄马长得矮小，样子不好看，但很结实。毛泽东很喜欢它，每逢率红军部队出发，都要把小黄马带去。

井冈山的道路崎岖，又狭又陡，还有很多用两三根树干架起来的木桥，桥下是深涧，流水潺潺。许多高大的战马到了这里，吓得战战兢兢，四腿发抖，要用人牵着或用黑布蒙住眼睛才敢过桥。但小黄马却不需人牵，也不用蒙住眼睛。

毛泽东从井冈山转战赣南闽西，一直骑着这匹小黄马。长征途中，由于所经雪山气候严寒，风雪迷漫，空气稀薄，山路冰雪深积，有不少高头大马失蹄摔下深谷，而这匹小黄马却稳稳当当地过了雪山草地，随毛泽东到了陕北。

马是于 19 世纪绝种的泰斑野马的后代。早在三千多年前，周朝就设有专职官吏选育公马繁殖马匹。汉武帝引入良种大宛汗血马，不惜发动战争，迫使宛国国君贡献良马，使国家的好马迅速发展到了 30 万匹。以后又通过“丝绸之路”引进了乌孙天马、波斯骝马等，对内地马的改良发挥了重要作用。

我国良马资源主要分布在东北、西北和西南地区，著名的有产于新疆伊犁地区的伊犁马，原产于内蒙古呼伦贝尔三河一带的三河马，产于甘肃、青海、四川交界的黄河河曲一带的河曲马等。长期以来，全国各地都养马，现在已是骏马遍神州。

马与人类的关系极为密切，有役用、肉用、乳用和肉乳兼用之分。作为一种生产畜力，多被用于耕田、运输、狩猎、乘骑。

在肉用方面，由于马肉具有易消化、营养价值高和对心血管病疗效好等优点，因此在国际市场上受到很高的评价。如比利时，每年马肉的销售量约为 3

万吨,比羊肉多6~7倍。在畜牧业占很大比重的蒙古国,近些年来,对马肉的营养价值进行了科学研究。他们发现,马肉中不仅含有丰富的供人体需要的蛋白质(蛋白质含量占20%以上,其中球蛋白又占蛋白的20%以上),而且每千克马肉的含热量为2000~2200大卡。对马的脂肪的物理——化学性能进行的化验结果中还发现,马的脂肪在30℃~32℃即可溶化。这表明马的脂肪具有半液体特性,它可以加快机体迅速吸收胆固醇等油脂性物质的过程,而不使胆固醇等物质长久地留在机体内部。研究马的这一生理现象对防止人体内部由于胆固醇积聚过多而导致的血管硬化等会有积极借鉴作用。

马奶是国际上风行一时的饮料,其成分接近人奶,营养价值比牛奶好,而且对肺结核、贫血及消化不良等慢性疾病有一定疗效。

另外,马在技艺、体育、礼仪、舞蹈等方面也有一定用途。自从人类有战争以来,马在战场上更是屡建奇功。

在哺乳动物中,马的神经系统颇为发达,触觉能力极强,嗅觉也很灵敏,有时能用鼻子从空气中辨别出微量水汽,找到几千米外的水源。马的听觉令人惊讶,即使是刚出生的小马驹,也能从母马群中辨出自己母亲的嘶鸣声。有趣的是,马还有喜欢走迎风的特性。马的弱点是眼睛近视,这使它胆子小,遇到不常见的东西易惊慌。

在家畜中,马的神经系统最发达。它们对外界反应比较敏感,有些情绪,能够从它的神态和动作中表现出来,这叫马的表情。我们熟悉马的表情,可以更好地管理马匹,同时能避免一些事故。

性格比较暴躁的马,它的耳朵向后倒贴,鼻孔的呼吸又短又急,抖动嘴唇,露出牙齿,大睁着眼睛,站立不安。这是一种发怒或凶恶的表情。

马扬起头,全身朝后,这是准备跳起踢人的表情和姿态。饲养人要立刻上前阻止并抚慰它,它会慢慢地安静下来。

马看见人走近了,微微地眨眨眼睛,射出温和的眼光,又伸出头用鼻子嗅嗅。这是马表示亲近的表情。

有时马站在槽前，连连地举蹄叩击地面，抬起头望着饲养人，还断断续续地轻轻嘶叫着。这是马讨食的表情。

马的表情最明显的部位，要算它的脸部，其中以耳朵、鼻子、眼睛的表情最为明显。在这些最明显的部位当中，又以耳朵的表情最容易让人察觉。马的耳朵除作为听觉器官外，还能用耳朵表示喜、怒、哀、乐。当马心情舒畅的时候，耳朵垂直竖起，耳根非常有力，并时常有些微微的摇动；当马心情不愉快的时候，耳朵便前后不停地摇动；当马紧张的时候，它的耳朵一般都是倒向后方；当马疲劳的时候，耳根显得无力，耳朵倒向前方或两侧；当马困倦时，耳朵便向两旁垂着：当马恐惧的时候，耳朵就不停地摇动，而且从鼻孔中发出一种响声，民间称它为“打响鼻”。

瑞兽兔子

在法国巴黎郊区有一位叫德利尔的人，他是昆虫学家兼结核病专家，又是医生。在他的住处附近生活着几千只野兔，他种的菜和树苗，常被糟蹋，甚至被啃光。为此，他非常气愤，便设法使两只野兔感染上涎瘤炎病毒，使之得了恶性传染病，由这两只病兔再去传染别的兔子。结果6周后，98%的野兔染病死亡。后来，这种传染病在整个法国蔓延开来，致使35%的家兔和45%的野兔丧命。当法国的狩猎管理总督得知此事后，便联合各兔业组织，对德利尔提出控诉，要求赔偿损失。开始，地方法院判了德科尔必须赔款。高一级法院复审后，作出了与地方法院恰好相反的判决，说他无罪，不用赔款，因为当时还没有制定惩治有意传播动物传染病的法律条文。有趣的是，法国农业科学院却认为，德利尔非但无罪，反而有功，并奖给他一枚闪闪发光的金质奖章。他们怕野兔泛滥成灾，影响农牧业生产。

在我国，说起兔子，人们自然会想起民间广为流传的神话故事“嫦娥奔月”。月亮中除了嫦娥、吴刚，还有一只雪白的玉兔在挥杵捣药，它竖起耳朵，直着身子,前肢执一根木杵,一上一下地在药臼里舂捣仙丹妙药,一副仙风道骨的清灵之气,给人一种超凡脱俗的美感。一个天上的星球,一个地上的动物,从此结下了不解之缘。以柔顺、洁白的兔比喻明月,称月为兔。

古往今来,不少文人墨客在诗文中,赠月以玉兔、冰兔、兔影、兔轮、兔魄等雅号,都无不有"兔"。

我国人民十分喜爱兔子,把它作为吉祥的代表,纯洁、和平的象征。《木兰诗》里写下了"雄兔脚扑朔,雌兔眼迷离"的佳句。在一些神话、寓言、童话、舞蹈、绘画、雕塑等文学艺术作品里,都少不了兔这个主角,往往都是逗人喜爱的正面形象。

现在地球上有24种家兔,34种野兔,是一种知名度很高的小型食草兽,因其毛可织高级衣料,其皮可制裘,其肉营养丰富,其内脏可制药而引起人类注目,所以当今世界养兔事业方兴未艾。

兔子没有血盆大口,没有尖喙、利爪,为了在生存竞争中不致灭种,只得提高自己的逃跑本领,故它的后肢很长,一蹦两米远,快如疾风。此外兔子也有极强的自卫反击能力。比如,天山灰兔竟能斗败苍鹰:苍鹰发现了草丛中的兔子,就俯冲下来,用利爪猎取野兔。这时,躲无可躲、逃无可逃的野兔仰面躺下,蜷紧后腿,在苍鹰扑下的一瞬间,它猛蹬强劲的后腿,踹向鹰腹,苍鹰突遭打击,即使不死,胸腹部也遭重创,只能狼狈逃遁。自然,兔子可怜的时候多,多数情况下它是猛兽猛禽的牺牲品。

兔子在神话里的形象是很体面的。它在中国的十二生肖里排行第四,地位不算低。在印度人的生肖里也排行第四,因为印度神话里有十二位神将,每一位神将有一种动物坐骑,而第四位神将骑的就是一只金色的兔子。

人们喜爱兔子,还爱它是个"宝"。兔的价值极高,肉是人民生活中的一种副食品,其营养丰富。兔肉含蛋白质高达21.2%,高于牛肉、羊肉和猪肉,亦为完全蛋白质食品。因肌纤维细腻疏松,水分多,所以肉质细嫩,易于消化吸收。兔肉脂肪含量仅为0.4%,约为猪肉的1/150,羊肉的1/80,牛肉的1/25,为心血管及肥胖病患者的理想动物性蛋白质食品，其营养价值和味道都可与鸡肉比美。此外，兔肉所含麦芽糖、葡萄糖比其他动物都多，还含硫、钾、磷、钠等矿物元素。兔肉在日本被称为“美容肉”。

兔毛是纺织工业的优质原料；兔内脏是医药工业的重要原料；兔皮是皮革工业的原料；活兔还是科学研究、教学和医疗部门常用的实验动物。可见，兔与人的关系是多么密切啊！

兔在地球上生活很广，亚、非、欧、美洲都有它的身影。在我国从南至北，分布20多个省、市、自治区。人们根据不同需要及各地自然条件的差异，培育出了三个类型的兔子，即皮用兔、毛用兔和皮肉兼用兔，共60余种，200多个品系，诸如白家兔、山羊青、长毛兔、大耳兔、银灰兔、天鹅绒兔、喜马拉雅兔、维也纳兔等都是深受人们欢迎的优良品种。

家兔的祖先是野兔，至今在我国的山林、草莽之地均有它的身影。我国养兔历史十分久远，劳动人民培育出了不少兔的优良品种，其兔种具有抗病力强、耐粗饲料、繁殖率高、易于成活、体质健壮、肉嫩皮佳等优点。兔是我国农村饲养的小家畜，其数量居世界首位。兔的毛、皮、肉及加工品远销亚、欧、美洲许多国家和地区。

高原之舟——牦牛

在青藏高原，人们经常可以看到一种奇特的牛，它体型雄壮，四肢短小，身披长毛，尾似马，叫如猪。尤其是它的腹部和臀部，长有30~40厘米长的粗毛，宛如系上了一条特制的“长毛围裙”。这就是被人们誉为“高原之舟”的牦牛。牦牛的个体比野牛稍矮，高约1.65米，长约3米，体重约500千克，野公牦牛的体重有的达1000多千克。牦牛四肢粗短，靠近蹄处显得特别粗大。公牛特别威武雄壮，头上的角很特别，形状为圆锥形，先向头的两侧伸出，然后向上、向后弯曲。最长的角将近1米。

目前世界上有 1300 多万头牦牛，主要分布在中国、尼泊尔、阿富汗、蒙古、印度、不丹、巴基斯坦、锡金等亚洲国家境内。其中以我国的数量为最多。

牦牛

我国牦牛主要分布在西藏、甘肃、新疆、四川、云南等省(区)境内的冈底斯山、唐古拉山、昆仑山、阿尔金山、天山、阿尔泰山、祁连山、巴颜喀拉山、横断山以及岷山等海拔 3000 米以上的高山草场上。分布的中心是喜马拉雅山脉和青藏高原。

野牦牛体形庞大,力大无比,凶猛异常。在西藏阿里东部改则县有一段“无人区”,被称为“野牦牛的王国”。每到冬季,数百成群的野牦牛聚集在湖滨平坝,一起过冬。到了夏季,它们又迁到雪线附近适合牛犊生存的地方交配生息。野生公牦牛体壮力大。据说,有一次一位驾驶员驾驶一辆解放牌汽车经过“野牦牛的王国”,一头肥大粗壮的好斗的公牦牛直奔汽车而来,竟然把满载货物的汽车撞得七摇八晃,险些翻车。

青藏高原气候条件极其严酷,即使是盛夏,中午还烈日如火,可到了傍晚,转眼间,大雪纷飞,早晚还结冰。由于海拔很高,大部分地区在海拔 3000 ~ 4000 米以上,空气稀薄,缺乏氧气。野牦牛为什么能在如此恶劣的环境条件下生活呢?

野牦牛极耐寒,适应性很强。它全身披着褐色的长绒毛,尤其是颈下和身体两侧的毛特别长,形成一个围帘,可以遮挡风雪,更适于爬冰卧雪。全身的绒毛可以随季节而变化,夏季稀疏,冬季浓密。再加上皮下脂肪层厚,汗腺少,所以能耐严寒。野牦牛的胸部极发达,气管粗短,能适应急促的呼吸。血液中的血红素和红细胞的数量也比一般黄牛高,在急促的呼吸下,血液中所获得的氧自然也比较多。正是这种长期适应自然环境而形成了独特的体质,使它能适应高原少氧的气候条件。

野牦牛一般生活在海拔3000～4000米的荒原上。冬季，它用蹄子刨开积雪觅食干草，或大规模迁移到草多的地方，夏季怕热上迁海拔5000～6000米的地方居住。常常结成几十头甚至上百头的大群。野牦牛也很凶猛，在高原上，连雪豹都怕它三分。显然，像这样一种疯狂的猛兽，要把它们驯化为温顺的家畜是不容易的。

可是，据一些史学家考证，早在殷、周之际，居住在我国西部边疆的古羌人，就已经把野牦牛驯养成为乳、肉、毛、役兼用的主要家畜了。考古发掘也证明，起码在3000年以前，居住在今青海诺木洪地区的古羌人，就已成功地把性情凶猛的野牦牛驯化成家牦牛，并编织出用牦牛毛做原料的毛布、毛绳、毛线、毛带等，销售到中原地区。

古羌人还对牦牛进行了杂交改良，让牦牛与黄牛杂交，繁殖出了乳、肉、毛、役都优于牦牛的犏牛。这种牛不但性情温顺，产乳量高，而且耕犁、驮运的能力也远胜于牦牛，只是不能自己传种。

牦牛是生长在高原上的一种特有牛种，是役、乳、肉、皮、毛兼用的家畜，经济价值很高，又是藏族人民的主要运输工具。

牦牛食性粗放，力气大，善爬山，耐高寒。一头用来驮运的牦牛，一般能负重40～50千克，有的多达100于克。每天行走20～25千米，不需休息，有时可以连续几天不吃不喝，驮运如常。牦牛的脚趾有一块坚韧的软骨，在崎岖不平的山路上行走自如。平时马跑得比牦牛快，但在海拔五六千米以上的高寒地区，由于空气稀薄，马反而跑不过牦牛。尤其在雪原中和冰河上，牦牛比马行进稳当，老牧民翻越雪山或横过冰河时，宁愿骑牦牛而不骑马。在大雪封山的时候，藏族牧民往往让牦牛先行。牦牛能用蹄和嘴扒开积雪，开辟前进的道路，而且牦牛识途，是牧民可靠的向导。最有趣的是，牦牛过草地沼泽，可以像船一般浮起自己的身体，贴着沼泽表面慢慢吞吞地跨越过去；如果陷得深了，它会自动停止前进，另辟新路。正因为牦牛有这么多优点，所以藏族牧民亲切地称它为

“诺尔”(宝贝之意)。

鼠害的教训

老鼠家族的怪事也很多,13 世纪时,一支忠于基督教的战舰,每当朝圣返回时,不断从船舱里带回一些玄鼠。它们上岸后,便向当地的赤棕鼠发动进攻,战斗十分顺利,赤棕鼠乖乖就擒,最后终于绝种,玄鼠从此统治了欧洲。

然而,恶有恶报,到了 18 世纪,亚洲大陆有一种褐家鼠,学名叫“挪威鼠”,它们取道斯堪的纳维亚半岛进入欧洲,又随货船横渡大西洋来到北美。它们所到之处,便向原来的“占领者”玄鼠展开了“夺粮斗争”。双方各有伤亡,互有胜负,谁也无法将谁消灭。后来经过“谈判”,签订了一个奇怪的“协定”——和平共处。屋顶、楼阁、顶棚是玄鼠的“地盘”;地窖、污水管等处是褐家鼠的“天下”。就这样,地面和天花板之间便成了它们各自的“自由地带”。

另外,褐家鼠有自己的一套“纪律”,雌鼠之间一律平等,雄鼠分为三个等级。其中阿尔法鼠是雄鼠中的上层分子,掌握生杀大权。贝塔鼠,低一个等级,它在阿尔法鼠面前表现得卑躬屈膝。欧米伽鼠是最下等鼠,即使遇上贝塔鼠,也会吓得发抖。

不管是哪个等级的老鼠,都是人类的大敌,它们一刻不停地向人类发起进攻。

意大利首都罗马市公共卫生局公布,这个城市的老鼠已达 1500 万只,平均每个罗马城人有 6 只老鼠。这些老鼠不但毁坏衣物,传染疾病,而且还成群结队地向婴儿们发动进攻。有一年,有几十名不满周岁的婴儿被老鼠咬伤致死。

罗马市的老鼠主要有两种:一种是传播鼠疫的黑毛鼠,体重约有 300 克;另一种是喜欢在阴沟里生活的褐色毛的老鼠,这种老鼠身长 50 厘米,体重约 800 克。它们都是钩端螺旋体病、沙门氏菌病和斑疹伤寒病的主要传播者。

为了消灭老鼠,自 1977 年以来,罗马市民广泛开展了灭鼠活动,但收效甚微,因为这些老鼠的繁殖能力很强。据估计,一对老鼠在3年内可以繁殖25万只!

有一年,在澳大利亚1600多千米的肥沃地带被千百万只老鼠搅翻了天。许多农田里的80%的冬小麦被这些啮齿动物完全毁掉;向曰葵、高粱和大豆等夏熟庄稼被啃得满地狼藉。这些万人嫌的小动物翻墙、打洞、游泳、跳高,无所不能,无所不在,也无所不啃。塑料制的水桶、防雨布、管道、电线、冰箱等都被啃得千疮百孔。

老鼠繁殖得太快了。一对老鼠在5个月内可以繁衍后代500只。因此在夜间往往能看见成群的老鼠奔跑。距悉尼市320千米的杨镇,有一次一架飞机着陆,犹如降落存老鼠的海洋里。

居民们被老鼠搅得不得安宁,熟睡的人常常被爬到脸上的老鼠吓醒。打开食橱,经常碰见一只或几只老鼠跳出来。更使人哭笑不得的是,当一位电视播音员对摄像机讲话时,一只老鼠钻进了他的裤管里。

在日本,1973年有75000公顷的森林被田鼠毁坏;在前苏联的北天山杉林区,落到地上的杉树种有60%被鼠类毁掉,使这种树的繁殖发生困难。

美国的克恩县素以气候温和、土地肥沃闻名遐迩,当地居民大多是以种植小麦和放牧羊群为生的农场主。他们年年在约10000公顷的湖滩地上播种小麦,每四年大丰收一次,日子过得蛮不错。

20世纪初,农场主集中在一起商讨,怎样才能收获更多的粮食。他们以为,如果把本地区的"有害动物"消灭干净,情况会更好。于是,他们准备好枪支、捕兽器、毒饵,向狐狸、臭鼬、黄鼬、猫头鹰、雕鸮和蛇开战了。

经过几年的捕杀,上述动物基本被消灭干净。1926年获得特大丰收,收进粮仓的麦子比以往任何一年都多。可是不久,人们发现,在湖滩地里,由于散落了许多麦穗和麦粒,田鼠迅速繁殖起来。据粗略估计,约达1亿多只,许多田鼠还跑出湖滩地,另觅新食源。当时,农场主以为,那么多的"有害动物"都被消灭了,区区小田鼠还有什么难对付的呢?

1927年初，冬天来临，温度下降到0℃。田鼠几乎全部跑出寒冷的麦地，转向温暖的地方，寻觅高热量食物。灰褐色的田鼠一起向外跑时，据目击者说，铺天盖地，像是田野和山丘在移动。成千上万只田鼠窜入粮仓，冲进羊圈，四处骚扰，闹得鸡犬不宁。人们用毒药作诱饵灭鼠，失败了，又运来一车皮饿猫。但是，猫很快肥胖起来，而且变得很懒，只要肚子不饿，就不愿多捕一只田鼠。

最后，从华盛顿请来25位灭鼠专家，并花了巨款紧急订购40吨拌有大量烈性毒药马钱子素的苜蓿青贮饲料。他们在湖边搭起帐篷，从1月中旬起奋力灭鼠，到2月底才控制了鼠害。

鼠害总算平息了。但是，为了恢复当地的生态平衡，农场主们又花费了大量的人力、物力和财力，请回了老鼠的天敌——狐狸、臭鼬、黄鼬、猫头鹰、雕鸮、蛇等。这个教训，至今仍然是值得人们记取的。在用各种手段灭鼠时，千万要保护好老鼠的天敌！

第九章　令人生畏的致命动物

不可兼得的熊掌——北极熊

北极熊是世界上最大的陆地食肉动物，主要生活在北冰洋附近的浮冰、岛屿和与大陆相邻的海岸线周围。一般的雄性北极熊体长2.4～2.6米，重400～800千克。它们主要捕食海豹，尤其偏爱环斑海豹。除此之外，北极熊也捕食海象、白鲸、海鸟、鱼类和小型哺乳动物。同时，北极熊也是熊科动物中唯一一种主动攻击人类的动物。在春末夏初，它们会到海边取食冲到岸上的海草。而在夏季，它们还会吃些浆果或植物的根茎。它们会用后腿站立，展现出高大伟岸的身躯，然后露出尖利的犬齿，不断地吼叫，以此来恐吓敌人，听起来令人不寒而栗。

百兽之王——老虎

老虎属于猫科动物，它是森林中最强大的食肉动物，是当今森林中处于食物链顶端的动物之一，被贴切地称为“森林之王”。老虎拥有猫科动物中最长的犬齿、最大的爪子，在捕猎时，它动作敏捷且集速度、力量于一身。老虎前肢的挥击力量可以达到1000千克，利爪的刺入深度可以达到11厘米，一次跳跃最远的距离可达6米，因此老虎成为了最完美的捕食者，也成为了最致命的动物之一。

老虎生性谨慎,它可以捕杀象、牛、野猪、豹子、熊等攻击力很强的动物。老虎一旦发威,势不可当,因此,它在自然界中几乎没有天敌,只害怕武装到牙齿的人类。老虎在中国自古以来就被称为“兽中之王”,也就是“毛虫之长”,并与被中国尊为“鳞虫之长”的龙并列。

狼的克星——豺

豺的嗅觉灵敏,耐力极好,猎食的基本方式与狼很相似:多采取接力式穷追不舍和集体围攻、以多取胜的办法。它们的爪牙锐利,胆量极大,性情非常凶狠、残暴并且贪食。它们敢于袭击水牛、马、鹿、山羊、野猪等体形较大的有蹄类动物,甚至也成群地向狼、熊、豹等猛兽发起挑衅和进攻,吓得这些猛兽或落荒逃走或爬上大树,豺就以这样的方法夺取其他猛兽口中的食物。如果这些猛兽不放弃食物,一场激战便在所难免,但最终结果多半是豺获得胜利。虽然单打独斗时,豺并非它们的对手,但一群豺在集体行动时,互相呼应和配合的作战能力却要高出一筹。有时连老虎都会被一群穷追不舍的豺活活咬死,对于手无寸铁的人类来说,其致命指数不言而喻。

夜行者——狼

狼是一种凶猛的食肉动物,自古以来就留给人一种狠毒残暴的印象。它的长相和家犬十分相似,但与家犬相比,狼的嘴比较尖,耳朵是直立着的,尾巴也是下垂的。狼的皮毛通常为黄褐色,两颊有白斑。狼经常昼伏夜出,捕食野生动物,它非常聪明勇敢,生性凶猛,在食物匮乏的时候有可能捕食牛羊,但极少袭击人类。在动物世界中,我们不得不说狼是最可怕的自然恶棍之一,它攻击家畜,一次就能消耗20斤肉。

狼的奔跑速度极快,可以达到55千米/小时,狼的耐力也非常强,它有能力以10千米/小时的速度长时间奔跑,并能以高达近65千米/小时的速度追猎冲刺。如果比长跑的话,猎豹都不是狼的对手。

现实中的"辛巴"——非洲狮

非洲狮以草原之王的美誉而闻名于世。非洲狮不论白天黑夜都可以捕食出击,但是相对来讲,它们在夜间捕食的成功率要更高一些,尤其是在月黑风高的夜晚……风对非洲狮捕食一般不会产生多大的负面影响,有时,大风天反而还有助于它们捕食,因为风吹草动制造出的噪音会掩盖住非洲狮靠近猎物的声音。非洲狮喜欢协同合作,尤其是遇到的猎物个头比较大的时候。非洲狮总是从四周悄悄地包围猎物,并逐步缩小包围圈,其中有些狮子负责驱赶猎物,其他狮子则等着伏击。尽管它们的战术很高明,但实际上它们单独捕猎的成功率只有20%左右。尽管如此,它们拥有致命的武器——巨大的牙齿、闪电般的速度,以及锋利的爪子,作为一名普通人,在面对它们时,你只能期待它们已经吃饱了。

群起而攻之——非洲水牛

非洲水牛可以说是非洲草原上最成功的植食动物了,它们体长3.4米,高1.7米,重900千克,有两个巨大、锋利的牛角,是非洲草原上体形最大的动物之一。

虽然非洲水牛是植食动物,但却是非洲草原上最可怕的动物之一。因为它们通常集体作战,成百上千头水牛在一头水牛的带领下组成巨大方阵冲向入侵者,方阵的行进速度高达60千米/小时。在这种情况下,任何生物都会被踏成肉泥，即使是狮子，在这种情况下也会给它们让路。在非洲草原上，每年都会有非洲水牛伤人的事件发生，而且人数每年都在增多，可以说死于非洲水牛蹄下的人比其他任何动物杀死的人的数量都要多。

长鼻之王——象

大象对伤害自己的人是“决不手软”的，据相关数据显示，全球每年被大象杀死的人已达500多个，它们锋利的象牙是非常厉害的武器。

在一个动物园里，一名游客用香蕉逗大象，当大象伸出长鼻子来取时，他却用针扎了一下象鼻子，大象立刻缩回了长鼻子，走开了。但当这名游客在动物园里逛了一圈，再经过象宫时，那头被扎的大象突然卷起他头上的帽子，将帽子撕碎，然后抛了出去。这名游客顿时被吓得目瞪口呆，大象却长鸣一声，甩着长鼻子满足地走了。

在塞内加尔的一个国家公园里，三名偷猎者射伤了一头大象。这头受伤的大象被激怒了，向偷猎者冲过去。其中，两个人逃跑了，剩下的一个人惊慌中爬上了一棵大树。愤怒的大象用鼻子将树连根拔起，将那个人摔昏过去，然后大象走上前去将那个人踩成了“肉饼”。

莫名其妙者——黑犀牛

黑犀牛又叫尖吻犀，它的体色其实是灰色的，由于其经常在泥土中打滚而成黑色。因为它皮厚无毛，所以黑犀牛常用稀泥保护身体以防昆虫叮咬，它在泥中打滚还有另一个原因：黑犀牛不能出汗，需用此保持身体凉爽。黑犀牛大都栖息在丛林地带，对水的依赖性很强，因此水源是影响黑犀牛分布的主要自然因素之一。黑犀牛性情孤僻，很少群居，也没有领域意识，幼犀常常跟随母犀牛一起活动，直到母犀牛再次产仔时才会离开。黑犀牛的视力较差，听觉和嗅觉相对来说比较灵敏。

黑犀牛脾气非常暴躁，这在动物界是出了名的。虽然可能有些夸大，但它的脾气确实难以捉摸，有时黑犀牛会莫名其妙地攻击车辆、人和营火，它短距离奔跑时的速度可达 45 千米/小时，具备一定的攻击实力。

赛跑能手——野猪

野猪又被称为山猪，它们一般四肢粗短，身体健壮。它们的头比较长，耳朵直方，尾巴又细又短。野猪犬齿发达，雄性的上犬齿外露，并向上翻转，呈獠牙状，看上去非常凶猛。

在野猪幼崽还没有独立生存的能力的时候，母野猪单独照顾幼崽，这时的母野猪攻击性很强，甚至连公野猪都害怕它们。野猪机灵凶猛，奔跑迅速，警惕性也很高，身上的鬃毛既是保镖的“外衣”，又是向同伴发出警告的“报警器”，一旦遇到危险，它会立即抬起头，突然发出“哼”声，同时鬃毛都会倒竖起来。如果猎豹遇到野猪群，也不敢贸然发动进攻，因为野猪的长獠牙不好对付，所以猎豹只好远远地咆哮恫吓。等到野猪成群逃窜的时候，紧紧追捕，猎食在长途奔驰中落后的个体。野猪的獠牙十分尖锐，鬃毛和皮上涂有凝固的松脂，猎枪弹也不易射入。为了防范人类的猎杀，野猪有时也攻击人，但它们却严格遵守着“人不犯我，我不犯人”的准则，受到人类反击时，受伤的野猪会疯狂地向人类攻击，那种场景会令人惊恐万分。

金刚——大猩猩

大猩猩是最大的灵长类动物，主要分布于非洲的喀麦隆、加蓬、几内亚、刚果、扎伊尔、乌干达等地。大猩猩栖居于海拔 1500～3500 米的赤道－热带雨林地带。

大猩猩是具有社群行为和领地行为的动物，它们喜欢白天行动。雌性大猩猩和幼崽常在树上活动、休息，一般是成年雄性在地面觅食。它们主要以树叶、嫩芽、花、果实、树枝等为食。

大猩猩

大猩猩非常强壮，爆发力极强，它们的个头非常大。其中银背大猩猩的体重可以达到 200 多千克。它们的前臂力量强大，发达的长臂折断一根直径 10 厘米的竹子就像折断一根小树枝一样轻松。当雄性大猩猩向敌人发起挑战时，它们可能会站立，丢东西，用前臂砸向它们的巨大的胸部，而它们的吠叫非常强大，并能发出可怕的轰鸣声。

巨型食蚁兽——一掌就能抡死你

巨型食蚁兽主要分布在南美洲的热带雨林中，它们被人们列入了珍稀保护动物的行列。巨型食蚁兽的嘴巴非常长，舌头同样很长。它们的舌头不但有非常强的伸缩能力，而且舌头上还布满了小刺，舌头分泌大量的黏液，能够粘住蚂蚁，再加上巨型食蚁兽有能够闻出蚂蚁气味的无比灵敏的鼻子，使得它们能够非常容易地找到蚂蚁的巢穴，并且饱餐一顿。除此之外，巨型食蚁兽还有非常粗壮的前腿，10 厘米长的尖爪，往往能够一掌置人于死地。当它们受到威胁时，巨型食蚁兽甚至能够攻击美洲虎和美洲狮，而且往往都能取得胜利。

荷叶豹——云豹

云豹体色金黄，头部很圆，口鼻突出，口鼻部、眼睛周围、腹部呈白色，黑斑覆盖着它们的头部，两条泪槽穿过面颊。云豹圆形的耳朵背面有黑色圆点，它们的瞳孔不像其他动物一样是圆形的，而是长方形的。

这种致命的云豹犬齿锋利，同与它们头部同样大小的其他食肉动物相比，它们有着最长的牙齿，与史前已灭绝的剑齿虎的牙齿极为相似。它们个子虽然矮小，但却具有猛兽的凶残性格和矫健的身体。因为云豹有高超的爬树本领，所以它们可以很轻松地上树猎食猴子和小鸟，还能下地捕捉鼠、野兔、小鹿等小型哺乳动物，有时还偷吃鸡、鸭等家禽。

猞猁——山猫

山猫也叫猞猁，生活在森林灌丛地带，一般在密林及山岩上较常见。它们比较擅长攀爬和游泳，忍耐饥饿的能力很强，它们可在一个地方静静地卧上几天而不吃不喝。山猫不畏严寒，喜欢捕杀狍子等大中型兽类。山猫晨昏活动频繁，活动范围视食物丰富程度而定，它们有领地行为和固定的排泄地点。

山猫以丛林中的小型啮齿类动物为食，有时也捕捉鸟类，还会向鹿发起攻击。它们从不孤身活动，有时两三只在一起，会组成临时的捕猎小集体。山猫的性情狡猾而谨慎，遇到危险时会迅速逃到树上躲蔽起来，有时还会躺倒在地，假装死去，从而躲过敌害。对于一个体形相对较小的山猫来说，它可以猎取像鹿一样大的猎物，由此可见其致命程度。

无辜大眼睛——懒猴

懒猴别名蜂猴、风猴，生活在树上，很少在地上走动，喜欢独自活动，它行动特别缓慢，只有当受到攻击时，它才会加快行动，因此，得名“懒猴”。当你看到拥有一双水汪汪的无辜大眼睛的懒猴时，千万不要掉以轻心，不要被它欺骗。它是世界上有毒的哺乳动物之一，这种灵长类动物能够从肘部释放毒素，在它的嘴中也存储着毒素，这是它准备攻击其他动物或者是舔舐皮毛防止敌人攻击而用的。对人类来说，这种毒素可能导致过敏性休克而死亡。

激素杀手——宽吻海豚

宽吻海豚长着令人羡慕的流线型身体：身体中部粗圆，从背鳍往后逐渐变细，额部隆起。它皮肤光滑无毛，身体背面呈发蓝的钢铁色和瓦灰色，它的呼吸器官是头上的喷气孔。它的牙齿是海豚科中最大的，上下颌每侧各有大型牙齿21~26枚，长度为4~5厘米，直径为1厘米。科学家认为，雄性的宽吻海豚生活在靠近陆地的浅海地带，较少游向深海，有时它也是极其危险的，它会释放强大的激素，这种生理激素会催使它攻击一些小女孩。

海上霸王——虎鲸

虎鲸别称杀人鲸、逆戟鲸，是一种大型齿鲸，身长为8~10米，体重9吨左右，背呈黑色，腹为灰白色，背鳍弯曲长达1米，嘴巴细长，牙齿非常坚硬，它们叼住的食物都是被整个吞下去的。1862年，有人从一头虎鲸的胃中发现了13头海豚和14只海豹，由此可见虎鲸的致命程度。虎鲸性情凶猛，善于进攻猎物,是企鹅、海豹等动物的天敌。有时它们还袭击其他鲸类,甚至是大白鲨,可称得上是名副其实的海上霸王。虎鲸时常会有跃身击浪、浮窥,或是以尾鳍或胸鳍拍击水面的行为,它们的泳速最快可达时速55千米,可在水下闭气17分钟左右。

南极食物链顶端的猎食者——海豹

海豹是哺乳动物,它们和陆地上的豹子是亲戚,但并不像豹子跑得那么快。海豹是南极食物链顶端的猎食者,它们下颌异常强劲,长牙非同小可,若是被它们咬上一口那可是致命的。

海豹最喜欢吃的食物是鱼类,尤其是那些人类不喜爱的鱼,还有几种海豹喜欢捕食磷虾。别看海豹样子温驯,表面上看好像笨笨的,但海豹在捕食方面可是高手。即使在冰冷漆黑的水里,海豹也能捕猎,因为它们脸上的须子可以根据身边水压的变化估测到水中动物的方位,所以即使是视力不好的海豹也能猎食。

吸血鬼——吸血蝙蝠

在哺乳动物中,吸血蝙蝠是一种特有的吸血种类。吸血蝙蝠飞行力强,它们贪婪不已,吸血总是越多越好,而且每次吸血的时间为10多分钟,最长达40分钟。每次吸血,它们都会把自己的肚子撑得鼓鼓的,大约可吸血50克,相当于自身体重的一半,有时甚至吸血多达200克,相当于体重的一倍。即便如此,它们依然能够起飞,真是名副其实的“吸血鬼”。吸血蝙蝠的寿命较长,平均寿命为12年。一般来说,一只吸血蝙蝠一生所吸的血达100升左右。2010年1月,在秘鲁亚马孙地区,吸血蝙蝠大肆咬人吸血,引起了极大的恐慌,据有关部门统计，事件发生几周内就有至少7名儿童被吸血蝙蝠咬伤后，引发了狂犬病，最后死亡。

火爆之鸟——食火鸡

食火鸡是世界上体积第三大的鸟类，仅次于鸵鸟和鸸鹋，它的翅膀已经退化，比鸵鸟的翅膀退化得更加严重。食火鸡擅长奔跑，喜欢跳跃，十分机警，它的鸣叫声粗如闷雷。食火鸡生性凶猛，常用锐利的内趾爪攻击天敌。食火鸡栖息于热带雨林中，以拥有12厘米长、类似匕首一样锋利的爪而闻名，集利爪、强有力的腿、极快的速度和弹跳力于一身，瞬间即可钩出人类的内脏，像狗和马这两种动物在它的一击之下会即刻致命。2007年，《吉尼斯世界纪录大全》收其为“世界上最危险的鸟类”。

爬行毒王——眼镜王蛇

眼镜王蛇含有剧毒，是我国蛇类中生性最凶猛的一种毒蛇，它可以杀死一头大象。眼镜王蛇的舌头很灵敏，能通过空气侦察敌情，辨别猎物的类别。眼镜王蛇的毒液毒性为“混合性毒”，一条成年的眼镜王蛇一次排出的毒量为300多毫克，对人畜危害极大。最令人恐怖的莫过于其受惊发怒时的样子，那时，它的身体前部会高高立起，颈部变得宽扁，暴露出其特有的眼镜样斑纹，同时，它的口中吞吐着又细又长、前端分叉的舌头。眼镜王蛇的性情极其凶猛。反应敏捷，头颈转动灵活，排毒量大，可以说是世界上最危险的蛇类。

海蛇之王——贝尔彻海蛇

贝尔彻海蛇是世界上最毒的蛇类，它的毒性比陆地上的任何蛇都大许多倍。被贝尔彻海蛇咬上一口后，通常没有剧烈疼痛的感觉，甚至连轻微的疼痛感也没有，水肿现象也很少，但是，情况会渐渐恶化，中毒者会出现轻微的焦虑、头晕和轻飘飘的陶醉感，接着，舌头便会肿胀，导致吞咽困难，肌肉无力，最后可能恶化至全身瘫痪。到目前为止，人类对贝尔彻海蛇的研究不多，只知道贝尔彻海蛇的毒为神经毒，尚无血清可以解毒。

非洲死神——黑曼巴蛇

黑曼巴蛇，又叫黑树眼镜蛇，是第二大的陆生毒蛇，也是曼巴蛇类中体形最大的一种。黑曼巴蛇的名字源于其乌黑的口腔，当蛇口张大时可以清楚地见到其口腔。黑曼巴蛇上颌前端在攻击时能向上翘起，使其毒牙能刺穿接近平面的物体。黑曼巴蛇是非洲最大的毒蛇，栖息于开阔的灌木丛及草原等较干燥的地带，是已知杀伤力最大、体形最长、速度最快、攻击性最强的蛇类之一。

不管在任何时候，黑曼巴蛇的毒牙里都有 20 滴毒液，但只需两滴毒液就可以致人死亡，因此人们称它为“非洲死神”。身长 3 米的黑曼巴蛇在攻击时能咬到人的脸部，由此可见其攻击能力之强。被黑曼巴蛇咬过后未用抗毒血清的伤者的死亡率接近 100%。

致命毒蛇——太攀蛇

太攀蛇是一种致命的毒蛇，也是连续攻击速度最快的蛇，它的身体强壮，能够分泌一种致命的毒液。太攀蛇每咬一口释放出的毒液已足够杀死 50 万只老鼠和 100 个成年人，它的毒液能够引起呕吐，并会令人的心脏停止跳动，与核武器的杀伤力不相上下，它的毒性与贝尔彻海蛇齐名。被太攀蛇咬上之后，出现的症状与其他蛇不同，首先，你的血液会凝固，但你的七窍会些微出血，过一会儿,你会感到眼前的事物出现重叠影像,之后,你全身的机能会慢慢停顿,最后瘫痪窒息而死。当你被其咬到后,如果在几分钟内没有得到适当治疗的话,那你就必死无疑了。

牙锋齿利——澳大利亚咸水鳄

澳大利亚咸水鳄是世界上体形最大的爬行动物,雄性的澳大利亚咸水鳄最长可达10.6米,重量可超过1吨,牙齿粗大锋利。它们是世界上最富攻击性、最危险的鳄鱼种类。澳大利亚咸水鳄的体形与圆木相似,通常情况下,它们都是悠闲地躺在水中,等待猎物送上门来,在捕食时,它们的牙齿能够深深地刺入猎物的身体,令其疼痛难忍,然后它们再把猎物拖下水肢解。据《中国日报》2008年5月25日报道,一只澳大利亚咸水鳄和一条鲨鱼狭路相逢,双方展开了生死肉搏,最后鲨鱼成了澳大利亚咸水鳄的腹中美食。在1988年到2008年之间,大约有12人死于澳大利亚咸水鳄之口。

大凯门——眼镜凯门鳄

眼镜凯门鳄的形态特征是:一般雄性的身体1.2~2.5米,最长的为2.5米左右,雌性的身体最长约1.4米,刚出生的小眼镜凯门鳄有20~25厘米长。眼镜凯门鳄的双眼像眼镜一样隆起,故得名为“眼镜凯门鳄”。眼镜凯门鳄反应灵敏,有着超级惊人的转身速度。它们的下颌异常强壮,可以杀死几乎所有的东西:它们不会出外觅食,只是静静地潜伏在水中,偷袭与之擦肩的鱼类或其他水生脊椎动物。由于它们的肤色是橄榄绿色,所以,它们在陆地上很容易伪装起来,然后安心地等待路过的陆生脊椎动物。有时它们还会改变捕食的策略,用自己强健的身体和灵活的尾巴驱赶鱼类到浅水处或是狭窄的岸边。

冷血杀手——科莫多巨蜥

科莫多巨蜥是一种巨大的蜥蜴,最初人们是在印尼的科莫多岛发现的这种爬行动物。科莫多巨蜥奔跑的速度极快,扑食猎物时异常凶猛。同时,巨大而有力的长尾和尖爪是其捕猎的重要“工具”。此外,科莫多巨蜥还很善于游泳,具有潜入水中捕鱼和潜水几十分钟的特殊本领。

科莫多巨蜥性情凶猛,目前只有凶猛的咸水鳄才有过捕食它的记录。科莫多巨蜥的唾液中含有多种高度脓毒性细菌,因此受到它攻击的猎物即使逃脱,也会因伤口引发的败血症而迅速死亡,而逃脱的猎物就成了其他巨蜥口中的美盒。

毒中毒——吉拉毒蜥

吉拉毒蜥是美国体形最大的有毒蜥蜴,其毒器位于下颌。它们的身体臃肿,行动缓慢,而尾巴则是其储存脂肪的地方。

吉拉毒蜥主要栖息在人迹罕至的大沙漠、灌木林区及大片仙人掌覆盖的地方,主要以各种小型鸟兽及小蜥蜴为食。捕猎时吉拉毒蜥会将毒液注入猎物身体,等到猎物死亡后再将其吞下。吉拉毒蜥一出生便带有可怕的毒液,十分厉害。吉拉毒蜥的毒液与西部菱斑响尾蛇的毒液相似,属于神经性毒液,被吉拉毒蜥咬到就会出现四肢麻痹、昏睡、休克和呕吐等症状。此外,吉拉毒蜥的咬合力量很大,并且它们会持续啃咬,决不主动松口,因此很容易给猎物造成严重的伤害。

剧毒户——箭毒蛙

箭毒蛙是拉丁美洲乃至全世界最著名的蛙类之一,它们被世人所知晓有两方面的原因:一方面是因为它们跻身于世界上毒性最大的动物之列;另一方面是因为它们拥有非常鲜艳的警戒色,是蛙中最漂亮的成员之一。一只箭毒蛙所含的毒素就足以杀死20000只老鼠。箭毒蛙多数体形很小,最小的仅1.5厘米,只有少教种类的箭毒蛙体长可以达到6厘米。箭毒蛙家族中蓝宝石箭毒蛙具有极高的毒性,它们绚丽的体色使潜在的掠食者远远避开。而黄金箭毒蛙则是箭毒蛙家族中毒性较强的一种,一只黄金箭毒蛙身体中所含有的毒素足以杀死10个成年人。生活在南美哥伦比亚西部的箭毒蛙所分泌的毒素,是目前世界上所知的最厉害的毒,仅1克的十万分之一便可置人于死地。

海洋杀手——大白鲨

大白鲨,又称食人鲨,白死鲨,体重可达3吨,是大型的海洋肉食动物之一。大白鲨身体硕大,尾呈新月形,牙大且有锯齿缘,被认为是极具危害性的动物。它们因有在未受刺激的情形下对游泳、潜水的人,甚至小型船只进行致命攻击的行为而恶名昭彰。大白鲨的嗅觉和触觉极其灵敏,可以嗅到海水中1千米外被稀释成原来的1/500浓度的血液,它

大白鲨

们会因此而狂性大发,以40千米/小时以上的速度追赶,用其血盆大口中的3000颗牙齿将猎物瞬间撕成碎片。目前,大白鲨已经创下了对人类薮命攻击

的最高纪录,尤其是对潜水员和冲浪者的进攻。

气泡鱼——河豚

河豚是世界上第二毒的脊椎动物,河豚的内部器官含有一种致命的神经性毒素,并且没有任何解药。曾经有人对河豚的毒性作过测定,它的毒性相当于剧毒药品氰化钠的1250倍,只需要0.48毫克就能让人窒息而死。河豚鱼的毒素耐热,100℃下连续8小时的蒸煮都不会被破坏,盐腌和日晒也都不能破坏毒素,120℃下蒸煮1小时这些毒素才能被破坏。中毒者的症状表现为语言表达混乱、视觉模糊、听力减退、面色苍白、呕吐、四肢发冷、血压下降、脉搏微弱、呼吸系统开始麻痹,之后中枢神经系统麻痹,最快的,中毒者能在10分钟内死亡,一般的中毒者是在4到5个小时内抽搐或呼吸停止而死,最迟不过8小时内死亡。50%的河豚中毒者都会死亡。

隐藏的毒子——石头鱼

石头鱼像玫瑰花一样长有刺,且有毒,人们形象地称之为“致命一刺”,它是鱼类家族中毒性超强的一种鱼。石头鱼生活于岩礁、珊瑚间,以及泥底或河口之中。石头鱼体粗短,头和口大,眼小,其皮肤多是疣状肿块和肉垂,并不光滑,像块石头一样。石头鱼的体形与颜色常会与周围环境混为一体,不易被察觉。石头鱼的背部有几条毒鳍,鳍下生有毒腺,每条毒腺直通毒囊,囊内藏有剧毒毒液。当被人误踩时,石头鱼的大量致命毒液会通过背鳍棘的沟注入人体,令人迅速中毒并且一直处于剧烈的疼痛中,对人类有致命的危险。

水中高压线——电鳗

电鳗是南美洲的放电冠军,它能产生高达880伏的电压。这样强大的电压能够轻而易举地击死小型动物,甚至于在河里涉水的马和游泳的牛那样的大型动物也能被击倒,由此可见,它们杀死人类更是易如反掌。如果你在海里遇到了电鳗,通常情况下都来不及逃命,因为即使你再快也快不过电鳗,因此,电鳗又被称为"水中高压线"。这些天生的杀手实在需要小心防范。科学家们对电鳗的解剖发现:电鳗的身体内长有一种奇特的发电器官,这是其他鱼类所不具备的。这种器官是由大量半透明的盘形细胞组成的电板和电盘构成的,是电鳗进行自卫和捕食的重要工具。电鳗的发电器官生长在尾部脊椎两侧的肌肉中,呈长棱形。

水中狼族——食人鱼

食人鱼又名水虎鱼、食人鲳,是南美洲著名的肉食性淡水鱼。食人鱼具有锋利的牙齿,它们能够轻易咬断钢制的鱼钩或是人的手指。它们性情凶猛,一旦发现猎物,往往群起而攻之。

食人鱼的雌雄外观相似,都有鲜绿色的背部和鲜红色的腹部,体侧有斑纹。它们的听觉异常灵敏,两腭短而有力,下腭突出,食人鱼喜欢栖息在河流的干流和较大的支流中,那里河面宽广、水流湍急。在亚马孙河流域,人们将食人鱼视为当地最危险的四种水族生物之首。在食人鱼活动最频繁的巴西马把格洛索州,每年大约会有1200头牛被食人鱼吃掉。由于食人鱼这种凶残的习性,人们将其称为"水中狼族"或"水鬼"。

温和杀手——黄貂鱼

黄貂鱼的毒液在尾刺部位,尾刺两侧长有倒生的锯齿,刺入皮肉后,会造成皮肤的严重裂伤,相继而来的中毒的症状有:剧痛和烧灼感,全身阵痛,痉挛,皮肤红肿,血压下降,呕吐腹泻,发烧胃寒,心跳加速,肌肉麻痹,甚至死亡。到目前为止,黄貂鱼是人类所知的体形最大的有毒鱼类,尾部长达37厘米。倘若人类被刺到胸腔,那么就不仅仅是受到重伤这么简单了,还有可能会因此而死亡,尤其是黄貂鱼所释放的毒液进入了心脏,即使马上抢救,也往往无济于事。2006年9月4日,澳大利亚的"鳄鱼猎手"史蒂夫·艾尔文在拍摄水下纪录片时遭到黄貂鱼的攻击,被刺到了重要器官,医疗人员及时赶来,但史蒂夫·艾尔文却已经不幸身亡了。

热情杀手——红火蚁

红火蚁入侵学校、草坪、民宅等地,会对人类进行叮咬。通常情况下,它们都是集体行动,一个蚁巢里的红火蚁数量在20~50万只。红火蚁的尾刺会排放毒液,毒液中的毒蛋白会引起中毒者产生过敏反应,伴有如火灼般的疼痛感,之后会出现如灼伤般的水泡,严重时会休克甚至死亡,如果水泡破掉的话,会引发细菌的二次感染。相关人士在1998年所作的调查中显示,在南卡罗来纳州约有33000人被红火蚁叮咬,其中有15%的人产生了局部严重的过敏反应,2%的人有严重系统性反应,甚至造成过敏性休克,当年更是有两人因红火蚁的袭击而死亡。红火蚁威力无穷,还会啃咬电线,导致电线短路从而发生小型火灾。

捕食者——螳螂

螳螂生性残暴好斗，在食物缺乏时经常会出现同类之间大吞小和雌吃雄的现象，它们只吃活虫，进食时通常以有刺的前足牢牢钳食它们的猎物。而分布在南美洲的个别种类的螳螂还能不时攻击小鸟、蜥蜴或蛙类等小动物。有的螳螂有保护色，有的可以拟态，与其所处环境相似，借以伪装捕食多种害虫。依靠拟态，螳螂不但可躲过天敌，而且在接近或等候猎物时也不易被发觉。雌虫交尾后常吃掉雄虫，将卵产在卵鞘内以保护幼虫不受恶劣天气影响或天敌袭击，卵数约 200 个。如果幼虫同时全部孵出，它们常常会互相残杀，然后吞食对方。由于所有的螳螂都是凶猛的食肉昆虫，所以用“捕食者”来形容它们是不足为过的。

杀人蜂——非洲劲蜂

杀人蜂又称胡蜂、非洲化蜜蜂。在南美洲，有一种令人闻之色变的“杀人蜂”。据不完全统计，在短短的几十年里，已经有几百人被这种毒性极强、凶猛异常的蜂活活地蜇死。至于在这种蜂的攻击下，死于非命的猫狗和其他家畜，更是不计其数。后来，尽管人们采取了许多措施，想消灭这一大祸害，可是，这些杂交蜂适应自然的能力极强，系列的速度很快，所以，直至今日还没能有效地遏止它们的蔓延。现在非洲劲蜂的繁衍数量已超过 10 亿，并从南美洲蔓延到了美国的得克萨斯州和加利福尼亚州等地，时至今日，已有 1000 人死于非洲劲蜂的叮咬。

疟疾传播者——疟蚊

疟蚊广布全世界,已知的种类有近450种和亚种,分归于6个亚属,但中国仅有按蚊亚属和塞蚊亚属,共约60种和亚种。疟蚊体多呈灰色,翅有黑白花斑,刺吸式口器。静止时腹部翘起,与停落面成一定角度。雌虫吸取人、畜的血,传播疟疾和丝虫病等,故又称疟蚊。中国常见的种类为中华按蚊、微小按蚊和巴拉巴按蚊等。疟蚊幼虫多喜在有水草、阳光照射的天然清水中孳生;成蚊多分散躲在室外洞穴中,部分在居室、畜舍内越冬。

吸血能手——舌蝇

舌蝇属于非洲吸血昆虫,能传播引起人类的睡眠病以及家畜类疾病的非洲锥虫病。舌蝇以人类、家畜及野生动物的血液为食。分布广泛,多栖于人类聚居地及撒哈拉以南某些地区的农业地带。舌蝇又叫采采蝇,约有30种。它身体比苍蝇小,体长6~13毫米,体呈黄色、褐色、深褐色至黑色,它的喙较长,水平向前伸出。雌、雄舌蝇都吸食人和动物的血,昼夜活动。坚挺的刺吸口器平时呈水平方向,叮咬时尖端向下。双翅在静止时平叠于背上。每个触角上有一个鬃毛状的附器,叫触角芒,触角芒上有一排长而分支的毛,这点与其他蝇类不同。

攻击强手——悉尼漏斗网蜘蛛

有很多蜘蛛都有毒,只是毒性大小不同。比较著名的毒蜘蛛有美国的黑寡妇蜘蛛、隐士蜘蛛,西北部的太平洋海岸的流浪汉蜘蛛,但这些蜘蛛的毒性都无法与悉尼漏斗网蜘蛛相提并论,这是一种让毒虫专家都感到害怕的蜘蛛。悉尼漏斗网蜘蛛原产于澳大利亚东岸,这种易怒的生物堪称世界上攻击性最强的蜘蛛,悉尼漏斗网蜘蛛的成体体长可达 6 ~ 8 厘米,尖牙长度可达 1.3 厘米,发起袭击时其毒牙向下,像匕首一样朝目标猛刺。

猎鸟高手——捕鸟蛛

捕鸟蛛分为树栖捕鸟蛛和地栖捕鸟蛛两种,树栖捕鸟蛛是自然界中最巧妙的猎手之一。捕鸟蛛能够在树枝间编织具有强烈黏性的网,一旦有自己喜食的小鸟、青蛙、蜥蜴和其他昆虫落入网中,它们是绝对没有逃脱的机会的。捕鸟蛛多在夜间活动,白天隐藏在网附近的巢穴或树根周围。一旦有猎物落网,它就迅速爬过去,抓住猎物,分泌毒液将猎物毒死,然后慢慢地享用。由于捕鸟蛛十分凶悍,所以人类对它也是敬畏有加。捕鸟蛛织的蛛网能经得住 300 克重的东西。1975 年,在墨西哥曾发现一棵大树的几根树枝被一张巨大而多层的捕鸟蛛网所遮盖,最大的网竟能将一棵 18.3 米高的大树上部 3/4 的树枝全部遮盖住。

名如其物——黑寡妇蜘蛛

黑寡妇蜘蛛(简称黑寡妇)是一种具有强烈神经毒素的蜘蛛。它是一种分布广泛的大型蜘蛛,在热带及温带地区均有发现。在南非,黑寡妇蜘蛛被称做纽扣蜘蛛、红背蜘蛛。黑寡妇蜘蛛以昆虫为食,偶尔也捕食马陆、蜈蚣和其他蜘蛛。黑寡妇蜘蛛身长在 2 ~ 8 厘米之间。由于这种蜘蛛的雌性有在交配后立即咬死雄性配偶的习性,因此民间为之取名为"黑寡妇"。黑寡妇蜘蛛这一名称一般特指属内的一个物种,有时也指多个寡妇蜘蛛属的物种,其中有 31 种已被

黑寡妇蜘蛛

识别的物种,包括澳大利亚红背蛛和褐寡妇蜘蛛。

毒蝎冠军——巴勒斯坦毒蝎

巴勒斯坦毒蝎被认为是地球上毒性最强的蝎子,主要生活在以色列和远东地区,在英国、澳大利亚、俄罗斯、美国、法国、意大利、日本等19个国家的科学家评选出的10种动物属的“世界毒王”中它占据第五位。它那长长的尾巴中带有很多毒液的螯针,会趁你不注意刺你一下,螯针释放出莱的剧毒的毒液会让你极度疼痛、抽搐、瘫痪,甚至心跳停止或呼吸衰竭。

以小见大——蜱虫

蜱虫成虫的躯体背面有壳质化较强的盾板,通称为硬蜱,属硬蜱科;无盾板者,通称为软蜱,属软蜱科。全世界已发现的蜱虫约850种,包括硬蜱科约700种,软蜱科约150种,纳蜱科1种。我国已记录的硬蜱科约100种,软蜱科10种。蜱虫多蛰伏在浅山丘陵的草丛里和植物上,或寄宿于牲畜等动物的皮毛间。不吸血时,它的身体干瘪如绿豆般大小,也有极细如米粒的;吸饱血液后,它的身体饱满如黄豆大小,大的如指甲盖般大。蜱虫叮咬的无形体病属于传染病,人类对此病的抵抗力不强,若与病重患者有密切接触或直接接触病人血液的医务人员或其陪护者，如不注意防护，也可能被传染。

深海刺客——海胆

海胆有背光和昼伏夜出的习性，它主要靠身体发射出的针刺防御敌害。当发现猎物或遭到攻击时，海胆便用针刺把毒液注入到对方体内。所以，人或动物都容易受到海胆的攻击。海胆的针刺排列为螺旋状，并且在刺尖上生有倒钩。一旦海胆的刺刺入人体，便很难将其取出，同时，刺中的毒液会发挥作用，使伤者的伤情加重。当海胆与敌人作战时，它的精力高度集中，常常运用灵活敏捷的针刺给敌人造成致命伤害。海胆的针刺极为敏感，即使是某个东西的影子投落到身上，针刺也会马上行动起来，进入紧张的备战状态。当海胆攻击敌人时，它会将几根针刺紧靠在一起，组成尖锐的“矛”，以便产生更大的威力。

红色魔鬼——洪堡鱿鱼

洪堡鱿鱼生活在中美洲东太平洋洪堡寒流海域，是世界上最致命的 12 种动物之一。它们有肉色的外套膜，被捕捞上岸时会变为橙红色，在水中习惯成群捕食，数量最高时可达 1200 只。洪堡鱿鱼通过快速变化身体的颜色和同伴进行交流。它们昼伏夜出，攻击所有可作为食物的生物，包括人类，因此被当地人称为“红色魔鬼”。洪堡鱿鱼有两只巨大的眼睛，微光条件下视力比人类强 200 倍，它们有 3 个心脏，血管里流淌着蓝色的血液；它们拥有八只触手，每条触手由 160 多条肌肉组成，上面约有 300 个吸盘，每个吸盘的拉力为 100 克。

蓝环章鱼的剧毒

蓝环章鱼的原产地位于澳大利亚新南威尔士海域，现在这种章鱼主要栖息在日本与澳大利亚之间的太平洋海域中。蓝环章鱼是一种很小的章鱼品种，臂腕不超过15厘米。它可以捕食小鱼、蟹、虾及甲壳类动物，并且会用很强的毒素（河豚毒素）麻痹猎物。在海洋中，蓝环章鱼属于剧毒生物之一，被这种小章鱼咬上一口就会有生命危险。它体内的毒液可以在数分钟内置人于死地，目前医学上仍未有解毒的方法。人被这种章鱼蜇刺后几乎没有疼痛感，一个小时后，毒性才开始发作。幸运的是蓝环章鱼并不好斗，很少主动攻击人类。如果遇到想要袭击自己的大型动物，它会闪耀蓝光，向对方发出警告。

看了赏心，握了致命的鸡心螺

鸡心螺又叫"芋螺"，它们的外壳前方尖瘦而后端粗大，形状像鸡的心脏或芋头，主要生长于热带海域，多见于暖海，是生活在沿海珊瑚礁、沙滩上的美丽螺类，世界上共有500种左右不同种类的鸡心螺。鸡心螺是肉食性的海洋生物，通常以海洋蠕虫类动物、小鱼以及其他软体动物为食。由于鸡心螺的行动相当缓慢，它们不得不利用有毒的"鱼叉"（一种毒性齿舌）来捕捉像小鱼一样行动迅速的猎物。一些鸡心螺的毒性非常强大，足以毒死一个成年人。

澳大利亚箱形水母的致命毒液

澳大利亚箱形水母俗名为海黄蜂，被称为"海洋中的透明杀手"。澳大利亚箱形水母是一种淡蓝色的透明水母，形状像个箱子，有4个明显的侧面，每个面都有20厘米长，这种水母仅有大约40厘米长。它共有24只眼睛，每4只眼睛集中在一个地方。澳大利亚箱形水母的触须上生长着数千个储存毒液的刺细胞，它不仅会对经过身边的任何生物进行恶意的攻击，就连一些生物的外壳或皮肤不经意的刮蹭都会刺激这些微小的毒刺的攻击。只要有谁胆敢招惹它，它就会疯狂地向对方注射最有效的神经毒素。它被认为是目前世界上已知的、对人类毒害最强的生物之一。它的重要特征是呈立体箱形的身体以及四条较粗壮的触手,它的触须可达3米长。

美丽触手——海葵

海葵是一种构造非常简单的动物,世界上共存在有1000种以上,广泛分布于各大洋中。海葵一般为单体,无骨骼,富肉质,因外形似葵花而得名。海葵的口盘中央为口,周围有触手,少的仅十几个,多的达千个以上,珊瑚礁上的大海葵就有如此壮观的触手。海葵的触手一般都按6或6的倍数排成多环,彼此互生;内环较大,外环较小。触手上布满刺细胞,用来御敌和捕食。大多数海葵的基盘用于固着,有时也能缓慢移动。少数海葵无基盘,埋栖于泥沙质海底,有的海葵能以触手在水中游泳。

海葵非常长寿,寄居蟹有时会长期把海葵背在背上作为伪装。海葵是我国各地海滨最常见的无脊椎动物,主要品种包括绿海葵、黄海葵等。

第十章　弥足珍贵的珍稀动物

中国一级保护鸟类

1. 乐方红宝石——朱鹮

朱鹮又叫朱鹭,是世界上一种极为珍稀的鸟类。由于它的脸是朱红色的,所以素有“东方宝石”的美誉,被世界鸟类协会列为“国际保护鸟”。

朱鹮身长 79 厘米左右,体重约 1.8 千克。雌性和雄性朱鹮的羽色非常相近,全身羽毛均为白色;嘴细长而末端下弯,长约 18 厘米,黑褐色,但嘴的末端和头部一样,为红色;它的腿长约 9 厘米,呈朱红色。

朱鹮平时栖息在高大的乔木上,觅食时才飞到水田、沼泽地和山区溪流处,捕捉蝗虫、青蛙、小鱼、田螺和泥鳅等生物作为食物。

朱鹮每年 5 月份产卵,每次产卵 3 ~ 4 枚,雄、雌朱鹮轮流孵卵。大约一个月后,雏鸟破壳而出,但仍需要朱鹮夫妻轮流照看,共同喂养。小朱鹮一个月后羽翼逐渐丰满,开始学习飞行技术,不久就能独自外出寻找食物。

但是,朱鹮的天敌很多,例如乌鸦、青鼬、鹞子和蛇等,常常破坏巢穴,毁坏鸟蛋,甚至伤害幼鸟,所以朱鹮对巢区的选择非常严格。它常常边孵卵育雏,边扩大加固窝巢。

20 世纪以前,朱鹮在中国东部、日本、俄罗斯、朝鲜等地曾有较广泛的分布。由于环境恶化等因素导致种群数量急剧下降,至 20 世纪 70 年代野生朱鹮已经不见踪影，在日本、俄罗斯、朝鲜三个国家已经被宣告灭绝。我国鸟类学家经多年考察，1981 年 5 月在陕西省洋县重新发现朱鹮种群，这也是世界上仅存的种群。在科学的保护和人工精心的养育下，至 1995 年我国的野生朱鹮种群约 35 只，饲养种群有 25 只，为拯救这一珍禽带来了希望。目前，朱鹮数量已近 2000 只。

2. 黑衣舞者——黑鹳

黑鹳又叫乌鹳、黑巨鸡，是一种非常珍贵的鸟类。它身长约 110 厘米。嘴长且很粗壮。上体、翅、尾、胸部的羽毛均为黑色，并且泛有紫绿色的光泽，眼睛周围的裸皮是红色的，内侧小覆羽是白色的，嘴是黑色的，脚是红色的。

黑鹳喜欢栖息在河流沿岸、沼泽山区以及溪流附近，主食昆虫，兼食蛇和青蛙，有时也食用成熟的农作物。黑鹳每年 4 月份开始繁殖，这时候它们会成群活动，在岩崖缝隙中或大树上筑巢，每窝产卵 3 ~ 6 枚，卵是乳白色的，并有少量浅黄色隐斑。孵卵期 31 ~ 34 天，雌雄鸟共同喂养幼鸟。经过 65 ~ 70 天，幼鸟就会有飞翔的能力。长大的黑鹳声带开始退化，不会发出叫声，但能用上下嘴快速叩击发出“嗒嗒嗒”的响声。

黑鹳分布于新疆、青海、甘肃、内蒙古、辽宁、陕西、山西、河南、河北等地。黑鹳在长江以南过冬，迁飞时结群活动，在东北、河北、新疆及甘肃北部进行繁殖。

3. 弥足珍贵——东方白鹳

东方白鹳又叫老鹳，全长约 120 厘米，身体的羽毛呈白色；眼部周围的颜色呈红色；前颈下部有饰物；嘴长而粗壮，黑色；腿、脚都是红色。

东方白鹳经常在沼泽、湿地、塘边涉水觅食，主要以鱼类作为食物，鱼类占食物总量的 79% ~90% 以上。随着季节的改变，它们的食物内容也相应改变。冬季和春季，它们主要采食植物种子、叶、草根、苔藓和少量的鱼类；夏季，它们以鱼类为主，也吃蛙、鼠、蛇等其他动物性食物；秋季，它们会捕食大量的蝗虫。更有意思的是，它们平时也常吃一些沙砾和小石子来帮助消化食物。东方白鹳主要在白天寻找食物，早晨6～7时和下午4～6时活动最频繁，中午一般在树上休息或在领地的上空盘旋。但是它们飞行或步行时举止都比较缓慢，休息时常单足站立，不过它们非常机警，只要外界有一点动静就会高度警惕。东方白鹳在繁殖期主要栖息在开阔而偏僻的平原、草地和沼泽地带，有时也会活动在远离居民区的地方。例如，岸边有树的池塘、水稻田边等。东方白鹳每年9月末至10月初开始寻觅繁殖地，组成群体分批地往南迁徙。它们迁徙的路线大多沿着平原、河岸及海岸线的上空。

东方白鹳分布地域比较广泛，在我国的东北等地区，俄罗斯的东南部都有分布。

4. 至尊贵族——丹顶鹤

丹顶鹤，也叫仙鹤，是世界著名的珍贵鸟类，是鹤类中的代表，也是鸟类中的贵族。它们形态优美，全身的每个部分都极为匀称修长，无论是飞翔、跳跃，还是行走、站立，它的仪态始终高雅非凡。

丹顶鹤以“三长”著称，即喙、颈、腿都很长。当它们直立起来的时候，可达1米。丹顶鹤全身羽毛洁白，喉部、脸颊暗褐色，头顶朱红色，犹如戴了一顶小红帽，因此得名。丹顶鹤的幼雏没有丹顶，只有达到性成熟后，丹顶才会出现。

由于丹顶鹤的气管比脖子长，像弯曲的喇叭管一样，所以鸣叫时的声音响亮并且带有回音。早在《诗经》中就有这样的记述：“鹤鸣于九霄，声闻于天。”除了它的鸣叫声洪亮之外，它们的飞行能力也很强，在飞行的时候，它们会排成“人”字形，头颈和脚伸展并且对称。

丹顶鹤的主要食物是鱼、虫、虾、蛇等，有时候也会食用一些水草来充饥，夏季的时候常捕食蝗虫。每年4月份是丹顶鹤选取“人生伴侣”的时候，每天早上或者黄昏时分，经常能听见它们发出的求偶声，十分响亮且连续不断。雄鹤主动求爱,引颈耸翅,“咯——咯——咯”地叫个不停,雌鹤则在一旁翩翩起舞,以“咯啊—咯啊—咯啊”的声音来回应雄鹤的求爱。就这样双方在对歌对舞之后一旦产生爱情,便结为“夫妻”,相伴终生,倘若其中有一方提前死去,那么另一只不会另娶或者另嫁,直到终老,可见,它们也是一种非常痴情的鸟类。

丹顶鹤可以活到五六十岁,是鸟类中的寿星。所以自古以来人们喜欢用丹顶鹤来比喻老人长寿。

丹顶鹤在中国的松嫩平原、俄罗斯的远东和日本等地繁殖,在中国东南沿海各地及长江下游、朝鲜海湾、日本等地越冬。历史上丹顶鹤的分布区比现在要大得多,越冬地更为往南,可至福建、台湾、海南等地。

5. 飞行状元——军舰鸟

军舰鸟,又叫军人鸟,是一种大型海鸟。军舰鸟的身体大小像母鸡,但是翅膀特别细长,展开的长度可以达到2.3米。它的翅膀与身体的比例比其他鸟都大,还有很长的叉形尾巴。它飞行的速度特别快,并且飞行技术也相当好,可以借助海风长时间滑翔,可以飞到1200米的高空,也可以作1600千米的长距离飞行。

另外,军舰鸟也叫强盗鸟,原因是它们常常会从其他鸟的口中夺取人家捕获的鱼。它们的主要食物是小海龟和其他小鸟,有时候也会吃腐鸟。不过,它们是出了名的爱干净,每次吃完东西,都会在海面上清洗一下。

军舰鸟的脚很小,在陆地上行走很不方便,白天的时候都会在天空中翱翔。军舰鸟的4个脚趾有蹼相连,由于它的脚太细小,所以几乎没有什么用途。但是,军舰鸟的钩状嘴是它们生存的唯一工具,用以攻击和掠夺其他海鸟嘴中的鱼。

很特别的是,雄军舰鸟在繁殖期间,喉囊会变成鲜艳的绯红色,并且会膨胀起来,直到雌鸟产下一枚蛋后,雄鸟的喉囊才慢慢瘪下去,颜色也变回暗红色。在筑巢的时候,雌鸟负责搜集大量的细枝,雄鸟则把细枝铺成一个台。通常,雌鸟只产一枚白色的蛋,雌雄共同孵蛋,待幼雏出生后,共同喂养幼雏。

军舰鸟外表凶猛,主要威胁恐吓其他的鸟类,连鹈鹕、鸬鹚、鲣鸟这些近亲也不放过,特别是鲣鸟。在军舰鸟的内部,它们常为一根筑巢用的树枝而争执不下,还常乘其他鸟没有防备,偷取它们的树枝补建自己的巢,有时候甚至会掠走同类的幼雏吃掉。

军舰鸟分布在全球热带和亚热带海洋,有时可进入温带水域。军舰鸟有 5 种,其中 3 种出现在我国境内。小军舰鸟在我国海南岛附近和南海很多岛屿都有繁殖。大军舰鸟在大西洋中的安森松岛繁殖。白腹军舰鸟在印度洋的圣诞岛繁殖,有时进入我国南海,是我国一级重点保护动物。

6. 滑翔冠军——信天翁

信天翁是一种巨型海鸟,身长达 1 米多,翅膀展开时有 4 米多,是所有鸟类中翅膀最大的一种。由于它的羽毛是白色的,能替人传递信息,所以叫做"信天翁"。

信天翁能够长时间在空中滑翔,因为它们的翅膀狭长,十分利于在猛烈变化的海上气流中上下翻飞。信天翁特别喜欢狂风巨浪的天气,因为这时它们可以借风势飞得更好。因此,这对于一些有经验的水手来说是识别天气的一种很好方法,哪里出现信天翁,就暗示哪里的天气即将发生变化。

信天翁的主要食物是鱼类,它们大部分时间都在海上飞翔,只有到了繁殖期才会在岸上停留。大多数信天翁终生不换配偶,不过,它们每年都会举行求偶仪式,是一种深深懂得浪漫的鸟类。雌信天翁 12 月产卵,约两个半月小信天翁出世。雏鸟要在巢里待上 300 天左右,喂养雏鸟常常搞得父母精疲力竭。因此,还来不及等到小信天翁羽翼丰满,父母就不得不离它而去。父母离开后,小信天翁只能依靠自身脂肪的积累继续成长,差不多一年以后就长大成熟,可以飞向大海了。由于信天翁孵育困难,所以它的繁殖能力很低,一年只产 1 个卵,这是它目前数量越来越少的原因之一。

7. 游泳人才——秋沙鸭

秋沙鸭是我国特有的鸟类，数量一直非常稀少。它们栖息在东北地区树林附近的溪流、河谷、草甸或池塘里，有时候会看到它们和鸳鸯一起在水面上戏水。

秋沙鸭的体长68厘米左右，嘴细长有钩，虹膜是褐色，嘴和脚是红色。繁殖期的雄鸟头部及背部是绿黑色，与光洁的乳白色胸部及下体形成鲜明对比。飞行时，翅膀的白色外露并夹杂一些黑色。雌鸟和非繁殖期雄鸟上体为深灰色，下体浅灰色，头棕褐色，身体的羽毛有些蓬松。

秋沙鸭是天生的游泳健将，小秋沙鸭一出生就能在水中自由地活动。它们以鱼虾为主食，同时也吃水中的昆虫等。每年4月中旬是秋沙鸭繁育季节。这时它们先寻找天然树洞作为自己的巢穴，在洞的底部铺上木屑和树叶，上面再铺一层羽绒。秋沙鸭也是一种候鸟，一般在每年9～10月间飞往长江以南过冬。

由于环境的原因，它们的数量在一天天减少，目前很少能看到秋沙鸭了。2000年8月1日，它已被列入国家林业局发布的《国家保护有益的或者有重要经济、科学研究价值的陆生野生动物名录》。

8. 空中之狮——海雕

海雕的种类较多，有白头海雕、虎头海雕、玉带海雕、吼海雕、白腹海雕等，其中最为凶猛的要数虎头海雕。海雕一般生活在海岸及湖泊附近，鱼、兔、狐、信天翁和野鸭等都是它们的食物。

白头海雕，又叫美国雕、秃头雕，身长1米左右，分布在北美洲一带，是美国的国鸟。白头海雕浑身是黑褐色，头和尾巴为白色，喙、眼睛和脚都是黄色。一般在内陆河流附近以及湖泊的周围活动，在河流附近及岛屿的树上建筑巢穴。虽然白头海雕的外表好看，但是它们的性情十分凶猛，不过，它可不是捕猎高手,捕猎的本领比较差劲。在与其他海鸟一起捕捉鱼时,它们捕捉到的鱼一般都是死鱼或者是半死不活的鱼,或者是正在河边产卵的鱼,有时候甚至直接抢夺其他动物捕获的食物。

即使白头海雕有这些恶习,但它却是美国的国鸟。1776 年 7 月 4 日,美国第二次大陆会议发表了著名的《独立宣言》,再次决定新生的美国必须有意义特殊的国徽。议员们经过 6 年的时间终于决定了以白头海雕为主体的国徽图案。因此,白头海雕也就成了美国的国鸟,代表着勇猛、力量和胜利。

白头海雕,身长在 71 ~ 84 厘米之间,主要分布在印度、东南亚、印度尼西亚、澳大利亚和菲律宾等地。它全身灰白分明,头部、颈部和下体都是白色,背部是黑灰色,嘴下为蓝灰色,嘴尖端为黑色,脚趾为淡肉色,爪是黑色。它们的繁殖期是每年的 12 月份到次年的 3 月份,巢穴筑在高大的乔木或者悬崖之上,这样不易被人们发觉。但是,近年来它们的生存地还是受到了人类的影响,由于外在环境的变化,它们的群体也在慢慢变小。

9.“茜茜公主”——绿孔雀

绿孔雀是鸟类中的“巨人”之一,体长为 1—2 米,体重一般为 6 千克,所以在云南泸水俗称为“6 公斤”,但体重较大的可达 7.7 千克。它的雄鸟和雌鸟体羽大体相似,但雌鸟没有尾屏。雄鸟羽毛绮丽华美,头上一簇别具风度的冠羽长达 10 厘米,高高地耸立着,中央部分为辉蓝色,围着翠绿色的宽缘,脸部为淡黄色。苍绿色的头和颈,微微闪着紫光,背部的羽毛像绿玉一般,周围镶着黑边,中央嵌一个半椭圆形的青铜色的斑;胸部的羽毛也是绿色,只有腹部颜色较暗。翅膀不大,上面覆盖着黄褐、青黑、翠绿的羽毛,也是色彩缤纷,在阳光的照耀下,由于羽毛彩色的反光率不同,更显得华丽多彩,鲜艳夺目。

绿孔雀最为人们欣赏的是它的尾屏。绿孔雀的尾羽并不长,构成尾屏的是它尾上的覆羽。这些长长的尾羽是身长的两倍,平时合拢拖在身后,开屏时屏面宽约 3 米,高达 1.5 米。这些羽毛绚丽多彩,羽支细长,犹如金绿色丝绒,而尖端渐渐转为黄铜色。有一部分尾上覆羽的末梢构成一种五色金翠钱纹的图案,有一百多个,闪闪发光,最外面是紫色的椭圆圈,次外圈是黄色圈,中间是翠绿的扇形,上面又有一个蓝黑色的蝶形,圈内其余部分为金黄色,圈外还有很多长短不一,呈褐、紫等颜色的细丝,犹如鲜艳夺目的锦缎。

绿孔雀主要栖息在海拔2000米以下的热带、亚热带常绿阔叶林和混交林中,尤其喜欢在疏林草地、河岸或地边丛林,以及林间草地和开阔地带。常单独、成对或成小群活动。善于奔走,不善飞行。性情机警,夜晚栖于树上。食性较杂,主要是川梨、黄泡等植物的果实、嫩叶、芽苞,以及昆虫、蚯蚓、蜥蜴、蛙类等动物性食物,也到农田附近觅食农作物。栖息于热带和亚热带地区,海拔2000米以下的河谷地带,以及疏林、竹林、灌丛附近的开阔地。

孔雀的美丽羽毛,历来是人们喜爱的装饰品,清代时,以其与褐马鸡尾羽配合制成"花翎",以翎眼多寡区别官阶等级。孔雀的行止动作,宛若舞姿,民间模仿其动作编成"孔雀舞",其矫健优美,令人陶醉。

中国二级保护鸟类

1. 黑面天使——黑脸琵鹭

黑脸琵鹭又叫黑面琵鹭,它身长约80厘米,羽毛呈白色;后脑勺有长羽毛构成的羽冠,额头至面部皮肤裸露,呈黑色;嘴也呈黑色,长20厘米左右,嘴前端扁平呈汤匙状;腿长约12厘米,腿与脚趾都是黑色。雌性和雄性的黑脸琵鹭羽色相似,但是它们的羽毛会随着冬夏交替发生细微的变化:冬天,它们的羽毛是纯白色的,羽冠较短;夏天,它们的羽毛、羽冠和胸羽是黄色的,好像经过印染一样。

黑脸琵鹭一般生活在湖泊、沼泽及沿海滩地等处,经常涉水觅食小鱼、虾、蟹及螺类等动物。世界上现存的黑脸琵鹭大约只有400只,主要分布在中国、朝鲜、俄罗斯和日本。在我国，黑脸琵鹭大致分布在东北至华南沿海、长江流域、海南岛、香港、台湾省等地。有人认为东北一带可能有繁殖地，但至今没有确切的证据。台湾省台南县曾文溪口海岸滩地是世界最大的黑脸琵鹭越冬种群栖息地，多时可达200只。海南东寨港自然保护区、广东福田自然保护区及香港米埔自然保护区也曾记录有数十只黑脸琵鹭的越冬小群在那里驻留。

2. 琵琶之鸟——白琵鹭

白琵鹭又叫篦鹭，它全身大约长85厘米，羽毛呈白色，眼睛周围的裸皮呈黄色，嘴长而直，扁阔很像琵琶，因此还有“琵琶嘴鹭”的美称。它的脖子和腿都很长，腿下部裸露呈黑色。

白琵鹭

白琵鹭喜欢生活在沼泽地、河滩、苇塘等处，涉水啄食小型动物，有时也食水生植物。它们喜欢把巢穴搭建在近水的高树上或芦苇丛中。

白琵鹭每窝产卵3~4枚，卵呈椭圆形或长椭圆形，颜色为白色，有时有细小的红褐色斑点。繁育期间，白琵鹭夫妻轮流孵卵，约需25天，雏鸟留巢期约40天。

白琵鹭是迁徙类候鸟，主要分布于欧亚大陆和非洲。在国外，白琵鹭在欧洲、印度、斯里兰卡和非洲北部海岸繁殖，在马里、苏丹、波斯湾、印度、斯里兰卡、日本南部等地越冬。在我国，白琵鹭夏季一般在东北、华北、西北一带繁殖，冬季南迁，在长江下游和华南一带过冬。

3. 沉默轻盈的舞者——白鹮

在我国东北一带，白鹮又叫白油老鹳子。它全身长约70厘米，长着白色的羽毛；头与颈皮肤裸露，呈黑色；背及颈的下部有灰色饰羽（冬季褪落）；嘴长而下弯，黑色；脚也是黑色，但是脚比较短。

白鹮喜欢生活在河、湖岸边及沼泽湿地。它们习惯小群活动，有时也单独活动在水边或草地上。通常，白鹮在白天活动，活动时没有多大声响，平时几乎听不到它的叫声，行走也很轻盈沉着。白鹮的主要食物是小鱼等水生动物，有时一些植物也成为它们的食物来源。雌雄白鹮共同在近水岸边的大树上搭建爱巢，孕育下一代，一般每窝产卵 2 ~ 4 枚，卵呈淡蓝色，有少许斑点或无斑点。

在国外，白鹮分布于印度、斯里兰卡、尼泊尔、缅甸、泰国、越南、马来西亚、印度尼西亚；在我国，白鹮分布于天津、河北、内蒙古、辽宁、吉林、黑龙江、上海、江苏、浙江、台湾、山东、河南、广东、香港、海南、四川、云南等地。白鹮在东北繁殖，在广东、福建、云南等地越冬。

目前，随着人口的急剧增长，人类进行的生产活动对环境造成过大的压力，导致整个动物界都受到影响，白鹮的分布区也受到影响，种群数量明显减少，据统计，在整个亚洲大约有 8000 多只。

4. 自然“导航仪”——鲣鸟

鲣鸟全身约 70 厘米，毛洁白，翅膀狭长，嘴呈圆锥形。嘴和眼睛周围的裸皮或为绿色，或为淡黄色。

鲣鸟属是热带海鸟，世界各大热带海洋均有分布，共有 6 种，其中印度洋圣诞岛的粉嘴鲣鸟有时被单划为一属。我国的鲣鸟均属于鲣鸟属，包括红脚鲣鸟、褐鲣鸟和黑脸鲣鸟（蓝脸鲣鸟）。其中，红脚鲣鸟是西沙群岛最主要的海鸟，体重 1 千克左右，两足趾间有蹼，善游泳，善于捕捉小鱼和昆虫，仅在夜间及孵卵期间停留在海岛上。

鲣鸟在陆地上和树枝上很笨拙，倘若掉在地面上，就要费劲地扇动双翅才能慢慢起飞，甚至要爬到高坡上往下滑一段再起飞。

渔民们称鲣鸟为“导航鸟”，因为当人在茫茫的大海中迷失方向时，可以跟随飞翔的鲣鸟安全返回海岛。

当繁殖季节来临时，所有雄鲣鸟都用优美的舞姿向雌鲣鸟献殷勤。这种舞蹈是以原地踏步开始，然后左右脚交替踏动几次后，举颈向前，平展双翅，翅尖指向尾部，看起来非常优美。接着，它们抬头发出一串悠长而连贯的鸣叫声，好像在召唤雌鲣鸟，别有一番情趣。

5. 情有独钟——犀鸟

犀鸟与犀牛角有着相似的特征，是奇特而珍贵的大型鸟类。它体长 70～120 厘米左右；嘴长达 35 厘米，占身长的 1/3 左右；脚趾又宽又扁，非常适合在树上进行攀爬活动；一双大眼睛上长有粗长的眼睫毛，这在鸟类中非常罕见；更奇怪的是它的头上长有一个铜盔状的突起，叫做盔突，好像犀牛角一样，故而得名犀鸟。

犀鸟的大嘴和盔突显得很笨重，其实它们非常灵巧，能完美地完成采食浆果、捕食昆虫和修建巢穴等工作。它吃东西时，往往先用嘴将食物向上抛起，接着再用嘴准确地接收，然后吞下食物，享受美味，你说这是不是很灵巧呢？可是这又是为什么呢？经过科学家研究发现，它的嘴和盔突属于中空结构，里面如同蜂窝，充满了空隙，这样就减轻了重量，轻巧而坚固。

犀鸟喜欢生活在密林深处的参天大树上，啄食树上的果实，有时也捕食昆虫，以及一些爬行类、两栖类等小型动物。

犀鸟在每年的春末夏初进行交配，一般选择在天然大树洞里孵卵，当雌鸟产完卵后，就待在树洞里专心孵卵，雄鸟衔泥将洞口封闭，只留一个投食的小孔。在雌鸟卧巢孵卵期间，全由雄鸟寻找食物，然后飞回来用大嘴敲打树干，通知雌鸟“吃饭”，雌鸟此时就将喙伸出那个小孔。白天，雄鸟为了寻找食物每天劳碌奔波于森林与“家庭”之间；夜晚，雄鸟栖息在洞外树枝上，为自己的妻子和孩子站岗放哨，让“家人”免受敌人的侵害。直到幼鸟羽毛丰满，这样的生活才结束。雌雄鸟破洞团聚，共同带领孩子们练习飞行和觅食。

犀鸟不仅是一种珍贵、漂亮的鸟类，而且还是一种比较注重感情的鸟。一对犀鸟中，如果有一只先死去，另一只绝不会苟且偷生或另寻新欢，而是在忧伤中绝食而亡，因此被人们称作“钟情鸟”。

犀鸟的一般寿命在30～40岁左右，最长寿的可达50岁。

犀鸟分布在非洲及亚洲南部。在我国，犀鸟大多生活在云南西部和南部，以及广西南部，有双角犀鸟、冠斑犀鸟、白喉犀鸟、棕颈犀鸟4个种类。

6. 骨肉相残——鵟

鵟，又叫土豹子、土豹、鸡母鹞。它属于普通的中型猛禽，体长在51～59厘米之间，体重为575～1073克；上体位深褐色或淡褐色，并具有深棕色横斑或纵斑；尾羽为淡灰褐色，呈扇形散开。

鵟的种类很多，但在我国只有四种，常见于开阔平原、荒漠、旷野、开垦的耕作区、林缘草地和村庄的上空。它们的主要食物是蛙、蛇、虫、鸟，有时也吃一些小型猛禽的尸体。当食物少的时候，也到村庄附近捕食鸡、鸭等家禽。捕食方式主要是通过在空中的盘旋飞翔，凭借锐利的眼睛观察和寻觅地面的猎物，一旦发现猎物，就突然快速地俯冲而下，用利爪抓起猎物。它们的食量也非常大，曾经有人在一只鵟的胃中发现了6只老鼠的残骸。由于它们本性凶残，当食物不足时甚至还会吃掉自己的同类，即使是“亲骨肉”也不放过。在捕猎食物的同时，它们也常常成为雀鹰、游隼等猛禽的猎捕对象。

鵟大多喜欢单独活动，偶尔也能见到2～4只在天空盘旋。鵟性情机警，视觉十分敏锐，善于飞翔，每天大部分时间都在空中盘旋滑翔。翱翔时宽大的两翅左右伸开，稍微向上抬起，呈“V”字形，短而圆的尾羽呈扇形展开，姿态极为优美，它的叫声却和家猫的叫声相似。

每年5～7月是鵟的繁殖期。通常，鵟喜欢把巢建在林缘或森林中高大的树上，尤其喜欢针叶树。巢的结构比较简单，主要由枯树枝堆积而成，里面垫有松针、细枝条和枯叶等，有时也垫有羽毛和兽毛。在5～6月产卵，每窝产卵2～3枚，偶尔也多至6枚。卵为青白色，通常有栗褐色和紫褐色的斑点或斑纹。

当第一枚卵产出后,双亲共同承担孵化任务,不过以雌鸟为主。孵化期大约28天。

鵟主要分布在青藏高原、蒙古、中国中部及东部。在中国,鵟在北方分布区非常常见,在南方则比较罕见。在中国北部和东北部、青藏高原东部及南部的部分地区繁殖,冬季鵟南迁至华中及华东,偶有至广西、广东及福建地区。

7. 移情别恋——鸳鸯

鸳鸯属于中型鸭类,全长40厘米左右,体重630克。雄性鸳鸯是最艳丽的鸭类,喙为少见的鲜红色,端部具亮黄色嘴甲;颈部是由绿色、白色和栗色构成的羽冠;胸腹部纯白色;背部浅褐色;肩部两侧有两条白纹;最内侧两枚三级飞羽扩大成扇形,竖立在背部两侧,非常醒目。相比之下,雌性鸳鸯羽色黯淡了很多,通体为暗浅的灰色,喙也是灰色。

鸳鸯喜欢栖息在树林里,在距地面很高的枯树洞中筑巢。它的主要食物是鱼虾、昆虫和野果、稻谷等。

鸳鸯分布于我国东部、日本、朝鲜和西伯利亚等地区。它们不仅会游泳,还善于行走,同时飞翔能力也很强。秋天的时候,它们飞往华南长江流域一带越冬,春天回归后繁殖后代。

目前,随着我国北部环境的恶化以及人为破坏,鸳鸯的生存空间越来越小,导致数量不断减少。在福建省屏南县,有一条白岩溪,那里环境优美,溪水恬静,是鸳鸯最喜欢的地方,因此又称为鸳鸯溪,成为我国第一个鸳鸯保护区。

古人有"只羡鸳鸯不羡仙"的句子,人们一直认为鸳鸯是爱情鸟,并传说鸳鸯永不分离,生死相许。假如一方死去,另一半就会"守节"终生。其实在现实生活中,鸳鸯并不这样。根据动物学家观察发现,鸳鸯平时并没有固定的配偶,只是在繁殖期间才会出现亲密无间、相亲相爱的现象。当孵化开始时,雄鸳鸯并不参与,甚至和其他的雌鸳鸯继续繁殖,更遑论为"爱情"而"守节"了。雌鸳鸯独自承担孵化、抚育幼雏的任务。

8. 双宿双飞——鹈鹕

鹈鹕又叫塘鹅，全长约 180 厘米，通体白色。嘴宽大，直长而尖，嘴的下面有一个与嘴等长且能伸缩的皮囊，这是它最显著的特征。

鹈鹕喜欢栖息在湖泊、江河、沿海水域，善于飞行和游泳，也善于在陆地上行走，但是不会潜水。它主要以鱼类、甲壳类、软体动物、两栖动物等为食。

鹈鹕配对后，双宿双飞，终生不换。它的繁殖期为每年的 4 ~ 6 月份之间。每窝产卵 3 ~ 4 枚，卵是淡蓝色或微绿色。雌雄鸟轮流孵卵，刚出蛋壳的小鹈鹕体色为灰黑，不久之后就会长出一身浅浅的白绒毛。鹈鹕夫妻将捕获的食物吐在巢穴里，让雏鸟啄食这种半消化的鱼肉。雏鸟长大一点后，就会把头伸进父母的皮囊里，啄食里面储存的小鱼。

鹈鹕是一种大型的游禽，世界上共有 8 种，大多分布在欧洲东南部、非洲北部和亚洲东部一带。在我国，鹈鹕共有斑嘴鹈鹕和白鹈鹕两种。斑嘴鹈鹕嘴上布满了蓝色的斑点，头上被覆粉红色的羽冠，上身灰褐色，下身白色。白鹈鹕通体白色，主要分布在新疆、福建一带。

9. 直冲九霄——天鹅

天鹅是一种善于高飞的鸟，它们的飞行高度可达 9 千米，是世界上唯一不费力气就能飞越珠穆朗玛峰的鸟类。同时它们也是十分古老的鸟类，在历史的演化中大多数种类都已经灭绝了。存活下来的天鹅几乎遍布全球，在温带、寒温带地区比较常见，主要的种类有大天鹅、小天鹅、黑天鹅、疣鼻天鹅等。天鹅的嘴很宽，而且呈扁状，它们的上喙有一块很坚硬的东西，叫做“硬瘤”。在喙的周围有一排牙齿状的东西，舌头上覆盖有一些细小的东西，这样是为了更好地捕食。另外，它们长长的脖子不仅扩大视野和发现天敌，而且也是为了寻觅丰富的食物。天鹅的羽毛很浓密，皮肤上有一些细小的绒毛，这样可以使它们在寒冷的时候保温。它们的翅膀比较粗壮，能保证它们快速飞行。

由于天鹅的羽毛很轻,并且有一定的油脂,再加上它具有船一样的身体,使得它们更适合在水中活动;它们的脚上长有宽大的蹼,在划水的时候就像是两支船桨在划动一样,游动得非常快。它们的脚长在身体中部,这样在走路时会相对要容易一些。

疣鼻天鹅也叫"哑天鹅",是天鹅中体型最大者,分布在瑞典、伊朗、俄罗斯以及我国的一些地区,栖息在水草繁茂的河边或者是开阔的湖边。它们的主要食物是水生植物的一些果实或者叶子等,也吃水藻和小型的水生动物。疣鼻天鹅一般白天寻找食物,晚上休息。疣鼻天鹅的体重在6~11千克之间,身体的长度140厘米左右,它们全身的羽毛洁白无瑕,但嘴是鲜艳的红色,嘴甲是褐色,头顶为淡棕色,眼线是黑色,爪和蹼也是黑色,尾巴上的羽毛比较尖而且稍长。在嘴和额头交界的部位有一块疣状突起,这就是它特别的黑色的鼻子,"疣鼻天鹅"之名也由此而来。我国的疣鼻天鹅,由于人类对它们生存环境的影响,导致它们的数量一天天减少。调查统计显示,我国疣鼻天鹅的数量不会超过5000只。

黑天鹅,是一种身披黑色羽毛的天鹅,全世界只有唯一的一种。黑天鹅主要分布在澳大利亚,同时也是澳大利亚的象征。它们主要生活在大型的湖泊以及一些水浅的地方,喜欢群体生活,体长110~114厘米左右,体重在3~8千克之间,翅膀展开的宽度160~240厘米左右。它们主要以水草及其他水中植物为食物,有时候也会在牧场和积水的地方寻找食物。

大天鹅是一种圣洁高雅的鸟类,体型庞大,全身总长在120~160厘米之间,全身羽毛为纯白色,只有头部和嘴部的颜色为棕黄色,嘴端和嘴角是红色,看上去非常美丽。大天鹅体型丰满,脖子非常长,甚至超过了身体的长度,腿比较短。大天鹅的主要食物是水菊、莎草等水生植物,不过有时也会捕捉蚯蚓和一些昆虫等。不论是哪一种类型的天鹅,它们小时候都是"丑小鸭",直到长大后才会拥有和父母一样漂亮的羽毛。另外,天鹅终生不换配偶,一旦双方确定了"夫妻"关系,从此双栖双飞,形影不离。

10. 空中“游侠”——游隼

游隼的分布几乎遍布世界各地，中国东北、华北、长江以南、广东和海南岛等地均有分布。

游隼体长在 40 ~ 48 厘米之间。头顶和后颈的颜色从灰色渐变到黑色；背和肩都是蓝灰色，上面有一些黑褐色羽毛和横斑；腰部和尾巴上覆盖的羽毛也是蓝灰色，但是颜色稍微淡一些；尾巴是暗蓝灰色，有黑褐色和淡色横斑；翅膀上覆盖的羽毛是蓝灰色，上面有一些黑褐色横斑；脸颊部是黑褐色；嘴是铅蓝灰色，嘴根部是黄色，嘴尖黑色；脚是橙黄色，爪是黄色。

游隼主要捕食野鸭、鸥、鸿鸽和鸡等中小型鸟类，偶尔也会捕食鼠类和野兔等小型哺乳动物。它们主要在空中进行捕食，多数时候在空中飞翔着寻找猎物，发现猎物时先是快速升上高空，然后将双翅折起，急速向猎物猛扑下来，以尖锐的嘴咬穿猎物要害部位，当猎物受伤失去飞翔能力下坠时，游隼快速冲过去，用利爪抓住猎物，带到较隐蔽的地方，用双脚按住，用嘴剥除羽毛后再撕裂成小块吞食。有时也在地上捕食，不过这种情况非常少见。

游隼喜欢栖息在山地、丘陵、荒漠、半荒漠、海岸、旷野、草原、河流、沼泽与湖泊的沿岸地带，有时候也到开阔的农田、耕地和村屯附近活动。它们一般会把巢筑在林间空地、河谷悬岩、地边丛林等地，有时也会利用其他鸟类的巢如乌鸦，有时候也在树洞与建筑物上筑巢。巢主要由枯枝构成，巢内放有少许草茎、草叶和羽毛。它们的繁殖期在每年的 4 ~ 6 月之间，每窝产卵 2 ~ 4 枚，偶尔多至 5 枚或 6 枚，卵是红褐色。雌雄亲鸟轮流孵卵，孵卵期间它们的领域性极强。因此，这个时候最好不要去打扰它们。孵卵期需要 28 ~ 29 天，幼雏出世后，由双亲共同喂养。

11. 飞翔的风筝——鸢

鸢通常叫老鹰，广泛生活在亚洲、欧洲、非洲和澳大利亚等地区。在我国，鸢分布在西藏、新疆和内蒙古一带。它们的主要食物是老鼠、兔子、小鸟,有时候会捕捉农家的小鸡,另外它们也会吃动物的尸体。鸢的目光非常犀利,可以在高空一面盘旋,一面搜索地面的猎物。一旦发现目标,便会以迅雷不及掩耳之势俯冲下去将猎物捕获。

鸢的嘴为蓝黑色,上嘴弯曲,脚强健有力,脚趾上长有锐利的爪,翅膀很大,善于飞翔。身长在56厘米左右,体重约630~1030克,全身大致为褐色,翼下初级飞羽基部有白斑,尾羽具有鱼尾状特征,幼鸟有明显淡色羽斑,与成鸟明显不同。

鸢的种类很多,并且每一类都有差异。鸢的卵为白色,伴有红棕色斑点,一次生1~3枚蛋,孵卵期约为38天,鸢一次能孵出四五只小鹰。

以前在内蒙古的一些农家平原上,随处可以看得见鸢,当地人担心它们会捕食小鸡,因此很少把小鸡放在外面。但是,随着环境变化,已经很难看到鸢的身影,鸢已成为濒危动物。

12. 捕鱼能手——鸬鹚

鸬鹚是一种水鸟,体长70~77厘米左右,体重在1180~2200克之间。全身羽毛呈黑色,头颈部具有紫色光,其他部分有绿色光泽。除南极和北极以外的所有地区,几乎都能看到它们的身影。

鸬鹚在地上行走时像鸭子一样摇摇摆摆,样子很可爱;一旦进入水里,游动的速度却又非常快,鱼儿一见到它们,便会吓得晕头转向。鸬鹚的喉部有一处能膨胀的地方,它们会把捕到的鱼暂时储存在里面,等饥饿的时候再享用。因此,有些渔民就利用它们的这个特点进行捕鱼。

鸬鹚一般都能飞翔,但也有不能飞的鸬鹚。例如加拉巴哥群岛就生活着一种不会飞的鸬鹚。因为不会飞,它们更容易受到天敌的侵害,但它们游泳和潜水的本领很强。

在我国,鸬鹚主要栖息在海岸、河口地带,以鱼、虾为主食,有时也会食用少量的海藻、海带、海紫菜等。活动时多沿海面低空飞行,或在海岛附近的海面游泳,并且频频地潜入水中觅食。有时也能见到少数个体在海岸附近的沼泽地带活动。休息的时候,如果受到干扰,它们就会急促飞起,并将胃内没有消化的鱼骨、鱼鳞等食物用一个黏液囊反吐出来,用来减轻体重,加快飞行速度,以便迅速逃避敌害。这样,它们吐出的食物残骸会被成群的海鸥食用,进行"废物利用"。

每年6月份是鸬鹚的繁殖期,每窝产卵3~6枚,卵的形状为圆形,颜色有白色和蓝色,由雄鸟和雌鸟轮流孵化,孵化期约28天左右。不过在靠近北方的一些地区,它们的繁殖期比较晚。

大部分鸬鹚是留鸟,但是也有一小部分要飞到温暖的地方过冬。

13. 小巧玲珑——翠鸟

翠鸟是一种体型娇小,外形美丽的鸟类。它的头比较大与身体不相称。喙大、体强、腿短,能发"咯咯"声或尖叫声。翠鸟一般喜欢生活在水滨附近的树枝上,主要以小鱼为食物。它们可以从空中俯冲入水捕捉小鱼,飞行时速可达90千米,能够既准又狠地叼起鱼儿飞离水面,因而又有"鱼虎"、"鱼狗"之称。

从动物学上来划分,翠鸟属于鸟纲的翠鸟科。它主要分布于我国中部和南部,属于留鸟。但是非洲和亚洲南部的一些翠鸟并不吃鱼,它们喜欢吃昆虫,而且远离水域。

翠鸟

每年4~7月份,翠鸟成双成对地在陡峭的河岸上掘洞建家,用它的粗壮大嘴穿穴为巢,不过它们的巢有时也筑于田野堤坝的隧道中,洞底一般不加铺垫物。翠鸟一般把卵直接产在巢穴地上。

翠鸟羽毛美丽,头顶羽毛可供作装饰品。它全身的颜色大部分为蓝黑色,密杂以翠蓝横斑,背部有些翠蓝色,腹部栗棕色;头顶有浅色横斑;嘴和脚都是赤红色。从远处看很像啄木鸟。因背部和面部的羽毛翠蓝发亮,因而通称为翠鸟。我国的翠鸟有3种:斑头翠鸟、蓝耳翠鸟和普通翠鸟。普通翠鸟是最常见的一种,分布较广。

外国珍稀鸟类

1. 绝处逢生——塔卡鸟

塔卡鸟,也叫短翅水鸡,是一种濒临绝种的鸟类。在新西兰一带,只分布有少数几只。塔卡鸟喜欢在高山峡谷的草丛隐蔽处筑巢。冬季一般都会重新搬一次家,移居到山毛榉树林。由于它们数量稀少,活动地方隐蔽,所以人们一直以为它们已经灭绝,可是1948年又有人发现了它们的踪迹,这证明它们还有少量存在。据统计,目前世界上的塔卡鸟只有大约250只。但是如果人类继续对它们生存环境进行破坏,它们将很快面临绝种。

2. 陆地"波音"——鸵鸣

鸵鸟,也叫非洲鸵鸟,是世界上现存最大的鸟类,也是一种只会奔跑而不会飞行的鸟。雄性鸵鸟身高在2~3米之间,体重可达75千克以上。它们大都生活在热带稀树草原上,以浆果和肉茎植物为主要食物,有时也吃爬虫和昆虫。鸵鸟虽然没有牙齿,却有一个不寻常的胃,能大量吞食小石子,用来弄碎食物帮助消化,而石子会留在胃里不排泄,即便这样也丝毫影响不到它们的健康。

鸵鸟属于走禽类,适应沙漠荒原生活,善奔跑,奔跑速度约每小时60千米,并且连续奔跑约30分钟而不感到累。它跨出一步可达7米,且可瞬间改变方向,在迅速奔跑时两翼张开,用来保持身体平衡,因此人们形象地称它为"陆地波音"。鸵鸟的大眼睛可以看到5公里以内的物体,是名副其实的"千里眼"。

即便如此，它们也会被天敌追赶得无法脱身。

鸵鸟每只脚上只有二趾，其中一趾有强爪，足趾下的皮肤很厚，可保护脚不被热沙烫伤。鸵鸟的腿部与颈部羽毛都很少，这样有助于散发体内多余热量。

在繁殖期间，它们经常30只一群，每只雄鸟与三四只雌鸟交配，这三四只雌鸟都把蛋产在由雄鸟在地面上挖出的深坑里。鸵鸟蛋每枚重1.4千克左右，每窝有15~20枚。每窝推选出的一只鸵鸟负责孵蛋，其他鸵鸟负责保护和寻找食物。由于雄鸵鸟羽毛在白天过于显眼，容易招来天敌，所以雄鸵鸟只在夜间孵蛋。鸵鸟蛋的孵化期约42天，长到3岁时，小鸵鸟具有和成鸟一样的性状。鸵鸟的最长寿命约60年，平均寿命在30~40年之间。

3. 口技专家——琴鸟

琴鸟是澳大利亚的国鸟，因为在求偶的时候尾巴展开后，形状十分像琴，所以被称为“琴鸟”。它只分布在澳大利亚东南部的桉树林中，有大琴鸟、华丽琴鸟和艾伯特亲王琴鸟3种。琴鸟的喙坚而直，足健善走，以昆虫、果实为食。

雄琴鸟的羽毛非常美丽，16根尾羽向前展开，很像一把七弦琴。不论雄雌，琴鸟都非常善于模仿动物的声音，而且鸣叫声非常悦耳。它不仅能模仿各种鸟类的鸣叫声，而且还能模仿生活中的各种声音，如汽车喇叭声、火车喷气声、斧头伐木声、修路碎石机声、人们的号子声等。

雄大琴鸟为炫耀自己所占领地并吸引异性，经常就地取材，用林地上的废物堆成小山丘，作为自己表演的舞台。然后它自己在台上展尾开屏，大声鸣叫，载歌载舞。

华丽琴鸟的雄鸟有8对绚丽的尾羽，竖立时似古希腊的七弦竖琴。在它的羽尾中有6支颜色为微白色的羽毛，羽枝稀疏；另外还有1支羽毛比较宽，长60~75厘米，末端卷曲。并且尾羽的一侧为银白色，另一侧有多数金褐色的新月形斑纹，从整体上来看构成“琴”的两臂；另外还有1支羽毛等长，呈现金属丝状，窄而硬，微弯曲，与琴弦非常相似；雄华丽琴鸟全长约100厘米，是雀形类中身体最长的鸟。雄鸟炫耀时，在森林中几块小空地上把尾伸向前方，使两条白色长羽盖在头上方，而琴状羽向侧方竖起，一面有节奏地昂首阔步，一面高歌，一会儿又会惟妙惟肖地模仿其他动物声音。雌鸟除尾羽外，形似雄鸟。

艾伯特亲王琴鸟色彩没有华丽琴鸟鲜艳，不过它们也比较善于模仿。这种鸟的分布范围非常有限，只能在雨林深处才可以看到它。

琴鸟与野鸡很相似，体形略似母鸡；通体浅褐色，喜欢在陆地行走，是澳洲鸟类中最受人们喜爱的珍禽之一。

琴鸟在求爱时表演它们的技艺，除此之外还乐意给一种园丁鸟当婚宴上的“乐队”。这种园丁鸟不会唱歌，要举行“结婚仪式”就得请琴鸟来配合。

雄琴鸟在繁殖季节有一个惊奇的习性——建造山丘，有的甚至会在1平方公里的林间地上建造十几个相似的土丘，用以标志它的领域，警告别的雄琴鸟不得侵犯。土丘造完后，雄琴鸟便开始炫耀表演。一般表演的时间是在清晨或黄昏。表演开始时，它先站在树上亮开嗓门高声大叫，似乎是在招揽群众，等群众来的差不多的时候，然后飞下树干，登上土丘顶部，选好位置，便开始一串洪亮的歌唱，唱到忘情之际，它的尾羽便逐渐张开并向上竖起形成七弦琴形。琴鸟的表演实际是~种求偶炫耀行为，是为了吸引雌鸟，达到交配的目的。

琴鸟的巢和~般鸟类不同，很大且出口在侧面，多半筑在悬崖峭壁人迹罕至的地方。在繁殖期内，一只雄琴鸟能分别同若干雌鸟交配。交配之后由雌鸟单独建一个大型的圆顶巢，在巢中产一枚卵，孵卵育雏，非常辛苦。差不多在6个星期后幼雏出壳，幼鸟要发育两年才能完全成熟。雄幼鸟在两岁前和雌鸟在外形上很相似，两岁以后才会长出华丽的尾羽和羽饰。

4. 天国神鸟——天堂鸟

天堂鸟，又名极乐鸟、太阳鸟、风鸟、雾鸟，一般生活在澳大利亚、新几内亚和伊利安岛一带人迹罕至的地方。由于它们生活的地方比较偏僻，人们平时很少看到它们，偶尔会看到它们在天空飞翔时的美丽身影，因此认为它们是住在天国的“神鸟”。

据统计,全世界共有40余种天堂鸟,在新几内亚就有30多种。它们形态各异,色彩不同,都是非常活泼的鸟。其中,最出色的要数蓝天堂鸟、无足天堂鸟和大王天堂鸟。

蓝天堂鸟的体态非常华美,中央尾羽就像金色的丝线。繁殖期间,雄鸟有时仰头拱背,竖起两肋蓬松的金黄色饰羽;有时脚攀树枝,全身倒悬,抖开美丽异常的羽毛,嘴里不停地唱着爱情的歌曲,吸引附近的雌鸟。

无足天堂鸟,其实并不是真的没有脚,只是它们的脚稍微短了一些。一般飞行时藏在长长的羽毛里,人们看不到而已。无足天堂鸟身材娇小,典雅俏丽,尾翼比身体长2~3倍,因此又叫长尾天堂鸟。

大王天堂鸟的身材不是最大,但它们的性格却非常古怪。因为它们是典型的对爱情忠贞不渝的鸟类,无论雌雄都是这样,一旦两只鸟相恋,就会相伴终生,平时也不吵闹,也不打架。倘若其中一只突然死去,另一只鸟就会绝食而死。它们生性孤独,不愿和别的种群共同生活在一起。不过每当环境有变,它们就会高高地飞在天上,充当迁徙队伍的引路者。

天堂鸟全身长满了五彩斑斓的羽毛,并且具有硕大艳丽的尾翼,在腾空飞起的那一刻,犹如满天彩霞,流光溢彩,祥和吉利。因此当地的居民深信,这种鸟一定是天国里的神鸟,它们食花蜜饮天露,造物主赋予它们最美妙的形体,赐予它们最美丽的霓裳,为人间带来幸福和祥瑞。不过,也正是因为它的美丽为自己带来了杀身之祸,人们利用它们的尾羽做装饰,导致它们被大量捕杀。

让人感到奇怪的是,当地的土著人一边捕杀这些天堂鸟,一边对这些天堂鸟又十分尊崇。每当盛大节日庆典,土著居民们就会戴上用绚丽的天堂鸟羽毛制作的头饰,载歌载舞,多姿多彩,欢乐喜庆。在他们看来,这样会受到上帝的恩赐,会有好运。

5. 娇艳似火——火烈鸟

火烈鸟又叫红鹳,分布在亚洲西部、非洲北部、欧洲、美洲和大西洋沿岸温暖含盐或含碱的浅水中。它喜欢群居,以微小的动植物,如蛙类、甲壳虫类和水草为食。

火烈鸟的脖子很长,呈S形弯曲,通体长有洁白泛红的羽毛。它的喙比较特别,上喙比下喙小。

火烈鸟是迁徙鸟,它们进行迁徙往往是因为食物短缺或环境突变。为了避开猛禽类的袭击,它们一般晚上迁徙,白天时高度飞行。迁徙中的火烈鸟每晚以50~60千米的时速飞行。

非洲的纳古鲁湖被称为“火烈鸟的天堂”。每天,湖水之上,总是倒映着火烈鸟的美丽身影,看上去像似一团团的火焰,非常美丽。纳古鲁湖的大火烈鸟群,因此也被称为“世界上火光永不熄灭的一大奇观”。

在火烈鸟的身上还有一个有趣的现象,那就是当火烈鸟的羽毛被拔下后,羽毛就会莫名其妙地变成白色。这是为什么呢?因为羽毛离体意味着与体内色素的分离,从而导致羽毛颜色消失。

火烈鸟一般在每年10~11月下蛋、孵卵。这时,无数的火烈鸟像一朵朵红云铺天盖地飘落在湖滩上,开始繁殖后代。现存的火烈鸟数量比较少了,这与环境的变化和人类的活动有关系。因此,保护它们是非常重要的事情。

6. 鹰中之王——食猴鹫

食猴鹫曾经广泛分布在南亚丛林中,后来由于人类的破坏,现在存活的不到60只,成为濒临绝种的动物,生活在菲律宾的一些岛屿上。

食猴鹫也叫菲律宾鹰,主要捕食各种树栖动物,如猫猴、蝙蝠、蛇、蜥蜴、犀鸟、猕猴和野兔等。它上半身羽毛为黑褐色,下半身为泛黄色或白色相间,头部有许多柳叶状冠毛,色黄有斑点。食猴鹫在岩壁、乔木或灌木丛中筑巢,巢用树枝或芦苇编成,内铺兽毛和草。食猴鹫每年4~5月产卵,幼鸟于8月底长大离巢。

食猴鹫的个子很大,身高将近1米,体重在5千克左右。它们生着一张黑脸,发怒的时候,脑袋后面的长羽毛会马上竖起来。

一对食猴鹫的地盘差不多要30平方千米,在它的领地上。几乎各种动物都是它们猎食的对象。其中,它们最喜欢捕食的动物是猕猴,啄食时十分凶残,这也是称它为“食猴鹫”的主要原因。

7. 巨嘴鸟

巨嘴鸟是生活在南美洲热带森林里的一种大嘴巴鸟。它们喜欢栖息在雨林、林地、长廊林、草原等地。巨嘴鸟是嘴峰最长的鸟类,体长36~79厘米左右(包括喙),其实它们的身体并不长,嘴就占了体长的1/3,雄鸟的喙通常比雌鸟的长。它们以果实为主要食物,偶尔也吃昆虫、无脊椎动物、蜥蜴、蛇、小型鸟类及鸟的卵和幼雏等。它们吃东西的时候十分有趣,像是在表演,先用嘴尖啄下一小块,然后仰起脖子,将食物往上一抛,再张开大嘴去接往下掉的食物,看上去像在玩耍。它们这样进食是有原因的,能够缩短吞食过程,因为它的嘴太长了,不方便吞食。

巨嘴鸟的身体是以黑色为主,配以红色、黄色和白色,或黑色和绿色以黄色、红色和栗色为辅,或全身以绿色为主,总之,颜色十分丰富。雌雄身体颜色相似,小巨嘴鸟和部分簇舌巨嘴鸟除外。它们的叫声不悦耳,常常似蛙叫、狗吠,或似咕咪声、卡嗒声,又或似尖锐刺耳的声音,但是也有少数种类拥有优美动听的鸣啭或忧伤的鸣声。

巨嘴鸟建造的巢穴一般是在天然洞穴中,有时候利用别的鸟类抛弃的巢穴进行一些简单改造就可以入住了。它们在树上活动时,不是攀援向前,而是跳跃前进;在地面活动时,两只脚分得很开,像个大胖子在跳远,显得既笨拙,又可爱。巨嘴鸟大部分时间仅以雌雄成对或小家庭为单位出没,偶尔会有一次成群活动。不过不管怎样,在活动的时候,总有一只鸟充当哨兵警戒。

其他珍稀鸟类

1. 南极绅士——企鹅

企鹅到底是鸟还是鹅？其实，它是一种飞翔能力完全退化的鸟。相关资料表明，企鹅在很久以前可以飞翔。由于在异常寒冷而空旷的南极大陆上生活，为了适应环境的需要，练就了一种海中游泳和潜水的能力。久而久之，它丧失了一般鸟类所具有的飞行能力。

企鹅全身长着重重叠叠的细小含油的羽毛，羽毛下还有柔软的绒毛，再加上它们有一层厚厚的皮下脂肪，因此它们不惧怕南极的寒冷，也不怕风浪的拍打。

现在的企鹅是适应于潜水生活的鸟类，它们的游泳速度可以达到每小时15千米左右，并且可以在水下潜游半分钟不换气。

企鹅每年在秋冬时节进行繁殖，雌性生下蛋后，就把蛋交给雄企鹅，自己去海里觅食。雄企鹅用脚把蛋牢牢捧住，靠腹部挂下的一块皮把蛋盖起来。雄企鹅在寒冷中寸步不移，不吃不喝，靠消耗体内脂肪坚持60多天。当小企鹅快要出世时，雌企鹅回来接班。

出生之后的小企鹅，经过一些时日后就会被父母送到类似于“幼儿园”的集体场所集中代管，这样它们的父母就可以专心回到海里寻找食物。随着小企鹅的慢慢长大，它们的父母会从“幼儿园”中找出自己的孩子，开始训练它们的抢食能力，以便于它们将来能更好地生存。

企鹅的主要食物是海洋里的磷虾，而这种磷虾也是人类所喜欢的，因此对磷虾的大量捕食破坏了企鹅的生活环境，导致企鹅的数量一天天减少。

有人称企鹅为“南极的主人”、“南极绅士”，其实一点也不为过。世界上有

20 多种企鹅，南极就有 8 种，占到世界企鹅数量的 87% 左右。

在南极银白的世界里，企鹅的腹部为白色，背部为黑色，远远看去，真像是一个昂首挺胸的内穿白衬衫、外着黑西装的“绅士”。企鹅非常可爱，为了它们能更好地生活，我们要保护好它们的生存环境。

2. 口技演员——灰椋鸟

灰椋鸟又叫杜丽雀、高粱头、假画眉、竹雀、管莲子、哈拉雀等。它的分布比较广，在东欧、亚洲北部的俄罗斯、蒙古、日本、朝鲜，东南亚的缅甸以及我国东部均有分布。另外，在青海的青海湖地区和西南地区云贵高原的三江并流区域，也能见得到灰椋鸟。

灰椋鸟喜欢栖息在海拔 800 米以下的阔叶林地内。它们主要饮食为昆虫为主，包括蝗虫、叶甲、蟋蟀、蝉等；在冬春季昆虫不活跃的时候，它们主要食用各种植物的种子和果实。

灰椋鸟并不是全身灰色，因为它在天空中飞得太快，人们很难看清，所以才认为它是灰色的，并且称之为灰椋鸟。如果仔细观察静止的灰椋鸟，就会看清它的真正样子并不是灰色。

灰椋鸟体形中等，体长 25 厘米左右。雄雌同形同色，整个头部、颈部基本颜色都是黑色，双颊以喙基部为中心密布放射状分布的细长白斑；上背、下背、肩羽、胸部、两胁均为土褐色；翅膀为黑褐色，外侧为白色；尾上覆盖的羽毛为白色；中央尾羽土褐色，外侧的尾羽均为黑褐色；喙黄色尖端黑色。

灰椋鸟叫声比较嘈杂，但是灰椋鸟却是“口技演员”。这是因为它们不仅能学其他鸟的叫声，而且还能模仿青蛙、小马以及汽车喇叭甚至人的声音。同时在灰椋鸟也非常讲究团结友爱，它们对有伤病的同伴会做出令人类都赞叹的关爱举动。它们喜欢一大群伙伴一起居住，同吃同飞，很少单独活动。这样它们就可以较好地防备猛禽的袭击，方便繁殖后代。

灰椋鸟的巢穴一般是天然形成,有时利用啄木鸟的弃洞营巢,距离地面较高,一般可达3~10米。巢穴是用细树枝、枯草树叶筑成,并垫有一定的羽毛,灰椋鸟在每年的4~6月间孵化小鸟。它们先用杂草和羽毛在空心树洞里搭一个巢,雌鸟产下3~5枚卵,卵为蓝色,然后进行孵化。在幼鸟出生之后,由父母轮流喂食,一直到它们学会自己觅食。

灰椋鸟曾遭受过大规模的捕杀,再加上环境变化所引起的物种变迁,它的数量在逐渐减少。

3. 最小鸟类——蜂鸟

蜂鸟是一种颜色鲜艳的小型鸟,也是世界上最小的鸟类,它身体的长度在3~5厘米之间,重量20克左右,多数喜欢生活在茂密的树林当中。蜂鸟约有300种,一般栖息在南美洲及中美洲的森林中。

蜂鸟的飞行速度非常快,翅膀每秒钟能扇动80次以上,并且它还能笔直地向上、下、左、右飞行,还可以倒退飞,它们为什么会有如此大的本领呢?这得益于它们的尾羽,尾羽可以控制飞行的方向。另外,它的飞行还与它那强健有力的羽翼肌有关系。就身体比例而言,它们的羽翼肌比别的鸟都强壮。

蜂鸟是一种非常美丽的鸟,任何一种鸟都无法相比,它们从头到脚都长着色彩鲜艳的羽毛,十分耀眼。头部有闪烁着金属光泽的细丝状羽毛,脖子上是七彩的鳞羽,因此有人称它们是“鸟类中最美丽的化身”。

蜂鸟最有意思的特点是采花蜜时能在花前悬空停下来。由于蜂鸟的嘴又尖又长又细,很容易插入花中采食。蜂鸟的舌头要比它们的嘴长4倍左右,并且呈管状,和我们喝饮料用的吸管相似。当它们悬空停在花前,把嘴插进花朵的时候,舌头便从嘴里伸出,它们的舌头可以一直伸到花芯的底部,然后吸食花蜜。

蜂鸟是世界上最小的鸟,而且飞行速度又快,因此它们是鸟类中散热最快、新陈代谢最强的种类,并且它们对食物的消耗也很大,每天要吃掉相当于它们体重两倍的食物。

蜂鸟的脑袋很小,但是记忆力很好,它们能够准确的记住曾经到过的花丛,以及不同种类的花在什么时候盛开。

蜂鸟实行的是"一夫多妻"制,雄鸟在和雌鸟交配之后,雌鸟就单独建巢、产卵、孵化和育雏。蜂鸟每窝产卵 2 枚,卵为白色,呈椭圆形,孵化期为 14 ~ 23 天。

蜂鸟的小巧可爱为它带来了不幸,19 世纪的时候,欧洲妇女喜欢用蜂鸟的羽毛做帽饰,并且有些商人还收购蜂鸟皮,这成了蜂鸟生存的威胁。目前,随着环境的变化,森林的破坏,存活的蜂鸟已经很少,它们濒临灭绝。

4."蚊子之母"——夜鹰

夜鹰又称蚊母,它们的种类很多,我国各地的森林中都能发现它们的踪迹。由于鸟类属于温血动物,因此冬天不休眠。可是夜鹰在冬天觅食困难时,会进入休眠状态,一直到来年春天才能苏醒。

夜鹰

夜鹰,飞翔时能张口食蚊,古人误为它是在吐蚊,因此叫它"蚊母"或"吐蚊鸟"。它白天在地上或将身体平贴于横、斜树干上休息,在华北也叫它"贴树皮","夜鹰"之名来自日本。它以蚊子、蛾子和一些夜间出来活动的昆虫为主要食物,靠回声定位系统寻找方向,凭灵敏的嗅觉寻觅食物。

夜鹰腿短,口宽,口须长而且很多,眼睛很大,身体的羽毛柔软,颜色主要是斑杂状。擅长在空中捕食昆虫。为了躲避天敌,有的夜鹰具有非常好的保护色，伏在地上与枯枝落叶没什么区别。

5.“建筑大师”——织巢鸟

织巢鸟分布在世界各地，因善于使用植物编织精美的鸟巢而得名。织巢鸟的种类很多，我国比较常见的有生活在云南西双版纳一带黄胸织巢鸟，大小如同麻雀。

织巢鸟在鸟类中被称为杰出的“建筑大师”。它们能用柳树纤维、草片等编织精美的巢穴，由上而下把巢封好，在底部留下一个入口。织好巢以后，织巢鸟再找一些小石块，放在窝里，防止巢被大风刮翻，考虑得非常周到。

由于织巢的时候需要用到嘴巴，因此它们的喙很厚，不仅利于编织，而且还有利于剥食有硬壳的种子。另外它有强硬的沙囊，用于磨碎吞下的种子。如果是生活在树木稀少的草原上的织巢鸟，多数以草为主要食物。

非洲有一种喜欢群居的织巢鸟，它们会齐心协力共同建造可容纳300多对鸟居住的大巢。织巢鸟孵化率在鸟类中很高，因为雏鸟多，雌雄哺育的负担也很大。为了寻找食物、躲避天敌，织巢鸟常成千上万地转移住地。

6.黑夜猎下——仓鸮

仓鸮又称作“猴面鹰”、“猴头鹰”等，是中型鸟类，属于食肉猛禽。体长在34~39厘米之间，体重大约为485克。它们的头非常可爱，又圆又大，并且面部还带有一些白色，呈现出心形，四周为橙黄色；上体是斑驳的浅灰色及橙黄色，具有精细的黑色和白色斑点；下体白色，稍微有些黄色，并具有暗褐色斑点；尾巴的羽毛上有4条黑色的横斑；嘴为肉白色；爪是黑色。

仓鸮最大的特点是夜视本领强，听觉异常灵敏，柔软的羽毛使它们飞翔时可以做到无声无息，因此它们也是猎鼠能手。一只仓鸮一年至少要消灭1000只以上的老鼠。

仓鸮一般栖息在开阔的原野、低山、丘陵以及农田、城镇和村庄附近森林中。喜欢躲藏在废墟、阁楼、树洞、岩缝和桥墩下面，特别喜欢在农家的谷仓里栖息，这也是称它为“仓鸮”的主要原因。

仓鸮不喜欢群居，经常单独活动。大多是在黄昏和晚上才出来活动，并且叫声非常难听，像人在受酷刑时发出的惨叫，因此，在人们不注意的情况下往往会被它的叫声吓到。它们主要以鼠类和野兔为食，偶尔也会捕鱼类。捕猎时采取突然袭击的方式，同时发出尖厉的叫声，使猎物陷于极度恐怖之中。在“六神无主”的情况下，猎物只能束手就擒。

仓鸮一年繁殖两次，第一次从3月到6月初，第2次从9月到12月。它们通常喜欢在建筑物上营巢，巢非常简陋，只是铺垫一些枯草。每窝产卵2～7枚，卵为白色，表面光滑无斑。一般由雌鸟孵卵，孵化期为32～34天。在幼鸟出世后，雌雄鸟共同育雏。雏鸟全身都长满白色的绒羽，差不多9～12周后离巢。

仓鸮在国外主要分布在亚洲西部、南部和东南部、欧洲、大洋洲、非洲、马达加斯加，以及北美洲、南美洲和中美洲等地，几乎遍及全球；在我国的分布有限，仅有2个亚种，即云南亚种和印度亚种。

中国一级保护哺乳类

1. 百兽之王——虎

虎是最大的猫科动物，我国有东北虎、华南虎和孟加拉虎三个亚种。东北虎是虎中个头最大者，体重可达380多千克；华南虎最小，体重190千克左右。

虎的体色比较特殊，在身体两侧和背部的体色都是橙黄色，腹部和四肢内侧都是白色，背上布满了黑色的横纹，额头上有“王”字，一双小耳朵竖立在额头上，眼睛很小，但是鼻子很长，两眼的周围有白色的毛，脖子相对来说很粗，嘴巴很大,上嘴唇有胡须,牙齿锋利,爪子很尖也很硬,尾巴细长,有黑色条纹。

虎居住在山林、灌木林和野草丛生的地方,喜欢独处无固定居所。昼伏夜出,以有蹄动物为主要捕猎对象,不会爬树,但善于游泳。

实际上,虎不主动攻击人类,吃人的事更是极其罕见。一旦出现吃人事件,大都是那些年老体衰或受伤的虎无奈所为。

虎的繁殖期一年有好几次,虎的孕期一般是在3月,一胎产2~3只,但是很可惜的是它们这些"孩子"成活率很低。近些年来虎的生存环境受到人类的严重破坏,野生虎仅有数千只,成为濒临绝种的珍稀动物,我国已把虎列为国家一级保护动物。

2."神行太保"——金钱豹

金钱豹的体形与虎很相似,但是个头要比老虎小一些,不过它仍然属于大中型食肉兽类。雄性金钱豹体重75千克左右,雌性体重55千克左右,身体长度差不多,都在(包括尾巴)1.6米左右,尾巴比较长,差不多占身体的一半左右。头圆,耳短小,四肢强健有力,爪锐利,伸缩性强。

金钱豹全身颜色鲜亮,毛色棕黄,全身布满了黑色斑点和环纹,形成钱币状斑纹,因此称为"金钱豹"。它们的背部颜色较深,腹部是乳白色。

金钱豹的生活环境多种多样,一般从低山、丘陵至高山森林、灌木丛均有分布。另外,它们居住的巢穴非常隐蔽,一般人很难找到。

金钱豹的体能极强,视觉和嗅觉灵敏异常,性情非常机警,不仅会游泳,还善于爬树。因此它们食用的东西也很广泛,不仅捕食大型肉类动物,而且有时也会吃小鸟的幼雏或未孵化的蛋。

金钱豹在捕食的时候,会在密林的掩护下潜近猎物,然后来一个突袭,攻击猎物的颈部或口鼻部,直到猎物窒息。它们通常把猎物拖到树上慢慢吃,以防豺或狼或者老虎等食肉动物前来抢夺。

金钱豹的主要食物是鹿、野牛、猴、野兔等。一般在晚上或者凌晨出来捕食猎物，有时候它们还会偷偷捕食家畜，不过，它们一般不会袭击人类。但是，如果人类主动“招惹”它们，它们会变得比老虎更残酷、更可怕。

雄金钱豹每年的3～4月是发情交配期，在繁殖的时候争夺雌金钱豹的行为非常激烈，一旦雌雄金钱豹结合，雌金钱豹会怀上小金钱豹，孕期约3个月，6～7月小金钱豹就能出生了，一般每胎2～3仔。幼体刚生下来的时候，体重500克左右。幼豹一般在来年的5～6月离开成年豹，开始独立生活，大约3年后性成熟。

金钱豹的毛皮非常美丽，可以做皮衣及各种装饰物，它的骨头可以做药物。因此它们遭到大规模的捕杀，近年来它们的数量一天天减少。目前，我国已经将金钱豹列为国家一级保护动物。

3. 金童玉女——金丝猴

金丝猴是我国的特有种类，它与大熊猫一样，是一种非常珍稀的动物。目前，在我国主要分布在湖北、山西、甘肃、四川、云南、贵州等地区的深山老林里。金丝猴的名字来源于它本身所具有的特征，它全身的颜色金黄如丝，非常美丽，并且这种美丽的“毛发”能够长达50～60厘米。金丝猴的形象也很可爱，有圆圆的脸，脑袋两侧长有竖起来的小耳朵，嘴唇肥大，嘴角边上有瘤子一样的肉鼓起。金丝猴的体型在猴类中属于比较粗壮的一类，它身高在70～80厘米之间，母猴要稍微矮小一些，不过也在60厘米左右。金丝猴的体重在10千克以上，雄性的体重有时候会超过15千克，尾巴比较长，几乎与身体等长，长度一般在60～80厘米之间。

金丝猴的面孔非常漂亮，是天蓝色的，并且鼻子很小，朝天长而且是扁塌形的。这是由于金丝猴的鼻孔极度退化的结果，因此，也称“没鼻梁子”和“仰鼻猴”。在下雨天的时候，它们为了防止雨水漏进鼻子中，会低着头，或者会用前肢把鼻子捂起来,或者会挥舞着它那分了叉的长尾巴遮盖住鼻孔,十分有趣。

金丝猴喜欢生活在林木茂盛的高山上,主要会在树上嬉戏、活动、摘取食物等。其实金丝猴的食物不只是局限在树上,它们的食性很广泛,主要以素食为主。例如,树叶、嫩树枝、青竹叶、嫩竹笋、植物浆果等。有时候它们也会捕捉野鸟、掏鸟蛋、抓昆虫来为自己"开开荤"。不过,在动物园中饲养的金丝猴比野生的同类吃的要好一些,有时会吃到很多新鲜的水果等。

每年的秋季是金丝猴的发情期,雌猴孕期在6个月左右,通常一胎一仔,偶尔会产二仔。刚生下的小猴子脸是暗蓝色,毛是棕褐色,叫声非常像婴儿哭泣,它们生长得很快,一个月后体重就达到1千克多。金丝猴的寿命一般在17岁左右。

金丝猴喜欢群居,每群的数量在10只到几百只不等,每群由一个猴王带领。猴王担负着本群体的安危,当成员在树上嬉戏的时候,猴王会在树上"放哨"。另外,猴群内部很有温情,在热天午睡的时候,母猴会让幼猴依偎在自己身上;并且母猴时常会把幼猴搂在怀里;更有意思的是,母猴在遇上危险无法脱身的时候,还会给幼猴喂最后几口奶;由此可见,它们母子之间的关系多么好,就像人类之间的亲情一样。金丝猴群体经常会待在一起,互相为对方挠痒痒、捉虱子,到了天气冷的时候,它们会挤在一起来相互取暖。

4. 高空"歌唱家"——长臂猿

长臂猿是猿类中最细小的一种,也是行动最快捷灵活的一种。我国有5种长臂猿:白掌长臂猿、白眉长臂猿、海南黑冠长臂猿、黑长臂猿和白颊长臂猿。它们都是我国一级保护动物。另外在缅甸、泰国、马来西亚、越南、印度尼西亚等地也有分布。

长臂猿的前臂特别长,虽然身高不足1米,双臂展开却有1.5米,站立时手可触地,故而得名。

长臂猿生活在高大的树林中，采用“臂行法”行动，像荡秋千一样从一棵树到另一棵树，一次可跨越3米左右，如果再加上树枝的反弹力，有时候可以达8~9米。它们跳跃的速度也是非常惊人的，一般在瞬间就看不见它们的身影了。正是由于它们在树上活动自如，因此，在地面上的活动就显得有些笨拙了，因而它们一生中大部分时间都待在树上生活。

长臂猿的喉部长有喉囊，又叫音囊。喊叫的时候，喉囊可以胀得很大，使喊声变得极其嘹亮。因此长臂猿被誉为大自然高空中的“歌唱家”。长臂猿特别喜欢鸣叫，形式多种多样，有雄性的“独唱”、雄性和雌性的“二重唱”和雄性及其家庭成员的“大合唱”等等。特别是气势磅礴的“大合唱”，发出“呜喂，呜喂，呜喂，哈哈哈”的声音，音调由低到高，清晰而高亢，震动山谷，几千米之外都可以听到。它们的这种习性，既是群体内互相联系，表达情感的信号，也是对外显示存在，防止入侵很有效的手段。

长臂猿是很典型的“一夫一妻制”动物。因为长臂猿并不是群居，它们每个家庭生活在一个很大的领地里，有时这种领地会超过404700平方米。同时长臂猿又是最重感情的动物，当猿群中有受伤、生病或死亡者时，在相当长的时间里，它们就不再歌唱和嬉闹，以沉默来为“死难者”默哀，显得非常懂礼节。

另外，长臂猿在身体构造上有许多和人类非常相似的地方。例如牙齿都是32颗；雌性长臂猿胸部有一对乳头；大脑和神经系统都很发达；血型也有A型、B型和AB型，不过，在它们身上没有O型存在。它们细胞中的染色体数目也和人类相近，有22对，比人类少了一对。它们的怀孕周期比人类的短，大约是210天；更有意思的是它们和人类一样也有月经期，并且雌性月经周期和人类的相差不多，也是30天左右；胚胎发育过程与人类的胚胎保持相似的时间也最长。因此，长臂猿被认为是在发展演变过程中和人类有一定的亲缘关系。

5. 中华国宝——熊猫

大熊猫是我国一级保护动物，仅分布在我国陕西秦岭南坡、甘肃南部和四川盆地西北部的高山深谷地区。

大熊猫喜欢生活在竹林间，害怕寒冷和暑热，性格孤独但很温顺。雌雄一般分居生活，它们能游泳，喜欢爬树，最喜欢的食物是竹类，有时候也吃果实和动物尸骨等。不过它们的自卫能力弱，常受天敌伤害。

大熊猫全身只有黑白两种颜色，体态丰硕，四肢粗壮有力，尾巴较小。成体的大熊猫体长在1.2～1.8米左右，尾巴的长度只有13厘米左右，体重一般80～120千克左右，最重的可达到180千克。一般情况下，雄性大熊猫要大于雌性大熊猫。

别看大熊猫比较肥胖，但是它的全身关节非常灵活，它们可以用嘴咬到胯部和尾巴，甚至能翻筋斗。

另外，大熊猫也比较善于爬树，爬树的水平可谓一流，并且爬树的速度也比较快。爬树有时是为了躲避敌害，有时是为了在树上玩耍，另外在“婚配”的时候它们也会在树上。

大熊猫在发情期间会表现出烦躁不安的情绪，它们抓树枝，在大树上留下抓痕或者咬断树枝。受过精的大熊猫，一般怀孕3～5个月后，在秋高气爽的时节产下幼仔。

由于生活习性与环境的作用，大熊猫的生育率很低，雌性大熊猫一般每两年才会生育一次，通常一胎只有一个幼仔，即使有两个仔的话，也喂养不了，只能舍弃一个。

尽管大熊猫与世无争，但是在它们生活的领域中也不免存在天敌，例如狼、豹、金猫、豺等。这些天敌主要针对大熊猫中的“老幼病残”下手，因为年轻力壮的大熊猫一旦发怒，也比较凶猛。

6. 以树为家——云豹

在国外，云豹主要生活在东南亚一带热带、亚热带的丛林中，包括尼泊尔、不丹、中南半岛、泰国、马来西亚、印度尼西亚等地。在我国的甘肃、陕西以及长江以南各省偶尔能见到它们的踪迹。特别是在我国台湾，它们曾是某些当地土著山民的精神象征，可惜再高贵的精神象征也无法和现代人类的贪婪抗衡，云豹的灭绝于1972年发生在宝岛台湾省。

正是由于它的稀少，目前云豹是我国一级重点保护动物。它的体长在90厘米左右，尾长75厘米左右，体重一般是20多千克，身体两侧大约有6片云状的暗色斑纹，因此被称为“云豹”。云豹的四肢短而粗壮，尾巴又粗又长，几乎与身体等长了。它的头部呈圆形，口鼻突出，爪子非常大。在云豹口鼻部位，眼睛周围，腹部是白色；它的脸上长有许多的黑斑，有两条泪槽穿过面颊。圆形的耳朵背面有黑色圆点，瞳孔极不平常，呈现出长方形。尾毛与背部的颜色相同，尾端有数个不完整的黑环，根部是黑色。

云豹一旦找到合适的伴侣，便终生只与配偶交配。云豹的繁殖季节一般是在冬季，持续周期在20～26天，孕期86～93天，在春夏季产仔，正常情况下寿命可达17岁左右。

云豹是一种以树为家的动物，也是高超的爬树能手。在树与树之间跳跃对它们来说是小菜一碟。它们还能做到肚皮朝上，倒挂着在树枝间移动；也能用后腿钩着树枝在林间荡来荡去。云豹一般是白天休息，夜间活动，喜欢在树枝上守候猎物。当小型动物临近时，能从树上迅速跳下去捕食。它既能上树猎食猴子和小鸟，又能下地捕捉鼠、野兔、小鹿等一些小哺乳动物，有时还偷吃鸡、鸭等家禽。但不敢伤害野猪、牛、马等体型较大的家禽，也不会攻击人。

7. 喜寒怕暖——雪豹

雪豹是一种高山动物，不畏严寒，但很怕热，长年生活在积雪的高山岩洞或岩缝间。夏季在海拔3000～6000米的高山上活动，冬季也出没在2000～3500米的高山雪地中。雪豹是中亚高原上的特产，分布在哈萨克斯坦、乌兹别克斯坦、塔吉克斯坦和吉尔吉斯斯坦等地。在我国雪豹主要分布在西藏、四川、新疆、青海、甘肃、宁夏、内蒙古等高山地区;另外在喜马拉雅山、可可西里山、天山、帕米尔、昆仑山、唐古拉山、阿尔泰山、阿尔金山、祁连山、贺兰山、阴山、乌拉山等高山地区也有分布。这些地方大多是没有人类居住的地区,仅生长着极少的高山垫状植被。

雪豹的头呈现圆形,但比较小,尾巴又粗又长,差不多和身体的长度一样长,尾毛长而柔软。它的体长约110~130厘米,尾长80~90厘米,体重38~75千克。全身呈现出灰白色,上面布满黑斑。头部的黑斑虽然很小,但是很密;背部、体侧及四肢外缘形成不规则的黑环,越往体后黑环越大,背部及体侧黑环中有几个小黑点,四肢外缘黑环内灰白色,没有黑点。雪豹前掌比较发达,前肢主要用于攀爬。

雪豹的主要食物是山羊、岩羊、斑羚、鹿、黄鼠、野兔等小型动物;有时候也会用旱獭来充饥,有趣的是它也袭击牦牛群、咬倒掉队的牛犊。如果在冬天,因为天气太冷雪太厚而找不到食物的时候,雪豹甚至会跑到低山区偷食人类的家畜和家禽。它们捕食的方式是以猫科动物特有的伏击式猎杀为主,有时候还会伴有短距离快速追杀。雪豹一般在每日清晨和黄昏出来捕食以及活动。它的性情凶猛机警,行动敏捷矫健,极富弹跳力,曾经有人看到过雪豹跳过15米多宽的峡谷,这就充分证明了它的弹跳能力。

每年的1~3月是雪豹的发情期,孕期是98~99天,一般在5月中旬至6月初产仔,每胎1~3仔。幼子一年后就会与双亲分居,2~3年性成熟,寿命一般在10年左右。雪豹由于数量的急剧减少,目前是我国一级保护动物。

8. 美人鱼——儒艮

儒艮又称为海牛、人鱼、美人鱼等,是海洋中唯一的一种草食性哺乳动物,主要分布在西太平洋与印度洋海岸,特别是有丰富海草生长的地区。虽然它们被认为栖息于浅海,但有时也会移动至较深的海域。在我国主要分布在北部海湾以及广东和台湾省南部沿海等。

据说儒艮与海牛是“亲戚”,但没有海牛的个头大,体长大约在2~3米之间,重250~400千克,皮下脂肪很厚。皮肤光滑,外表是褐色或暗灰色,腹部颜色比背部浅得多,身体表面毛发稀疏。虽然它的颈部很短,但仍能有限度的转动头部或点头。另外它的前肢较短,像鱼的鳍一样。由于儒艮是哺乳动物,所以它具有乳房,通常只有1对乳头位于前肢根部。儒艮没有外耳壳,只看得到小小的耳孔,眼睛也很小,但是嘴很大,呈纵向,舌头也很大,这样更利于进食海底植物并且可以很顺利地将植物上附着的沙子排除嘴外。儒艮的气孔在头部顶端,平均15分钟换一次气。头部和背部皮肤坚硬、厚实。鼻孔位于头部中央部位,周围有皮膜,可在潜水时盖住鼻孔,以免吸进去过多的水。宽而扁平的嘴位于厚重鼻部的末端下方,嘴边的短须是进食时的重要工具。

儒艮一般在白天或者晚上觅食,人类活动频繁的地区则多半在晚上觅食。它每天要消耗45千克以上的水生植物,所以它们很大一部分时间用在摄食上。儒艮主要食物是多种海生植物的根、茎、叶与部分藻类等,常会吃掉整株植物。它们不会使用门牙来咬断海草,而是以其大而可抓握的嘴来摄食。儒艮在觅食海藻时的动作和牛很像,一边咀嚼,一边不停地摆动着头部,难怪有的地区的人把儒艮叫做“海牛”呢。

饱食后的儒艮不仅会随时出水换气,而且喜爱潜入30~40米深的海底,伏于岩礁等处静静地休息,但是,它们从不远离海岸到大洋深海去。儒艮行动缓慢,性情温顺,不像海豹等动物那么凶猛。这可能与它的特征有关,因为它的视力比较差,不过听觉很灵敏,一般在抵御外敌时都会利用它的听觉来感知。另外,儒艮对海温有一定的要求,从来不去冷海。对冷水非常敏感,一般水温不能低于15℃,不然会染肺炎死去;另外水质差也很容易感染皮肤溃疡、寄生虫等。

儒艮全年大部分时间都有繁殖行为,孕期约为11~14个月,每三年怀胎一次，每胎产一仔，从出生到发育成熟约需要7～8年时间。幼儒艮脆弱，皮肤很薄，因此常常夭折于鲨鱼口中。母亲喂奶时常用一前肢抱着小儒艮，另一前肢划水，将头和胸露出水面，姿势十分好看，因此人们又称它们是“美人鱼”。儒艮的平均寿命在78岁左右。

9. 森林寿星——大象

大象是世界上最大的陆栖动物，主要外部特征是柔韧而肌肉发达的长鼻和扇形大耳朵。象鼻具有缠卷的功能，是自卫和取食的有力工具。

大象

大象分为两种，一种是亚洲象，另一种是非洲象。亚洲象历史上曾广泛分布在中国长江以南的部分地区，目前的分布范围已缩小，主要分布在印度、泰国、柬埔寨、越南等国。我国云南西双版纳地区也有小部分的野生种群。非洲象则广泛分布于整个非洲大陆。

亚洲象也称印度象，它们高达2米多，体重在3吨左右。非洲象生活在热带稀树的草原上，非洲象高达3米多，体重5～6吨。这两种象都喜欢群居，象群一般由老雌象带领，它们喜欢在清晨和黄昏时觅食。

大象的头很大，耳朵也很大，犹如扇子，四肢粗大如圆柱，用来支持巨大的身体，由于身型巨大的缘故，因此它的膝关节不能自由弯曲。大象的鼻子很长，几乎与体长相等，呈圆筒状，可以伸屈自如；鼻孔开口在末端，鼻尖有指状突起，能捡拾细物。大象每足5趾，但第1趾、第5趾发育不全。身体的毛比较稀疏，体色是浅灰褐色。

大象以植物为主食，食量非常大，每日食量在225千克左右。寿命在80岁左右，有的可达到100～120岁。

大象的求爱方式比较复杂，每当繁殖期到来，雌象便开始寻找僻静之处，用鼻子挖坑，建筑新房，然后摆上礼品。雄象则四处漫步，用长鼻子在雌象身上来回抚摸，接着它们用鼻子互相纠缠，有时把鼻尖塞到对方的嘴里，好像人与人之间的亲吻一样，非常有趣。大象的孕期长达600多天，一般每胎1仔，在生育第二胎的前后间隔需要8年的时间。

10. 沙漠之舟——野骆驼

骆驼有两种，有一个驼峰的骆驼被称为“单峰驼”；有两个驼峰的骆驼被称为“双峰驼”。单峰骆驼比较高大，在沙漠中能走能跑，并且可以用来搬运货物，也能驮人。双峰骆驼四肢粗短，适合在沙砾或雪地上行走。

不论是哪一种骆驼，它们都具有超常的耐饥耐渴能力。人们能骑着野骆驼横穿沙漠，所以人们送了个“沙漠之舟”的美称给它们。野骆驼的驼峰里储存着脂肪，这些脂肪在骆驼得不到食物的时候，能够分解成骆驼身体所需要的养分，供骆驼生存需要。野骆驼能够连续四五天不进食，就是靠驼峰里的脂肪来维持能量的。另外，野骆驼的胃里有许多瓶子形状的小泡，那是野骆驼储存水的地方，这些“瓶子”里的水使骆驼即使几天不喝水，也不会有生命危险。因此，野骆驼比较适合在沙漠地带生存。

野骆驼的耳朵里有毛，这样能阻挡风沙进入；野骆驼有双重眼睑和浓密的长睫毛，也是为了防止风沙进入眼睛；野骆驼的鼻翼还能自由关闭。这些“装备”使野骆驼一点也不怕风沙。沙地软软的，人脚踩上去很容易陷入，而野骆驼的脚掌扁平，脚下有又厚又软的肉垫子，这样的脚掌使野骆驼在沙地上可以自由行走，不会陷入沙中。野骆驼的皮毛很厚实，能够适应沙漠非常寒冷的冬天，野骆驼的皮毛对保持体温也有很好的作用。野骆驼对沙漠里的气候非常敏感，有大风快袭来时，它就会跪下，这样就能通知人们天气要变了，使旅行的人可以预先做好准备。

在1000万年前骆驼生活在北美洲,它们的祖先越过白令海峡到达亚洲和非洲,并演化出双峰驼和单峰驼。双峰驼的驼峰可以储存40千克脂肪,在炎热饥饿的时候,这些脂肪便会分解成骆驼所需的营养和水分。野骆驼能在10分钟内喝下100多升水,并且排水少,即使在炎热的夏天,一天中仅排一升左右的尿。而且它们不容易出汗,要在体温约40℃时才开始出汗,也不轻易张开嘴巴,这些就使野骆驼能在沙漠中坚持8天不喝水也不会渴死。

双峰驼交配期在每年的1~2月,单峰驼则多在雨季,这时雄性骆驼变得非常好斗。双峰驼的孕期是30~90天左右,单峰驼孕期是370~440天左右,哺乳期是3~4个月。幼骆驼出生就很强壮,出生第一天就能跟着母亲到处跑,双峰驼喜欢结小群,可吃任何植物,春秋时节会在分布区进行南北迁徙活动。

单峰驼的分布范围主要在苏丹、索马里、印度及附近国家。双峰驼曾经分布广泛,但是,现在只剩下约1000只野生双峰驼生活在戈壁滩,另外,还有极少量生活在伊朗、阿富汗、哈萨克斯坦等国家。

我国的野生骆驼十分稀少,目前已被列为国家一级保护动物。

11. 中国制造——黑麂

黑麂是我国的特有动物,分布范围十分狭小,目前在国内仅见于安徽、浙江、江西、福建等地。黑麂主要栖息在海拔1000米左右的山地常绿阔叶林及常绿、落叶阔叶混交林和灌木丛中。它喜欢在早上和黄昏的时候活动,平时在大树底下或者山涧周围休息。早春时节,它会在茅草丛中寻找嫩草充饥,另外还会食用伞菌、三尖杉、矩圆叶鼠刺、杜鹃、南五味子、爬岩红等。更奇怪的是,它们偶尔也会吃一些动物性食物。

黑麂体长在100~120厘米之间,通体毛色是棕黑色,额部有一簇毛是鲜棕色略带浅褐色的,毛的长度可达到6厘米左右,有时甚至能遮住两只短角。黑麂尾巴较长,一般超过 20 厘米;背面呈现黑色,腹面和侧面为纯白色;雄黑麂的头上有角,雌性没有。

黑麂全年都能繁殖,没有明显的繁殖季节。雌黑麂每胎产 1 仔,产后还可以交配和怀孕,一般情况下每 4 年内能产 3 胎。

12. 抗寒勇士——白唇鹿

白唇鹿的嘴唇是白色的,因此叫白唇鹿。白唇鹿体型很大,肩高可达 130 厘米,身长超过 200 厘米。它们生活在海拔 3500 ~ 5000 米的高原山地,白唇鹿的食物非常广泛,主要食物是树叶、嫩芽和草。

白唇鹿被人们称作“抗寒勇士”,它身上厚厚的长毛能够抵御寒冷。白唇鹿生活在我国青藏高原海拔 3500 ~ 5000 米的高山上,大部分时间活动在海拔 4000 米上下的范围内,当夏季到来的时候,白唇鹿耐不住 15℃ 的气温,就会上升到海拔更高的地方“避暑”。

高原地区空气稀薄,它们的鼻子应环境而生,使得它们在空气稀薄的地方都可以自由自在悠闲地生活。

每年 10 ~ 11 月是白唇鹿的发情期。这个时候的雄鹿会高声嘶鸣,发出一系列的咆哮声,声音粗壮而低沉,昼夜不停,并且用蹄子或角刨动地面,或者是在地面上打滚,往往身上沾很多的泥土。发情的雄鹿没有固定的栖息地点,四处奔走,寻找发情的雌鹿。一般一只雄鹿可以占有数只雌鹿。雄鹿之间的争夺配偶的现象也很严重,常常在决斗的过程中把角折断。雄鹿在发情期间,食欲不振,几乎不吃不喝,脖子部位开始肿胀而变得很粗,性情凶猛,完全处于兴奋状态,所以在交配期前后变得十分瘦削。雌鹿的怀孕期为 8 个月,到第二年的 5 ~7 月产仔,每胎产 1 仔,偶尔产 2 仔。刚出生的幼仔全身具有斑点,一个月以后斑点逐渐消失,3 岁后达到性成熟。

13.“众芳摇落独暄妍”——梅花鹿

梅花鹿又称日本鹿，共有7族，目前主要生活在我国东北及日本、朝鲜半岛。梅花鹿生活在森林边缘和山地草原地区。雄鹿的角很长，每年换一次，雌鹿没有角。新长出的角由带茸毛的皮肤包着，这是鹿茸角，是一种很好的药材。梅花鹿十分胆小，并且它们的毛色会随季节的改变而改变，夏季体毛是棕黄色或栗红色，而且没有绒毛。在背脊两旁和体侧下缘镶嵌着许多排列有序的白色斑点，很像梅花，因而得名“梅花鹿”。梅花鹿冬季体毛是烟褐色，白斑不明显，与枯茅草的颜色很相似，这也是为了适应冬季的环境，保护自身不容易被天敌发现的原因。颈部和耳背是灰棕色，一条黑色的背中线从耳尖贯穿到尾的基部，腹部为白色，臀部有白色斑块，其周围有黑色毛圈。尾背面是黑色，腹面是白色。

雌性梅花鹿头上没有角，而雄性头上有一对雄伟的实角，角上有4个叉，在近基部向前伸出，次叉与眉叉距离较大，位置稍高；主干一般向两侧弯曲，略呈半弧形，眉叉向前上方横抱，角尖向内弯曲，相当锐利。

梅花鹿喜欢在早晨和黄昏活动，生活区域随着季节的变化而改变。春季多在半阴坡，采食板栗、野山楂、地榆等乔木和灌木的嫩枝叶和刚刚萌发的草本植物；夏秋季迁到阴坡的林缘地带，主要采食藤本和草本植物，例如何首乌、草莓等；冬季则喜欢在温暖的阳坡，采食成熟的果实、种子以及各种苔藓地衣类植物，有时候也会到山下采食油菜、小麦等农作物，还常到盐碱地舔食盐碱。

每年的8~10月梅花鹿开始发情交配，雌鹿发情时发出特有的求偶叫声，大约要持续一个月左右。此时的雄性梅花鹿性情变得粗暴、凶猛，常为了争夺配偶，而发生角斗，这种“角斗”在鹿类中是一种非常普遍的现象。而雄鹿在求偶时发出像老绵羊一样的“咩咩”叫声。梅花鹿的孕期为230天左右，在次年5~6月产仔，一般每胎产1仔，少数也有2仔。哺乳期为2~3个月，4个月后幼仔便可以长到10千克左右。1.5～3岁性成熟,寿命约为20年。

梅花鹿具有很高的经济价值,被用作医药成分加以利用,因而遭到人为过度捕杀,数量萎缩。加上栖息地破坏严重,天敌增多,梅花鹿濒临灭绝。在我国,梅花鹿被列为国家一级保护动物。

14. 四不像——麋鹿

麋鹿俗称“四不像”,它的头像马、角似鹿、尾似驴、蹄似牛,但整体与这4种动物中的任何一种都不完全像,因此人们就称它为“四不像”。目前,麋鹿是我国一级保护动物。麋鹿身体长约200厘米,体重可达250千克,有很长的角,每两年脱换一次。但是雌麋鹿没有角,体型也较小。雄鹿的角长,并是各支角向后,这种奇特的角是在鹿科动物中独一无二的。另外,麋鹿的颈和背比较粗壮,四肢粗大,主蹄宽大并且能分开,趾间有皮健膜,侧蹄发达,适宜在沼泽地中行走。夏天的毛色是红棕色,冬天的毛色是灰棕色;初生幼仔毛色是橘红,并有白斑。尾巴较长,可以用来驱赶蚊蝇以适应沼泽环境。

麋鹿原生活在我国,分布在长江中下游沼泽地带,以青草和水草为食物,麋鹿很喜欢游泳,有时到海中衔食海藻。

麋鹿的发情期在每年的6月底到7月中或下旬。在此期间雄鹿性情突然变得异常暴躁,不仅发出阵阵叫声,还以角挑地、射尿、翻滚、从眶下腺分泌的液体并且会将此种液体涂抹在树干上。雄鹿之间经常会因为争夺配偶而引起对峙或角斗的现象。雌鹿的孕期是270天左右,是鹿类中怀孕期最长的,一般于第二年4～5月产仔。初生的幼仔体重大约为12千克,在3个月后,体重就能达到70千克。麋鹿2岁时性成熟,雄性小鹿2岁长角分叉,6岁叉角发育完全,寿命一般是20岁。

15. 褐色闪电——高鼻羚羊

高鼻羚羊也叫赛加羚羊,因为它们的鼻腔鼓胀迫使鼻子变得很大,因此得名。高鼻羚羊只分布在新疆北部和哈萨克斯坦西南部。雄性的高鼻羚羊有角，角的长度40厘米左右，角上有11～13个环节；雌性的高鼻羚羊没有角。体重在35～60千克左右，奔跑的速度很快，奔跑的时速可达60千米。即便刚出生5～6天的幼体，奔跑时速也可达30～35千米。

高鼻羚羊随水草而居，按季节进行迁移，一般会迁移到暖和地区，在迁移的时候成群的数量可多达上万只。它们主要以草木及低矮的灌木为食。它取食的植物种类很广，包括许多有毒或含盐碱的种类。高鼻羚羊具有很强的耐渴性。它在青草季节能长期不饮水，只在缺乏青草的干旱情况下才寻找水源。高鼻羚羊的视觉、嗅觉很灵敏，既可以看到1千米以外的敌害，又可以凭嗅觉感知天气的变化。

雌性的高鼻羚羊比雄性成熟的早，7个月就能交配，并且能进行生育。它们生育的大多是双胞胎。因此繁殖能力比较快。尽管每年冬季都会冻死很多老幼羚羊，但还不至于灭绝。羚羊数量的急剧减少是由于人类对它们生活环境的介入，人们为了得到羚羊身上的角和肉而大肆捕杀，因此，近年来我国已很难见到高鼻羚羊的踪影。目前它们已被列为国家一级保护动物。

中国二级保护哺乳类

1.“兔子尾巴”——短尾猴

在我国，短尾猴主要分布在云南、贵州、四川、广东、广西、福建、江西、安徽、青海、西藏等地。在国外主要分布在孟加拉国、缅甸、印度、柬埔寨、老挝、马来西亚、泰国、越南等国家。由于近年来的环境变化和人为破坏，短尾猴在我国的数量急剧减少，目前，它已被列入我国国家二级保护动物。

短尾猴体型比猕猴大，整体看起像个圆柱形，显得比较憨厚老实。并且它的四肢比较粗壮,雄性的体长在 70 ~ 82 厘米之间,体重在 8 ~ 16 千克之间;雌性的体长 50 ~ 58 厘米,体重 5 ~ 11 千克。短尾猴的额头部分裸露无毛,呈灰黑色,脸颊部分的毛比较稀少。胸部、腹部,以及四肢内侧的毛比较少,并且颜色很浅,肩部、颈部和背部的毛比较粗糙。尾巴短得出奇,竟然还没有后脚长,只有体长的 1/10,而且背上的毛稀少,呈棕褐色。成年的短尾猴颜面是鲜红色,等到老了之后就会变成紫红色,幼小的短尾猴是肉红色。耳朵较小,尾巴不仅短而且还不长毛,看起来很不雅观。头顶毛较长,由中央向两侧披开。短尾猴的长相和藏酋猴十分相似,以至于很多时候人们都把它们当作是同一类猴子。但是,它们之间还是有很多明显的不同之处,例如短尾猴体型小,体毛长而稀疏,颜色为黑褐色或朱古力色;而藏酋猴的体型粗大,并且头很大,耳朵很小,体色较杂。

短尾猴喜欢生活在亚热带常绿阔叶林中,一般都会待在树上,有时候也会集群在地面活动。它们常在沟谷、山坡等处的地面上觅食,夜晚在高大乔木的横杈处休息。短尾猴的食物比较杂乱,主要以植物的果实、花、叶、根、茎及竹笋等为食;有时,为了能吃顿荤菜,也在河谷地带捕捉螃蟹、青蛙等小动物。

短尾猴生性比较害怕寒冷的天气,因此,一般在白天活动较多,到了晚上会在树上睡觉,有一些调皮的小猴子也会在悬崖边上睡觉。它们也比较喜欢群居,群体由成年强壮的雄猴带领。每个群体的数量在 10 ~ 30 只之间。每年 9 ~ 10 月份是它们的交配旺季,雌性发情时皮肤变红。雌猴孕期大约是 6 个月,在第二年的 3 ~ 4 月份产仔,每胎产仔一只,一般是隔年生育一次。短尾猴的寿命大约在 20 年左右。

2. 猴中活宝——猕猴

猕猴生活在亚洲热带森林中,我国猕猴主要分布在南方诸省(区),以广东、广西、云南、贵州等地,另外在福建、安徽、江西、湖南、湖北、四川等地区也有分布。在国外，猕猴也有一定的分布，例如缅甸、尼泊尔、印度北部、孟加拉国、巴基斯坦等东南亚地区。

猕猴的种类有很多，包括恒河猴、西里伯猴、头布猴、帽猴、食蟹猴、狮尾猴、豚尾猴等等。不论猕猴的种类有多少，它们都具有猴子的特性，在习性上是相差不多的。猕猴的个体较小，雄猴身长在55~62厘米之间，雌猴身长40~47厘米。脸面瘦削，头顶没有向四周辐射的旋毛，额头稍微有些突，肩上的毛较短。尾巴较长，尾长在22~24厘米之间，大约是体长的一半。它的足和手与人类非常相似，分别有5个指头，并且有扁平的指甲。猕猴身上大部分毛色是灰黄色或者灰褐色，腰部以下是橙黄色，具有光泽，胸腹部与腿部的灰色较浓。不同地区和个体间体色往往会有一些差异。猕猴的面部、两耳的颜色是肉色，臀部是肉红色，雌猴臀部颜色更红，并且眉骨较高，眼窝深陷等。

猕猴喜欢生活在热带、亚热带和温带的山林区或石山上，属于群居性动物，一般有数十只或更多集群生活。在繁殖和缺食季节，猕猴会把它们的集群扩大，因此活动范围也较大。猕猴善于攀援跳跃，会游泳，也会模仿人的动作，与人很相似，也会呈现出喜怒哀乐的表现。主要食物是树叶、嫩枝、野菜等，也吃小鸟、鸟蛋、各种昆虫；有时候甚至还吃蚯蚓。

在每年的11~12月是猕猴的发情期。在第二年3~6月产仔，或者是3年生2胎，每胎产一仔，孕期平均在5个月左右。雌猴2.5~3岁性成熟，雄猴4~5岁性成熟，但最早要在6~7岁才能参与交配。哺乳期约4个月。人工饲养条件下猕猴的寿命可以长达25~30年。

3. 森林卫士——穿山甲

穿山甲属于地栖性哺乳动物，体形狭长，全身有鳞甲，四肢粗短，尾巴扁平而且很长，背面稍微隆起。成年穿山甲身体的长度在50~100厘米之间，尾长在10~30厘米之间，体重1.5~3千克，头呈圆锥状，眼睛很小，嘴巴较尖。穿山甲舌头很长,并且舌头上有黏液,没有牙齿,耳不发达,四足上各长有5个趾,并且还长有功能强大的爪;前脚上的爪长,特别是中间第3爪特别长,后足爪较短小。全身鳞甲如瓦状。从额顶部一直到背、四肢外侧、尾背腹面都有。鳞甲从背脊中央向两侧排列,呈纵列状。鳞片的颜色为黑褐色,鳞片之间还有硬毛。两颊、眼睛、耳朵以及颈腹部、四肢外侧、尾巴根部等都生有长的白色和棕黄色稀疏的硬毛。

穿山甲

穿山甲是唯一有麟的哺乳动物,在雌性体上长有2对乳头。它胆子很小,遇到危险便会发出"嘘嘘"声,并缩成一团,将头和肚子护在当中,带着幼仔的穿山甲还会把自己的幼仔卷在一起。这样,穿山甲已变成了一种坚硬的球体,无论是多么凶猛的野兽,对它的这种样子都无可奈何。

穿山甲的主要食物是白蚁,它的食量很大,一只成年穿山甲的胃,一次性可以容纳500克白蚁。据科学家观察,在250亩林地中,只要有一只成年穿山甲,白蚁就不会对森林造成危害。可见穿山甲在保护森林、堤坝,维护生态平衡、人类健康等方面也是有很大的作用。

穿山甲平时独居在洞穴之中,只有繁殖期才成对生活。穿山甲属于胎生动物,一年四季都可以繁殖,其发情交配时间以每年的4~5月为主。发情期雌雄同居,交配后便分开。雌性分娩期在12月到第二年1月。孕期8个月左右,每胎通常产1只,也有的产2只,一年可繁殖2胎。小穿山甲在出生后6个月跟随母体外出觅食,过一段时间后便可以离开母体独立生活。

在我国,穿山甲主要分布在江苏、浙江、安徽、江西、贵州、四川、云南、台湾、福建、广东、广西、海南等地。在国外,它分布在越南、缅甸、印度、锡金、尼泊尔等地。

穿山甲被列为国家二级保护动物。近年来,由于大量捕杀野生穿山甲,致使野生资源遭到很大破坏。为了保护穿山甲野生资源,目前我国许多地方开展了穿山甲人工繁殖和饲养工作。

4. 狼的伙伴——豺

豺也叫豺狗、红狼等。它的分布范围较广,主要是在亚洲的东部、南部、东南部和中部等地区;在东南亚、印度尼西亚也有分布;在我国,主要分布在黑龙江、吉林、新疆、陕西、甘肃、青海、云南、贵州、西藏等地。

豺的外形与狼、狗等很相近,但要比狼小,比狗大,体长一般在 95 ~ 103 厘米之间,尾长 45 ~ 50 厘米,肩高 52 ~ 56 厘米,体重在 13 ~ 20 千克左右。豺的头要比狼、狗的宽一些,额头扁平而低,嘴巴较短,耳朵较短,并且呈现圆形,额骨的中部隆起,所以从侧面看上去整个面部显得鼓起来,不像其他犬类那样较为平直或凹陷。另外,豺的四肢也较短,尾巴较粗,毛蓬松而下垂。体毛厚密而且很粗糙,身体的颜色随着季节和生长地带的不同而不同;一般头部、颈部、肩部、背部,以及四肢外侧等处的毛色是棕褐色,腹部和四肢内侧是淡白色或者是黄色及浅棕色;尾巴是灰褐色,尖端是黑色。总的来说,豺的全身是以赤棕色为主,所以也叫做红狼。

豺的栖息环境不固定,无论是热带森林、丛林、丘陵、山地,还是海拔 2500 ~3500 米的亚高山林地、高山草甸、高山裸岩等地带,都能发现它的踪迹。它居住岩石缝隙、天然洞穴,或隐匿在灌木丛中,但不会自己挖掘洞穴。

豺的主要食物是各种动物,不仅能捕食鼠、兔等小型兽类,也敢于袭击水牛、马、鹿、山羊、野猪等体型较大的有蹄类动物;有时甚至也会向成群地狼、熊、豹等猛兽发动挑逗和进攻;有时也会吃一些甘蔗、玉米等植物性食物。由于豺的嗅觉灵敏,耐力极好,因此猎食的基本方式与狼很相似,多采取接力式穷追不舍和集体围攻、以多取胜的办法。它的爪牙非常锐利,胆量也非常大,因此显得凶狠、残暴。在捕食过程中,一般先把猎物团团围住,前后左右一齐进攻。把猎物捕获到手后,它们会对猎物内脏吃干净后才会去食用猎物的肉,一群豺一会儿工夫就把猎物分吃干净了。

豺以群居为主,多由较为强壮而狡猾的“头领”带领一个或几个家族临时聚集而成,少则2~3只,多时可以达10~30只左右,但也能见到单独活动的个体。豺在每年的秋季交配、繁殖,这时雄性和雌性多成对活动。雌性的妊娠期约是60~65天左右,产仔则在冬季,每胎产3~6仔,最多达到9仔。初生的幼仔背部有深褐色的绒毛,1~1.5岁性成熟,寿命在15~16年左右。

正是因为它们有非常好的灵活性,因此它们也敢向水牛、马、鹿、山羊、野猪等体型较大的有蹄类动物下手,有时候甚至会向成群的狼、熊、豹等猛兽发动挑逗和进攻,往往会吓得这些动物落荒逃走。这样,豺就可以从这些动物中夺取它们捕获的食物。如果这些猛兽不放弃食物,一场激战就不可避免,最终多半是豺获得胜利。因为虽然单打独斗时豺并不是它们的对手,但一群豺在集体行动时,互相呼应和配合作战的能力却要高出一筹。但遇到虎的时候,豺通常并不马上冲上前去夺食,而是耐心地等待虎吃饱后离去,再分享它吃剩的食物。当然虎也不会主动向豺发动进攻,虎还常利用感官灵敏的豺来了解周围的情况。

不过,在印度曾经发生过多起孟加拉虎与一群豺为了争食而激烈血战的事情,结果每次都是在虎咬死、咬伤几只或十余只豺之后,没能冲出重围,终于精疲力竭,倒地不起,被这群穷追不舍的豺活活咬死。因此,可以说在亚洲各地的山林中,只有体型巨大的亚洲象能够免遭豺的威胁。当豺的群体成员之间发生矛盾的时候,它们也会互相撕咬,常常咬得鲜血淋漓,有时甚至连耳朵也被咬掉。由此,我们可以看出,豺虽然没有那些凶猛的动物性格暴烈、凶残,但是,它们却有很大的胆量,无论遇到什么样的情况,豺都有勇气去试一试,搏一搏。正是由于这样,它们才能在大自然里生活得如此强势。

5. 九节狼——小熊猫

在我国，还生活着一种和大熊猫体态相似的小熊猫，也是一种非常可爱的动物。不过，大熊猫和小熊猫有着本质的区别，两者不是同一家。目前，小熊猫已成为世界上最罕有的动物之一，被列为国家二级保护动物。小熊猫在国外主要分布在印度、尼泊尔等地；在我国四川、西藏、云南等地也有少数分布。

小熊猫其实叫"浣熊"，也叫"九节狼"，它最为显著的特征就是尾巴非常蓬松而且很粗，尾巴的长度超过身体的一半左右，尾巴上有9条棕色和白色相间的环纹，因此也叫"九节狼"。

小熊猫体形有些肥胖，体长在40～60厘米之间，体重大约为6千克。全身大部分都是红褐色，四肢是棕黑色，全身毛长而蓬松，脸呈圆形，并且有白色斑纹；嘴唇、耳朵和脸颊都为白色，眼睛炯炯有神。

小熊猫的动作非常灵巧，就像家养的猫一样，性情也很温和，常常爬到又高又细的树枝上去休息。它们喜欢生活在海拔2000～3000米的高山密林中，居住在枯树洞或岩洞里，早上或者是晚上出来寻找食物。它们主要以野果、野菜、嫩叶、昆虫、小鸟和鸟蛋等为食物。小熊猫非常爱清洁，吃东西前先要把食物放在水里洗一下。

每年的3～4月间是小熊猫发情交配时期，这一期间它们常常发出求偶叫声。生性温和的小熊猫在发情期间，群体之间非常和谐，如果有另一群落的雄性闯了进来，那么它们就会一起进行抵触，有时候还会发生争斗，同时会发出非常尖锐的叫声。雌性小熊猫的孕期是3～5个月，每胎可以产2～3仔。

6. 虎兄豹弟——金猫

金猫别名原猫、狸猫，也叫亚洲金猫，在国外主要分布在尼泊尔、孟加拉、印度、缅甸、柬埔寨、老挝、泰国、越南、马来西亚、印度尼西亚。在我国，主要在秦岭、甘肃以南、河南伏牛山以及部丘陵、大别山以南、四川、湖北、湖南、江西、浙江、广东、广西、贵州、云南以及西藏南部等地区有分布。

金猫属于一种中等体型的猫科动物，体长大约是90厘米，尾长大约是50厘米，体重在12～16千克之间。金猫的体毛多数是棕红色或金褐色，也有一些变种成为灰色甚至黑色。通常金猫身体上的斑点只在下腹部和腿部出现，某些变种在身体其他部分会有浅浅的斑点。金猫颜色变异较大，正常情况下颜色是橙黄色，带有美丽的暗色花纹。变异色型有红棕色、褐色和黑色。不管金猫怎样变化，但是它们的脸谱都是一样的，一般在它们眼的内上角有一道镶黑边的白纹。

金猫喜欢在地面上捕食，但也能攀爬到高处。能捕食黄麂、毛冠鹿、麝等动物，但主要以各种体型较大的啮齿动物为食，也捕食地面较大的雉科鸟类、野兔等。捕食方式类似于典型的猫科动物，另外金猫还会成对地捕捉比较大的动物。

金猫喜欢独居在山岩之间的森林中，偶尔也栖息于亚洲的热带雨林、亚热带常绿林和落叶林以及一些林缘较开阔的灌木林等，有时也栖息于海拔2000米以上的高山地区。白天栖息在树上洞穴内，夜间下地活动。善于爬树，但多在地面活动，只是在逃避敌害或捕食前后才会在树上活动。

虽然金猫没有固定的繁殖季节，但是多在冬季进行交配，春季产仔，孕期约91天，每胎能产2或3仔，一般在树洞内生产。也有的会选择岩洞或土洞，岩洞一般选择靠近河边的小石洞，而土洞则选择在较高处的其他动物（如穿山甲、猪獾、豪猪等）遗弃的废洞。洞的开口处有较多的灌木或草丛来进行隐蔽，如果母金猫一旦感觉到有人或其他食肉动物发现了它的窝巢，那么就会马上搬家。

7. 神出鬼没的骑兵——马鹿

马鹿，别名赤鹿、八叉鹿、白臀鹿，属于大型鹿类，体长180厘米左右。它在世界上分布很广，主要分布在欧洲南部和中部、北美洲、非洲北部、俄罗斯东部、蒙古、朝鲜半岛和喜马拉雅山地区。在我国,马鹿分布于黑龙江、辽宁、内蒙古呼和浩特、宁夏贺兰山、北京、山西忻州、甘肃临潭、西藏、四川、青海、新疆等地。野外种群已经在21世纪初灭绝。

马鹿的体重比较大,有时候超过了400千克,仅次于驼鹿,也长有一对相当大的角(只有雄鹿长角,雌鹿没有),最多可分8个叉。马鹿从外表上看很像马,因此得名“马鹿”。成年雄性马鹿体重约200千克,雌性约150千克。马鹿的头与面部较长,耳朵很大,呈现圆锥形。鼻端裸露,其两侧和唇部为纯褐色。额部和头顶是深褐色,颊部是浅褐色。脖子较长,四肢也长,并且蹄子很大。不过,马鹿的尾巴较短。

马鹿喜群居,一般由年长的雌鹿为首领。由于马鹿身强力壮,所以奔跑速度极快。雄马鹿好斗,繁殖期几乎整天整夜都在猛烈格斗中,但它们比较有团结精神,一般不会发生伤亡事故。马鹿在白天活动,特别是黎明前后的活动更为频繁,以乔木、灌木和草本植物为主要食物,种类多达数百种,也常饮矿泉水,在多盐的低湿地上舔食,甚至还吃其中的烂泥,夏天有时也到沼泽边和浅水中进行水浴。

马鹿在自然界里的天敌有熊、豹、豺、狼、猞猁等猛兽,但由于性情机警,在加上奔跑很快,又有巨角作为武器,即使无路可逃的时候也会与敌人进行一番激烈搏斗。

马鹿的寿命在16~18年之间,属于国家二级保护动物。

8.“有位佳人,在水一方”——水鹿

水鹿又叫黑鹿、青鹿,身体强壮,体重在100~200千克,我国的水鹿体重可达200千克。水鹿是热带、亚热带地区体型最大的鹿类。雄水鹿的角很粗大,一般可以长到70~80厘米,最长可达到125厘米,叉宽可达130厘米。

水鹿体毛粗糙而稀疏,雄兽一般背部呈黑褐或深棕色,腹面呈黄白色;雌兽

体色较浅且略带红色，也有棕褐色、灰褐色的个体，颈部沿背中线有直达尾部的深棕色纵纹，这是水鹿最显著的特征之一；面部稍长，鼻吻部裸露，耳朵大而直立，眼睛较大，眼眶下线特别发达，尤其发怒或惊恐时，可以膨胀到与眼睛一样大。

水鹿主要喜欢生活在海拔 300～3500 米之间的阔叶林、季雨林、稀树草原和高草地等环境。一般在日落后活动，它们没有固定的巢穴，并且很少到远离水的地方去生活。水鹿非常喜欢水，全年都在泥水中跋涉，甚至在冬天地面上出现寒霜时，也常见到水鹿卧在浅水中。在雨后水鹿显得特别活跃，如果是在夏天常到偏僻的水洼地打滚洗浴，弄得满身泥污，但这对于生活在野外的它们是一种保护，因为可以借此防止蚊蝇。即使到了冬季，也常流连于水塘，因此博得“水鹿”之称。

水鹿主要食物是草本植物和木本植物的嫩叶、嫩芽、鲜果等。平时大多单独或成对活动，只有繁殖期才集群，每群的数量从几只到 10 多只不等。

水鹿的繁殖期不是很固定，大多在夏末秋初进行。雌鹿的孕期约为 6～8 个月，一般在次年春季生产，每胎产 1～2 仔，幼仔身上有自斑。2～3 岁时即发育成熟，寿命为 14～16 年。

水鹿分布在斯里兰卡、印度、尼泊尔，中南半岛以及东南亚等地区；在中国主要分布在青海、西藏、四川、贵州、云南、江西、湖南、广西、广东、海南、台湾等省区，是我国二级保护动物。

9. 世界之最——驼鹿

驼鹿是世界上最大的鹿，驼鹿的身高可达到 210 厘米，体重超过 810 千克，有的竟达 1 吨重。这种巨鹿的一个主要特征是有一对巨大无比的角，角的长度可达 180 厘米，宽度达 40 厘米，而且形状也十分奇特，像一把大铲子或手掌，其重量达 30～40 千克。驼鹿体型巨大，但却能以 58 千米的时速奔跑，还能长距离游泳达 20 千米，又能潜入 5～6 米深的水中觅食。

驼鹿的形状略像牛，但是比牛高大，因背部明显高于臀部，又与驼峰很像，因此被称为“驼鹿”。驼鹿头大脖子粗，鼻孔较大，鼻形如驼，背部平直，臀部倾斜，四肢高大，尾较短。只有雄鹿头上长着大角，雌鹿的头上不长角，驼鹿身体颜色是棕、黄、灰三色混合，四肢是白色。冬天全身的毛是黑棕色，夏天是灰棕色，颈背具有深棕色的鬃毛。

驼鹿分布在北半球的高寒地带，诸如欧亚大陆和北美洲。中国仅分布在大、小兴安岭，属于我国二级保护动物。

驼鹿一般没有固定住所，但有一定的活动范围和路线。夜晚或黄昏是它们觅食最为频繁的时段。另外，驼鹿的听觉和嗅觉非常灵敏，活动能力也很强。虽然身躯巨大，但可以在池塘、湖泊中跋涉、游泳、潜水、觅食，行动轻快敏捷。在冬季积雪比较厚的情况下，驼鹿也能自由走动。

驼鹿最喜欢吃植物的嫩枝条，主要是柳树、桦树、杨树等的嫩枝叶，也吃睡莲、眼子菜、慈菇、香蒲、浮萍、蓬草等，春夏喜欢在盐碱地舔食泥浆。休息时将所吃下的食物倒入口腔，进行细嚼后咽入重瓣胃中。

每年的 8 月下旬驼鹿开始发情，发情旺季在 9 月中旬，一般 10 月结束。雌鹿比雄鹿晚一周左右发情，发情的雄鹿异常兴奋，毛被蓬松，角膜充血，在早晨和黄昏发出吼叫，经常在树干上磨角，将树皮擦掉，使树干上留下许多坑痕。这一时期的雄鹿嗅觉也格外灵敏，能够在 3000 米外根据气味得知雌鹿的存在，并且立即心急火燎地赶来，挥舞头角，发出一阵阵向雌鹿求爱的“噢噢”叫声，或者像牛一样“哞哞”的鼻声，雌鹿的叫声则比较低沉。如果当时有其他的雄兽同时向雌兽靠拢，就会互相用巨大的角去拦阻，并大声咆哮，如果彼此互不相让就会引发一场残酷的搏斗。然后雌鹿选择获胜的雄鹿进行交配，雌鹿的孕期为 242～250 天，一般在次年 5 月末至 7 月初产仔。幼鹿 1 岁以后就能独立生活，3～4 岁时达到性成熟。

驼鹿的寿命一般20年左右,在我国因数量稀少,并且具有重要的研究价值,所以被国家列为二级保护动物。

10. 堪比宝马——黄羊

黄羊又叫黄羚、蒙古原羚、蒙古瞪羚、蒙古羚等,虽然它的名字叫黄羊,但实际上它并不是真正的羊类。在国外,黄羊主要分布在蒙古和俄罗斯西伯利亚南部;在我国,主要分布在吉林西北部、内蒙古、河北北部、山西北部、陕西北部、宁夏贺兰山、甘肃北部以及新疆北部等地。黄羊喜欢栖息在半沙漠地区的草原地带,很少生活在高山或纯沙漠地区,偶尔才到高山或者峡谷地带,但从不进入沙漠之中。

黄羊体形纤瘦,体长在100~150厘米之间,肩高大约是76厘米,体重一般在20~35千克之间,最大的可达到60~90千克。黄羊的脖子粗壮,尾巴很短,四肢细长,前腿也较短,有窄而尖的角质蹄,适合在沙漠地区行走。夏天的毛很短,并呈现出红棕色,腹面和四肢的内侧是白色,尾巴的毛是棕色。冬天的毛密厚而脆,颜色较浅,略带浅红棕色,并且有白色的长毛伸出,腰部毛色主要是灰白色为主,有稍微的粉色夹杂其中。

黄羊善于跳跃,喜欢群居,主要是以枯草、积雪来充饥和解渴。黄羊能忍耐长时间的饥渴,有时可以几天不喝水,差不多都可以与骆驼相媲美了。黄羊在冬季休息的时候,通常先用蹄子把积雪刨开,形成浅坑,然后群体成员聚拢在一起,卧在其中。如果是在十分寒冷的白天或者风雪交加的夜晚,那么,它们彼此会依靠得更加紧密,通常是缩成一团来互相取暖。

黄羊奔跑的本领也是一流,在牧区流传着这样一句话:"黄羊蹿一蹿,马跑一身汗。"这个谚语就是用来比喻黄羊的奔跑速度的。由于黄羊的奔跑速度快,再加上它们天生的灵敏,所以在遇到天敌后并不是很害怕,可以用快速的奔跑来甩掉追逐的天敌。而且有意思的是,它们在奔跑一会儿后,会停下来回头观察一下“敌人”的动静，然后再继续奔跑。

狼是黄羊的主要天敌，能沿着黄羊的足迹不停地追赶，虽然它们的奔跑速度比不上黄羊，但可以袭击因老弱病残等原因而落伍的个体。

黄羊在正常情况下的寿命可以达到 7 ~ 8 年左右，是我国重要的动物资源。

11. 山地“主人”——盘羊

盘羊又叫大头羊、大角羊，是世界有名的巨型野羊。另外，盘羊也是典型的山地动物，喜欢在海拔 3500 ~ 5500 米左右的半开阔的高山裸岩带及起伏的山间丘陵生活。夏季的时候，喜欢活动在雪线以下的地方，冬季当栖息环境积雪深厚时，它们就会从高处迁至低山谷地生活。

盘羊

盘羊体长在 150 ~ 180 厘米之间，体重在 110 千克左右。盘羊头大脖子粗，尾巴很小，四肢粗短。体色一般是褐灰色或污灰色，脸面、肩胛、前背呈浅灰棕色，前肢前面毛色相对于其他部位要暗很多。通常雌羊的毛色比雄羊的深暗，个别盘羊全身毛色为一致的灰白色。

盘羊都是有角的，不论是雌雄，只是角的形状和大小有些不同。雄性盘羊的角特别大，呈螺旋状扭曲，角根部一般呈浑圆状，角尖部分则又呈刀片状，全角长达 1.45 米左右；雌羊的角形相对来说简单很多，较雄羊的要细小，长度一般不超过 50 厘米，呈镰刀状。但比起其他一些羊类，雌盘羊角还算比较大。

盘羊的视觉、听觉和嗅觉敏锐，性情非常机警，稍有动静，便迅速逃跑。冬季雌雄盘羊喜欢在一起活动，交配时期每只雄盘羊与几只雌盘羊一起生活；在交配期间，雄性盘羊争夺交配对象很激烈，也会为了雌盘羊进行搏斗。一般情况下，搏斗也以角相撞，响声巨大，人们在山坡上可以听到山的另一侧雄盘羊争偶时巨角撞击的声音。因此，与羱羊相比，它们的搏斗残酷一些，一般雄盘羊羊角上都会撞击出许多痕迹。当交配季节结束后又分开活动，雌盘羊产小羊羔在第二年夏季，怀孕期约 180 天，每胎 1 仔，一般两岁性成熟。

我国内蒙古是最大的盘羊生活区域，目前因人类大肆捕杀导致盘羊的数量在剧减，我国已将它们列为二级保护动物。

12. 高山来客——羱羊

羱羊又叫岩羊、悬羊，分布于欧亚大陆和北非的崇山峻岭中，属于典型的高山动物，我国的羱羊生长在西北及西藏海拔 5800 ~ 6000 米以上的高寒地带，主要以各种草、花、叶为食。

雄性羱羊一般可以成长至 1 米高，100 千克重，而雌性羱羊的体型较小，大部分只能达到雄性体型的一半。除了体型，雄性与雌性最大的区别是雄性长有胡子，雌性没有。雄性及雌性羱羊都有大而向后弯曲的角，雄性的角可以生长到 1 米，最长可以达到 1.47 米。它们会用角保护自己，免受捕猎者的袭击。它们的天敌是狼、山猫、熊、胡狼及狐狸等，幼羊也会面临大型雀鸟，便如鹰的袭击。羱羊在夏天呈褐灰色，冬天则转为深褐色。

每年的深秋时分是羱羊的发情期，雄性羱羊会离开它们的雄性羱羊群落，独自寻找雌性羱羊群。在繁殖期间，雄性羱羊会因为争夺雌性对象而互相打斗，以确定谁与雌性对象结合，这种情景就像西方的骑士一样，会为了心爱的人决斗。不过，它们的搏斗比较温和，除了以角相抵外，很少会真正伤害对方。雌性羱羊经过 6 个月怀胎后，会顺利产下第一胎。

由于人为利益的驱使，羱羊遭到大量杀戮。19 世纪初，羱羊面临灭绝。1854 年，意大利为羱羊提供保护，羱羊的数目保有量为 3 万只。时至今日，羱羊依然处于濒危状态。

13. 飞渡成名——斑羚

斑羚在国外常见于尼泊尔、印度、缅甸以及俄罗斯西伯利亚等地区。我国主要分布在东北、华北、西北、华南及西南等地。并且，在我国对它有各种不同叫法，例如叫“青羊”，有的叫“山羊”，有的叫“灰羊”，还有的叫“野羊”。斑羚的体长在80~130厘米之间，体重在28~35千克之间，体毛厚密而松软，通常是灰褐色，但在毛的尖端有的是黑褐色，远观时似有若隐若现的麻点。

斑羚喜欢生活在山地的林密谷深、陡峭险峻的地方。性情孤独，喜欢单独活动，偶尔会结成2~3只的小群。冬天大多在阳光充足的山岩坡地晒太阳；夏季则隐身于树荫或岩崖下休息，其他季节常单独待在孤峰悬崖之上。早晨和黄昏是斑羚觅食活动较为频繁的时候，为了躲避天敌，一般在固定的范围内觅食。食物主要是青草和灌木的嫩枝果实，以及苔藓等。

斑羚的视觉、听觉极为灵敏，善于跳跃和攀登，在悬崖绝壁和深山幽谷之间奔走如履平川；有时也能纵身跳下10余米高的深涧并且不会受到任何伤害。它的叫声和羊的叫声差不多，受到惊吓的时候就会摇动两耳，并且会用蹄跺地，发出“嘭嘭”的响声，嘴里还发出尖锐的“嘘嘘”声，用这样的方式来向敌人示威。如果发觉自己面临危险了，就会马上飞奔而逃。

14. 狡猾机警——雪兔

雪兔在历史上曾广泛分布在欧洲，但是后来，随着环境的变化，在欧洲北部、俄罗斯、日本北海道和蒙古等地方也有一定的分布。此外，在我国的黑龙江、内蒙古东北部和新疆北部一带也有分布。

雪兔也叫变色兔，它的毛会随着季节变化而变化，其实这样也是一种保护自己免受天敌伤害的好办法。雪兔的动作非常敏捷，能在一秒钟内由静止状态变成时速15千米的奔跑状态，并继续加速还可以达到超过25千米的时速。秋天一到，雪兔脚上便长出坚硬直挺的毛，以利于在雪地上行走。雪兔一般喜欢居住在地面上的浅坑里，幼兔也在这里出生。刚出生的幼兔长满绒绒的毛，而且两眼睁开。雪兔的眼睛很大，长在头的两侧，这样极大地提高了它们的视野范围，可以同时前视、后视、侧视和上视。虽然雪兔可以坐那儿不动，而达到眼观六路，但是由于眼睛间的距离太大，要靠左右移动面部才能看清物体。很多时候，当它们快速奔跑时，往往来不及转动面部，因此常常会撞墙、撞树。“守株待兔”的寓言故事恐怕就是由此而来的吧！

雪兔是食草动物，以草本植物及树木的嫩枝、嫩叶为食，在冬季，植物都枯萎的时候，它们还会以树皮为食。

雪兔一般都单独活动，只有在繁殖季节除外。白天隐藏在灌丛、凹地和倒木下的简单洞穴中，里面铺垫有枯枝落叶和自己脱落的毛。清晨、黄昏及夜里出来活动，它们的巢穴并不固定，因此有“狡兔三窟”的说法。雪兔非常聪明，为了能够躲开猎人的追捕或者天敌的追杀，它从不沿自己的足迹活动，总是迂回绕道进窝，接近窝边时，先绕着圈子走，把周围的情况打量一番，观察细听，然后慢慢地退着进窝。可见雪兔性情是多么的狡猾、机警。另外它的嗅觉十分灵敏，巢穴通常都在略微通风的地方，睡觉时鼻子朝上，以便随时嗅到随风飘来的天敌气味。两只耳朵也警惕地倾听任何一点异常的声音。冬季到来时，雪兔为了不让猎人或天敌发现自己，一般会挖 1 米多深的洞穴居住，并且在雪地上形成纵横交错的跑道用来迷惑敌人。当遇到危险时，它的两眼圆睁，耳朵紧贴在背上，呈低蹲伏状，这样就能利用它的天然保护色而躲过天敌的袭击。

外国珍稀哺乳类

1. 百兽之霸——狮子

狮子是大型的猫科动物，主要生活在撒哈拉沙漠以南的草原。它们喜欢群居的生活，非常凶猛，一般在黎明、黄昏或晚上出来捕食猎物。

狮子的体形、大小和虎很相似，雄狮体长约1.7~2.5米。尾巴的长度在0.9~1.05米之间，体重130~230千克，而雌狮较小。

狮子四肢粗短，头相对来说很大，有一对又小又圆的耳朵立在头上；眼睛很小，但是很有神；胡子白色，体毛密、短、柔软，颜色是棕黄色或者暗褐色。雄狮的头顶和颈部以及尾端长有长长的鬃毛，而雌狮没有。雄狮的鬃毛是吸引雌狮的一种手段，鬃毛越浓密越会受到异性的青睐。此外，搏斗的时候，鬃毛还可以保护它们的脖子，也是一种权力和地位的象征。

狮子通过围猎捕获食物，担负捕食任务的大多数是雌狮，别看雄狮比较健壮，它与雌狮相比较为懒惰，喜欢坐享其成。雌狮比较勤劳，独自抚育小生命。

狮子四季均可繁殖，一胎产3~4仔，当雌狮出去捕食的时候，小狮子会受其他野兽猎捕，存活下来的数目很少。

狮子的吼声是所有动物中最响亮也是最吓人的，这种吼叫是雄狮用来示威的信号。好像在说："这是我的领地，你们休想霸占！"一般狮子的吼声可以传到8千米之外。它们喜欢傍晚时吼叫，因此一般这个时候我们可以听到。

2. 猪之"兄弟"——貘

貘的体形和猪很相似，前肢有4指，后肢有3趾。它有可以伸缩的短鼻，善于游泳和潜水。

貘科动物现存已经非常稀少，主要分布于东南亚和拉丁美洲等地。

貘是一种比较胆怯的动物，但是嗅觉和听觉相当发达。它一般不会伤人，没有自卫能力，遇到敌害的时候选择迅速逃跑或者潜到水中。它们极善游泳和潜水。一般情况下，它们喜欢独自居住，喜欢生活在热带山地丛林、沼泽地带。夜间行动时发出特殊的尖哨声或喷鼻声。它们以水生植物，各种嫩枝、嫩叶和果实等为主食。

历史上，我国贵州境内曾有大量的貘，但是目前贵州省只有在博物馆藏有少量的貘化石。

3. 美洲“火箭”——叉角羚羊

叉角羚羊产于美国中西部地区，成体的叉角羚羊体长在1.32～1.49米之间，体重40～59千克左右。背部土黄色，腹部白色；颈部和臀部有显眼的白斑；鼻梁是黑色；耳朵下面一直到下颌有黑斑。

叉角羚羊的名字是因为它们的角有分叉而得名，不过它们也是一种形态多变的物种。有30%的雌羊终生不长角，偶尔还会长出形状异常的子宫。

叉角羚羊是美洲大陆跑得最快的野生哺乳动物。最高时速每小时可达80千米。一次跳跃可达3.5～6米左右，擅长游泳，非常机警。因为它们的眼睛很大，生长位置相比其他食草动物更靠外、靠上。这使它们拥有更广的视野，更容易发现靠近的天敌。特别发达的视觉，使它们能看到相当于人用8倍双筒望远镜看到的距离。正是由于它们能看到很远的距离，因此，近视能力相对来说很差。10米开外的人如果不动的话，叉角羚羊将很难察觉人的存在。遇险时，臀部的白色毛能立起，这是它们向同伴告警的一种特殊信号。

叉角羚羊以草、灌木、芦苇等为主食，能用前脚挖掘被雪所掩埋了的植物。如果能吃到足够的青草，可以不喝水。每年的夏季是它们的交配时期，孕期约8个月，第一胎通常只产1仔，以后则每胎2仔。

叉角羚羊的天敌主要是狼、美洲狮。由于成年的叉角羚羊奔跑的速度相当快，所以这些天敌在它们眼里已经构不成多大威胁。但对羊羔来说，就是最大的威胁。这些小羊羔经常因为弱小而成为“敌人”的美餐。为了避免敌害发现，羊羔可以长时间静卧，只有这样，才能得以逃生。有时候奔跑的大型动物踩踏在群卧中的羊羔身上，它们也可以做到一动不动，一声不响。

人们为了得到叉角羚的肉和皮，或者用它们的头作装饰品，大量捕杀叉角羚羊。目前,叉角羚羊数量锐减到不足两万只。虽然已经实施了大力保护,数量有所增长,但是依然大不如前。

4. 长颈“美人”——长颈鹿

长颈鹿是世界最高最珍奇的动物,身高可达6米,主要分布在非洲的埃塞俄比亚、苏丹、肯尼亚、坦桑尼亚和赞比亚等国。在非洲热带、亚热带广阔的草原上也有长颈鹿的存在。但是,长颈鹿的祖籍却是在亚洲。据古生物学家研究认为,长颈鹿起源于亚洲,特别是中国和印度的一些地方。

长颈鹿是因为它有长长的脖子而得名。长颈鹿的长脖子在物种进化的过程中是独树一帜的,这样它们在非洲大草原上,就可以吃到其他动物无法吃到的新鲜嫩树叶与树芽。不过,长颈鹿和其他动物的脖子组成是一样的,同样有7块椎骨,只是它的椎骨较长,一块椎骨有200厘米长。由于它们要时常咀嚼从树上摘下的树叶,这就使得它们的下颚肌肉不停地运动,而脸部因缺少运动而生长缓慢,所以人们看到长颈鹿总是一副僵硬的表情。

长颈鹿不论雌雄在头顶都有一对角,并且终生不会脱掉;皮肤上的花斑网纹则为一种天然的保护色;眼睛很大而且很突出,位于头顶上,适合向远处眺望。长颈鹿的长舌是雪青色的。因为没有声带的缘故,人们很少能听到长颈鹿发出声音。

长颈鹿喜欢群居,一般10多头生活在一起,有时多到几十头组成一大群。虽然长颈鹿的个头很大,但它们可是胆小而善良的动物。每当遇到天敌时,它们就会立即逃跑,它能以每小时50千米的速度奔跑。当跑不掉时,铁锤似的巨蹄就是长颈鹿很有力的武器。

长颈鹿不仅脖子、舌头长,它的腿也是很长。长腿对长颈鹿在饮水时造成十分不便。它们要叉开前腿或跪在地上才能喝到水,而且在喝水时十分容易受到其他动物的攻击,所以群居的长颈鹿往往不会一起喝水,往往是一群中有几个喝水，另外几只来进行“放哨”。

当长颈鹿遇上狮子之类的天敌的时候，无路可走时它们会一脚踢死对方，由此也可以看出长颈鹿的力气是非常大的，脚特别有力。它们的体型太大，通常只能站着睡觉。

长颈鹿一般在早晨和黄昏出来觅食，主要吃各种树叶，这样不仅有利于充饥，而且比较耐渴，不会因喝水而遭到天敌的攻击。

长颈鹿的繁殖期不固定，孕期在 14 ~ 15 个月之间，每胎产 1 仔，生下来的幼仔身高 1.8 米左右，出生后的长颈鹿体质很好，一般 20 分钟就能站立，几天后便能奔驰如飞，不过它们的性成熟较晚，3.5 ~ 4.5 岁才达到成熟，长颈鹿的寿命大约是 30 年。

5. 陆生”壮汉“——犀牛

犀牛是陆生动物中最强壮的动物之一。据相关资料表明，约 6000 万年前犀牛就已经出现，现在世界上的犀牛种类共有黑犀牛、白犀牛、印度犀牛、苏门答腊犀牛和爪哇犀牛等 5 种。这些犀牛中有 17500 只犀牛生活在非洲及亚洲的野外，有 1200 只在动物园养殖。另外现存的 5 种犀牛中，其中已经有 3 种处于绝种的边缘，其余 2 种也将要灭绝。

犀牛体长在 2 ~ 4 米之间，体重在 1000 ~ 3600 千克之间，是第二大陆生动物。犀牛脚相对来说很短，身体肥硕，皮较厚毛很少，眼睛小而且视力也不好，但是听觉和嗅觉非常的敏锐，角长在鼻子上。犀牛的皮肤虽然很坚硬，但其褶缝里的皮肤非常娇嫩，经常会有寄生虫在其中生存，为了赶走这些虫子，

犀牛

它们要常在泥水中打滚抹泥，这样用泥巴就可以把娇嫩的皮肤遮盖起来。有趣的是有一种犀牛鸟经常停在犀牛背上为它清除寄生虫。

犀牛是有蹄动物，前脚和后脚都有 3 个趾头。一般来说犀牛都是灰色或棕色，而且大部分犀牛都没有毛发。

犀牛最大的特点是它们的角。由于种类不同，它们角的数量也不同。非洲的白犀牛和黑犀牛都有两只角，而亚洲只有苏门答腊犀牛有两只角，其余的两个种类都只有一只角。犀牛角从皮肤中长出来，角很硬，平均每年可以长 7.6 厘米左右。

非洲犀牛中体型最大的是白犀牛，但白犀牛并不是白色，而是跟黑犀牛的颜色一样。雄性白犀牛长超过 4 米，重达 6 吨。比较而言，黑犀牛体型要小得多。

在亚洲犀牛中，印度犀牛体格最大，唯一有毛的苏门答腊犀牛最小。

犀牛都是草食动物。尽管白犀牛和黑犀牛都以非洲大草原的牧草为食，但它们的饮食方法却大相径庭。白犀牛的上唇较宽，可以吃到矮小的草；而黑犀牛的唇比较突出，能够采集到嫩枝再用前臼齿咬断。正是由于这两种犀牛的饮食方法有区别，它们才可以共同生活在非洲大草原上。

印度犀牛除了以草为主要食物外，还吃一些水果、树叶、树枝和稻米；爪哇犀牛喜欢吃小树苗、矮灌木和水果；苏门答腊犀牛主要在晚间进食，它们吃藤条、嫩枝和水果。

虽然犀牛的体型比较大，但是它们的胆子很小，特别喜欢睡觉，也喜欢群居。犀牛利用声音来进行相互交流。它们用鼻子哼、咆哮、怒号，打架时还会发出呼噜声和尖叫声。公犀牛和母犀牛在求偶时都会吹口哨。母犀牛每 3 ~ 4 年生一只小犀牛，孕期为 18 个月。小犀牛重达 45 千克，小犀牛十分依恋母亲。

6. 非洲“独角兽”——霍加狓

霍加狓是长颈鹿家族的成员，它们只生长在非洲民主刚果东北部茂密的热带森林中。由于霍加狓具有鹿和长颈鹿的特征，纹路却和斑马相似，所以被科学家称作传说中的非洲“独角兽”。

成年的霍加狓体重在200～250千克左右，身长在190～250厘米之间，尾长30～42厘米，肩高在150～200厘米之间。雌兽一般比雄兽大一些。它们的主要食物是绿叶和嫩叶，它们还吃草、蕨类植物、果实和真菌。

霍加狓的皮毛是巧克力色的，在阳光下会发出红色和绛红色的光泽；臀部和腿的上部有水平的黑白条纹；小腿是白色或淡棕色；面部是黑白色。脖子和腿都很长，但并没长颈鹿长。雄兽有两只短的、带鹿茸的角，雌性霍家狓无角。霍加狓的舌头是蓝色的，而且很长，大约在30厘米左右，非常灵活。它们经常用灵活的舌头来卷取树上的嫩叶。还可以用它们的长舌头来清洁它们的眼睛和耳朵。

霍加狓听觉很灵敏，每天只需要睡5分钟就足够了，其他时间里始终保持警惕。霍加狓是昼行性动物，一般单独行动，只在交配时碰到一起。雌霍加狓的怀孕期是在421～457天之间。每次只生一个幼仔，一般在每年的8～10月间出生。

举世闻名——珍稀爬行类

1. 中华“玉龙”——扬子鳄

扬子鳄是中国特有的一种鳄鱼，俗称猪婆龙、土龙，是世界上体型最细小的鳄鱼品种之一，在我国主要分布在长江中下游地区。扬子鳄的物种非常古老，现在剩存数量非常稀少，属于目前世界上濒临灭绝的爬行动物。在扬子鳄身上，至今还可以找到早先恐龙类爬行动物的许多特征。所以，人们又称扬子鳄为恐龙爬行类的“活化石”。

扬子鳄全身结构十分明显,分为头、颈、躯干、四肢和尾五个部分。它全身的皮肤革制化,覆盖着甲片,腹部的甲片较高。背部颜色是暗褐色或墨黄色,腹部灰色,尾部长而侧扁,有灰黑或灰黄相间纹路。它的尾巴是自卫和攻击敌人的有利武器,在水中还起到推动身体前进的作用。四肢虽然较短但是很有力,另外它的一对前肢和一对后肢有明显的区别,前肢有5指,指间无蹼;后肢有4趾,趾间有蹼。这些结构特点适于它既可在水中生活,也可在陆地生活。扬子鳄的嘴短而圆,嘴巴的前端有一对鼻孔。有意思的是,它的鼻孔瓣膜可开可闭。眼睛有眼睑和眼膜,是全黑色,所以扬子鳄的眼睛可开闭。

每年的6月份是扬子鳄的交配时节,7~8月份产卵,每窝可产卵20枚以上。卵产在草丛中,卵上覆盖着杂草、母鳄则守护在一旁。一般靠自然温度孵化,孵化期约60天,幼鳄9月份即可出壳。

扬子鳄是水陆两栖的爬行动物,喜欢栖息在人烟稀少的河流、湖泊、水塘之中。它大多在夜间活动、觅食,主要吃一些小动物,例如鱼、虾、鼠类、河蚌和小鸟等。

扬子鳄长有看似尖锐锋利的牙齿,实际上是槽生齿,这种牙齿不能撕咬和咀嚼食物,只能像钳子一样把食物"夹住"然后囫囵吞咬下去。所以当扬子鳄捕到较大的陆生动物时,不能把它们咬死,而是把它们拖入水中淹死:相反,当扬子鳄捕到较大水生动物时,把它们抛上陆地,使猎物脱水缺氧而死。由此可见,扬子鳄是非常聪明的动物。

扬子鳄栖息在江湖和水塘边,性情凶猛,但是喜静,白天常隐居在洞穴中,夜间外出觅食。不过它也在白天出来活动,尤其是喜欢在洞穴附近的岸边、沙滩上晒太阳。它常紧闭双眼,爬伏不动,处于半睡眠状态,很多时候人们都以为它睡着了,其实那只是它们的假象而已。

2. 爬虫类之王——鳄鱼

鳄鱼的身体圆而粗大,看起来像一只大水桶,后面有一个长而有力的尾巴,尾巴上排列着许多三角形的长条鳞片。当它猛烈拍打时,尾巴就成了特别厉害的武器。它的脚很短,有 4 ~ 5 个趾头,部分趾头之间有蹼相连。

鳄鱼的眼睛长在头上较高的地方,所以我们经常会看到它们潜在水里一动也不动,只有两只眼睛露在外面。它们的两只眼睛靠得很近,并且都在直视前方,可以很精确地判断出物体离它们的远近。而且,它们的夜视力也是非常好,因为在眼睛后部有一个膜,可以使尽可能多的光线反射进入眼睛。

当鳄鱼遇到天敌的时候,就会潜入水中,把自己的耳孔用自身的一个皮片给盖住,可以起到隔水的作用。眼睛也有一层透明的眼睑,闭合开来就形成了对眼睛的保护。这样"武装"起来,就不会怕意外的袭击了。

目前,全世界鳄鱼共有 20 多种,大致分为四类:鳄鱼、短吻鳄、中南美短吻鳄和恒河鳄。它们主要分布于热带到亚热带的河川、湖泊、海岸中,喜食鱼类和蛙类等小动物,甚至噬杀人畜。

但是,鳄鱼并不是鱼,它属脊椎动物爬行虫纲,是祖龙现存唯一的后代。它入水能游,登陆能爬,体胖力大,被称为"爬虫类之王"。

3. 驰名中外——鳄蜥

鳄蜥看似像蜥蜴,却长着鳄鱼一样的身躯,看似像鳄鱼,又长着蜥蜴一样的脑袋。于是综合二者的特征称它"鳄蜥"。鳄蜥是我国的特有爬行类动物,只有在我国的广西才能看到。因身在广西瑶山一带,也叫"瑶山鳄蜥"。

鳄蜥全身长 16 厘米左右,体重不到 1 千克。背面是棕褐色,体侧颜色较淡,带有橘黄、桃红色条纹或斑点,从背部到尾部有黑色宽横纹。尾巴很扁,和扬子鳄的尾巴有些相似,而且尾巴很长,可达 20 多厘米。遇到紧急情况时,鳄蜥可以像蜥蜴那样断掉尾巴逃跑,不久之后,又会长出新的尾巴。它游泳的本领也不错,可以在不呼吸的情况下,在水中待 20 分钟左右。

鳄蜥生活在溪流上面的树枝上,如果有任何的风吹草动,就会跳入水中跑掉。鳄蜥生育的方式比较特殊，是一种卵胎生的繁殖，每年 8 月前后是它们的繁殖旺季，每胎生育 4 ~ 8 条小鳄蜥。

4. 异常美丽——玳瑁

提起玳瑁或许你并不知道是什么东西，那提起海龟你一定不陌生吧？其实玳瑁就是一种海龟，它的背甲十分美丽，呈棕红色，并且略有一些黄色花斑分布其间。背甲在灯光下会闪现出琥珀一样的光泽，非常瑰丽。玳瑁一般生活在热带和亚热带海洋里，经常出没在珊瑚礁中。

人们一定不要被玳瑁外表的美丽迷惑，它生性凶猛，上下颚强而有力，不仅能把坚硬的蟹壳咬成碎片，就连咬破软体动物的外壳对它来说也是小事一桩。所以当你遇到它的时候，千万别轻易触碰它，否则必然受伤。

玳瑁以大海为家，主要食物是鱼类、虾类、蟹类等软体动物，偶尔也会吃海藻。每年 7 ~ 9 月份在热带、亚热带海边沙滩上产卵。卵为白色，圆形，革质软壳，孵化期约 3 个月。

玳瑁主要分布于印度洋、太平洋、大西洋的热带、亚热带水域。在我国，玳瑁主要产于我国西沙群岛、海南岛、广东、台湾、福建、浙江、江苏、山东等沿海地区。

水中精灵——珍稀的鱼类

虽然海洋是美丽的，水是充满灵性的，但是没有一些生命的存在，也就体现不出它们的美丽与灵性。那么这些生命是什么呢？它们就是那些珍稀的鱼类。

鱼类是脊椎动物中种类最多、终生生活在水中、变温的一个群体。它们主要是用腮呼吸的，体表常具有强大保护功能的鳞片，游动的时候是以鳍拨水。鱼类又是低等的水栖动物，最大的鱼是鲸鲨，体长一般在 20 米左右。

除了有最大的鱼之外，还有哪些特别的鱼类呢？下面让我们一起走进鱼类世界寻找答案吧！

1. “航空母舰”——鲸鲨

鲸鲨是世界上最大的鱼，鲸鲨的个体一般在几米以上，有的可以达到 20 米左右。鲸鲨长相很特别，和鲨鱼相比，有许多不同寻常的地方。鲸鲨的眼睛在头的两端，背部两侧是灰褐色，腮部分布着一些白色或者黄色斑点，体侧从头的后面到尾巴上有白色或者黄色的横纹 30 多条，眼睛很小，鼻孔很大。

鲸鲨生活在暖温性大洋海区的中上层，性情温和，不攻击人。鲸鲨的游动速度相当缓慢，常漂浮在水面上晒太阳。它以浮游生物、甲壳类、软体动物及小鱼为食。鲸鲨的胃口很大，每一顿都要吃大量的浮游生物和鱼类。

鲸鲨喜欢成群结队地在水面巡游，有时会到近海，属于大洋性鲨鱼。我国的南海、台湾海峡、东海、黄海南部都发现过它们的踪迹。在国外，鲸鲨主要分布在热带和温带海区。

2. 珍贵遗产——文昌鱼

文昌鱼和其他鱼不同，它没有头，也没有脊椎骨、鳞片和眼睛，身体前端的腹面有口，在口的四周长着很多触须，依靠这些触须摄取海里微小的浮游生物。文昌鱼的体形是纺锤形，体长在 5 ~6 厘米之间，身躯柔软呈扁平状，并且是半透明的。

文昌鱼

文昌鱼喜欢生活在比较疏松的沙砾之中，这些沙砾中还必须有贝壳的碎片，海水也要达到一定的咸度，水温既不能太低也不能太高,水流不能太急,风浪不能太大。这对生存环境的要求够严格吧!由于它们对环境的高要求,所以相对来说繁殖就要困难一些,这也是它们珍贵的原因之一。

文昌鱼一般晚上出来活动,白天则躲在海底泥沙中美美地睡觉。它游泳的方式特别,一般是垂直游泳,有时候会像箭一样,嗖地一下射出水面,非常壮观。

文昌鱼在我国主要分布在厦门、青岛一带;在国外主要分布在地中海、马来西亚、日本、北美洲等地的附近海域。

3. 死亡使者——鲨鱼

鲨鱼的皮肤非常粗糙,在身体背面覆盖着鳞片,鳞片上有很锋利的刺。不同的鲨鱼身上所长的刺不同。鲨鱼的牙齿看起来像锯齿,当捕获食物的时候,鲨鱼用下颌的牙齿咬住猎物,然后上下颌一起运动,迅速将猎物送到胃里面。由于牙齿非常锋利,可以咬穿外皮,嚼碎骨头。但是,它的牙齿过一段时间后会变钝,然后脱落掉,再长出新的牙齿,每颗牙只能维持几个星期。

鲨鱼的视力非常好,既可以适应昏暗的环境,也可以适应黑夜。

鲨鱼的嗅觉也很好,能分辨出海水中极其微量的血液和其他化合物。

大部分鲨鱼是肉食性动物,海洋中的大小动物都是它们的捕食对象,甚至连同类也不会放过。

鲨鱼的繁殖方式也很特别,并不是单一的某一种繁殖方式,而是有三种,分别是卵生、卵胎生和胎生。

鲨鱼遍布世界各地,大部分的鲨鱼生活在海平面到 200 米深的海水中,而且鲨鱼的种类比较繁多。

4. 鱼类活化石——中华鲟

中华鲟属于大型的溯河洄游性鱼类,是世界上现存 27 种鲟鱼中的珍稀鱼类,是地球上最古老的脊椎动物,距今已有 1.4 亿年的历史,有“活化石”的美称。

中华鲟个体硕大，形态威武，体长可达4米多，雄体一般重68～106千克，雌体130～250千克，最终可达500千克。鱼体呈梭形，嘴巴前方长有小短须；眼睛细小，眼后部两侧各有一个新月形喷水孔；尾鳍看上去有一点歪，尾巴上部特别发达。

中华鲟主要生活在我国长江流域，生活习性独特，每年夏秋之际，在大海里长大成年的中华鲟，成群结队齐聚长江口，耗时一整年，逆江而上可达几千千米，踏上浪漫而艰辛的恋爱和婚配旅程。到了第二年秋天，中华鲟到达朝思暮想的故乡一金沙江一带，产卵繁育后代。中华鲟以浮游生物、植物碎屑为主食，偶尔也会吞食小鱼、小虾等。

外国人也希望能将中华鲟移居到自己国家的江河里繁衍。但中华鲟特别依恋自己的故乡，有些即使被移居海外，也要千里寻根，洄游到故乡的江河里生儿育女。并且在洄游途中，它们表现了惊人的耐饥、耐劳、识途和辨别方向的能力，人们为了赞扬它们的这种"爱国精神"，就叫它们"中华鲟"。

水陆皆生——珍稀两栖类

1. 蛙中另类——虎纹蛙

虎纹蛙是蛙类中体形较大、较粗壮的一种，雌性大于雄性。虎纹蛙体长可超过12厘米，体重在250～500克之间。它的皮肤特别粗糙，头部及体侧有深色的不规则的斑纹；背部是黄绿色中略带棕色，有十几行纵向排列的肤棱，肤棱间散布着小疣粒；腹面白色，也有不规则的斑纹；咽部和胸部还有灰棕色斑纹；前后肢有横斑。因为这些斑纹看上去很像虎皮，所以称之为"虎纹蛙"。

虎纹蛙的趾端尖圆，趾间有全蹼，趾垫发达，呈灰色，前肢粗壮。它的头部一般呈三角形,头与躯干部没有明显的界限。头端部较尖,游泳时阻力小,便于破水前进。它的口十分宽大,除捕食外,一般很少张开。眼睛位于头的背侧或头两侧。上方和下方都有眼睑,与眼睑相连的还有向内折叠的透明瞬膜。潜水时,瞬膜上移可以盖住眼球。外鼻孔上有一个鼻瓣,可以随时开闭,以控制气体的进出。雄性头部腹面的咽喉侧部有一对囊状突起,叫做声囊,是一种共鸣器,能扩大喉部发出如犬吠般的洪亮叫声,起到吸引雌性的作用。躯干部有两对肢体。前肢短,有四指,主要起支撑身体前部和游泳时平衡身体的作用,还能协助捕食。后肢较长,有五趾,趾间有蹼,主要是在水中游泳时和在陆地跳跃时起推进作用。

虎纹蛙常生活在丘陵地带海拔900米以下的水田、沟渠、水库、池塘、沼泽地等处,或者是附近的草丛中。白天多藏匿在深浅、大小不一的各种石洞和泥洞中睡觉,主要在晚上出来活动和觅食。虎纹蛙的食物种类很多,但主要食物是昆虫,约占食物量的36%。令人难以置信的是泽蛙、黑斑蛙等蛙类和小家鼠也是它的食物,并且在它的食物中占有很重要的位置。虎纹蛙与一般蛙类不同,不仅能捕食生龙活虎的食物,而且可以很容易发现和摄取静止的食物。例如,死鱼、死螺等有泥腥味的水生生物的尸体。选择这样的食物,不仅要凭借视觉,而且还需要凭借嗅觉和味觉。

虎纹蛙的舌头非常灵活,能够迅速地捕捉食物。它的舌根生在下颌前端,舌尖分叉,捕食时黏滑的舌头迅速翻转,弹出口外将昆虫捕获,然后卷入口中。此外,它还有一种与其他蛙类不同的捕食方式。当发现猎物时,便向猎物跳过去,然后举头后仰,张开下颌,迅速伸出的舌头在空中扫出一个180度的弧线,这个长而柔软的舌头便会将猎物包住,接着再迅速地缩回舌头,吞吃猎物,这个过程非常迅速,只需一瞬间即可完成。

虎纹蛙属于冷血的变温动物,没有恒定的体温,不仅体温低,而且常随环境温度的变化而变化。在阴雨天温度下降较多时,它会暂时停止摄食活动,生长速度变慢甚至停止。雄性虎纹蛙还很有个性，它会占有一定地域，雄性蛙彼此之间必须保持10米以上的距离。如果在地域内发现同类，会很快跳过去赶走入侵者。

虎纹蛙的分布范围较广，在国外，主要分布在南亚和东南亚一带；在我国，主要分布在江苏、浙江、湖南、湖北、安徽、广东、广西、贵州、福建、台湾、云南、江西、海南、上海、河南、四川和陕西南部等地。

2. 娃娃鱼——大鲵

大鲵是世界上最大的两栖动物，是现存有尾目中最大的一种，也是我国特有的珍稀两栖动物。大鲵发出"呜哇呜哇"的声音，和婴儿的哭声相似，所以被称为"娃娃鱼"。在两栖动物中数它体形最大，身长可达1~1.5米，体重最重的可超50千克。大鲵头部扁平、钝圆，口大，眼睛非常小，没有眼睑。身体前部扁平，至尾部转为侧扁。体两侧有明显的肤褶，四肢短扁，前指5个，后趾4个，有蹼。尾圆形，尾上下有鳍状物。体表光滑，布满黏液。身体背面是黑色和棕红色相杂的颜色，腹面颜色浅淡。

大鲵一般栖息于山区的溪流之中，在水质清澈、含沙量不大，水流湍急，并且有回流的洞穴中生活。大鲵白天躲在洞穴中休息，傍晚以后出来寻找食物。它不善于抓捕，只是隐蔽在滩口的乱石间，一旦发现食物，就张开大嘴，把食物囫囵吞进肚子里，然后在胃中慢慢消化。因此，人们用"娃娃鱼坐滩口，喜吃自来食"来描绘其习性。大鲵主要吃蟹、蛙、鱼、蛇、虾以及一些水生昆虫。大鲵忍耐饥饿的能力非常好，只要饲养在清凉水中，可以2~3年不进食，并且不会饿死。它也能暴食，饱餐一顿可增加体重的1/5。食物缺乏时，还会出现同类相残的现象，甚至以卵充饥。

每年7~8月份是雌鲵的产卵期，每尾产卵300枚以上，雌鲵产卵后，就完成了任务。接下来的工作就转交给雄鲵，它将卵带绕在背上，经过2~3周的孵化，幼雏出世。再经过15～40天，小鲵能独立生活后，雄鲵就完成了任务。

大鲵主要产于长江、黄河及珠江中上游支流的山涧溪流中，一般都匿居在山溪的石隙间，洞穴位于水面以下。大鲵自然分布主要集中在我国的四大区域：一是湖南张家界、江永和湘西自治州；二是湖北房县、神农架；三是陕西安康、汉中、商洛；四是贵州遵义、四川宜宾、文兴等地。在湖北、江西、广西、甘肃、河南、贵州等其他地方也有零星分布。其中，贵州贵阳贵定县岩下乡成为“中国娃娃鱼之乡”。

大鲵的寿命在两栖动物中也是最长的，即使是在人工饲养的条件下，也能活到130岁左右。

由于它肉味鲜美，长期遭到人们的大量捕杀，有的产地甚至已经濒临灭绝。我国政府在江西省靖安县三爪仑国家示范森林公园内，建设大鲵生态园，大鲵也是靖安县的吉祥物。

3. 见血封喉——箭毒蛙

箭毒蛙也叫毒标枪蛙或毒箭蛙，体型小，它的整个躯体不超过5厘米，但体色鲜艳，有黑、红、黄、橙、粉红、绿、蓝等颜色，有的有斑状条纹。它的皮肤内有许多腺体，分泌出的剧毒黏液，既可润滑皮肤，又能保护自己。箭毒蛙习惯栖居地面上或靠近地面的地方。

箭毒蛙有特殊的雄性育幼行为，雌蛙成体比雄性成体大，却不哺育后代。雌雄的交配常发生在栖生于倒木上的凤梨科植物附近，这不是为了欣赏花的美丽，而是因为这些植物的叶片构造出了一个小“池塘”。是适宜蛙卵发育的场所。雌雄交配，雌蛙将卵产在积水处后便悄然离去，留下雄蛙耐心照料这些卵。卵一旦发育成蝌蚪，雄蛙便将蝌蚪分别背到不同的有适量积水的地方，因为蝌蚪是肉食性的幼体，放在一起会引起自相残杀。

箭毒蛙是世界上毒性最大的动物，也是蛙中最漂亮的成员。它能分成130

~170种，主要分布于巴西、圭亚那、哥伦比亚和中美洲的热带雨林中。当地的印第安人将蛙毒涂抹在箭头上用以捕获猎物，这是它被称为“箭毒蛙”的原因。

箭毒蛙身怀“高超的防身术”，即使白天也敢出来活动。如果捕食者被箭毒蛙刺破皮肤，捕食者基本上会在很短的时间内停止呼吸。因此，很少有动物或者人类轻易接触它。

自哥伦布发现美洲新大陆以来，这种蛙被带进城市，成为宠物。但箭毒蛙极其脆弱，离开熟悉的环境就会死亡。目前，箭毒蛙被列入了世界保育联合会的濒危物种红色名单。

4. 两栖“麻婆”——细痣疣螈

细痣疣螈皮肤粗糙，有大的疣粒，好像是人身上长的黑痣一样，因此被称为细痣疣螈。它的体长12~14厘米，尾长5~7厘米。雌性比雄性的体形稍大。头部扁平，躯干浑圆或略扁，尾鳍褶弱，末端钝尖，四肢较细而长。细痣疣螈除指、趾、肛外缘及尾下缘为橘红色外，一般全身都是黑褐色，个别呈棕褐色，腹部是青石板色。

细痣疣螈喜欢栖息在海拔500~1500米的山间密林地带，或者是静水塘及其附近潮湿的腐叶中或树根下的土洞内。细痣疣螈一般在水中进行繁殖，繁殖季节过后，离开水塘，经常栖息于生长在山坡的植物根部或洞穴内。白天，细痣疣螈常隐蔽在植物根部、土洞或石穴中休息；夜晚，它活动频繁，出外觅食。它的主要觅食对象是昆虫、蛞蝓、蚯蚓以及其他小动物。

在国外，细痣疣螈主要分布在越南北部。在我国，它主要分布在广西的瑶山、龙胜、忻城，贵州的绥阳、荔波、雷山、遵义、大方，湖南的桑植、浏阳，安徽的岳西等地。

第十一章　妙趣横生的动物奇闻

动物的追悼会

1. 奇妙的现象

不少动物学家发现，很多动物对死亡的同类有悼念之情，并且有各种形式的葬礼，有些葬礼居然还很隆重。现在，动物学家们还不能解释这些动物情感的现象。许多专家试图从社会学角度来探讨这一奥妙。

2. 大象的葬礼

大象表现最为突出。老象一死，为首的雄象用象牙掘松地面的泥土，用鼻子卷起土块，朝死象投去。接着众象也纷纷照办，很快将死象掩埋。然后，为首的雄象带着众象踩土，一会儿就筑成一座象墓。此时雄象一声大叫，众象便绕着象墓慢慢行走，以示哀悼。

3. 鹤的葬礼

鹤是极富感情的禽类。生活在北美沼泽地的灰鹤，每发现死亡的同类，便会久久地在尸体上空来回盘旋。然后，由首领带着众鹤飞落地面，默默地绕着尸体转，悲伤地瞻仰死者的遗容。西伯利亚的灰鹤却保持着特别的葬礼形式。它们停立在尸体跟前，发出凄惨的叫声。突然，首领鹤长鸣一声，顿时众鹤沉默不语,眼中似乎泪光闪闪,一个个低垂着脑袋,好像在参加庄严的追悼会默哀一样。

4. 文鸟的葬礼

亚马逊河流域的森林中,生活着一种体态娇小的文鸟,它们的葬礼也许是动物世界中最为文明的。

它们叼来绿叶、浆果和五颜六色的花瓣,撒在同类的尸体上,以示悼念。

5. 野山羊的葬礼

澳洲草原上的野山羊见到同类的尸体后伤心不已,它们愤怒地用头角猛撞树干,使之发出阵阵轰鸣声。这同人类鸣枪致哀大同小异。

吃岩石的非洲象

1. 以岩石为食物的象

非洲成年象一般体重 4 吨以上,大的可将近 10 吨。研究表明,非洲象有两种:非洲草原象和非洲森林象。常见的非洲草原象是世界上最大的陆生哺乳动物,耳朵大下部尖,不论雌雄都有长而弯的象牙,性情及其暴躁,会主动攻击其他动物。

和亚洲象一样,非洲象也用它们的鼻子来闻、吃、交流、控制物体、洗澡和喝水。非洲象鼻子的前端有两个像手指一样的突出物来帮助它们控制物体。

东非国家肯尼亚的艾尔刚山区,是非洲象经常出入的地方,那里有很多奇怪的岩洞,其中最有名的就是基塔姆山洞。

令当地人惊讶的是在每年干旱的季节里,常常看到非洲象成群结队地走进山洞。大象缓慢地穿过狭窄的通道,来到阴暗潮湿的中央大洞,用长长的象牙,在洞壁上挖凿一块又一块岩石，接着又用自己的大鼻子卷起岩石，一块一块地吞到肚子里。

吞完岩石以后，它们在山洞里稍微休息一会儿，领队的非洲象就发出集合的信号，象群又排着队走出山洞。

2. 非洲象吞岩石之因

非洲象吞吃岩石的怪事儿传开以后，动物学家们感到十分惊奇：非洲象是吃植物的，怎么会吞吃起岩石来啦？让人迷惑不解。

后来，动物学家们专程来到肯尼亚的艾尔刚山区，进行了考察和研究，才真相大白。

原来在非洲象吃的植物里，硝酸钠盐的含量太少，而在这些山洞的岩石中，这种矿物质的含量却很高，差不多是这个地区植物含盐量的100多倍。非洲象吞吃岩石，就是为了补充食物中缺乏的这种盐分。

在干旱季节里，身躯庞大的非洲象会大量出汗和分泌唾液，身体里的盐分消耗特别大，因此需要补充的盐分也就更多了。这个解释比较科学，大多数动物学家都接受和承认了这个说法。

3. 神奇山洞形成之说

非洲象经常出入的神奇山洞是怎样形成的？对于这个有趣的问题，不同学科的专家们提出了不同的见解。

有的地质学家认为，这些山洞是早期火山爆发的时候，由喷射的气泡形成的。可是深入考察，从山洞的巨大空间和不规则的形状来看，这是不可能的事，所以，他们又推翻了自己原来的判断。

一些考古学家开始提出，这些山洞可能是当地土著居民挖掘的，可是一查有关的文献资料，这些土著居民的祖先当时还很落后，根本就没有挖掘这么大山洞的工具。因此，这个说法也是站不住脚的。

4. 动物学家的新解释

非洲象在艾尔刚山区已经生活了大约200多万年,如果它们每星期挖掘一次岩石,像基塔姆那样的大山洞,只要10万年就挖成了。

所以,这些山洞很可能是非洲象挖的,为了补充食物中缺乏的盐分,它们世世代代地挖呀、吞呀,最后挖成了这些神奇的山洞。

但这只是一种推理性的解释,还没有人真正解开这个千古之谜。地质学家、考古学家还将做进一步研究和探讨。

5. 神奇的交流方式

英国一所大学的研究人员在位于肯尼亚的国家公园录制了一些非洲大象母亲用来进行联系的低频的呼声,这些声音是大象用来确认个体并且组成一个复杂的社会的一部分。在记录下哪些大象经常碰面、哪些互不交往后,研究人员把这些叫声放给27个大象群体听并观察它们的反应。

如果它们认识这发出叫声的大象,它们就会回应,如果不认识的话,它们干脆忽略,只是听而没有任何反应。

研究表明,它们能够分辨来自其他14个大象群体所发出的声音,研究人员认为,每头非洲大象能辨认其他100多头大象发出的叫声。

1985年,美国纽约州康乃尔大学的研究人员佩思,观察一群大象时,忽然觉得空气中有一种间歇性的震动。佩思又发现,这种震动正好与一头大象前额上眉的颤动相吻合。后来,佩思和同事一起,用先进的超声波记录仪器证实了她的猜想:她先前感觉到的震动,是低频声波引起的,这种声波人类听不到,用磁带可以记录下来。研究人员还发现雌象隔着混凝土墙壁与雄象交流呢!

当间谍的海豚

1. 队员神秘失踪

两艘黑漆漆的潜水艇，静悄悄地蹲卧在大海深处。突然它们的潜水舱被启开了，五六个人影钻了出来。他们全是“黑鲨”特别分队的成员，并且是专门负责袭击B国在太平洋的最大军港——金兰湾的特别分队。他们已成功地进行了多次袭击，搅得B国驻金兰湾的司令兰姆上校日夜不得安宁而又束手无策。

海豚

这次和历次行动一样，他们的目标依然是金兰湾。就在他们将要接近目标时，突然，一个庞大的黑影出现在他们面前，没等他们看清对方的模样，就一个个地失去了知觉，无声地沉入了大海。潜艇一直等到天快亮时，才不得不离开这片海域。这是从来没有过的，五六个黑鲨队员竟一个未回，全都神秘地失踪了，一定是遭到了什么意外。

2. 官员疑惑不解

第二天，两架超高空侦察机，便出现在金兰湾的上空和附近海域。它们拍下的照片被迅速送到了基地指挥官的手中。让他们难以置信的是，竟然看到了黑鲨分队成员的踪迹——那是两具漂浮在海上的尸体。究竟发生了什么事呢？基地指挥官百思不得其解。他们只得命令下属的舰队加强警戒，密切注意金兰湾的动向，搜集一切有价值的情报。

但奇怪的是他们不但没有获得任何情报，反而使自己的行踪全暴露了。那些外出活动的军舰、潜艇受到了B国军舰和雷达的监视，就连最为机密的核动力潜艇的燃料数据竟然也泄露了。基地指挥官不得不开始怀疑内部出现了B国的间谍，命令保卫部门严格审查，一定要设法挖出这个可恶的探子。

3. 间谍竟是海豚

此时，B国金兰湾军港司令兰姆上校正喝着杜松子酒，和部下谈笑，还有他的得力助手露茜。正是依靠她的卓越才能，才使兰姆上校成功地实施了“幽灵行动计划”，给了黑鲨特别分队一个措手不及的打击，消除了金兰湾军港的一大隐患。

露茜小姐作为一名优秀驯兽员，她曾教会海豚许多拿手的表演项目，而作为军事行动则是头一回。他们边训练边摸索，利用少豚灵敏的自然声纳和快速游泳术进行水下巡逻和格斗，还训练它们布雷、扫雷、跟踪潜水艇等各种本领。经过几个月的努力，他们终于获得成功。于是兰姆上校开始实施他的“幽灵计划”。

4. 计划实施过程

海豚们穿着特制的装甲，鳍肢和口鼻上装着锋利的尖刀。这样，即使潜水员掏出必备的防鲨枪和刀也无能为力了。海豚闪电一般地冲向那些黑鲨队员，用锋利的尖刀割断了他们的供气软管和面罩，有的则直接刺向他们身体的要害。

不一会儿工夫，那些黑鲨队员们便无一逃脱厄运。第二天，“幽灵”继续行动，跟踪那些出来寻找黑鲨队员的军舰。一头海豚甚至将一个微型探测仪，吸附到了核潜艇的底部。结果当驯兽员把它取回之后，兰姆上校便得到了核潜艇的动力数据这个极有价值的情报。

兰姆上校指挥自己的海空力量，对“黑鲨”进行严密监视，从而确保了金兰湾军港的安全。而此时，对方还正在大规模地清查间谍，他们哪里知道，间谍正活跃在海底。

超越生命的母爱

某医学院要用成年小白鼠做一种药物试验。在一群小白鼠中,有一只雌鼠的腋根部长了一个绿豆大的硬块,因而被淘汰了下来。但工作人员想了解一下硬块的性质,于是就把这只雌鼠放到了一个塑料盒中单独饲养。十几天过去了,肿块越长越大,小白鼠的腹部也逐渐大了起来,活动的时候也显得很吃力。

一天,工作人员突然发现,小白鼠不吃不喝,还显得非常焦躁不安。他想,小白鼠大概是寿命已尽,就转身去拿手术刀。正当他打开手术包准备解剖它时,却被眼前的景象惊呆了。

小白鼠艰难地转过头,死死咬住已经有拇指般大小的肿块,猛地一扯,皮肤裂开了一道口子,鲜血汩汩而流。小白鼠疼得全身颤抖,令人不寒而栗。稍后,它将身上的肿块一口一口吞食到了自己的肚子里,每咬一下,它的身体都会剧烈地痉挛。就这样,一大半肿块都被它咬下吞食了。

第二天一早,实验人员匆匆来到它面前,看看它是否还活着。让他们吃惊的是,小自鼠身下,居然有一堆粉红色的小鼠仔,正拼命地吮吸着乳汁,整整有10只。

小白鼠伤口的血已经止住了,左前肢的腋部由于扒掉了肿块,白骨外露,惨不忍睹。不过鼠妈妈的精神明显好转,活动也多了起来。

恶性肿瘤还在无情地折磨着小白鼠。工作人员都特别担心那群刚出生不久的小生命,一旦母亲离去,要不了几天,它们就会饿死。

看着10只渐渐长大的鼠仔拼命地吮吸着身患绝症、骨瘦如柴的母鼠的乳汁,工作人员的心里真不是滋味。他们知道了母鼠为什么一直在努力延长自己的生命,但不管怎样,它随时都有可能死去。

这一天终于来临了。在生下鼠仔第21天后的一个早晨，母鼠静静地躺在盒中间，一动不动了，10只鼠仔围在它的四周。

工作人员突然想起，小白鼠的断乳期是21天，也就是说，从今天起，鼠仔不需要母鼠的乳汁就能独立生活了。

母爱是可以超越生命的！动物的母爱也是如此伟大。

花样百出的求爱方式

动物们的生活也是颇有情调的，它们在求爱时同样懂得温柔和浪漫，在求爱的方式上更是花样百出、五花八门。

1. 孔雀开屏为求偶

在动物园里，人们往往以为孔雀开屏是在向游人展示自己的美丽，其实这是一种误解。因为开屏是孔雀等部分鸟类的一种求偶方式。

每年4－5月是孔雀的繁殖季节，雄孔雀为了吸引雌孔雀，常将尾羽高高地竖起，宽宽地展开，看上去就像一把大圆扇，绚丽夺目，非常漂亮。

这时，雌孔雀就会根据雄孔雀尾羽的艳丽程度来选择自己的伴侣。然后，它们就开始相互交流，增进感情，最后交配产卵，共同哺育后代。

2. 琴鸟欢歌曼舞求婚

在澳大利亚的热带森林里，生活着一种稀有珍禽，那就是琴鸟。

琴鸟通常在冬季繁殖。在繁殖期，雄鸟会以娓娓动听的歌声、优美的舞姿以及漂亮艳丽的尾羽，频频向雌鸟求爱。它一会儿站在树枝上引吭高歌，一会儿又在地面展开美丽的尾羽，不停地表演，看上去非常热情大方。当雌鸟来到它身边，雄鸟的尾羽就会朝着雌鸟快速颤动，不断地展示自己的美丽。

当雌鸟表示愿意接受雄鸟的求爱后，它俩就会双双飞走，另外再寻找栖息地进行交配。

3. 螃蟹自筑洞房求爱

螃蟹在求爱方面最具有务实精神,它认为将“洞房”准备好是头等大事。因此,在繁殖的季节里,雄蟹在几个小时内就能在沙滩上挖出一个约60平方厘米的螺旋状的洞穴。一旦“洞房”完工,雄蟹就会满怀信心地站在洞口恭候雌蟹的到来。

只要看见远处有雌蟹,雄蟹就会欣喜若狂,并用力挥动它的钳子,好像在向远处的“新娘”招手,期待它快点到来。

雌蟹看到这种情况,就会“腼腆”地慢慢爬进“洞房”,和雄蟹一起生儿育女,传宗接代。

4. 蚊子翩翩起舞求伴侣

夏末秋初,大多数蚊子都到了“谈婚论嫁”的年龄,因此,它们会千方百计地寻找“婚配”的机会。宁静无风的黄昏,在树林间、河水边,我们会看到一群群蚊子在盘旋飞舞,其实这是成年雄蚊发出的求爱信号。

原来,蚊子在飞行时,每只雄蚊的特殊腺体都能散发出一种气味,几千只蚊子聚集在一起,气味就会十分浓郁,蚊子上下翻腾、翩翩起舞,就能使特殊的气味向四面八方飘散开去,这种气味一经扩散,就会把各处的雌蚊吸引过来。大多数蚊子都喜欢在风平浪静的水塘附近飞舞,以便雌蚊能到水面上去产卵,因为蚊子卵在水中能更好地生长发育。

大象复仇

在我国云南的西双版纳,常有野生大象出没,它们是受到国家保护的濒危动物。一天,一个猎人发现一只鹿在河边饮水,便举起猎枪准备射杀。就在他要开枪的时候，突然传来一声怒吼，他回头一看，只见一头大象正在向他走来。

猎人认出了这头大象，因为自己前几天用枪打过这头象，可是没打中，它这是复仇来了。猎人慌忙调转枪口向大象射击，因为心里发慌，没有打中。大象愤怒地向他飞奔过来，猎人转身就跑，不料被野藤绊了个跟头，手里的猎枪也掉在了地上。

大象上去一脚就把猎枪踩断了，并用鼻子卷起来将它抛出老远。猎人乘机从地上爬起来，拼命地往前跑，可是大象在后面穷追不舍。猎人逃到一座山崖前，情急之下，他急忙抓住一根粗藤，想爬上陡崖逃命。大象扬起鼻子，把猎人卷了起来并使劲儿抛了出去，随着一声惨叫，猎人被摔死在了悬崖底下。这件事是给偷猎野生动物的警示。

有关大象复仇的事还有很多。西双版纳有一个叫"刮风寨"的寨子，寨子附近有一条小河。一天，一只母象带着一只小象在河里洗澡，这时，寨子里的几个猎人发现了它们，端起猎枪就开始射击，可怜的小象刚爬上河岸就被打倒了。母象立刻狂怒起来，嚎叫着跑上岸，用鼻子抚摸着小象的伤口，非常悲愤。它一会儿又跑又跳，高声咆哮着，一会儿又用鼻子把小树拱倒，直到精疲力竭才依依不舍地离开小象，一步一回头地向密林深处走去。

两天以后，这只母象带着十几头大象冲进了刮风寨，它们是来复仇的。寨子里的青壮年都到山上干活去了，留在家里的老人和孩子只好四处逃命。大象也不追赶，却把寨子里的竹楼弄得天翻地覆，然后大摇大摆地走进了森林。等村民们回到寨子以后，都责怪那些偷猎大象的猎人。

在印度阿萨姆邦一带的森林中，一头发怒的雌象在 1 个月内杀死了 16 个人，并有 35 人受伤，十几间茅屋被毁。原来这头 50 岁的母象带领它的幼象闯进甘蔗园大嚼甘蔗时，被头缠蓝色和绿色头巾的蔗农开枪射伤，幼象当场死亡。这头母象的身体痊愈后，便开始对那一带的居民发起攻击，并且把头缠蓝色和绿色头巾的人当做主要攻击对象。

豹复仇

在印度,还发生过豹报复猎人的事件。居住在卡查尔大森林的一个猎人,在上山打猎时,杀死了两只还在吃奶的小豹子,从而激怒了母豹,它偷偷地跟在猎人身后,记住了他的住址,等待机会报仇。

两天以后,这个猎人的妻子到靠近森林的田地里干活,还带着她们两岁的儿子。正当她低头干活时,忽然听到了孩子的呼叫声。她抬头一看,只见一只豹叼着自己的孩子飞快地跑进了森林,尽管她拼命地追赶,还是没有追上。

三年过去了,那个猎人在山上打死了一只母豹,在豹穴里,他发现了两只幼豹和一个活着的男孩。经过仔细辨认,他发现这个男孩正是三年前被母豹抢走的自己的儿子。这是母豹对他的报复。

野牛复仇

在动物世界里,野牛也有很强的报复心理。在非洲的肯尼亚,有个年轻人刚学会使用猎枪就去打猎。他躲在山坡的小树林里想伏击野牛,很快,一头野牛进入了他的视线,他举枪就打,击中了野牛的肚子。受伤的野牛逃走了,猎人在后面紧紧追赶,野牛很快躲进了森林。但猎人还是不肯罢休,他沿着野牛的血迹继续追踪。

突然,他发现血迹看不清楚了,于是,他就弯下腰在地上仔细寻找。正在这时,受伤的野牛找到了复仇的机会,从他背后冲了过来,猎人还没来得及直起腰,就被撞倒在地,野牛用角死死地顶着他的身体,直到把他顶死才作罢。

小狗复仇

一辆手扶拖拉机在四川峨眉山的一段公路上撞伤了一条小狗,小狗的腹部破裂,叫声凄惨。狗的主人是个赤脚医生,他给小狗上药,并缝合了它腹部的伤口。没过多久,小狗的伤口就愈合了。但从那以后,每当听到手扶拖拉机的声音它就会狂吠不止,有几次还挣脱绳索,猛追拖拉机。主人只好找了一根粗绳子把它拴在家门口。一天,小狗突然奋力挣断了绳索,像飞箭一样冲上公路,跳到了一辆拖拉机上面,将驾驶员咬得鲜血直流。原来,这个驾驶员就是开拖拉机撞伤了小狗的人。

智慧的报复

泰国是盛产大象的地方。据说当地有一个手艺高超的老裁缝,有一次,一头大象从他房前路过,并将鼻子伸进窗来向他表示友好。当时这个裁缝还是个青年,他随手用手中的针刺了大象的鼻子一吓,大象当时痛得大吼了一声,急忙逃走了。谁料 20 多年后的一天,这头大象又从这个裁缝店的门口走过,只见它突然停下来,伸长鼻子在空气中嗅了两下,然后眯起眼睛死死地盯住已经变老了的裁缝看了一会,然后摇摇摆摆地走到街头的自来水龙头那里,熟练地用鼻子扭开水龙头,把鼻子凑上去汲足了水,旋即走回来只听"嗤……"的一声,一条又长又急的水流直喷在老裁缝的脸上。等老裁缝反应过来时,才想起来 20 年前的往事,不由得惊叹不已。

真正能够运用自己的智慧来实施报复行为的,还是人类的近亲——灵长类动物。20 世纪 30 年代,在我国太行山区的一个山寨附近,曾经发生了一起残害珍稀动物——猕猴的事件,当时的景象惨不忍睹。这是当地一家姓金的财主和他家的打手干的。之后有一天,金家大院正在庆祝金老太太的70大寿。一只小猴从窗户钻进屋内,敏捷地跃到了金财主的身上,逮住他的耳朵就是一阵狠咬,痛得金财主大喊大叫,等两名打手闻声赶来时,小猴早已钻出窗外,逃得无影无踪。与此同时,10多只猕猴从后山墙进入了空无一人的厨房,它们的手里捧着毒菌,并将这些毒菌全部投进了微微滚动着的熊掌汤里。当天,金家大院的喜庆宴变成了哭丧宴。

奇特的动物葬礼

动物学家们发现,很多动物对死亡的同类怀有“恻隐之心”和“悼念之情”,并且出现了五花八门的“葬礼”,有些“葬礼”还非常隆重。

这在象群中的表现是最为突出的。大象一死,为首的雄象就会用象牙掘松地面的泥土,用鼻子卷起土块,投向死象的身体。接着众象也纷纷照办,很快将死象掩埋。然后,为首的雄象跟着踩土,很快,一座“象墓”就筑成了。此时为首的雄象一声嚎叫,众象便绕着“墓”慢慢行走,以示“哀悼”,直到太阳西下才慢慢离开。

猴子表达感情的方式更为深沉。年老的猴子死了,余下的猴子就会围着它的遗体潸然泪下,然后一齐动手挖坑将其掩埋。它们会把死猴的尾巴留在外边,然后认真地观察其尾巴的动静。如果吹来一阵风,把死猴的尾巴吹动,众猴就会高高兴兴地把死猴挖出来百般抚摸,以为它能复活,但当见到死猴毫无反应时,它们就会重新将其掩埋。

鹤是一种具有丰富感情的禽类。生活在北美沼泽地的灰鹤若发现同类死亡,就会在尸体上空久久盘旋,然后由首领带着大队飞落到地面,默默绕着尸体团团转,悲伤地“瞻仰”死者的遗容。西伯利亚灰鹤的葬礼形式却不一样,它们停立在尸体前,发出凄楚的叫声,突然,首领长鸣一声,大伙顿时默不作声,眼中似乎泪光闪闪，一个个低垂着脑袋，俨然在开一场肃穆的“追悼会”。

在南美洲亚马孙河的森林中，生活着一种体态娇小的文鸟，它们的葬礼非常华美。当同类的鸟死亡以后，群鸟便会叼来绿叶、各种五颜六色的花瓣以及彩色浆果，覆盖在同类的遗体上。

生活在南美洲的一种秃鹰，它们采用的葬礼是“天葬”。当同类死亡后，它们就会将它的尸体撕成碎片，然后，用脚爪将其尸体的碎片分别放置到树梢或山顶的岩洞中，任其腐烂，但它们绝不会吞吃同类的尸体。

生活在非洲大陆的一种獾类死后，同类会齐心协力地将其尸体拖到河水中。然后，獾群自动排列站在河岸边，望着河水上漂浮的尸体哀鸣致意。

当乌鸦发现同类死亡后，“首领”会“呱呱”直叫，并把死鸦衔起来放到附近的池塘里，然后众乌鸦一齐飞到池塘上空，哀鸣着盘旋数圈，与“遗体”告别后，它们才各自散去。

乌鸦还有另外一种悲壮隆重的葬礼。上千只乌鸦聚集在一个山崖上，一只乌鸦首领站在最高处，“呱呱”哀鸣，似乎在为葬礼致辞。致辞完毕，就会有一只强壮的乌鸦把死鸦叼起来放到一个深坑里，然后，众乌鸦在空中哀鸣着盘旋数圈与遗体告别，最后才依依不舍地各自散去。同样是乌鸦的葬礼，为什么隆重的程度会不一样呢？这或许和死者在生前作出的贡献大小有关系。

生活在非洲北部的沙蚁常会发生蚁战，战斗结束后往往会有很多同伴阵亡。这时它们就会排成一列长长的“送葬队伍”，扛起阵亡的同伴将其送往“墓地”，并用沙土把尸体掩埋起来。有趣的是，有的沙蚁还会种一些小草在“墓地”周围，以示纪念。

猎豹的“顺从”与“失恋”

美国生物学家乔治夫妇长期在非洲塞伦盖蒂大草原上观察猎豹，被同行们称为“猎豹权威”。他们在与猎豹无数次的接触中发现了猎豹身上两种不可思议的行为。

有一次,乔治夫妇在考察用的越野车上,用望远镜发现了一个十分惊险的镜头,他们急忙将车子开到离现场只有14米处的地方停下。原来,一只雄猎豹正在向一只闯入自己领地的同类扑去,并一口一口地撕下它的毛皮,疯狂地啃咬,还不时发出“嘎扎嘎扎”咀嚼骨头的声音,令人毛骨悚然!这种残酷的攻击性防御,足足进行了30分钟。令人惊奇的是,被攻击者显得十分顺从,既不还击,也不逃跑,直到最终倒地死去。对于这一现象,“猎豹权威”没有找到合理的解释,他们只能推测,闯入的猎豹可能是为了向主人恳求入群,所以才表现得那么顺从。

乔治夫妇还发现了一起令人难以理解的猎豹“失恋”事件。一只名为“佩凯”的雌猎豹与另一只名为“索立蒂厄”的雄猎豹相爱后,在很长的时间里它们都形影不离。可后来不知什么原因,索立蒂厄突然不理睬佩凯了,而且越来越疏远它。为了弄清佩凯失恋的实情,他们开始在夜间跟踪观察。或许你会问,乔治夫妇怎么断定佩凯“失恋”了呢?因为他俩对野生猎豹的求爱和交配行为已经研究了将近4年的时间,其中包括佩凯与索立蒂厄相爱的一段经历,他们也了如指掌。一天晚上,乔治夫妇发现佩凯独自躺在草地上翻来覆去,看上去非常苦恼,而那只遗弃它的雄猎豹索立蒂厄却坐在远处,连瞧都不瞧它一眼,昔日彼此间那股亲热劲已经完全消失了。至于佩凯为什么会失去索立蒂厄的欢心,乔治夫妇还在进一步的探寻中。

海豚救人

1964年,日本一艘名为“南阳丸”渔轮在日本野岛崎沿岸不幸沉没。当时船上共有10名船员,其中6名当场丧生,其余4名弃船下水后,与汹涌的海浪搏斗了好几个小时,一个个累得精疲力尽,就在这万分危急的时刻,有 2 只海豚赶来,把身子往下一沉一抬,每只海豚背上驮着 2 名船员,游了足有 67 千米才到达岸边,然后它们奋力将船员顶上了岸。船员得救了,这 2 只可爱的海豚很快便返回了大海。

1949 年曾有报道称,一名游客在游泳时陷入漩涡,最终被海豚用其尖尖的吻部,一下接一下地将游客推向了岸边……类似的事例还有很多,海豚为什么会有这么“高尚”的品格呢?科学家们对此也抱有浓厚的兴趣。他们从海豚的生理结构人手,作了反复的研究,终于得出了比较一致的观点。

鲸鱼可以分成两大类:一类是齿鲸,一类是须鲸。人们习惯把小型齿鲸统称为“海豚”,所以说海豚是世界上最大型动物——鲸鱼家庭中体型最小的成员,属于海兽类。海豚用肺呼吸,初生的海豚自己不善于浮出水面呼吸,弄不好就会被海水呛到或淹死,这种情况时有发生,因而初生的海豚必须在母亲和长辈们的精心呵护下学习游泳。成年的海豚常用自己的吻轻轻地一次一次地把小海豚推出水面呼吸,有时会用牙齿叼住小海豚的胸鳍,把它送到水面,直到小海豚能自己呼吸为止,就像人类学习游泳一样。久而久之,海豚就逐渐养成了一种本能的习惯。所以,凡是在水中不积极运动的物体,都会引起海豚本能的反应,并主动协力将其托出水面。这就是世界上发现多起海豚援救落水人员的原因。

海豚领航记

离新西兰首都惠灵顿不远的地方,有一条狭窄的海峡,这里暗礁丛生、水流湍急、波涛汹涌、雾霭弥漫,途经此处的航船经常失事。1871 年的一天,“布里尼尔”号航船从这儿经过时,航船附近突然出现了一只海豚,它一直伴随在航船周围,并与航船保持相同的速度前进,久久不肯离去。这种现象引起了船长的注意，并且他还从中得到了启示。他想，海豚能通过的地方，必定水道畅通，若跟着它行进，触礁的危险率就会大大下降。于是，他亲自掌舵，紧紧地跟着海豚朝前行驶，海豚向左，他的舵就向左打；海豚向右，他的舵就向右打；海豚游得快，他就加快速度；海豚游得慢，他就减慢速度。果然，“布里尼尔”号安全顺利地通过了海峡，没有遇到任何险情，一路上船长也感到十分轻松。全船上下无不感激这只神奇的海豚。

事情传开后，引起了海员们的极大兴趣。有的好奇，有的半信半疑，有的则不屑一顾。然而，当许多航船都接受这只海豚的领航，并且安全、顺利、轻松地驶过海峡后，海员们都深信不疑了。为了表达自己的感激之情，海员们亲切地称呼这只海豚为“戴克”。

自从戴克为船只领航后，多事的海峡平静了，航行事故也几乎不再发生。戴克的名声越来越大，也越来越受到海员们的爱戴。然而有一天，一艘名叫“塘鹅”号的航船开过时，船上的一名醉汉对准戴克连开数枪。枪声响过，戴克也无影无踪了。人们猜它已经丧生在枪口之下，都悲恸万分。然而没过不久，戴克又出现了，它仍旧活跃在海峡中，为过往的船只领航，海员们无不欢呼雀跃。不过令人惊奇的是，只要那艘“塘鹅”号开来时，它就会“退避三舍”，拒绝为之带路。不久，就传来这艘船触礁沉没的消息。

然而，1931 年的一天，戴克消失了，人们猜测它大概是走完了生命的历程。那么，海豚为什么会领航？它又是如何来识别目标的呢？

有人说，海豚领航完全是偶然之举，没有研究的必要。但戴克 60 年如一日地这么做，却又无法让人相信这是偶然行为。况且，在许多别的海区，也有海豚伴船而行的情况，更使“偶然”的说法站不住脚。

人们对驯养过的海豚进行观察后发现，它们有逐浪嬉游的特点，还有用身体摩擦坚硬物体的嗜好。据此，有人解释道，海豚“领航”并不是有意识的行为，而是在航船周围能找到逐浪嬉游的环境以及摩擦身体的坚硬物体。据有关海员回忆戴克领航时说，它并不是一直都游在航船的前头，而是常在航船周围游来游去，用身体摩蹭船底。这就给上述理论提供了一些证据。

如果说上述解释尚属可行，那么，60 年如一日地如此坚持着，又该如何解释呢？要知道，一个人能做到这一点都是非常困难的，更何况一只海豚呢？还有就是为什么戴克能认出伤害过它的那条航船并且拒绝为之领航呢？

对此，人们以海豚具有用"声纳"精确识别目标的能力为由来进行解释。但也有人认为这个解释有些牵强。海豚的确具有精确的声纳探测能力，但要区别船只并作出拒绝反应，似乎是一种高级思维活动，难道海豚也具备高级思维能力？看来，要解决这个问题，人类还需进行不懈的努力。

警犬勇擒毒枭

泰国警官霍亚达驯养了一只警犬名叫"丽丝"。丽丝不但颇通人性、认真负责，而且对毒品特别敏感。海洛因、鸦片、吗啡，无论数量多少，无论藏得多么隐秘，都逃不过丽丝的鼻子。一次，霍亚达接到一项抓捕毒枭泰文龙的任务。据可靠情报，泰文龙将在码头交易毒品，于是霍亚达带着警犬丽丝来到了码头，借着掩护向泰文龙一伙靠拢。狡猾的泰文龙似乎意识到有危险，立即中止了交易，并吩咐手下携货向四面八方分开逃窜。霍亚达见状迅速向泰文龙追去，早已按捺不住的丽丝也一跃而出，旋风般地扑向了泰文龙。狡诈的泰文龙忙向大街逃去。霍亚达和丽丝追到一家电影院门前时，泰文龙忽然不见了。霍亚达揣测泰文龙肯定在里面。可是一进电影院，他傻了眼，数千名观众正在看电影，人山人海中如何抓住泰文龙呢？霍亚达正一筹莫展的时候，丽丝悄悄地钻到坐椅下面匍匐前进，不一会儿便从人群中传来了丽丝的咆哮声和一个男人的哀嚎声。霍亚达连忙从人群中冲了过去，只见丽丝正和泰文龙搏斗呢！他连忙给泰文龙戴上了手铐。"丽丝是如何在人海里准确无误地抓到泰文龙的呢？"一些同事好奇地问霍亚达。霍警官笑笑说:“毒枭泰文龙身上那股淡淡的海洛因气味是逃不过丽丝的鼻子的。”

猴子确认真凶

印度新德里的一条大街上有个耍猴人,叫“比西西”。他有只叫“吉米”的猴子聪明乖巧,能表演十分滑稽的动作,常把观众逗得捧腹大笑,最后大家都纷纷慷慨解囊,因此比西西每天的收入都相当可观。望着比西西那胀鼓鼓的钱袋,一个叫哈利的小偷早就看红了眼,他躲在远处,见比西西收摊后就悄悄跟上了他。然而比西西并不知道自己遇到了麻烦,他像往常一样挑着道具、牵着吉米走进饮食店饱餐一顿后,又打了一壶酒,向自己的落脚处——一座大桥桥墩下走去。这座桥墩能遮风挡雨,并且还很清静,没有人打扰。

猴子

此时已近黄昏,比西西把吉米用铁链锁在石柱上,自己则靠在道具箱上喝着酒,不一会儿就烂醉如泥地昏睡过去。躲在暗处的哈利见时机已到,便悄悄摸了过去。机灵的吉米似乎意识到这个人不怀好意,立即一边“吱吱”叫个不停,一边用力挣扎着,无奈铁链牢牢地锁着它。当哈利的贼手快要摸到钱袋时,比西西被吉米的叫声惊醒了,他想爬起来却感到手脚发软。哈利惊慌之下抓起一块石头朝比西西的头部猛击数下,然后抢下钱袋后逃之夭夭。

当警方发现这起凶案时,比西西已经身亡多时了,警方只得将吉米暂时带回警局喂养。数月后,一名警察抓获了一个行窃者,在警局录口供时,正在和众警员逗乐的猴子吉米一看到这个人便立刻显得狂怒异常,挣脱绳索猛扑到那个人身上乱抓乱咬。众警员非常惊奇，立即对该犯人进行审讯，原来这个人正是杀害要猴人比西西的凶手哈利。

鸽子绝处报案

一只极普通的信鸽帮主人报案，从而救了主人一家四口人的性命，并因此使警方抓获了罪行累累的杀人犯奥特托。

事情的经过是：一个周末的晚上，住在美国洛杉矶郊外的艾利达一家正在准备晚饭，这时，门铃响了。艾利达刚打开门，一支黑洞洞的枪口就抵在了他的脑门上，原来这名威胁者是来抢劫的。不过令奥特托没有想到的是，在他进门的那一瞬间飞出去的那只鸽子径直飞到离艾利达家最近的警察局报了警。警方在鸽子的带领下迅速赶到了现场，救了艾利达一家，并将奥特托逮捕归案。

珊瑚是动物

在热带海洋中，分布着许多美丽的、五颜六色的珊瑚，构成了迷人的海底风光，甚至有的小岛都是由珊瑚构成的。也许你已经知道美丽的珊瑚是小小珊瑚虫的杰作，是由它们分泌的外骨骼日积月累形成的。

科学家们研究发现，珊瑚虫的细胞中有大量的动物黄藻或动物绿藻，珊瑚虫体内50%的蛋白质来源于这些共生藻类。实验证明，有共生藻类的珊瑚虫比没有共生藻类的珊瑚虫，或虽有共生藻类但生活在黑暗条件下（藻类不能进行光合作用）的珊瑚虫，其骨骼的积累要快10倍以上。这是由于藻类的光合作用可以吸收利用珊瑚虫体内过多的二氧化碳，从而加速了珊瑚虫体内可溶性的碳酸氢钙分解为不溶性的碳酸钙的过程，促进了外骨骼的积累。

由此可见，共生藻类是珊瑚虫造礁不可缺少的生态条件之一，正是它们使珊瑚表现出不同的美丽颜色。远远望去,珊瑚就像随着海水飘动的“小花”。所以,自古以来,许多人都认为珊瑚是一种美丽的植物。实际上,珊瑚是一种个体很小的低等动物。如果你用放大镜或显微镜观察珊瑚上的“一朵花”,就会发现,它的身体就像一个双层口袋,只有一个口,没有肛门,食物由口进去,不消化的食物残渣再由口排出。在口的周围长着许多触手,这就是我们说的随海水漂动的“小花”。它可以捕捉食物,所以我们说珊瑚是动物而不是植物。每一个珊瑚的单体,我们叫它“珊瑚虫”,它可以通过出芽生殖形成大型的群体。

而被我们作为工艺品的树枝状的珊瑚则是由众多生活在一起的珊瑚虫死亡后,肉体烂掉所剩下的骨骼形成的。

动物的鼻子比眼耳更重要

要想在动物界生存必须拥有敏锐的鼻子,也就是说,必须有一个能够灵敏地捕捉周围环境中各种气味信号的嗅觉系统。许多动物在没有视觉或听觉的情况下仍能游刃有余地存活下去,但却不能没有嗅觉。

就拿最常见的鱼来说,其在水中的视觉十分有限,必须依靠嗅觉生存。淡水鱼的嗅囊中分布着许多嗅觉神经细胞,可以嗅出周围发生的一切。

大多数动物都有两个嗅觉系统,其中为主的一个系统负责感受周围环境,帮助动物完成觅食这项最基本的需要。此外,还能帮助动物发现周围是否有伺机抢食或发动进攻的敌人,并能预测地震。有一些动物嗅觉的灵敏程度已是众所周知,比如海星能够透过厚厚的沙层嗅到可供它们美餐的一些软体动物的气味。

鲑鱼非凡的嗅觉记忆能使它们在海洋中做远距离洄游,溯流而上,回到它们多年前的出生地繁衍后代。最新的科学研究也显示,鸽子等鸟类正是依靠鼻子才能飞回自己的巢。信天翁可在好几千米外嗅到浩瀚的海洋中小虾群或其他甲壳类动物的气味。

动物的另一个嗅觉系统可以被看做是一个附属系统，主要负责寻找异性伴侣。这项任务非常复杂，因此在动物进化过程中专门为此而构建了一个独立的嗅觉系统。

这是一个化学感受系统，大部分两栖类、爬行类和哺乳动物（灵长类动物除外）都拥有这个系统。这一系统能够辨认出异性动物发出的特定的气味信号。这些信号实际上是一种酶，不仅包含着对方所在位置的信息，还能传递异性繁殖状态和交配条件等各种详细信息。除了能对动物的繁殖起到作用外，这种酶还能影响动物照顾幼崽、进攻同类和占领地盘等其他一些行为。

星鼻鼹鼠的吻端有多达22个花瓣形的触角，每个触角上有2.5万个接收器，连接着10万条不停运转的神经纤维。这些触角并没有嗅觉功能，但星鼻鼹鼠可依靠它来触摸周围的环境。

公海豹在发情期会吸进空气，填满鼻子周围凸起的空间，最多能储藏6升空气。这个“气瓶”用于在需要的时候提高叫声，赶走其他的公海豹。

加拿大臭鼬在肛门周围有一个腺体，能释放令人作呕的气体。在遇到敌人的时候，它就会以此作为攻击的武器。

狐狸在遇到入侵者时能通过特殊的汗腺释放出浓烈的臭味，一些鸟类同样也会通过臭气来保护自己。

毛毡夜蛾的毛茸茸的触角上分布着多达4万个感受细胞，尤其是雄蛾，利用这些触角它能在好几千米外嗅到雌蛾释放出的一种含特殊酶的化学物质的气味。

没了嗅觉，猫成鼠友

日本科学家发现，恐惧可能与嗅觉有关，只要关闭脑中的某些嗅觉受体，就能消除恐惧。

研究人员用老鼠进行实验,找到并切除了它们大脑中的某些嗅觉受体,这些老鼠就会变成无所畏惧的动物。

为了证实他们的观点,科学家展示了一只棕色老鼠的照片,它距离一只猫只有一英寸远,在猫的耳朵根上闻来闻去,亲吻它的耳朵并玩它的项圈。

东京大学生物物理与化学系的阪野仁说:“它们能嗅出天敌的气味,比如猫,还有狐狸或雪豹的尿的气味,它们甚至表现出非常强烈的好奇心,但它们无法分辨出这种气味是危险的标志。”

阪野仁在接受记者采访时说:“这些老鼠能跟猫和睦相处,它们与猫一起玩耍。但在拍摄这张照片之前,我们得把猫喂饱。”

专家一直认为,动物产生恐惧也许是它们对气味的敏锐感觉造成的。

但这是科学家首次发现这种气味辨别功能,以及这种功能如何通过嗅觉受体的不同部分转化为恐惧。

阪野仁说:“我们的大脑如何诠释气味的信息呢?我们发现,在哺乳动物的神经系统中有两条神经回路,一条是与生俱来的,另一条与学习辨别气味有关。”

阪野仁和他的同事培育了两组老鼠,一组缺少转化气味的受体,另一组缺少辨别气味的受体。然后让这些老鼠接触雪豹和狐狸等天敌的尿。

阪野仁说:“(第一组)不停地嗅,然后转过身来,表现出很强烈的好奇心,但无法识别出危险。”

至于第二组,阪野仁说:“它们很难识别气味,但一旦闻出狐狸尿的味道,它们就僵在那里并且开始装死。”

无肺青蛙

新加坡国立大学和印度尼西亚爪哇省万隆工学院的研究人员在印尼婆罗

洲丛林中发现了一种独一无二的无肺青蛙。

这种名叫“加都巴蟾”的青蛙是迄今为止发现的第一种没有肺器官的青蛙,其身体所需全部氧气都通过皮肤吸入。此前科学家仅发现过两例这种青蛙,而此次由生物学家戴维·比克福德带领的研究小组发现了两群这种青蛙。

青蛙

比克福德表示:“我们知道要找到这种青蛙的踪迹得有非常好的运气,30 年来科学界都在试图找到它们。而当我们真的捕获到了‘加都巴蟾’并对其进行首次解剖时,我必须承认一开始我对这种青蛙是否真的没有肺器官深表怀疑,认为这根本不可能。但当解剖结果证实了其的确没有肺时,所有人都大吃一惊。”

这种小型青蛙生活在雨林里寒冷、湍急的河流中,因此研究人员认为,它们没有肺是进化适应环境的结果,因为这里的水流含氧量高,而青蛙本身新陈代谢缓慢。

能爬会飞的鱼

鱼儿离不开水,这句话说明了鱼一生都在水中度过,所以说在水中游泳是鱼的本能。但是有的鱼除能在水中游外,还能在空中“飞”,如飞鱼;有的还能在海滩上跳,如弹涂鱼。这些鱼只具有能“飞”或能跳两种本领,豹鲂鮄却有爬、游、“飞”三项本领,可以说具有“海、陆、空”立体运动的能力。

豹鲂鮄腹鳍的 3 根鳍条是独立的,能够自由活动,它借助这 3 根鳍条在广阔的海底自由自在地爬行。同时这些独立的鳍条也是豹鲂鮄的触觉器官,利用它们可以感知海底周围环境情况。由于这 3 根独立鳍条具有特殊机能,因而驱动这些鳍条的肌肉也就特别发达。这就是物竞天择、自然选择的结果。

当豹鲂鮄从海底爬行转为在水中游泳时,胸鳍及腹鳍的3根独立鳍条就收拢,紧贴在体侧,以减少在水中的阻力。豹鲂鮄游兴达到高潮时,便以极快的速度冲出水面,继而展开“双翅”——胸鳍,在空中飞行。实际上豹鲂鮄的“飞”和飞鱼的“飞”都不是真正的鼓翼飞行,而只是依靠风力的作用。

在我国沿海还生活着一种会爬树的鱼,叫做弹涂鱼。弹涂鱼体长10厘米左右,略呈圆柱形,两眼在头部上方,似蛙眼,视野开阔。它的鳃腔很大,鳃盖密封,能贮存大量空气。腔内表皮布满血管网,起呼吸作用。它的皮肤亦布满血管,血液通过极薄的皮肤能够直接与空气进行气体交换。其尾鳍在水中除起鳍的作用外,还是一种辅助呼吸器官。这些独特的生理现象使它们能够离开水,较长时间在空气中生活。此外,弹涂鱼的左右两个腹鳍合并成吸盘状,能吸附于其他物体上。发达的胸鳍呈臂状,很像高等动物的附肢。遇到敌害时,它的行动速度比人走路还要快。生活在热带地区的弹涂鱼在低潮时为了捕捉食物,常在海滩上跳来跳去,更喜欢爬到红树的根上面捕捉昆虫吃。因此,人们称之为“会爬树的鱼”。

鱼类不全是哑巴

一般人都以为鱼类全是哑巴,显然这是不对的。许多鱼类会发出各种令人惊奇的声音。例如:康吉鲤会发出“吠”音;电鲶的叫声犹如猫怒;箱鲀能发出犬叫声;海马会发出打鼓似的单调音。石首鱼类以善叫而闻名,其声音像辗轧声、打鼓声、蜂雀的飞翔声、猫叫声和呼哨声,其叫声在生殖期间特别常见,目的是为了集群。

鱼类发出的声音多数是由骨骼摩擦、鱼鳔收缩引起的,还有的是靠呼吸或肛门排气等发出种种不同声音。有经验的渔民能够根据鱼类所发出声音的大小来判断鱼群数量的大小,以便下网捕鱼。

“香油匠”善滑不能潜

“香油匠”是水黾的俗称,又叫“卖油郎”,在它的足部跗节有一对腺体,可以分泌很香的油脂。这些油脂一方面可以挥发出香味,引诱一些水生小动物供“香油匠”捕食,更重要的是这些油脂可保持“香油匠”体表的疏水性,从而保持其身体有较大的表面张力和浮力。另外“香油匠”还有三对细长的足,可以伸得很远,进一步提高了身体表面的张力及浮力。正是这样的特殊结构保证了“香油匠”在水面快速平稳地滑行。

我们还可以做一个小实验来模仿“香油匠”。把一条细铁丝剪成4段,将它们的一端拧在一起,再把它们的另一端向外水平弯成十字形,然后将其轻轻地放到水面上,这个十字形的铁丝架就会浮在水面上。但是,如果在铁丝架的背面淋上水,其表面张力就会被破坏,随之铁丝架就会沉入水下。这就是“香油匠”能够漂浮在水面上的原理。

虽然“香油匠”在水面滑行如飞,却不能游泳或潜水,这到底是为什么呢?

首先是因为它没有适于潜水的呼吸器官。一般水生半翅目昆虫身体末端都长着一个很长的呼吸管,即使身体潜入水中,也可以利用露出水面的呼吸管呼吸,而“香油匠”则没有呼吸管。其次,“香油匠”身体及长足与水接触的腹面有较大的表面张力,一旦潜入水中,这种表面张力就会被破坏,也就不能再在水面漂浮了。当“香油匠”的体背沾上较多水时就可能被淹死,所以当下大雨时,水面滑行的“香油匠”都会躲到桥洞下或荷叶下避雨。因此与其说“香油匠”是水生昆虫,倒不如说它是水面昆虫更恰当。

虾蟹变色

虾蟹属甲壳纲动物,在甲壳下面的真皮层中散布着各种颜色的色素细胞。将新鲜的虾蟹放在低倍镜下观察,便可以看到甲壳上有很多呈树枝状分叉的色素细胞。色素细胞中含有不同的色素,所以虾蟹身上可呈现红、黄、蓝、绿、棕、白、黑等各种颜色。

虾蟹等甲壳动物体内色素细胞的色素颗粒能随着光线的强弱或别的环境因素的改变而扩散或集中。色素颗粒向色素细胞四周树枝状分叉扩散时,接收光线的量大,甲壳上的颜色就不明显了。因此,虾蟹的身体上呈现不同的颜色及颜色的变化,是不同的色素颗粒在色素细胞内的扩散或集中引起的。

另外,虾蟹等甲壳动物经过蒸煮之后体色会变红,这是因为色素中所含的色素质被高温破坏而发生的变化。甲壳动物的色素质中最多见的一种是类胡萝卜素,它常与蛋白质相互结合,且结合的方式和结构多样,所以呈现出不同的颜色。这些色素质有一个基本特性,即在遇高温或酒精时便分解为一种红色素(虾红素)。虾红素不溶于水,但能溶于酒精和油脂等溶剂中。所以浸在酒精中的标本先变成红色,然后由于色素溶于酒精中,标本最后又失去红色。用油烹虾蟹时,油呈现出鲜艳的橙红色,是因为色素溶入油中的缘故。

乌贼真贼

乌贼是一种大型的软体动物,其运动速度也是水生无脊椎动物中最快的。乌贼最典型的运动方式就是向前喷水,并使身体快速地倒退。一般在长距离游泳时或在逃避敌害时,它都会采用这种游泳方式。那么,乌贼为什么能倒着游呢?

原来在乌贼头的基部有一个由触手转化而成的漏斗，漏斗一端与外套腔相通，另一端游离并向腹前开口，这个开口叫出水孔；乌贼外套膜的前缘腹侧与漏斗相连接处形成的两个外套腔开口称入水孔，该孔周围有一闭锁器。在快速游泳时，外界的水先由乌贼的外套腔腹侧的两个开口进入外套腔内，然后闭锁器关闭开口，外套膜的肌肉收缩，外套腔内压增大，使腔内水只能由腹前的漏斗孔排出体外。排出的水反击外界水流，从而推动身体快速向后运动。当然外界水流快速进出乌贼的外套腔及推动其身体运动的同时，也加速了发生在外套腔中鳃部的气体交换，这样更有利于它的呼吸与运动。

乌贼不但“跑”得快，当它要捕捉食物或对付敌害时也有绝招呢！乌贼的第一个绝招是变换身体颜色，一会儿变红，一会儿变黑，一会儿又变成橙色；第二个绝招就是释放有毒的黑色墨汁，使对方迷失方向。

在乌贼的体表有很多与神经末梢相连的色素细胞。这些细胞中含有红、黑、黄等不同色素，色素细胞受神经及肌肉的调控而收缩或扩张，使身体呈现不同的颜色。乌贼的外套腔里还有一种梨形的墨囊，囊内有墨腺分泌的墨汁。当墨囊收缩时即可喷出墨汁，使海水变成黑色，乌贼则借着烟雾伺机逃走，或将对方捕食。

蜜蜂蜇人后活不久

人们在野外有蜜蜂的地方活动时，就有可能被蜜蜂的毒刺蜇伤。但蜇过人的蜜蜂过不了多久就会自己死去。这是为什么呢？

蜜蜂的刺针是由一根背刺针和两根腹刺针组成，刺针的后端与体内的毒腺及内脏器官相连，刺针的末端带有倒钩。一旦蜜蜂蜇人后，刺针就倒钩住人的皮肤而使刺针不能拔出。这时蜜蜂为了临时逃命，就把刺针拉掉，同时与之相连的内脏也被带出。于是蜜蜂不久后就会因此而死。即使有少数蜜蜂蜇人后能飞回蜂巢，由于它受了伤，很快就会被负责“警卫”的蜜蜂查出来，把它拖出巢外。

蜂毒的主要成分是甲酸，被蜂蜇后可用碱性的液体如碱水、氨水或植物碱等涂抹在蜇伤部位，以中和酸性毒液。

蜂毒除含有甲酸外，还含有特殊的蛋白质、挥发油和组织胺等，具有很强的杀菌消炎能力，五万分之一的浓度就可以杀死水中的所有微生物。蜂毒对治疗风湿、类风湿、关节炎和心脏病都有较好的疗效。有的地方还专门开设了蜂针疗法门诊，用活蜜蜂的刺针直接点刺关节炎部位，“以毒攻毒”为患者治病。所以平时有人偶尔被蜜蜂蜇一下，一般不会引起大的问题，反而会提高人的免疫力。

其实并不是所有的蜂都蜇人。蜂群中的蜂王和雄蜂都不蜇人，蜇人的都是工蜂。另外，有些蜂类如树蜂、姬蜂等腹部末端虽然长有一根长长的刺针，但并不蜇人，这是它的产卵器，用来刺入到植物或动物体内产卵。所以针刺较长的蜂类一般不会蜇人。但为了安全起见，遇到不认识的蜂类最好不要用手直接去捉它，以免被蜇。

蜜蜂和其他多数蜂类都是对人类有益的昆虫，我们不要驱赶和捕捉它们，要好好保护它们。

白蚁的怪食性

白蚁在分类上属于等翅目昆虫，而蚂蚁则属于膜翅目昆虫；白蚁的眼退化或消失，触角呈念珠状，而蚂蚁的眼退化不明显，触角不呈念珠状，白蚁的前后翅翅脉大小相等，而蚂蚁前后翅翅脉不等。

白蚁具有强大的大颚，可以啃噬木材和树木。但是，由于白蚁本身不能合成分解纤维素的酶，所以它也不能分解利用木材。那么，白蚁靠什么分解纤维素呢?

研究发现,在白蚁的消化道内生有一种叫做披发虫的原生动物。披发虫可以产生纤维素酶,将白蚁啃食入肚的纤维素分解为糖类和其他营养成分,然后供白蚁吸收。如果把白蚁消化道内的披发虫全部清除,白蚁即使能啃食木材也会饿死。白蚁和披发虫的这种互惠互利、相依为命的关系是一种共生关系,二者都不能独立生存。在昆虫世界,这种共生关系是很多的,许多植食性昆虫的消化道内都有共生菌或共生原生动物存在。

关于白蚁在历史上还有一个很有名的故事:

1648 年,清政府的银库有几十两白银被窃,引起了政府上下的恐慌,是谁能从森严壁垒的银库里偷走银子呢?经过仔细的查证,窃贼并不是什么江洋大盗,而是小小的白蚁。白蚁为什么能偷吃银子呢?原来白蚁能从嘴里吐出一些酸性液体,这些液体对银子有腐蚀作用,能把银子表面腐蚀得像面粉一样疏松,然后白蚁再把这些银粉当作美食吃到肚子里,并存在肚子里而不排出体外。所以清政府银库里的白银就会悄无声息地被"窃走"了。

闪光的萤火虫

夏天的夜晚,在远离城市喧嚣的农村,可以看到许多美丽的景色。除了满天闪闪发光的星斗外,还有一只只萤火虫闪着荧光飞来飞去。为什么大多数的其他虫子都不会发光,而萤火虫会发光呢?

在萤火虫的腹部末端有一个发光器,它是由透明质膜包裹的一层表皮细胞特化而成的发光细胞群。这些发光细胞内含有荧光素,在荧光素酶和充足氧气的作用下,荧光素被氧化,这时就会放出能量并转化为荧光。

萤火虫的呼吸器官是气管和气门。气门分布在萤火虫腹部的两侧,在萤火虫呼吸时,气门就会规律性地一开一闭,来控制空气中氧气的进入:由于进入体内的氧气时断时续，所以萤火虫发光时就会一明一暗。

一般来说，萤火虫发光是其定位求偶的方法。雄萤火虫飞行时会发出自身特定的闪光，雌萤火虫在适当的间隔后也会发出另一种特定的闪光做回答，然后雄萤火虫会根据雌萤火虫的信号飞向雌萤火虫，并完成交尾活动。

对于有些萤火虫来说，这美丽的荧光不再是“爱情”的表示，而成为害人的陷阱。有一种萤火虫的雌虫会发出模仿交尾的闪光信号，当雄萤火虫应邀前来时，就会被雌萤火虫捉住并残忍地吞食掉，结果雄萤火虫就成了“爱的牺牲品”。

苍蝇的繁殖能力惊人

苍蝇是一种令人讨厌的昆虫，它的身上带有多种细菌，可以传播多种疾病。所以人们想尽千方百计试图消灭它们，但总是消灭不清，这主要是因为苍蝇具有很强的繁殖能力。为什么苍蝇会有这么惊人的繁殖能力呢？

苍蝇的繁殖能力主要取决于卵巢小管的数目、世代经历的时间和繁殖季节的长短等因素。卵巢小管的数目越多，世代经历的时间越短，繁殖季节越长，则苍蝇繁殖能力就越高。

此外，营养条件、温度和湿度等对苍蝇的繁殖能力也有影响，其中营养的丰富与否影响最大。雌蝇卵巢的发育必须依靠蛋白质类食物，如果缺乏，卵巢就发育不良，就会丧失繁殖能力。

雌蝇的卵巢小管数目多于100支，每批产卵在百个左右。在实验室饲养条件下，一只雌蝇一生能产卵10余批，有的甚至可达20批；但在自然条件下，一般仅可产5批左右，每批间隔三四天。在温带地区，一年内苍蝇能繁殖10～30代。按保守估计，一只雌蝇一生能产生200个后代，若雌雄比例为1比1，经过10代之后，总蝇数将达到10^{20}只。

在气候适宜、营养丰富的条件下，苍蝇的数量可能呈爆发性地突然升高。但由于实际上存在食物的匮乏、气候的剧烈变化、天敌的抑制以及化学杀虫剂等不利因素的影响，它们的实际繁殖能力并不像理论计算那么惊人。

河豚毒从何来

河豚是鱼纲鲀形目中的一类鱼的总称，因其肉质细腻、鲜美可口、蛋白质含量高、营养丰富广受人们的喜爱。在我国的很多地区都有传统的食用习惯，可鲜食或腌制加工后食用。但食用这类鱼危险性较大，稍微处理不当或疏忽就会发生中毒。无论在哪里，即使在以善于烹调河豚而著名的地方，每年也有因误食河豚而中毒的事件发生。因此，很多地方都流传有“冒死吃河豚”的说法，可见河豚的毒性之大。据资料记载，一条紫色东方鲀所含的毒素可以使 33 个人命丧黄泉。

河豚含有的毒素叫河豚毒素。各种河豚的毒量因种类、部位及季节的不同而有差异，有毒的组织器官主要有皮肤、眼睛、鳃、生殖腺、肝脏、肾脏、肠、血液等。河豚毒素的毒害作用主要表现在阻碍神经和肌肉的传导，毒素除了直接作用于胃肠道引起局部刺激外，进入血液后能迅速使神经末梢和神经中枢发生麻痹。食用河豚中毒是所有因食用有毒鱼类中毒中最为严重的，它发病迅速、症状剧烈，中毒的死亡率也很高。食用河豚中毒死亡通常发生在发病后 4 至 6 小时，最快 1.5 小时就能死亡。

发生食用河豚中毒，是因为人们只知道河豚肉有毒，但对不同种类、不同季节及不同部位的毒性也有很大差别这方面的知识了解不够。为了安全起见，在没有准确掌握河豚毒型及烹调方法之前，最好还是不要去冒死吃河豚。

有些鱼离开水仍能生活

常言道"鱼儿离不开水,瓜儿离不开秧",意思就是鱼类在水中生活,离开水后就会死亡。对于绝大多数鱼类来说确实如此。但是,什么事都不是绝对的,往往都有例外。在自然界中也有一些鱼类离开水也不会马上死亡,仍能生活一段时间。这是为什么呢?

鱼类的呼吸器官主要是鳃,鳃的结构有利于鱼与溶解在水中的氧进行气体交换。有些鱼类除了鳃之外,还有一些辅助呼吸器官,这些鱼类即使暂时离开了水,只要保持身体的湿润,就可以用这些辅助呼吸器官进行呼吸而维持生命。有的鱼类甚至可以在水外生存几个月的时间。

鳗鲡在夜晚常常从水中游上陆地,通过潮湿的草地转移到其他水域觅食,此时它们用潮湿的皮肤进行呼吸。鲇鱼等的皮肤也有呼吸功能。

泥鳅在高温的夏季可以用肠管进行呼吸,这时肠的后段上皮细胞变得扁平,细胞间出现微血管或淋巴,从而进行气体交换。

泥鳅用肠呼吸时,经常蹿出水面,吞一口空气,将气压入肠里,然后沉入水底,未利用的空气和血液中排出的二氧化碳最后从肛门排出。但是在其他季节泥鳅的肠没有呼吸功能。

黄鳝的鳃已经退化,可是其口咽腔内壁上皮细胞间遍布毛细血管。口咽腔就成了黄鳝的呼吸器官,即使是平时黄鳝也要依赖口咽腔呼吸才能生活。认真观察就会发现水中的黄鳝总是把头抬出水面,就是为了呼吸。

肺鱼

黑鱼的生命力很强,离开水也不容

易死亡。它的辅助呼吸器官在第一鳃弓上,鳃弓上面的骨片变薄,形成凹凸不平的结构,形状像木耳,上面覆盖着丰富的毛细血管,这个结构称为鳃上器官。只要鳃上器官保持湿润,黑鱼就不会死亡。

肺鱼可以通过鳔进行呼吸,非洲肺鱼能用鳔呼吸以度过漫长的夏季。鱼类有了这些辅助呼吸器官后,暂时离开水也不会有生命危险了。

能够发电的鱼

电鳐、电鳗、电鲶这些鱼的名字中都带一个"电"字,这是由于它们都能够发电,所以被统称为电鱼。这些鱼为什么能发电呢?

生物体的各种功能都是以它们的结构为基础的。这些会发电的鱼的身体内部都有一种奇特的器官,由于它能在身体外面产生很强的电压,所以称为发电器官。这些发电器官有的来源于肌肉,有的来源于腺体。各种电鱼发电器官的位置、形状也不尽相同。如电鳗的发电器官分布在尾部脊椎两侧的肌肉中,呈长菱形;电鳐的发电器官排列在头胸部之间身体两侧,样子像两个扁平的豌豆。

电鱼的发电器官是由许多盘状细胞构成的,这些细胞叫做发电细胞或电板。他们排列得比较整齐,重叠成柱状。在发电细胞的外面有胶状的结缔组织层,起导电的作用。发电器官的总电位是每个发电细胞的电位之和,每一个发电细胞能释放 0.1 伏特的电。电鳐有两个发电器,共有 800 到 2000 个发电细胞,一次放电电压为 100 伏左右,最大的个体放电在 200 伏左右。体长 2 米左右的电鳗带有的发电细胞更多,可高达 8000 个,总电位高达 800 伏,电流约 2 安培,足以击毙水中的游鱼和虾类,使它们成为自己的食物。

发电对于这些鱼类,不仅是它们捕捉食物的一种手段,而且对于它们的御敌和求偶等活动也有很大关系。

鲸喷雾柱真壮观

当你乘轮船在大海上旅行时,也许有机会看到一股股白色的雾柱腾空而起,这种雾柱实际上是由鲸制造的,这与鲸类鼻孔的特殊结构有关。

一般动物的鼻孔都长在口的上方,而鲸类的鼻孔大多长在头顶上,鼻孔朝天,也称作喷水孔。有些鲸的鼻孔有两个,如须鲸;而另一些鲸的鼻孔只有一个,如齿鲸。无论哪类鲸,鼻孔上都有一个活瓣将其牢牢关闭,使水不至于灌进鼻腔。鲸潜水越深,外界压力越大,活瓣关闭得就越紧。但当鲸一到水面,特殊的肌肉一收缩,活瓣就可以打开,鲸便进行呼吸。

鲸吸进体内的空气被提高了温度,呼出的湿空气一接触到外面的冷空气就能结成水珠,于是形成雾柱。但在热带海域,那里的温度较高,一般不至于使蒸汽凝结,可是也能看到雾柱,这是怎么回事呢?原来在鲸呼气时,鼻孔在露出海面之前就张开了,气体外冲时连同鼻孔周围的一部分水一起喷射出来也能形成雾柱。

不同鲸类喷出雾柱的形状各不相同。蓝鲸喷出的雾柱非常强大,可高达十米;长须鲸喷出的雾柱虽也能达到 8 至 10 米高,但比蓝鲸的雾柱要细很多;座头鲸喷出的雾柱较粗矮,高约 6 米且形状较散;露背鲸喷出的雾柱细而直上,顶部四散如雨伞;抹香鲸喷出的雾柱斜向前约 45 度角。根据这些雾柱的形状和高度就可以识别鲸的种类。

孔雀开屏的缘由

你见过孔雀开屏吗?如果见过,相信你一定会被它那优美的姿态所吸引。那你想过孔雀为什么会开屏吗?有人说,孔雀一看见穿戴漂亮的女孩就要展示其尾屏以比试高低,你认可这种说法吗?实际上上述说法是一种误解。

能够开屏的孔雀都是雄性的,只有雄孔雀才有这种华丽的外表。雄孔雀除了具有翠绿色的羽冠和全身的艳羽外,与雌孔雀最大的区别是具有一幅华丽的尾屏。尾屏并不是它的尾羽,而是覆盖在尾羽上的覆羽,长可达 1 米以上,羽枝松散、颜色多变并具金属光泽,最醒目的还是镶嵌在尾屏上的眼状斑纹和斑纹中暗紫色的斑点,尾屏展开,光彩夺目。

雌孔雀体色暗淡,没有尾屏,和雄孔雀相比要逊色多了。

雄孔雀开屏是为了向雌孔雀展示,这种行为是雄性个体间在争夺雌性的性选择过程中逐代形成的。春天是孔雀的繁殖期,这时雄孔雀会不时地在雌孔雀面前高高竖起漂亮的尾屏并不停地抖动,跳出各种优美的舞姿,有时还昂首环顾四周,以此来讨雌孔雀的注意和欢心。孔雀社会是一夫多妻制,一只雄孔雀可以同时拥有多只雌孔雀,雄孔雀的漂亮尾屏就是沟通它们心灵的桥梁。

自然界中的孔雀只有两种,一种是绿孔雀,另一种是蓝孔雀。我国只在云南省的南部有野生的绿孔雀,绿孔雀已被列为国家一级重点保护动物。蓝孔雀原产于印度,我们在动物园中见到的白孔雀是蓝孔雀的白化型。

大黄蜂是最优秀的飞行员

在科学发展史上,大黄蜂的飞行违反空气动力学原理这一观点的最初起源已经不得而知,但最新研究表明,虽然明显存在身体上的不利条件,但大黄蜂是昆虫世界中最优秀的“飞行员”。

科学家日前在珠穆朗玛峰海拔 5600 米以上的地方发现了大黄蜂。在科学试验中,大黄蜂已在人工重现的海拔 9000 米的空气条件下自如飞行,这比海拔 8848 米的世界最高峰珠穆朗玛峰还高。据认为这是所有昆虫高空飞行的最高纪录。

开展这项研究的科学家还在中国四川省横断山上一处海拔 4400 米的地方发现了一个大黄蜂蜂巢。这一发现证实,有些大黄蜂可以在海拔 4000 米以上的地区生活很长一段时间。

美国加州大学生物学家迈克尔·狄龙一直在研究喜马拉雅山东端靠近西藏的群山中发现的大黄蜂。他说:“我们在 4000 米的地方收集了一些大黄蜂,把它们放在一个飞行室里面,然后吸出里面的空气模拟高空的情况。我们再现了海拔 9000 米的空气条件,这个高度比珠穆朗玛峰还高,但这些大黄蜂仍然能够飞行。”

在 9000 米高的地方,气压是海平面处气压的大约 1/3,所以飞行会变得更加困难,因为翅膀扇动的空气更少了,在这种情况下呼吸也变得很困难。相对于它们的身体来说,所有的大黄蜂的翅膀都太小。狄龙说:“这相当神奇,飞行所需要的力量与空气密度直接相关,它们的飞行能力非同寻常。”

章鱼为什么能在大海里横行霸道

章鱼并不是鱼类,它属于软体动物。它有八只像带子一样长的脚,弯弯曲曲地漂浮在水中,人们又把章鱼称为“八爪鱼”。

章鱼力量很大,残忍好斗、足智多谋,不少海洋动物都怕它。章鱼是一种敏感动物,它的神经系统是无脊椎动物中最复杂、最高级的。它的感觉器官中最发达的是眼,眼不但很大,而且睁得圆鼓鼓的,一动也不动,像猫头鹰似的。

章鱼之所以能在大海里横行霸道,是与它有着特殊的自卫和进攻的“法宝”分不开的。

首先,章鱼有八条感觉灵敏的触腕,每条触腕上约有 300 多个吸盘,每个吸盘的拉力为 100 克,所以,无论谁被它的触腕缠住,都是难以脱身的。章鱼的触腕不仅力量大,还有着高度的灵敏性。每当章鱼休息的时候,总有一二条触腕在值班,值班的触腕不停地向着四周移动着,高度警惕着有无“敌情”;如果外界真的有什么东西轻轻地触动了它的触腕,它就会立刻跳起来,同时把浓黑的墨汁喷射出来以掩藏自己,趁此机会观察周围情况,准备进攻或撤退。章鱼可以连续六次往外喷射墨汁,过半小时后,又能积蓄很多墨汁。不过章鱼的墨汁对人不起毒害作用。

其次,章鱼有十分惊人的变色能力,它可以随时变换自己皮肤的颜色,使之和周围的环境协调一致。即使把章鱼打伤了,它仍然有变色能力。美国科学家鲍恩把一条章鱼放在报纸上解剖,令人惊讶的是即将死去的章鱼身上竟然出现了黑色字行和白色空行的黑白条纹。章鱼怎么会有这种魔术般的变色本领呢?原来在它的皮肤下面隐藏着许多色素细胞,里面装有不同颜色的液体,在每个色素细胞里还有几个扩张器,可以使色素细胞扩大或缩小。章鱼在恐慌、激动、兴奋等情绪变化时,皮肤就会改变颜色。控制章鱼体色变换的指挥系统是它的眼睛和脑髓,如果某一侧眼睛和脑髓出了毛病,这一侧就固定为一种不变的颜色了,而另一侧仍可以变色。

再有就是章鱼的再生能力很强。每当章鱼遇到敌害时,有时它的触腕被对方牢牢地抓住了,这时候它就会自动抛掉触腕,自己往后退一步,让断触腕的蠕动来迷惑敌害,趁机赶快溜走。每当触腕断后,伤口处的血管就会极力地收缩,帮助伤口迅速愈合,所以伤口是不会流血的,第二天就能长好,不久又长出新的触腕。

最后一点,章鱼有高超的脱身技能。由于章鱼能将水存在套膜腔中,依靠溶解在水中的氧气生活,因此它离开了海水也照样能活上几天。有人目睹了这么一件有趣的事:一位学者把章鱼放在篮子里,提着它上了电车。过了十来分钟,突然从电车后部发出了尖叫声,原来章鱼竟从半寸大小的篮眼里钻了出来,爬到了一位绅士的大腿上,使他歇斯底里地怪叫起来,这是因为章鱼能使自己那胶皮一样柔软的身子变成饼状的缘故。

章鱼是一种高智商动物

章鱼喜欢钻进动物的空壳里居住。每当它找到了牡蛎以后,就在一旁耐心地等待,在牡蛎开口的一刹那,章鱼就赶快把石头扔进去,使牡蛎的两扇贝壳无法关上,然后章鱼把牡蛎的肉吃掉,自己钻进壳里安家。这一点足以说明章鱼不是愚笨之辈。其实章鱼的智能远不止于此,它还会利用触腕巧妙地移动石头,对于章鱼来说石头既是它们的建筑材料,又是防御外来敌害攻击的"盾"。一旦自己无处藏身时,章鱼就会自力更生地建造住宅,它们会把石头、贝壳和蟹甲堆砌成火山喷口似的巢窝,以便隐居其中。章鱼在出击时,常常求助于石头。有时它将一块大石头作为挡箭牌,置于自己面前,一有风吹草动,就把石盾推向敌害来袭的一侧,同时利用漏斗向敌害喷射墨汁。当它要退却时,又会用这石盾断后。

章鱼又是出色的"建筑家"。说来也怪,它每次建造房屋都是在半夜三更时分进行,午夜之前一点动静也听不到,午夜一过它们就好像接到了命令似地,八只触手一刻不停地搜集各种石块,有时章鱼可以运走比自己重5倍、10倍甚至20倍的大石头。在章鱼喜欢栖息的地方,常有"章鱼城"出现,这些由石头筑成的"章鱼之家"鳞次栉比,颇为壮观。

别看章鱼对待"敌人"凶狠残忍,对待自己的子女却百般地抚爱,体贴入微,甚至累死也心甘情愿。

每当繁殖季节,雌章鱼就产下一串串晶莹饱满的犹如葡萄似的卵,从此它就寸步不离地守护着自己心爱的宝贝,而且还经常用触手翻动、抚摸它亮晶晶的卵,并从漏斗中喷出水挨个冲洗。一直等到小章鱼从卵壳里孵化出来,这位"慈母"还不放心,唯恐自己心爱的孩子被其他海洋动物欺负,仍然不肯离去,以致最后变得十分憔悴,也有的因过度劳累而死去。

章鱼凶狠残忍、诡计多端，下海的人遇到它是十分危险的，但是人们还是有办法对付它，只要迅速切断章鱼的双眼之间稍高处的神经就可以摆脱险境了。章鱼的肉鲜嫩可口，为了捕到章鱼，渔民们也有巧妙的办法。渔民们根据章鱼喜欢钻入贝壳的习惯，常常在贝壳上钻个洞，用绳串在一起沉到海底，待章鱼钻进去安了家再往上拉起来，这样便可以不费多大力气捕到一些章鱼了。

章鱼具有超过一般动物的思维能力。在我们生活的地球上，生存着约100多万种动物，它们同人类一样，遵循着“物竞天择，适者生存”的“天条”。一些动物将自己的形态装扮得与外界环境中的物体惟妙惟肖以逃避敌害，保护自己的生存和物种的繁衍。而章鱼就是这方面的高手，为了避开“猎食者”的捕杀，章鱼除了运用我们熟知的拟态伪装术、舍“腕”保身术外，最近，美国科学家还在印度洋海域发现会用两足“走路”逃生的“高智商”章鱼。该发现发表在权威学术刊物《科学》上。

章鱼不仅可连续六次往外喷射墨汁，而且还能够像最灵活的变色龙一样，改变自身的颜色和构造，变得如同一块覆盖着藻类的石头，然后突然扑向猎物，而猎物根本没有时间意识到发生了什么事情。章鱼能利用灵活的腕足在礁岩、石缝及海床间爬行，有时把自己伪装成一束珊瑚，有时又把自己装扮成一堆闪光的砾石。澳洲墨尔本大学的马克·诺曼，在1998年于印尼苏拉威西岛附近的河口水域发现一种章鱼能迅速拟态成海蛇、狮子鱼及水母等有毒生物以避免攻击。

科学家发现，章鱼能够独自解决复杂的问题，具有所谓的“概念智力”。科学家曾对章鱼进行过一个测试：科学家往水中放了一只装着龙虾的玻璃瓶，但瓶口被软木塞塞住。章鱼围绕这只瓶子转了几圈后就用触角将其缠住，然后通过各种角度，用触角拨弄软木塞最后将其成功拔掉，得以饱餐一顿。研究认为该实验表明章鱼能够独自解决复杂的问题，即具有所谓的“概念智力”。科学家们经过进一步研究还发现，章鱼自出生之时起就独居。小章鱼只需极短的时间就能学会应有的本领，并且与大部分动物不同，小章鱼的学习不是以长辈的传授为基础。虽然它们的父母遗传给了它们一些能力，但小章鱼通过独自学习捕食、伪装、寻找更好的住所来发展自身解决新问题的能力。

凶狠善战的虾蛄

虾蛄属于甲壳纲家族中的口足目动物，大约共有 700 种，它们中的大多数都生存在西太平洋温暖水域中珊瑚岛的边缘。虾蛄背腹扁平、全身披盔戴甲，它长着一对酷似螳螂的大螯，所以叫做“螳螂虾”，有的地方也叫它皮皮虾。

地洞是虾蛄的家，在它们的生活中起着非常重要的作用。地洞是虾蛄的重要财产，所以它们非常注意及时清除下滑的沙子，保持入口处的清洁。为了建造自己的家，虾蛄挖出石头，疏松沙砾，并将前肢弯成筐子状，再用这只“筐”把碎石运走。虾蛄的洞穴确实是个奇迹，整个洞能达到 9.8 米长。

虾蛄也常通过武力夺取洞穴，打仗是家常便饭。虾蛄之间的战斗是力量的较量，洞穴的拥有者往往拼命战斗，因此胜利常常是属于它们。只有雌性才允许进入雄性的洞，但两个性情暴躁的动物之间的交配永远不会是温柔多情的。雄性虾蛄必须时时注意，以免受到攻击。

虾蛄凶狠残暴。平时它喜欢穴居于泥沙底，只露出头来观察敌情，一旦猎物靠近便伸出双螯，迅速出击，只听“喀嚓”一声便可将猎物一分为二。如果遇到的是坚硬的贝类，那也没问题，一个快速“直拳”（据说速度能达每秒 10 米），“嘭”就把贝类当场击碎，肚破肠流，死无全尸。有些品种的虾蛄前肢还有更惊人的敲击力，足以将水族箱的玻璃敲破。别以为虾蛄力气蛮大就是莽夫，它不仅善于“力擒”而且懂得“智取”，它往往把自己的洞穴变成一个隐蔽的场所，甚至不辞劳苦，从远处搬来沙石在自己居住的洞穴旁筑起几条回旋的通道，一旦海底动物闯进犹如陷进迷宫，只能自投罗网。

有一种有掌节的虾蛄更是厉害。这种虾蛄体重较轻,其保护装置已进化得能够抵御连续不断的打击,像古罗马的角斗士,它们战斗时躲在由卷曲的尾巴做成的盾牌后面,以躲避敌人的攻击。螃蟹坚硬的壳使它免受许多敌人的打击,然而它却抵御不了这种虾蛄的凶猛进攻。它首先攻击螃蟹的腿,先敲掉螃蟹几条腿,使它不能退、不能逃,然后用灵巧的嘴把受伤的蟹拖到洞里吃掉。

最庞大的一种虾蛄产自菲律宾,它着一身绿色,能长到1.6米,它的身体和尾部全被钙化的鱼鳞、钙化的球形物武装起来。当口足目动物长大些时,它们的武器便增加了战斗力量和保护力量,当这些重量级动物互相攻击时,其中没有准备的对手便会遭受重重的一击。

拍死苍蝇为什么这么难

为什么打死一只苍蝇这么难?这一恒久难题目前已经为科学家所解决,他们相信自己现在能够提供怎样在苍蝇有机会逃走之前将其击毙的技术建议。

利用高速数字摄像头和一群实验室苍蝇所做的一组实验发现,这种昆虫能够利用自身的精密的防御系统,在几分之一秒之内预见到苍蝇拍的活动轨迹。

研究人员发现,苍蝇能够计算攻击的角度,从而使身体和腿做出恰当的反应,并且调整翅膀的方向,从而避免来自苍蝇拍的直接袭击。

帕萨迪纳加利福尼亚理工大学的迈克尔·迪金森教授说,实验结果为在厨房受到恼人的入侵者困扰的人们提供了一项现实可行的建议。他说:“最好不要打苍蝇所在的位置,而是要打向靠前一点的位置,你需要预见到苍蝇看到你的苍蝇拍时将要飞向什么位置。”

家蝇拥有全方位的视角,无论身体位置如何都能向任何方向起飞。迪金森教授说,正因为如此它们非常善于躲避袭击。

迪金森教授说,在看到一个移动的苍蝇拍和最终飞走之前的瞬间,苍蝇的大脑能够计算出迫近的威胁的位置,将其身体和腿部置于最佳位置,使其能够向相反的方向逃逸。所有这些动作都会在苍蝇发现移动的苍蝇拍之后的0.1秒之内发生,这正说明了苍蝇的大脑能够多么迅速地加工和分析信息。

他相信,苍蝇一定在大脑中形成了一幅画面,将威胁的位置转换成了一条能够成功实施逃亡行动的身体运动轨迹。

有关壁虎的两个传说

壁虎,俗名爬墙虎,有的地方也叫蝎虎子,属于爬行动物。壁虎白天多隐蔽在墙缝中,夜晚出来觅食。在它的前后肢的每一个指(趾)的末端都有吸盘状的肉垫,肉垫的表面有一列横行的趾下瓣,上面具有垂直的细丝。由于具有以上这些结构,增加了与墙壁接触的面积,壁虎可以在墙壁、门窗、岩石上爬行,非常敏捷地捕捉蚊子、苍蝇、蛾子等昆虫,是一种对人类有益的动物。

关于壁虎有两个有名的传说,一是说壁虎的尾巴掉下来后仍然还能动;二是说壁虎的尿有毒,撒到人头上会使人变成秃子。这两种说法对不对呢?

壁虎

的确,当遇到危险时壁虎的尾巴会自动掉下来,并且掉下来后还能摆动一段时间。这是由于壁虎虽属脊椎动物,但它的身上还有不受大脑控制的自律部分,尤其是离大脑较远的尾部。所以它的尾巴掉下来以后还能摆动一段时间。还有,壁虎的细胞具有很强的再生能力,当它的尾巴被攻击时,为了保护自己,它会立即断掉自己的尾巴溜之大吉。当它的尾巴断掉后,可以很快长出一条新的尾巴。事实上,越是低等的动物,细胞的再生能力就越强。

至于说壁虎的尿有毒就没有多少科学道理了。壁虎在代谢过程中产生的废物主要是尿酸和尿酸盐,这些废物以尿的形式排出。但由于尿酸和尿酸盐很难溶解于水,因此在尿液中沉淀成半固态物质。这些代谢废物沉淀时,水分在体内又被输尿管等重新吸收回血液,被机体再次利用,最后尿酸和尿酸盐等代谢废物通过泄殖腔随粪便一起排出体外。如果仔细观察一下壁虎等爬行动物的粪便,可以看到粪便上有一些白色的物质,那就是它的尿。壁虎并不像哺乳动物那样以液体形式排出尿液,因此根本见不到壁虎单独排尿,更不用说尿有毒了。

命中率极高的射水鱼

射水鱼俗称高射炮鱼,属于鲈形目射水鱼科。射水鱼大多生活在印度洋到太平洋一带的热带沿海以及江河中,是一种咸淡水鱼,也是一种小型的欣赏价值很高的观赏鱼类。射水鱼的体型近似卵形,它们身体侧扁,头长而尖,嘴比较大可以伸缩,下颌突出,眼睛也非常大,长在头的前半部,它们身体的颜色搭配得非常美丽,体色呈淡黄略带橄榄绿色,有几条粗的石青色条纹横在背部,体侧有 6 条黑色垂直条纹,其中一条通过眼部,尾部淡黄色。在天然水域中,射水鱼体长可达 20~30 厘米,但人工饲养的以 10 余厘米为多见。

射水鱼爱吃动物性饵料,尤其爱吃生活在水外的、活的小昆虫。在自然环境中,水面附近的树枝、草叶上的苍蝇、蚊子、蜘蛛、蛾子等等小昆虫,都是射水鱼的捕捉对象。原来,射水鱼有非常独特的捕食本领,它常常贴近水面四处游动,当搜索到停歇在水面附近树枝、草叶上的猎物后,便调整好体位,选择合适的角度,瞄准目标,从口中喷射出一股水柱,将小虫击落水中,然后美食一顿。

这样的捕食方法在鱼类中是绝无仅有的,在整个动物界中恐怕也是独一无二的了。而且在将近一米距离内命中率几乎是百分之百,故而有“神炮手”的美称。射水鱼的喷水奥秘究竟在哪里呢?原来,它的口腔上颌中央有条凹沟,在捕食前瞬间,将舌头抬起压住凹沟,接着两侧鳃盖用力压缩,水柱就从口中急速喷射而出,猎物也就应声坠入水中,成为射水鱼腹中之物。如果第一次没有成功,射水鱼还会一试再试,它们可以连续发射几道水柱,然后再补充“弹药”。

比起其他许多鱼类,射水鱼的眼睛更偏向前方,双目并用可以帮助它们准确地判断猎物的位置。此外,它们的眼睛还可以转动或紧紧盯住猎物。不过在水里捕捉空中猎物有一个大问题——折射,要想命中目标,射水鱼必须克服这个问题。从水下往上看,一切事物的位置都发生了偏移,射水鱼从一侧看到的猎物位置与实际位置之间是有差别的,但是从正下方看不会受到影响。此时,射水鱼就会锁定目标发射弹药。即便射水鱼可以解决物理上的问题,它们的猎物仍有可能死里逃生,这时候射水鱼的另一项特殊本领就要派上用场了——这位生活在水下的居民并不介意暂时离开水面,它们可以跃出水面近30厘米捕捉猎物。

射水鱼属广盐性鱼类,海水或淡水都能饲养,但以低盐度的所谓半咸水最理想。水箱宜大一些,水温24~28摄氏度。射水鱼性情温和,可与大小相差不多的其他性情温和的鱼类共养,但单独养更好。射水鱼产浮性卵繁殖,产卵后应即刻与亲鱼隔离,免被吞食。

观赏鱼爱好者如果在加盖的水族箱中放进几只会飞的小虫,或在玻璃内壁放上会爬行的小虫,就不难欣赏到射水鱼的绝技表演。鉴于射水鱼的这种特点,水族箱宜大不宜小,水里不要种植浮生水草,以使水族箱留有尽可能大的空间。射水鱼的体形和体色优美,饲养容易,又身怀射水捕食绝技,大受观赏者的青睐和赞叹!

鹿和牛会定向

吃草的牛和睡觉的鹿都会将它们的身体调整到与南北向的磁轴一致的方向上，这给“动物磁力”这一术语添加了新的含义。

长久以来，牧人和猎人都知道，牛和羊在吃草的时候倾向于面朝同一个方向，但是他们认为，它们仅仅是为了避开风和阳光才如此。

德国杜伊斯堡-埃森大学的扎比内·贝加尔和同事却有着不同的看法。他们研究了分布在全球各地的牛群和鹿群的8510张卫星图片，他们还观察了捷克共和国境内超过225个地区的鹿群栖息地。他们发现，无论吃草还是休息，这些动物都朝向磁场的南极或北极。由于在拍摄这些照片的时候，风向和日照的方向有着很大的不同，因此研究人员认为地球的磁场是导致出现这种现象的主要原因。

尽管大型哺乳动物中没有出现过这种状况，但人们知道鸟类、海龟和鲑鱼能利用地球磁场来指导它们的迁移，而啮齿动物和一种蝙蝠还拥有内置的“磁罗盘”。

研究人员说，人类和鲸都可能拥有一种天生的磁罗盘。贝加尔和同事在《国家科学院学报》上撰文说：“我们的成果呼吁对这种现象进行更深入的研究，并促使神经学家、生化学家和物理学家研究磁力校准的机制和行为学意义。”

定位准确的蝙蝠

蝙蝠属于真兽亚纲的翼手目，是哺乳动物中适应飞行生活的一类动物。因为它们的前肢变成翼，所以称它们为翼手类。蝙蝠白天隐藏在岩石缝中和屋檐的空隙里休息,夜间飞翔于空中,捕食昆虫。

蝙蝠的翼的结构和鸟的翼的结构不同,是由联系在前肢、后肢和尾之间的皮膜构成的。它的前肢的第二、三、四、五指很长,适于支持皮膜,蝙蝠的骨很轻,胸骨上也有像鸟的龙骨突那样的突起,上面连着能牵动两翼活动的肌肉。

蝙蝠有宽阔的口,口内有细小而尖锐的牙齿,适于捕食昆虫。蝙蝠的视力很弱,但它的听觉和触觉却很灵敏。蝙蝠主要靠听觉来发现昆虫,蝙蝠在飞行的时候,喉内能够产生高频率的超声波,超声波在空中遇到障碍或昆虫时便反射回来,然后传入听觉器官,再经过大脑皮层分析,能够迅速判别遇到的目标是昆虫还是障碍物。因此,蝙蝠在黑暗中飞行也能避过障碍物,捕到昆虫。人们把蝙蝠这种探测目标的方式称为回声定位。蝙蝠用回声定位来捕捉昆虫的能力很强,它在一分钟内就能捕捉到几十只昆虫。有人发现从饱食后的蝙蝠胃中取出的昆虫的重量,相当于它自身重量的三分之一。蝙蝠的捕食对象主要是金龟子、蛾、蚊、蝇等害虫。因此说,蝙蝠对于人类是有益的,应该对它加以保护。

蝙蝠的回声定位虽然像雷达一样很灵敏,但是也并不是遇到一个昆虫就能逮一个。这是因为有些昆虫体内有一套反雷达装置。有些夜蛾的胸部和腹部之间的凹陷处有一个鼓膜器,这个鼓膜器就是专门截收蝙蝠超声波的反雷达装置。夜蛾利用它的反雷达装置可以发现距离310米远的蝙蝠,这为它们及早逃避提供了充分的条件。此外,夜蛾的足的关节上有一种振动器,能发出一连串的声波,干扰蝙蝠的回声定位。再者,夜蛾身上的绒毛能够吸收超声波,使蝙蝠得不到足够强度的回声,从而大大缩小了蝙蝠雷达的有效距离。所以蝙蝠虽有活雷达的美名,但是要捕捉到一只夜蛾也并不那么容易。

蝙蝠与夜蛾之间的生存斗争对人很有启发,蝙蝠的超声波定位器的性能比现代无线电雷达强得多。因此,雷达专家对于研究蝙蝠的这些特性很感兴趣,夜蛾的反雷达功能帮助人们创造出抗探测的装置,以减小一些军事设施被探测的可能性。

澳洲野兔成灾始末

1859年,澳大利亚的一个叫托马斯的庄园主从欧洲带回24只野兔,并将其中的一部分放入自己的农场放养。几年过后,农场里的兔子成了灾。虽经大力捕猎,仍有许多野兔散落到野外。到十九世纪末,野兔几乎遍布澳大利亚北部。澳大利亚各级政府非常重视兔灾,采取了收购野兔的措施来鼓励民众灭兔,但效果并不明显。后来澳大利亚中央政府出巨资,修建了数千千米的钢丝网以阻止野兔蔓延,结果仍不理想,野兔的"势力范围"还是不断向外扩张。大量的野兔不仅损坏庄稼,还破坏草原。直到20世纪50年代,人们才找到消灭野兔的有效办法,即通过口腔黏液病毒来灭杀野兔。这种病毒对人和其他牲畜没有毒害作用,却能置野兔于死地,所以曾一度有效地控制了兔灾。但没过多久,野兔的数量又增加了,并对口腔黏液病毒产生了免疫力。人们只好寻找新的方法来消灭野兔。

为什么野兔在欧洲没有成灾,而到了澳大利亚却成灾了呢?生活于同一地区的各种生物通过食物网互相连接在一起,并相互依存、相互制约。各种植物为野兔提供食物,使其大量繁殖,但一些食肉动物又能通过捕食野兔来控制其数量,这就使野兔形成了一个比较稳定的种群。在欧洲,正是由于有野兔的天敌存在才没有成灾。但在澳大利亚,原本没有野兔的分布,也没有野兔的天敌。当人为把野兔引入后,由于那里食物丰富、条件适宜,又缺少它的天敌,就使得野兔泛滥成灾。

这一事实告诉我们,不能轻易去改变某一地区的生物类群,否则会破坏当地的生态平衡,带来巨大的灾难。

勤劳守纪的蜜蜂

蜜蜂是营群体生活的动物，属于节肢动物门昆虫纲膜翅目。蜂群由蜂王、雄蜂和工蜂组成。

蜂王在一个蜂群里一般只有一个，蜂王是发育完全的雌蜂，蜂王的个体最大，比一般工蜂约长三分之一。它的腹部末端有弯曲的螫针，这是与其他蜂王相斗时的武器。新的蜂王从蜂房里出来不久就在巢里查看，如果遇到另一个新蜂王就会互相咬杀，直到剩下一个。蜂王的生殖器官特别发达，与雄蜂交尾后，就把精子在它的受精囊里贮存起来，供它一生中卵细胞受精用。与雄蜂交尾后两三天，蜂王就把腹部伸进蜂房里产卵。蜂王可以活四五年，但是从第二年起产卵能力便逐渐衰退，所以养蜂要年年更换蜂王。蜂王在蜂群内的职能是产卵、繁殖后代。

蜜蜂

雄蜂在一个蜂群中也只有少数几个。雄蜂的身体粗壮，翅比较长，生殖器官发达。成熟的雄蜂，常在晴朗的午后，飞到空中寻找新的蜂王交尾，交尾后不久雄蜂就会死去。与蜂王交尾是雄蜂在蜂群中的唯一职能。

工蜂是发育不完全的雌蜂。工蜂的身体最小，头部有一对膝状触角，触角上生有许多感觉器，有触觉和嗅觉作用，能够嗅到远处的花香。工蜂头部还有一对复眼和三个单眼，复眼有视觉作用，单眼有感光作用。工蜂的口器为嚼吸式，口器的上颚发达，适于咀嚼花粉；下颚、舌和下唇延长并合并成一个管子，适于吸花蜜。工蜂吸取的花蜜先贮存在它的蜜囊里，飞回蜂巢后，把花蜜从蜜囊里吐出来,贮藏在蜂房里,作为过冬的粮食。工蜂的胸部有两对透明的膜翅和三对足,第三对足上生有花粉刷和花粉筐,工蜂的身上有许多细毛,在采集花粉时身上沾满花粉,花粉刷可以把身上的花粉刷下来,并与唾液、花蜜混合起来,粘集成团装在花粉筐里,飞回蜂巢后,将花粉贮藏在蜂房里。花粉中含有丰富的蛋白质,是幼虫和成年蜂的食物。工蜂腹部末端也有螯针,螯针与体内的毒腺相通,受到惊扰时,它就用螯针去刺敌并将毒液注射到敌害的身体里。工蜂的生殖器官发育不完全,所以不能繁殖后代。它们在蜂群中的职能就是勤勤恳恳地工作。工蜂在正常情况下的寿命约为五个星期左右,不同日龄的工蜂担任着不同的工作,前期担任巢内工作,后期担任巢外工作。3 日龄以内的幼蜂,由其他工蜂喂食,但它能担负保温孵卵、为蜂王清理巢房等工作;4 至 5 日龄的幼蜂,能调制花粉,喂养大幼虫;6 至 12 日龄的工蜂,王浆腺发达,能够分泌王浆,喂养小幼虫;13 至 19 日龄的工蜂,蜂腺发达,主要担任清理巢箱、拖弃死蜂、酿蜜、筑造巢穴等巢内工作;20 日龄以后,开始采集花蜜、花粉、水分和蜂胶,直至死亡。

蜜蜂的发育,也经过卵、幼虫、蛹、成虫四个时期,是完全变态。蜂王把极少数的受精卵产在宽大而突出的蜂房里,将来发育成蜂王;将绝大多数受精卵产在小蜂房里,将来发育成工蜂;而将少数没有受精的卵产在中等大小的蜂房里,将来发育成雄蜂。蜂王和工蜂都是由受精卵发育成的,为什么会发育成两种不同的蜂呢?这主要是因为它们在幼虫阶段吃的食物不同。大蜂房里的幼虫,是用蜂王浆来喂养的,蜂王浆的营养价值很高,因此,发育成的成虫生殖器官发育完全,能够繁殖后代,这就是蜂王。小蜂房里的幼虫,主要吃花粉和花蜜,发育成的成虫生殖器官发育不完全,不能繁殖后代,这就是工蜂。

蜜蜂对人类的益处是很大的。蜂蜜可以食用、药用,也可在工业上用;蜂蜡是制造蜡纸和蜡笔的主要原料;蜂王浆是很珍贵的滋补品;蜂毒可以治病;通过蜜蜂的传粉,可以大大提高果树和农作物的产量。

讲究义气的鲸类

鲸是生活在水中的哺乳动物。由于适应水中的生活环境,它在外形和内部结构上,都与其他类群的哺乳动物有很大不同。鲸类的体形像鱼,所以俗称为鲸鱼。它的身体分为头、躯干和尾三部分,没有明显的颈部。鲸类仅在吻部有一些较硬的刚毛,而全身的其他部分都没有毛。它的皮下有很厚的脂肪层,这层脂肪有减轻体重和保护体温的作用。它的前肢特化成鱼鳍的形状,后肢完全退化,尾也呈鳍状,水平着生。水平的尾鳍是主要的运动器官。但是鲸类仍具有作为哺乳动物的最基本的特征。它不是用鳃呼吸而是用肺呼吸;心脏的结构也是两心房、两心室,体温也是恒定的,并且是胎生的。它的哺乳过程比较特殊,雌鲸的生殖孔两侧有一对乳头,每一对乳腺都被一块压缩的肌肉所包围。当肌肉收缩时,乳汁便有力地喷入幼鲸的口中。

鲸有群居的生活习性,并且出现过许多起鲸类集体登陆自杀的悲剧。鲸类的登陆行动,往往是先有一个登陆,然后成群结队地游向海滩,几十头甚至几百头地搁浅在沙滩上,拼命地拍打着尾部,并发出呼救的叫声,最后活活地干死在沙滩上。

鲸类为什么会冲上海岸搁浅死去呢?关于这个问题,科学家们进行了大量的研究,并曾经提出过各种各样的解释,但是这些解释都不能被大家所公认。直到近代,科学家们才初步弄清鲸类搁浅的真正原因,提出了比较圆满的解释。科学家认为,这主要是鲸类身上的回声定位功能失灵了。

调查表明,鲸类搁浅的地点多半是存有各种障碍的地点。鲸类一旦进入这一类地方,由于障碍物的存在,鲸发出的声波不能准确地返回,甚至根本不能返回到鲸的身体上,再加上因为水浅,鲸类的喷水孔不能浸没在水里,这也影响了它回声定位的能力。还有的科学家提出,因为鲸类的耳朵里藏着大量的寄生虫，这些寄生虫侵袭了鲸类的中耳和平衡器官，使它的回声定位系统受到了破坏，因而导致鲸类误上沙滩，搁浅死亡。

鲸类为什么成群登陆死亡呢？这与鲸类的本能有密切关系，开始时，由于回声定位失灵，个别鲸将海岸误认为是大海，便向海岸冲来，以致落入浅滩。这时，它便向同伴们呼救，于是其他的鲸为了保护同类，就不惜牺牲自己，赶紧游到浅滩上去救援。结果，不但不能救起同类，反而使自己与同伴同归于尽。

鲸歌嘹亮

一天，美国著名的生物学家罗杰·佩恩博士和夫人凯蒂驾着一艘小艇，正在大西洋的百慕大群岛水域进行考察。夜幕已经降临，但他们还在远离海岛10海里外的海面上。

蓦地，佩恩在水听器中听到从大洋深处传来一阵阵奇异的歌声。这声音绵绵不断，在广阔深幽的海中荡漾。那乐声时而高亢，时而低沉，错综交织，浑然一体。后来，他们弄明白了，这神奇的"歌唱家"，就是座头鲸。座头鲸硕大无朋，体重可达40吨，然而它的脾气却出奇的温柔和善良。

为了研究座头鲸这种不可思议的本能，佩恩潜入海中，与鲸结伴为伍，详细地记录和观察了鲸的歌声长达20年。

原来，座头鲸夏天在凉水海域觅食时并不歌唱，只是在每年冬天洄游到热带水域繁殖地点后才引吭高歌，而唱歌的鲸又均为雄性。因而有人认为，这是鲸在唱情歌。

倘若你要听鲸歌，必须加宽听力范围。因为鲸的歌声波长都比较长，而波长长的歌声是相当美妙的。它们似乎生来就是美声歌唱家。尤其是座头鲸所唱的歌是自然界中音调最洪亮、最缓慢的歌。座头鲸的歌，声音宽广，音调强烈，它是用轰隆隆的雷鸣般的低音节和呼啸尖锐的高音节的乐句反复鸣唱的。

声谱分析的结果表明，座头鲸的歌声节奏分明，抑扬顿挫，交替反复，很有规律，犹如百鸟朝凤，青蛙啼鸣，所不同的是，座头鲸的曲调千变万化，持续时间可长达6~30分钟。

有趣的是，座头鲸经常变换自己的歌声。在同一年里，它们唱同样的歌；但第二年却换唱新歌了。这些歌逐年演变，连续两年的歌声较为相似：相隔年代久远的，就差别很大了。看来，座头鲸的新作只不过是在上年的基础上加以“改编”，并添入一些新的内容而已。

如果对鲸歌的旋律作一剖析的话，就更有趣了。虽然在同一年中，去夏威夷过冬的鲸唱的调子不同于去百慕大的，但是两地鲸歌的旋律却具有一样的结构和雷同的变化规律。比如，每一曲都是由6个乐章按同样的顺序安排，每一乐句都由2~5个音节组成。根据这些录音，佩恩他们已经推演出14条简单的鲸的编曲规律，犹如人类语言中的文法。

那么，这种规律是怎么产生的呢？是通过遗传的本能，还是后天学会的？这个问题现在还说不清楚。不管怎样，要编创和记忆这么复杂的曲调，没有高智能的大脑是难以想象的。

鲸歌不但动听，而且响亮，响亮得甚至使观察者在水中“感到身体的共鸣”。

这种洪亮的歌声一般持续6~30分钟。鲸究竟是通过什么方法来进行独唱的呢？科学家已经弄明白了：它是靠贮在头部的空气震动来发音的。所以这种高歌并不需要吸气、换气，也不受呼吸的干扰。这种独特的唱法也许会使人类歌唱家们望洋兴叹吧！

鲸为什么要唱歌？

美国纽约康奈尔大学克利斯托弗·克拉克认为，鲸通过歌声彼此传达前方有障碍的信息，提醒大家改变行程。

克拉克利用声音监视系统，可以移动屏幕处的指针，监听大西洋不同海域的声音。如果他听到一条鲸在歌唱，他就把它的位置固定下来，并在时空上进行定位，然后再跟踪观察相隔数千米的驼背鲸群的集体行为，结果发现这类物种的迁徙大部分是在海底进行的。

鲸实际上是利用歌声来进行回声定位，辨识海底中如海山一类的地形位置，帮助自己安全遨游。当鲸测定行进前方480千米远的地方有海山时，就会以一种特有的歌声彼此传达前方有障碍的信息，提醒大家改变行程，朝具有新的海底特征的海域行进。这样，鲸群就能安全绕过海山障碍，顺利向前游动。

一旦它们安全越过海山，鲸就会改变自己歌唱的声音。这就像我们滑雪时，告诉同伴要绕过有地理障碍特征的山坡，转向另一个地理特征比较平坦的山坡一样。而且，鲸还会用不同的歌声来标记不同的地貌。克拉克表示，鲸的声学记忆类似我们人类的视觉记忆，这样才能用同种歌声来"记忆"同种地貌。

水生物声学专家认为，鲸很可能是目前所发现的第一种通过低频进行联系的海洋动物。

鲸用"低频重复信号声"联络，对于水中生物而言，只有鲸才能听到这一频率的声音，鱼类是没有这个本领的。这使鲸得以借助歌声进行单线联系，把警报发给自己的同伴，通报自己所处的位置。

海兽不得潜水病

为什么抹香鲸要潜到这样深的海底去呢？生物学家十分肯定地说，为了觅食。原来，抹香鲸特别喜欢吃栖居在深海海底的乌贼和章鱼。然而，凶狠的乌贼和章鱼，是不会老老实实束手就擒，成为抹香鲸的腹中餐的。抹香鲸一般都有20米左右长，70~80吨重，不过它们的"佳肴"往往也很大。譬如有一种大王墨鱼，就有18米长！抹香鲸为了制伏这样的捕食对象，就不得不拼出性命来战斗，才有可能制伏它。这些在海里进行的战斗，往往长达几十分钟，甚至一两个小时,往往还要深潜一两千米,甚至更深。当然,在一般情况下,最后的胜利总是属于力大无比的抹香鲸。

然而,人若下潜深海时则会遇到很多问题。

比如,在海水里每下潜10米,水的压力大约增大一个大气压。为了对抗这个高压,使人体不致被压扁,就得呼吸高压气体使人体内外压力均等。可是到目前为止,就已经知道的六种气体来说,还没有一种气体在高压之下对人体是完全无害的,这就构成了所谓"高压气体中毒"问题。

就拿人一刻也不能缺少的氧气来说,人如果在两个大气压的氧气中停留6小时,即会产生胸痛、咳嗽和肺扩张不全等症状。

占空气成分78%的氮气在高压下对人体更有害。一般来说,在30~45米深度,能使人产生轻度头痛、眩晕等症状;45~60米深度出现中度症状;人在潜水时,稍不注意还会得潜水病。所谓潜水病,主要是由于空气中的氮气在高压条件下(水下)过多地溶解到血液中所引起的。从深水处上游,速度过快,减压太急,溶解在血液中的氮气就会像开汽水瓶塞冒出气泡那样释放出来,堵塞血管,导致生命危险。那么,为什么抹香鲸等海兽骤然沉浮千米而从来不患潜水病呢?

"脱氮说"认为:鲸的血液中有一种微生物,能把吸入的氮气全部消耗。或者以为鲸的气管中有一种泡沫,吸收氧气的能力很强,鲸吸入的空气经过气管,就仿佛被过滤过,那样就不含氮气了。不过,"脱氮说"找不到实证,难以让人信服。1940年,"肺泡停止气体交换说"提出来了。它认为鲸深潜时,肺部停止了气体交换,所以氮气不会进入血液中。1969年,有人训练的一头宽吻海豚深潜后呼出的气体,其中氧气含量远比在水面屏气相同时间后呼出的多;海狮的情况也相类似,氧气多,二氧化碳很少。肺气中氧气多,说明气体交换不充分。这就证实了"肺泡停止气体交换说"是正确的。

人在深海里还会遇到一个很难逾越的"关卡"——高压力生理效应。高压力生理效应在生物学上的表现并不罕见。大部分鱼类在30～50个大气压下，开始出现神经肌肉活动的变化；在200～400个大气压时，大部分鱼类变得肌肉僵硬而不能活动了。陆生动物的耐压力比鱼类更差，比如小白鼠在120～160个大气压下，大部分体内细胞变形，使细胞的结构和生命活动发生变化。1000个大气压以上将发生蛋白质变形，大部分组织出现代谢障碍。对于人来说，估计生命的限度也许在200～600大气压之间，这么推算，人的深潜限度最多在2000～6000米之间。要到更深的海底去，那就只能让人处在一个耐高压的外壳之内，比如使用深潜艇、深潜器或者使用耐高压的潜水服等。

海兽与一般动物一样，其组织成分主要是液体，约占体重的95%以上。液体是不可压缩的，所以海兽在深水中，例如肌肉等组织没有被压缩之虞。容易受压的，主要是胸腔、腹腔、肺脏等部分，不过其生理适应性颇为巧妙。例如人的胸部有发达的胸骨，且12对肋骨中有7对胸骨相连，因而胸部坚硬；鲸的胸骨只是一块十字形（或心形）骨片，仅有一对肋骨和胸骨相连，其余多是浮肋，所以较柔软，经得起压力。况且鲸在水下无需呼吸，没必要作胸腔的伸缩动作。至于肺，属弹性组织，不怕压缩，而且肺内的气体在深潜时停止了气体交换，并随外界压力变化而变化，所以能起到平衡内外压的作用。

看来，海兽潜水，其体内均有一系列极其巧妙的生理适应，这是海兽长期进化发展的结果。

助人为乐的海豚

在新西兰惠灵顿水流湍急暗礁密布的海峡中，有一条善解人意、助人为乐的海豚，各国海员都把它视为知己朋友，每当一艘海轮经过惠灵顿海峡时，它总是先在船头前跳跃，然后露脊穿浪，时快时慢地游在船头导航。因为海豚熟知海峡水下什么地方有暗礁，什么地方是通道，由它领航十分安全。不论驶出海峡后或进港锚定后，海员们都会拿鱼喂它，这时它频频跳出水面，摇头摆尾，或凌空抢食，或表演节目，给海员们枯燥的航海生活增添了一丝色彩。在没有领航任务时，这头海豚还会游到奥波伦尼海水浴场，与游泳的人们亲昵，参与玩水球等活动，还让孩子们抚摸它。它最喜欢一个名叫贝克尔特的小姑娘，只有她才能骑在它身上绕浴场绕圈子。这头海豚成了水手们共同的宠物，人们亲切地称它为“戴克”。

令人吃惊的是，戴克有良好的记忆力。有一次，一艘名叫“塘鹅”号的海船经过这条海峡时，一名喝醉酒的船员要“酒疯”，掏出手枪朝戴克连发数弹，虽未击中，但惊吓了戴克。打这以后，数日不见戴克的踪影。后来戴克虽然仍为过往的海船只领航带路，但令人惊讶的是，它能准确无误地认出“塘鹅”号海船，只要它一出现，戴克就退避海底。不久，“塘鹅”号海船因为失去戴克的领航而触礁沉没了。

海豚还能为人类助产。科学家在试验中发现：有海豚伴随，母亲和婴儿就不怕海水了。一岁大的安妮亚在催眠下，平静地沉睡于海波之上。偶尔，扭转头部吸一口气。她的父亲或母亲时常在她的身旁游泳。当海浪淹没他们时，他们就会吞进些海水；但他们的女儿则不会这样。倘若波浪将安妮亚的父母带走时，海豚就会立刻游到她身旁，或是停歇在她身旁以使她不受惊扰地继续她的梦境。

其实这绝不是一幅普通的海边景色，安妮亚也不是一个平常的婴孩。原来，她是在母亲采用苏联研究人员艾戈尔查科夫斯基所发明的一种技术，在水底出生的少数几个人中的一个。

数年来，艾戈尔查科夫斯基博士扩大了他的研究范围，进行了几个测定海豚对于孕妇与新生婴儿的影响的实验。由艾戈尔查科夫斯基领导的一群科学家以黑海的海豚为对象进行了一系列实验。艾戈尔查科夫斯基说：“我们特别验证了一项许多科学家都支持的想法，即海豚可以‘了解’仍在母体中的婴儿。

一名孕妇在海里游泳时,海豚靠灵敏的声呐几乎可以透视她腹内的胎儿。因此,这种动物可通过人类尚未知晓的方式,将其海上生活的经验传授给胎儿。"

他说:"在我们的实验中,海豚成功地使那些过去害怕在大海中游泳的待产妇的心情平静下来。她们都声称有海豚在场,海中生产婴孩便会变得没什么痛苦。海豚,尤其是雌海豚,对于生产婴儿表现出很大的兴趣,它们陪伴在分娩中的妇女的左右,并且和她'对话',就像是在讨论什么事情似的。若是婴儿在水中浸没太久,它们就会用鼻子将他推出水面。""其实,'水生'婴儿与海豚之间的联系本来就是令人费解的,有时候我和小孩潜入水中太久或太深(儿童可以停止呼吸达3分钟),海豚就会发觉小孩的不舒适,而将我移到一边,将小孩拉到水面上。"

黑海海滨临床经验证明,婴儿在海水中出生和出生后就游泳,会使他的体重增加,特别有利于大脑的形成。实验还证明,这些"水中婴儿",不到4个月就能不靠任何帮助,在陆地上走路了,他们游泳和潜水的本领不亚于他们的同伴——海豚。

智力惊人的海豚不仅是表演特技的能手,还能不远万里出征,排险拒敌。海湾战争时,美国的6只海豚肩负五角大楼的军事使命,开赴海湾战区。它们个个都是出色的"扫雷兵",迎战本领令人难以置信。

原来,海湾北部法西岛附近停泊着一艘巨型军事驳船,这是美军的海上流动基地。船上驻有200多名美军,分别隶属直升机机组、陆海空突击队和其他特种部队。

前来服役的6只海豚各自的豚鼻上装有一只重型夹钳,任务是负责这艘驳船周围的巡逻。一旦发现敌方特工人员蓄意破坏驳船,它们便直冲而上,用鼻子猛击对方,然后浮出水面吼叫或用嘴拉响警报器通知船上哨兵。

五角大楼不无得意地透露,这6只海豚是经过专门培训的"高级士兵"。以前他们训练的海豚只用来回收废水雷。

海豚也有混血儿

第二次世界大战期间，在太平洋上空，有4架美军飞机被击落，飞行员脱险后跳上了充气的橡皮救生筏。这时，不知谁从后轻轻地将橡皮筏子向岸边推去。定睛一看，是海豚。

其实，这也不是什么新鲜事了。早在古代，希腊人、罗马人、波利尼亚人和摩阿里斯人的传说中，就有海豚救起溺水者的故事。

海豚为什么会主动救人呢？尽管海豚是一种十分聪明机灵的动物，但毕竟是一种海兽，不可能像人一样有思维。但是，海豚救人却是事实啊，又怎么解释呢？

原来，海豚的上述行为纯粹是出于盲目的本能。海豚甚至对各种无生命的物体，比方说大海中的海龟尸体、碎木头、被垫等，也表现出同样的行为，向它们靠拢，推着它们前进。海豚的这种行为还表现在对同类身上。一位动物学家亲眼目睹了一群宽吻海豚救助一头被甘油炸药爆炸震伤的海豚的全过程。只见两头健康的海豚游近受害者，“尽心”地搭救自己的同伴。

海豚这种本能的基础是非条件性的泅出反射，即每当海豚的头部露出水面时，它就打开喷水孔，并完成呼吸动作。这是一种非条件性刺激。在天然野生状态下的海豚，这种反射表现得尤为明显。这种泅出反射还有一个重要的作用，就是当群体成员在水下受到窒息威胁而陷入死亡境地时，其他个体能前去营救，将它托出水面。这样，一旦受难的同伴从水面露出，它们就会自动地激发起呼吸动作，获得了生存的希望。

这种本能是在长时间自然选择的过程中建立的，对于海豚种族的延续是十分有利的。

按一般常识，海豚大致可分为两大类：有吻海豚和无吻海豚。其中，有吻海豚又分为长吻与短吻海豚两种。

然而,令人费解的是,1933 年 5 月,爱尔兰一支捕鱼队在其东海岸的海域中捕捞起的三具海豚尸体,其相貌却各有千秋,按体长衡量,海豚 A:209 厘米,雌性;海豚 B:239 厘米,雌性;海豚 C:269 厘米,雄性。从牙齿的个数来衡量,海豚 A:38 颗牙齿:海豚 B:28 颗牙齿;海豚 C:18 颗牙齿。不可思议的是,将海豚 A 与海豚 C 的体长与牙齿总数用 2 相除,恰好是海豚 B 的体长与牙齿个数。很显然,海豚 B 在某种意义上具有中间型的特征。

据此,爱尔兰都柏林博物馆的研究者怀着极大的兴趣,对它们进行了研究。初步确认,这些海豚不属于已知的种类,很有可能是一个新的物种。为了求得更正确的鉴定,他们将这三只海豚的骨骼标本送往大英博物馆自然史馆,因为那里陈列着在鲸目分类学上已知的全部种类的骨骼标本。

著名鲸学者弗雷萨对它们做了进一步的探索、研究、分析,同样认为它们不属于现存的种类,可能是一种人类还未知的新物种,并将鉴定结果发表于 1940 年的爱尔兰皇家协会的纪要上。他的结论是:这三只海豚都是多齿海豚与少齿海豚的混血种,海豚 A 较多地遗传了多齿的性状,海豚 B 则折中。鲸目中的齿鲸亚目现存种类可以细分为 6 科 24 属。弗雷萨提出,在自然环境下,齿鲸类可以超越种属的界限杂交成新的种,同样作为齿鲸亚目的海豚也会出现这种可能性。

他的预言被证实了。1938 年 9 月日本神奈川县江野岛水产馆鲸类饲育场中,有一头长吻海豚产子,这头幼豚与其母不同,呈短吻型。原来,这只长吻母豚与无吻雄豚同栖,因此杂交成一种短吻海豚,它遗传了双方的特点。1979 年 9 月与 1980 年 6 月,这只母豚又产两子,同样是短吻的新种。据水产馆工作人员的观察,这只母豚在发情期间,对同种长吻雄豚十分"冷淡",却对异种无吻雄豚十分"亲昵",因此可以判断这只母豚配了外种。45 年前,在自然条件下,海豚杂交成新种的事例,在人工饲养条件下已屡见不鲜了。不幸的是,这三只杂种幼豚有两只夭折了，通过对其血液成分的电泳分析，证实这两只幼豚血浆的蛋白中均有无吻海豚的遗传因子。

据报道，夏威夷群岛海域也发现了混血海豚。

揭秘“海豚特种部队”

海豚，亦称“真海豚”、“普通海豚”。哺乳纲，鲸目，海豚科。其体呈纺锤形，长2～2.6米，有背鳍。喙细长，有额隆，上、下各有尖细的齿90～110枚。尽管它有100颗左右的牙齿，但它不会咀嚼，牙齿主要用于抓捕食物，抓到鱼后，它是整条吞下去的。海豚背面蓝黑灰色；腹面白色；体侧土黑色及灰色；从眼眶后缘至肛门间，通常有两条灰色带纹；鳍肢基部有一暗纹延伸至下颌；眼眶呈黑色。

海豚家族比较大，共有62种，和鲸类是近亲。海豚喜欢过“集体”生活，结队漫游，少则几头，多则几百头。据说，除人类以外，海豚的大脑是动物界中最发达的。经过训练，它能学会打乒乓球、钻火圈，给人们带来很多欢乐！在大海里，海豚以小鱼、乌贼、虾等为食，最爱吃的就是鱼和章鱼了。海豚用肺呼吸，所以它经常把头部露出水面，呼吸新鲜空气。

海豚好像不知疲倦，睡觉时也在不停地贴近水面游泳。原来它的大脑一半休息了，另一半还在运转，这是为了防备敌人的侵袭。海豚可以像蝙蝠一样靠回声定位来判断物体的方向、形状等。换句话说，如果把它的眼睛蒙上，它仍然能“看”到东西。

近年来，澳大利亚的科学家们正试验在50～200米深的海底，开辟一种新颖、奇特的天然渔场，依靠训练海洋中最聪明、最机敏的海豚，来管理、饲养各种鱼类，增加渔业产量。

从事这项研究的专家们，乘坐一艘潜水艇，操纵特制的电子仪器，发出种种奇妙的“海豚语”，指挥训练有素的海豚把成熟的鱼群赶向适宜产卵的海域；把幼小的鱼群引到食物丰富的港湾。当遇到鱼类的天敌时，专家们还能指挥海豚，把鱼群转移到安全地带。当鱼群长到适合捕捞的时候，他们又指挥海豚把鱼群赶到早已下好的渔网之中，以便渔民们毫不费力地就能把鱼捕捞上来，源源不断地运往各地供人们享用。

冷战时期，美苏两国在核武器和常规武器领域展开激烈的竞争。美国还颇有创意地建立了由海豚组成的特种部队，苏联也不甘示弱，奋起直追……

1964 年越南战争期间，为对付频频攻击美方舰船的北越潜水员，美军加强了基地和舰船的保卫，并成立了特种部队来对付北越的蛙人。美军尝试过布置陷阱网、动用鱼叉枪和弩等种种方法，但均不奏效。他们只能另想妙招，调来了 6 只“海豚兵”。

它们能在几百米外发现敌方潜水员，而后悄悄地逼近目标，将嘴上的空心尖管刺入敌人体内。尖管连接着高压二氧化碳气罐，膨胀开来的气体能让敌人的五脏六腑爆裂。这些“海豚兵”在 12 个月内使 50 多名北越潜水员丧生。美军在越战中还使用了海狮。经过特训的海狮能够攻击敌方潜水员。与本性温驯的海豚相比，海狮天生就是暴烈残忍、志在必得的猎手。在海豚和海狮参与了一系列战斗之后，北越蛙人实施水下偷袭的次数日趋减少，最后完全放弃了这种战术。

1974 年，一头名叫“格尔库列斯”的海豚为苏联立下了首功，它在 51 米深的水下发现并标记了一枚沉没鱼雷的位置。海军总司令部决定组建海豚特种部队，让海豚寻找沉没的军事装备，协助潜水员进行下水搜救工作。

还有一头叫“提坦”的海豚学会了标记水雷的位置。1983 年的春天，人们在整个海湾中布满了水雷，有一次甚至将水雷藏在沉船的船底。但“提坦”总能在很短的几分钟内找到目标。

有人还不服气，安排“提坦”与扫雷舰一起比试。他将水雷秘密安置在某处，由“提坦”和扫雷舰依次搜寻。结果，“提坦”在 15 分钟内就完成了任务，而扫雷舰在海湾里奔忙了两天，还是一无所获……专家们终于承认，海豚在水中寻找物品的本事一点也不比陆地上的警犬逊色，堪称是“水下警犬”。1979 年至 1994 年间，海豚从水中寻到的物品总价值达 5000 万卢布，比它们的训练养育费高出很多倍。

由此，苏联建立了生物工程搜索系统。这个系统并非为了取代传统的搜索手段，它只在传统手段无法施展或收效甚微的情况下发挥作用，例如，在浅水处，水下地貌复杂处等等。

苏联还训练宽吻海豚发现军事目标，如潜水服、武装潜水员、潜水呼吸器等。

试验表明，海豚的抗爆能力比人类要强 5～6 倍。在低强度的爆炸中，它只会颤抖一下，却不会受伤。更重要的是，它能处变不惊，仍然继续做自己的事。这就是保卫黑海海军基地的“海豚特种部队”。

从海豚在波斯湾扫雷说起

航行在波斯湾的船只受到两种水雷的威胁：一种是漂浮式水雷。它由固定在海床上的缆绳系浮于水中，一碰到船只就发生爆炸。扫雷艇因吃水浅而望雷莫及，只得将其缆绳切断，使水雷飘到水面上，将它安全引爆。另一种是暗藏式水雷。它的精密度很高，被放置在海床上。当它探测到船舰经过发出的声波或电磁波时便自动起爆。

为对付这两种水雷，美国海军在波斯湾使用直升机拖着一个像雪橇似的可以找出及引爆水雷的扫雷器。但是，直升机在恶劣的天气里不能出航，并且按规定不能在公海使用雪橇式扫雷器。在这种情况下，美国海军就用经过训练的海豚来协助扫雷。

海豚在水里，不仅用眼睛，而且还用自身的声呐系统来认路和辨别物体。

它能随时回收反射波，功能和人造的声呐探测器差不多。美国海军的训练人员正是利用海豚的这种特性，经过严格训练让它到军中服役的。不过，聪明的海豚有时候也会当逃兵。另外，大多数的海豚喜欢跟训练人员在熟悉的环境里工作。从美国到波斯湾路途遥远，加上那里不寻常的海水温度和环境，海豚的适应能力如何，以及能否完成任务，这些都是训练人员所考虑或担心的问题。于是，他们不计成本，对筛选出来的海豚实行优厚待遇，在本土进行各种训练，经过"实物"鉴定和考核，把它们带到波斯湾适应环境，然后让它们开始工作。据报道，海豚在波斯湾扫雷已获成效。有的会在发现水雷的海面上蹦跳，以示水雷的所在，极个别的还能把炸药带到水雷旁边。

其实，早在20世纪60年代，美国军方就开始有计划地以军事为目的来训练海豚了。这是因为与其他动物相比，海豚的大脑既大又灵，与人脑极其相似。它有非常敏锐的回声探测能力，在以声音脉冲探测周围环境的时候，可以10亿倍地变换自己的辐射功率，这在动物界是绝无仅有的。更为奇特的是，研究发现，海豚睡眠时其视觉仍保持警戒状态，它的一只眼睛一直睁着。因此，国外许多具有远见卓识的军事科学家，都在研究利用海豚的奇特功能为军事服务。

海豚的声呐系统是相当优异的。我们知道，声呐是水下探测、定位、导航和通讯的主要工具。海上捕鱼，人们已用它来探测鱼群。但是，你可曾想到，早在人类出现以前，声呐就已存在于自然界中，而且至今仍是声呐设计师们借鉴和模仿的样板。在自然界中，许许多多的生物都有声呐定位或通讯的本领。海豚的生物声呐，其本领远远超过了人造声呐。

海豚为什么具有这般高超的本领呢？原来，海豚的高超本领是为了适应恶劣的自然环境练就出来的。由于海豚长期在海洋中生活，海水对光的吸收本领很强，水下几十米便是一个漆黑的世界；而声音在水中传播时衰减非常小，可以传播得很远，因此海豚的视力退化，形成了功能很强的"声呐"系统。海豚不仅有极灵敏的听觉，而且自己也能够发出声音去探测目标。有了"声呐"，海豚才得以寻找水下的食物,逃避敌人的追捕;当然也可以作为生物语言,相互传递信息,表达感情。

那么,海豚是怎样利用回声响定位的呢?科学家们经过多年的考察发现:原来,海豚并没有可供发声的声带,因而其发声与其他哺乳动物不一样。空气是从海豚头顶的喷水孔进入气囊的,海豚只要关闭一些膜瓣,调节气流通道,就能发出各种高低不同的“咯咯”声和“哨”声。海豚的前颚有两个角状气囊,用来定向发射声波。海豚在探索目标,探测环境时,耳朵接收低频声波,颚部接收高频声波。

科学家认为,海豚之所以具有高超的识别能力,是因为它是用多种频率而不是单一频率的声波来进行探测的,同时还可以不断地改变声信号的频率和发射速率。在这方面,人造声呐是望尘莫及的。

目前,尽管人造声呐采用了各种信号处理技术,并借助电子计算机完成大量的运算,但与生物声呐相比,还差得很远。比如,海豚的信号处理本领很强,头部的“声透镜”组织和其他器官就是一组优秀的滤波器,能够在各种各样的声音中提取所需要的信号,而滤掉其他噪声。尽管人们研制了各种各样的滤波器,但是,从体积和性能上都远远比不上海豚的滤波器。

海豚的声呐还有许多不解之谜:为什么它能识别不同形状、不同颜色的物体?为什么它能同时判断来自不同方向的声音?为什么它的声觉器官具有如此高的适应能力?……倘若我们能够解开这些谜,那么,必将使声呐技术产生一个新的飞跃。

训练海豚驱鲨

据科学家测定,海豚的大脑重量与身体重量的比例,远远超过黑猩猩的百分比。可以说,除人类外,海豚的大脑是动物中虽发达的。

科学家们在观察驯养海豚时,首先了解到海豚有识别目标的本领,即使把水搅混，甚至把它的眼睛蒙上，它们也能迅速准确地追逐到扔给它的食物。尤其令人惊奇的是，有人做过这样的实验：在水池内悬挂两条外形完全一样的鱼，一条是真鱼，另一条是假鱼，同时还设下重重障碍，布置完毕，再将海豚眼睛蒙住后放入实验场。这时发现海豚不但能巧妙地躲避障碍物，而且还能很快地朝真鱼扑去。这种实验重复200多次，结果都准确无误。这种奇妙的现象，到底是怎么回事？经研究发现，原来，海豚能发出各种频率的声音，就是这种特殊的声音，才使得它具有敏锐识别目标的能力。同时，当声音遇到物体反射回来时，海豚又有特殊的接收装置，可以根据声音反射的情况来判断目标的远近、方向、形状，甚至物体的性质。如果进一步研究，仿照海豚身上的特殊机制，就可以制造更为先进的水中声呐装置，这在国防上和国民经济上都有很大的意义。

有人曾对海豚和猴子同时训练，让它们学开电源开关，一般海豚经过15~20次就学会了，个别的海豚经过5次就能学会；而人们认为机灵的猴子却要经过200~300次才能学会。也就是说，海豚比猴子聪明多了。

海豚经过驯养后，能在深水里传递工具，救护伤员，能侦察鱼群，能进行海底探矿和执行水下爆破任务。在军事上，海豚也是大有作为的，它可侦察潜艇，警戒海湾，还可以背负炸药炸毁敌舰等。

经过训练的海豚，还能担负起驱逐鲨鱼的任务。

除了对鲨鱼施以化学和物理的防范手段之外，科学家们近年来又开始尝试利用海豚和其他小型鲸类驱逐鲨鱼，或训练它们警戒潜水员工作的水域、海滨游泳场。海豚不是鲨鱼的天敌，但是，海豚是唯一经过训练能和人类嬉戏的水中动物，它能按照人给它的指令行事，所以驯养后的海豚能根据人的指令猛烈地冲撞鲨鱼。

经过训练的海豚，还能听懂人的语言。夏威夷大学心理学教授赫尔曼训练的一只海豚，很快就掌握了包括12个调的有声语言。他说："它懂得'去拿球'、'打铃'这些简单的句子，下一步就是如何使海豚同人对话了。"

那么,海豚是怎样训练的呢?首先给海豚一个条件反射的“信号”。但是,因为人不可能预先规定一个动作,让海豚照着做,而必须等海豚自己先做出一个动作,在重复正确动作时再给它以“奖励”。所以,海豚是动作的主动者。

第一步要海豚懂得一个“奖励”它的食物即将到来的“信号”。训练者一般用吹哨子来表示。因为不论海豚在水上或水下,哨子的声音都能传入它的耳朵里:对训练者来说,吹哨子也又快又方便。

在海豚“理解”了哨子声的意义以后,训练员便利用这个信号对海豚的动作进行训练。如果一看到海豚向右拐弯时便吹哨子,再给它吃鱼,几次重复后,训练者便可叫海豚朝右做圆周形运动。以后只要一发现它的动作稍有一点特殊便及时吹哨子、喂鱼,经过一段时间的训练,海豚便会做出许多本来它绝不会去做的怪动作,比如头朝下倒立在水中,而尾巴却在空中前后摇摆等。

但这只是训练工作的前一半,后一半是让动物懂得几个“暗号”,让它知道什么时候训练员希望它表演什么动作。这简直就像是一种人、兽之间的“语言”,而且不仅是单方面的,有时还是双方的“交流”。

有时,当海豚表演不好,或者拒绝训练者的要求时,训练者必须给它以惩罚,其实就是让它“挨饿”。训练者拎起鱼桶,扬长而去。比如训练海豚到水底寻找失物,就得靠“挨饿”的方法。如果海豚不把扔在水底的物品找回来,并交到训练者手中换鱼吃,训练者便让它饿上一顿。要不了多久,海豚就懂得,为了让食物供应源源不断,自己必须要竭尽全力“寻找”水底的物品。当然,为了使海豚学会识别水底的物品,还得先进行识别的训练。训练者让海豚用鼻子去推一个发着响声的方位标,只要它顶到了方位标的连接铁片,声音就会停止,训练者就送它一条鱼吃。重复的训练会使海豚感到声音的停止能使它得到“赏赐”,从而建立条件反射。一旦发现方位标的响声,就会敏捷地赶到方位标所在地用鼻子项铁片。据实验,经过训练的海豚不仅能够驱逐鲨鱼,还能够打捞水雷、鱼雷、试验导弹、飞机零件等。